U0209971

# 鄂尔多斯盆地砂岩型铀矿成矿作用

金若时 等 著

科 学 出 版 社

北 京

# 内 容 简 介

本书以鄂尔多斯盆地为研究对象，以盆地为整体单元来认识砂岩型铀矿形成的沉积环境；以矿集区为单元来分析铀矿的成矿规律；以典型矿床剖析为着力点，提炼流体–岩石相互作用成矿的控矿要素。分析铀矿形成的"源"、"运"、"储"过程，探索铀矿形成机理，揭示中国北方砂岩型铀矿形成铀的超常富集机制。本书提出了"虹吸潟湖"原理和"循环脉动"机制，以及受盆地跌宕运动控制的砂岩型铀成矿模型，即跌宕成矿模型。

本书可供铀矿床地质学、沉积地质学、构造地质学及相关专业的生产、科研人员、相关院校师生阅读参考。

审图号：GS（2020）4295 号

**图书在版编目（CIP）数据**

鄂尔多斯盆地砂岩型铀矿成矿作用／金若时等著 . —北京：科学出版社，2020.9

ISBN 978–7–03–065955–2

Ⅰ. ①鄂… Ⅱ. ①金… Ⅲ. ①鄂尔多斯盆地–砂岩型铀矿床–成矿作用 Ⅳ. ①P619.140.1

中国版本图书馆 CIP 数据核字（2020）第 162626 号

责任编辑：韦　沁／责任校对：张小霞
责任印制：肖　兴／封面设计：北京图阅盛世

科 学 出 版 社 出版

北京东黄城根北街 16 号
邮政编码：100717
http://www.sciencep.com

三河市春园印刷有限公司 印刷
科学出版社发行　各地新华书店经销

\*

2020 年 9 月第 一 版　开本：787×1092　1/16
2020 年 9 月第一次印刷　印张：20 1/4
字数：480 000

**定价：288.00 元**
（如有印装质量问题，我社负责调换）

# 著 者 名 单

金若时　陈　印　司庆红　苗培森　程银行

张天福　朱　强　陈路路　李建国　赵华雷

倪师军　聂逢君　侯惠群　刘红旭　路来君

冯晓曦　俞礽安　汤　超　奥　琮　焦养泉

吴柏林　孙立新　张　博　王善博　魏佳林

王少轶　滕雪明　张原庆　王可勇　覃志安

王　威　徐增连　杨　君　赵丽君　刘晓雪

刘华健　李艳锋　曾　辉　周红英　肖志斌

李效广　马德友　彭云彪　梁建刚　孙大鹏

黄忠峰　张素荣　滕　菲　安树清　张莉娟

沈加林　等

# 序

铀是一种战略性的清洁、低碳核能源，是实现全世界能源可持续发展目标 7（SDG7）的重要保障。核电发展需要稳定的铀资源供应，而国内已探明的经济铀资源储量远不能满足需求。因此，铀资源勘查、开发及理论研究对于优化调整我国能源结构、改善生态环境意义重大。

全球范围铀矿类型多样，具有工业意义的类型包括花岗岩型、砂岩型、角砾岩型、火山岩型、不整合面型等。砂岩型铀矿具有可利用资源品位低、矿床规模大、经济、环保、安全、易采等优点，成为世界上利用率最高的铀矿类型。21 世纪以来，世界各国对于砂岩型铀矿的重视程度不断提升。美国、加拿大、澳大利亚、哈萨克斯坦等世界主要铀资源产出国均开展了新一轮的铀矿勘查和理论研究。2000～2013 年，我国核工业地质系统和国土资源部中央地质勘查基金管理中心等单位相继在鄂尔多斯盆地取得了砂岩型铀矿系列找矿成果。在此基础上，中国地质调查局以煤田-油田资料"二次开发"为主线部署了北方砂岩型铀矿调查工程，在鄂尔多斯盆地取得了砂岩型铀矿找矿新的重大突破，同时为孕育和创新我国砂岩型铀成矿理论奠定了坚实基础。2012 年以来，金若时团队在牵头承担砂岩型铀矿地质调查项目的同时，组织实施了科技部 973 计划、国家重点研发计划深地项目和国际地学计划项目（IGCP675），由此打开了我国北方中生代盆地新一轮砂岩型铀矿找矿和科研工作同时推进的新局面，并取得了系列原创研究成果。

中国地质调查局北方砂岩型铀矿调查工程在鄂尔多斯盆地北部塔然高勒地区、西部宁东地区、西南部彭阳-红河地区、东南部黄陵地区及中部金鼎地区发现了多个新铀矿产地，为深入开展理论研究提供了大量的新素材。973 计划的"中国北方巨型砂岩铀成矿带陆相盆地沉积环境与大规模成矿作用"项目在盆地构造演化、沉积环境和铀成矿作用等方面获取了一批新的研究数据，取得了许多最新研究成果和创新性认识，有效推进了鄂尔多斯盆地砂岩型铀矿成矿理论体系的建立。

该团队在分析含铀岩系地质特征、盆地沉积环境与盆地构造背景的基础上，首次以含铀岩系时空特征为划分原则对沉积盆地进行了分类，为不同类型盆地成矿模型的建立奠定了基础。他们充分利用钻孔和地震资料，获取了铀成矿过程的源-运-储关键地质证据；运用红-黑岩系对成矿制约的概念中"红色为场、黑色为障"的观点，很好地解释了砂岩型铀矿成矿的氧化还原的有利条件。采用同位素示踪、流体包裹体、蚀变矿物填图和铀成矿过程模拟等方法，取得了成矿铀源主要来自盆地含矿层、成矿流体主要为地下潜水等创新认识。根据铀赋存状态、铀化学价态、蚀变矿物组合等特征，分析确定了铀矿超常富集机理。这一系列创新性认识，来源于扎实的地质勘查实践，得益于新技术新方法的应用，体现了对科学问题的凝练和理论认识的升华。

该团队以控制盆地构造运动演化为主线，通过地层接触关系、裂变径迹热年代学和富铀矿物的测试等方面的研究，关联了构造事件与成矿事件，揭示了沉积盆地形成演化与铀成矿机制的内在联系，提炼了主要控矿要素，建立了鄂尔多斯盆地北缘砂岩型铀矿跌宕成矿模型。该模型开启了砂岩铀成矿理论认识的新思路，为新区新层位的铀矿找矿突破提供了理论支撑。

上述创新成果，丰富和发展了鄂尔多斯盆地砂岩型铀矿成矿理论，指导了区域找矿工作，为中国北方陆相盆地砂岩型铀成矿理论做出了实质性贡献。这项成果是"产学研用"团队密切合作、协同创新的结果，是广大铀矿地质工作者辛勤劳动的结晶，也是金若时同志带领团队大胆探索调查–科研一体化之路，实现鄂尔多斯盆地砂岩型铀矿找矿和理论创新双突破的成功范例。

《鄂尔多斯盆地砂岩型铀矿成矿作用》代表了我国砂岩型铀矿理论研究的最新成果，同时也标志着我国在该领域的研究达到了世界前沿水平。此外，该团队具有老中青组合的人才梯队，培养了一大批青年科学家。在此希望和祝福该团队，百尺竿头更进一步，实现人才和科技成果的双丰收。

中国科学院院士：

2020 年 6 月 1 日

# 前　言

核能对未来中国社会经济快速发展的作用越来越大。铀资源为核利用的主要原料，我国目前的对外依存度已经超过了60%，这将制约我国核电的发展和能源安全。为进一步摸清铀资源状况，掌握核能资源的战略主动权，近几年世界主要发达国家均在不断地加强铀矿找矿与研究工作。中国、美国、澳大利亚、加拿大等国家先后将铀列为国家的战略资源。砂岩型铀矿已成为当前世界最主要的铀矿生产类型。我国经过30年的工作，已在砂岩型铀矿找矿、开采技术和理论研究等领域取得了重要进展。近十年中国地质调查局天津地质调查中心（简称天津地调中心）组织在中国北方系列中新生代陆相盆地内砂岩型铀矿的调查工作，取得了许多新区、新层位和资源量等方面的重大突破，对铀矿成矿理论的研究也取得了长足的进步。

科技部2015～2019年国家重点基础研究发展计划（973计划）的"中国北方巨型砂岩铀成矿带陆相盆地沉积环境与大规模成矿作用"项目，中国地质调查局2013～2014年的"我国主要盆地煤铀等多矿种综合调查评价"计划项目、2015～2021年的"北方砂岩型铀矿调查工程"项目，科技部2018～2020年"北方砂岩型铀矿能源矿产深部探测技术示范"专项和2019～2023年国际地球科学计划的"砂岩型铀矿表生流体成矿作用（IGCP-675）"项目，对鄂尔多斯盆地铀矿成矿理论开展了多方面的研究。本书是上述系列项目实施过程中，针对鄂尔多斯盆地砂岩型铀成矿作用进行的系统总结。

《鄂尔多斯盆地砂岩型铀矿成矿作用》（本书）是在承接了上部专著（《鄂尔多斯盆地砂岩型铀矿成矿地质背景》）的基础上，对鄂尔多斯盆地砂岩铀矿成矿特征、成矿规律、成矿机制、成矿模型及其找矿方法等的系统研讨。本书重点剖析了陆相盆地含铀岩系沉积环境对成矿的制约、表生流体作用下铀的超常富集机理、煤等有机质对铀成矿的影响、构造作用对铀成矿的制约等关键科学问题。在此基础上，以盆地为单元来认识铀矿形成的沉积环境；以矿集区为单元来分析铀矿的成矿规律；以典型矿床剖析为着力点，提炼流体-岩石相互作用成矿的控矿要素。分析了铀矿形成的"源"、"运"、"储"过程，探索了铀矿形成机理，揭示了中国北方砂岩型矿形成铀的超常富集机制。

全书共九章，分别从国内外研究现状、铀成矿沉积环境、典型矿床特征、成矿的源-运-储过程、构造改造对铀成矿的制约、成矿模型及找矿技术方法等方面展开了详细讨论。第一章介绍了全球砂岩型铀矿资源研究状况、砂岩型铀矿的全球分布情况及砂岩型铀矿的主要类型；系统分析了全球和我国典型砂岩型铀矿特征。第二章以鄂尔多斯盆地中生代以来的沉积环境为主要研究内容，在《鄂尔多斯盆地砂岩型铀矿成矿地质背景》的基础上概述了鄂尔多斯盆地中生代以来与铀成矿有关的沉积特征；着重分析盆地沉积地层垂向分带特征、颜色分带特征、蚀变矿物分带特征，提出了含铀岩系的红-黑耦合特征及岩石颜色的模式地层层序；通过地球化学、古生物特征等分析，建立了鄂尔多斯盆地中生代以来的古环境演化体系。第三章继承了上部专著矿床基本特征的描述，针对鄂尔多斯盆地四个砂岩型铀矿矿集区和两个矿化集中区的铀矿特征进行了概述。第四章至第六章分别从源-运-储的不同阶段分析了砂岩型铀成矿过程。第四章通过重砂及碎屑锆石年代学着重分析了鄂尔多斯北缘和西缘主要含矿层的物源，通过区域铀元素分布及含矿层铀含量分析，探讨了鄂尔多斯盆地主要铀源，进而指出了影响成矿物质来源的主要因素。第五章主要分析成矿物质的运移过程，依托于不同成矿区内流体包裹体的分析和蚀变矿物岩心光谱扫描特征，并结合地球化学分析，探讨了主要成矿流体的特征，结合示踪流体运移轨迹，进一步分析了鄂尔多斯北缘典型矿床内现代地下水特征，探讨了铀成矿流体的水文地球化学条件及水中铀的存在形式。第六章研究了铀矿物富集沉淀机制，通过铀矿物、黄铁矿、钛铁矿等特征蚀变矿物分析，深入探讨了铀矿物赋存特征及其与相关有机质的联系。第七章深入分析了鄂尔多斯盆地中生代以来构造演化及 11 次重要的构造事件，探讨了有利于铀成矿的构造样式及断裂构造与矿体形态的关系。第八章建立了鄂尔多斯盆地北缘砂岩型铀成矿模型，以中国盆地类型划分为基础，探讨不同类型盆地与砂岩型铀矿的联系，剖析了成矿流体的动力源，提出了"脉动循环"成矿机理。模型涉及构造运动、成矿背景、成矿作用、成矿机理、找矿预测等几个重要方面，深化了砂岩铀矿研究的理论体系。第九章综合鄂尔多斯盆地找矿发现及理论研究，提出了一套科学找矿方法系统。

全书由金若时主编，陈印、司庆红、苗培森、马德友、张原庆统编。第一章由陈印、金若时、苗培森、李建国等编写；第二章由张天福、程银行、司庆红、金若时、苗培森、覃志安、李建国、冯晓曦、俞礽安、朱强、赵华雷、张博、王善博、陈印、陈路路、倪师军、孙立新、王威、徐增连等编写。第三章由金若时、彭云彪、俞礽安、陈印、陈路路、苗培森、汤超、刘晓雪、杨君、赵丽君、朱强、魏佳林、梁建刚、孙大鹏、黄忠峰等编写。第四章由冯晓曦、刘华健、司庆红、金若时、路来君、张素荣、陈印、王善博等编写。第五章由金若时、王可勇、聂逢君、朱强、吴柏林、司庆红、赵华雷、王威、张博、汤超、王善博等编写。第六章由金若时、侯惠群、赵华雷、陈路路、朱强、司庆红、陈印、吴柏林、刘红旭、焦养泉、安树清、张莉娟、沈加林等编写。第七章由金若时、陈印、程银行、王少轶、赵华雷、张天福、周红英、肖志斌等编写。第八章由金若时、滕雪明、程银行、俞礽安、陈印、李效广、苗培森、王威、滕菲等编写。第九章由金若时、俞礽安、苗培森、陈印、刘华健、李建国、李效广、汤超、奥琮等编写。此外，李艳锋、曾辉、刘华健等参与了本书大量图件的编制。书中同时集成了 973 计划项目团队倪师军、聂逄君、侯惠群、刘红旭、路来君、焦养泉、吴伯林等各课题项目成员的大量研究成果。

　　在专著依托的 973 计划项目执行过程中，中国科学院莫宣学、侯增谦和成秋明等院士、中国工程院毛景文院士及中国地质调查局相关领导对项目的运行给予悉心的指导和帮助。973 计划项目跟踪专家赵振华、丁悌平、马福臣等专家对于项目的运行、关键科学问题的剖析、重大科学成果的凝练等给予了具体指导。本书是 973 计划项目成果的集成和凝练，是项目全体参与人员辛勤工作的智慧结晶。鄂尔多斯盆地砂岩型铀矿研究过程中得到了科技部、自然资源部科技司、天津市科技局、中国地质调查局、成都理工大学、东华理工大学、中国核科技信息与经济研究院、核工业北京地质研究院、吉林大学、中国地质大学（武汉）、核工业二〇八大队、西北大学等单位和科研院校的大力支持和协作。中国煤炭地质局、内蒙古自治区国土资源厅对项目实施给予了大量的帮助。中国地质调查局天津地质调查中心实验测试实验室、中国地质调查局铀矿地质重点实验室、核工业北京地质研究院测试中心、西北大学大陆动力学国家重点实验室、中国地质大学（武汉）地质过程与矿产资源国家重点实验室、中国地质科学院国家地质实验测试中心等单位承担了项目样品测试工作。在此谨向对项目给予指导的各位专家领导、参加工作的成员、协助单位表示衷心的感谢！

金若时

2020 年 4 月 20 日于天津

# 目　　录

# 第一章 国内外研究现状

核能是重要的非化石低碳能源，有利于减少温室效应和空气污染，是重要的能源开发利用方向，已经成为多国主要的电力来源之一。铀矿是核能的主要载体，其中砂岩型铀矿以其矿床规模大、地浸采矿成本低、开采过程环保等优点，在世界铀资源（储量）中的比重迅速攀升，已成为世界最重要的铀矿类型之一（Borshoff and Faris，1990；Jaireth *et al.*，2008，2015；IAEA，2016）。近年来，中国地质调查局在中国北方陆相盆地系统地开展了砂岩型铀矿调查工程（Jin *et al.*，2018），发现了许多砂岩型铀矿床。科技部组织开展的国家重点基础研究发展计划（973 计划）项目砂岩型铀矿专项（2015CB453000），获得了一批理论研究成果，在指导国内找矿的同时，也引起了国外专家和国际地科联的关注，国际地球科学计划（The International Geoscience Programme，IGCP）"砂岩型铀矿表生流体成矿作用"（IGCP-675）（2019～2023 年）得以实施，是国际地质科学联合会（International Union of Geological Sciences，IUGS）和联合国教科文组织（United Nations Educational，Scientific and Cultural Organization，UNESCO）对砂岩型铀矿的高度重视和对我国铀矿找矿和理论研究成果的充分肯定。

## 第一节 全球铀矿分布、类型和供需概况

全球铀资源虽然十分丰富，但分布不均匀，供需分离比较明显（图 1.1）。2015 年全球铀资源需求总量为 63404t，主要集中在美国、法国、俄罗斯、中国和韩国，占总需求量的 69%；但 2015 年的铀产出国集中在哈萨克斯坦、澳大利亚、加拿大、尼日尔和纳米比亚，占全球供给量的 82%。在 30 个铀资源消费国中，只有加拿大和南非能够满足本国国内的需求（IAEA，2016）。2014 年，世界铀资源产量达到了 55975t U，供给了全球铀资源需求（56585t U）的约 99%，但 OECD 成员国中的供需关系依然存在较大的差距。由于大量二次铀资源（燃料的循环利用、政府库存、核武器废料利用等）的利用，供需基本上趋于平衡。随着世界各国核电站装机总量的不断增加，世界铀资源需求会长期稳定的增长。

在世界各类型铀矿资源中，砂岩型铀资源的开采量占比不断攀升。根据 IAEA（2016）红皮书，砂岩型铀矿 2015 年的资源量为全球铀资源总量的 26.7%，而其实际铀资源供给量占比达到了 49%（<USD 130/kg U），表明砂岩型铀矿已成为全球最主要的开采矿床类型（图 1.2）。砂岩型铀矿为主要来源的产铀国包括哈萨克斯坦（41%）、加拿大（16%）、澳大利亚（9%）、尼日尔（7%）、纳米比亚（6%）、俄罗斯（5%）、乌兹别克斯坦（5%）、中国（3%）、美国（3%）（IAEA，2016）。根据对 IAEA 2016 年数据库资料的统计，全球已发现铀矿床 1520 个，其中砂岩型铀矿数量最多，有 639 个，占世界各类铀矿床总数的 42%。

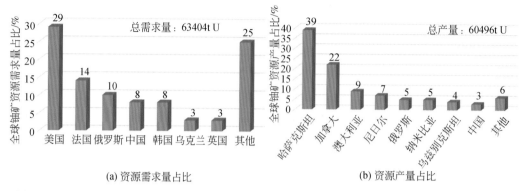

图 1.1 全球铀矿资源产量与需求占比 [数据据世界核能协会（World Nuclear Association，WNA）]

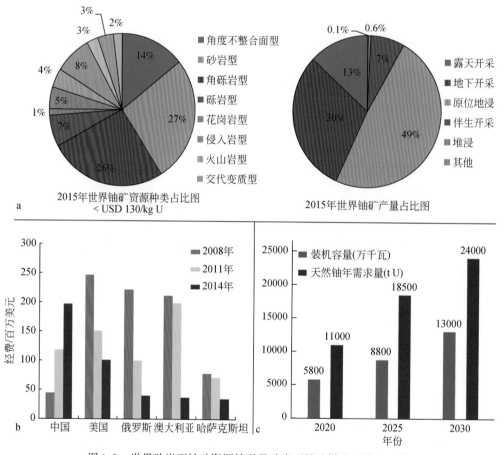

图 1.2 世界砂岩型铀矿资源情况及砂岩型铀矿勘查现状和需求

a. 世界铀矿资源占比图（据 IAEA，2016）；b. 2008～2014 年世界主要产铀国家铀矿勘查资金投入（据 IAEA，2016）；c. 2030 年前我国核电发展规模与天然铀需求量预测（据 2016～2020 年中国铀矿产市场深度调查及投资前景预测报告）

目前，中国、美国、澳大利亚、加拿大等国家先后将铀列为国家的战略资源，并增加了砂岩型铀矿的勘查开发力度。1967 年，苏联布金纳依（Bukinay）砂岩型铀矿床地浸实验取得成功，改变了世界铀资源利用类型格局，砂岩型铀矿的重要性快速提升。1980 年，在法国巴黎召开的第26届国际地质大会上（26th International Geologic Congress），提出了"Geological Environments of Sandstone-type Uranium Deposits"计划，系统地提出了砂岩型铀矿的定义，展开了全球重要砂岩型铀矿床分布范围的划分和构造背景的研究（IAEA，1985）。2018年，联合国教科文组织和国际地球科学联合会联合实施了地球科学对比计划IGCP-675项目"Supergene Fluid Ore-forming Process of Sandstone-type Uranium Deposits"。目前，中国、澳大利亚、加拿大、美国、哈萨克斯坦等世界主要砂岩型铀矿产国，也相继开展了新一轮铀矿的研究和勘查工作。

全球砂岩型铀矿呈巨型带状，产在地球北纬和南纬20°~50°的广阔的中—新生代沉积砂岩中，主要分布于欧亚铀成矿带和南北美洲铀成矿带（王正邦，2002；图1.3）。中亚作为全球最重要的砂岩型铀矿聚集区，砂岩型铀矿主要分布于哈萨克斯坦、乌兹别克斯坦及中国。其中，哈萨克斯坦砂岩型铀矿的总储量达百万吨以上，主要分布于楚-萨雷苏、锡尔河、北哈萨克斯坦等盆地（Dahlkamp，1993）。中国北方砂岩型铀成矿带位于欧亚铀成矿带的中、东段，先后在伊犁、准噶尔、鄂尔多斯、二连和松辽等盆地获得一批大型、特大型铀矿床。美国砂岩型铀矿储量占全美洲砂岩型铀矿总储量的95%以上，约28万吨（$U_3O_8$），主要分布于西部科迪勒拉褶皱带中的怀俄明盆地、科罗拉多高原（Colorado Plateau）及南得克萨斯海岸带平原（Boberg，2010；McLemore，2011；Hall et al.，2017）。澳大利亚铀资源约占世界总储量的29%（IAEA，2016），其砂岩型铀矿的总储量约为12.3万吨（$U_3O_8$），主要分布于Callabonna、Ngalia、Carnarvon等盆地（Penney，2012）。

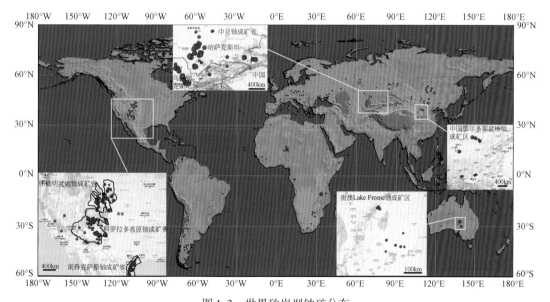

图1.3　世界砂岩型铀矿分布

铀矿床数据据IAEA，2016；Fairclough et al.，2018。插图底图据Google Earth

砂岩型铀矿主要产于富有机质和黄铁矿等还原性介质的河流相长石中-粗粒砂岩中，主要的铀矿物为沥青质铀矿、铀石等。已知砂岩型铀成矿的时代集中于中生代到古近纪、新近纪。

砂岩型铀矿大致可以分为五个亚类（IAEA，2018）（图 1.4）：

（1）古河谷型：Dalmatvoskoye、Khiagdinskoeye（俄罗斯），Beverley（澳大利亚），二连（中国）。

（2）板状：Akouta、Imouraren 和 Arlit（尼日尔），Coutras（法国），科罗拉多高原（美国），纳岭沟、大营（中国）。

（3）卷状：Moinkum、Inkai 和 Mynkuduk（哈萨克斯坦），Crow Butte 和 Smith Ranch（美国），以及 Bukinay、Sugraly 和乌奇库杜克（Uchkuduk，乌兹别克斯坦）。

（4）构造-岩性型：Mikouloungou（加蓬）和 Mas Lavayre（法国）。

（5）元古宙砂岩中的镁铁质岩脉型：Matoush（加拿大）和 Westmorland District（澳大利亚）。

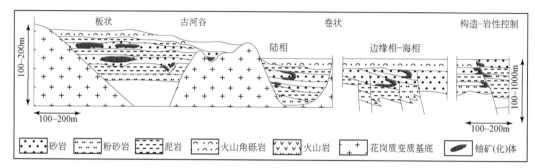

图 1.4　世界砂岩型铀矿分类

# 第二节　国外研究概况

世界铀矿开发已经走过了一个半世纪的漫长历程。1850 年，捷克首先把铀矿石作为主要矿产品开采。1880 年，美国在科罗拉多高原发现砂岩型铀矿。1952 年，苏联发现乌奇库杜克砂岩型铀矿床。1954 年，苏联在奥布宁斯克建成了第一座核电站。1967 年，苏联布金纳依砂岩型铀矿床地浸开采实验取得成功，从此改变了世界铀矿类型的利用格局。20 世纪 60 至 90 年代，砂岩型铀矿经历了一个蓬勃发展时期，美国先后在怀俄明、科罗拉多、南得克萨斯发现一大批砂岩型铀矿，苏联先后在中亚的哈萨克苏维埃社会主义共和国、乌兹别克苏维埃社会主义共和国等地区发现大量砂岩型铀矿。21 世纪初，随着核电建设的迅速发展，砂岩型铀矿勘查与研究又进入了一个新的发展繁荣阶段。

## 一、美国的砂岩型铀矿床

美国的砂岩型铀矿床主要集中在美国中西部，自北向南分别为怀俄明盆地（群）卷状铀矿矿集区、科罗拉多高原（包括格兰茨）板状钒铜铀矿矿集区和南得克萨斯沿海平原卷状硫化物铀矿矿集区（图 1.5）。前两者在构造上均属贯穿北美西部的科迪勒拉褶皱带，地貌多为干旱的荒漠或草原区，后者位于墨西哥湾，向南延伸至墨西哥境内（Finch，

1991）。这三个铀矿矿集区，均共生有丰富的油气或煤炭资源。此外，科罗拉多–南落基山铀矿省和阿拉斯加在古近系也发育少量古河道型铀矿床（Dickinson，1978）。

美国中西部古陆块边缘发育一系列中—新生代盆地（Finch，1991），其中科罗拉多和怀俄明中—新生代盆地夹持在富铀的科迪勒拉隆起带和富铀的落基山拉勒米隆起带之间，成为美国砂岩型铀矿的主产区。科罗拉多高原区的格兰茨铀矿带、尤拉钒铀矿带及怀俄明盆地的砂岩型铀矿主要含矿层为三叠系—侏罗系（T—J），南得克萨斯铀矿带主要富集于古近系—新近系（E—N）。受中—新生代拉勒米运动影响，得克萨斯沿海平原中—新生代盆地区的北侧发育富铀的 Llano 隆起。这些富铀的隆起带既有富铀花岗岩广泛分布，同时地层中普遍发育拉勒米期富铀火山灰。铀源主要来自于富铀花岗岩、火山岩和前寒武系变质基底。在怀俄明和科罗拉多高原的东南部格兰茨地区，铀源为盆地周缘的富铀花岗岩和火山岩；在科罗拉多地区，为高原西南部广泛出露的前寒武系变质基底和火山岩；在南得克萨斯地区，主要为 Jackson 群内的火山凝灰岩和西北部圣马科斯穹隆中元古代岩体。

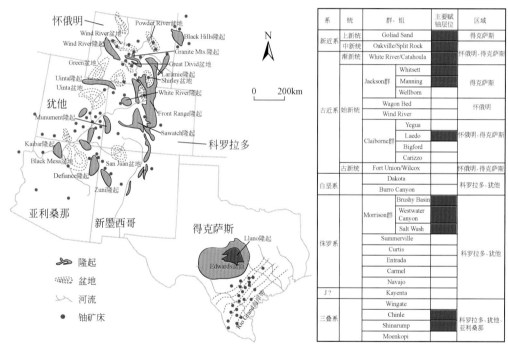

图 1.5 美国砂岩型铀矿分布

右图中红色充填表示含铀矿层

## （一）怀俄明"卷状矿体"矿床

美国怀俄明"卷状"砂岩型铀矿主要发育于美国西部盆岭省 Great Divid 盆地、Wind River 盆地、Shirley 盆地和 Powder River 盆地内河流相冲积扇、河道及泛滥平原沉积体系内。

含矿层主要为弱固结的长石砂岩和砾岩，并含有大量的植物化石碎屑和页岩夹层（图 1.6a）。这些富铀地层呈透镜状夹于粉砂岩和泥岩之间。在早古新世，河流从临近的高地携带大量的沉积岩、火山岩、花岗岩碎屑进入山间盆地，并被古近系和新近系陆相含大量火山岩碎屑沉积所覆盖。新近纪以后，受均衡隆升影响，该地区处于剥蚀状态（Fischer，1970）。含矿层位主要为：Powder River 盆地内古近系 Wasatch 组和 Fort Union 组；Shirley 盆地内古近系渐新统 Wind River 组；Quadrangle 东北部的下白垩统 Cloverly 组；Quadrangle 东南部地区的上白垩统 Lance 组和 Fox Hills 砂岩；拉勒米山和 Hartville 隆起的前寒武系（Seeland et al.，1985）。

拉勒米运动及 40Ma 的缓慢隆升，最终形成了该地区盆-山耦合的区域地质背景。其中，中央发育的 Granite Mts. 为该地区最重要的铀源区。怀俄明铀矿矿集区的铀源主要有三种：①物源区隆起花岗岩；②含矿层本身；③上覆地层中的火山灰（Harshman and Adams，1980）。

卷状矿体主要位于 Wind River 组灰色建造中，呈带状分布，并富集 Se 和 Mo 等元素。成矿时代为新近纪，集中在 22±3Ma（Dooley et al.，1974）。

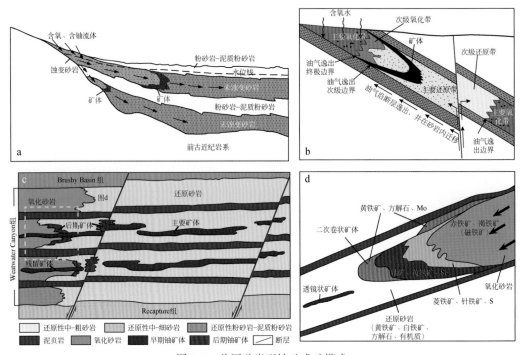

图 1.6　美国砂岩型铀矿成矿模式

a. 怀俄明卷状成矿模式（据 Harshman and Adams，1980 修改）；b. 南得克萨斯卷状成矿模式（据 Adams and Smith，1981 修改）；c. 科罗拉多板状成矿模式（据 Turner-Peterson，1985 修改）；d. 科罗拉多卷状成矿模式（McLemore，2010）

## （二）南得克萨斯"卷状矿体"矿床

南得克萨斯砂岩型铀矿矿集区，位于美国东南部墨西哥湾海滨，区内地貌平缓，西北部发育白垩纪末期的 Llano 隆起（图1.5）。该地区 250 个铀矿化点主要赋存于古近纪、新近纪地层中（Hall et al.，2017）。其中卷状铀床（点）赋存于晚始新世至早上新世沉积体系中，主要位于 San Marcos Arch 的西南面，赋矿层位包括始新统 Jackson 群（Whitsett

组和 Manning 组)、渐新统 Catahoula 组、中新统 Oakville 组和中新统—上新统 Goliad Sand 组(Hall *et al.*，2017)。赋矿地层倾向整体垂直海岸线，离岸向海方向有逐渐变新的规律。最老赋矿砂体为始新统 Jackson 群砂岩。

主要含矿层的物源区自晚古新世以来发生了多次迁移(Hall *et al.*，2017)。晚古新世至早始新世，来自落基山脉和 Great Plains 的沉积物主要补给了休斯敦湾。在渐新世至早-中新世期间，主要的沉积物源区移动到了中部北美大陆和墨西哥的大型火山杂岩体，并为该地区最富含铀地层提供了沉积物。晚中新世至今，沉积物汇集中心向东转移到休斯敦湾，而物源区则转换为大平原地区和圣马科斯穿窿。

得克萨斯卷状铀矿床中铀源可能为来自于远端高原地区的岩石碎片，或来自于与容矿主岩砂岩互层的凝灰岩(Eargle *et al.*，1975；Adams and Smith，1981)。鉴于与火山灰和富火山碎屑沉积物有关的矿床，在区域和时间位置上呈正相关关系，来自跨佩科斯地区西部活动的火山系统的火山灰为该地区铀成矿提供了最重要的铀源(Hall *et al.*，2017)。

南得克萨斯砂岩型铀矿矿集区的形成，受区域断裂构造、上覆富铀地层及深部含烃流体的影响(Galloway *et al.*，1982，2000)(图 1.6b)。跨佩科斯地区火山活动的发育，为该地区提供了大量的富铀火山灰，形成了以渐新统 Catahoula 组为代表的铀源层(Ledger *et al.*，1984)。区域上，地层之间发育的角度不整合面及断裂构造，为地下水及还原性流体的运移提供了通道(Eargle *et al.*，1975；王正邦，1984)。来自深部油气藏的 $H_2S$ 等还原性流体，沿断层上涌，在河流相砂体内富集(Goldhaber *et al.*，1983)。来自上部的含氧流体，流经富含火山灰的 Catahoula 组时，浸出大量的铀，形成含氧-含铀流体(Galloway and Kaiser，1980；Walton *et al.*，1981；Ledger *et al.*，1984)，沿不整合面下渗到河流相砂体中，与深部来源的含烃流体发生耦合成矿作用，在氧化还原前锋线附近发育卷状矿体。

### (三) 科罗拉多"板状矿体"矿床

科罗拉多"板状矿体"主要位于新墨西哥州西北部的 San Juan 盆地南缘，产于上侏罗统 Morrison 群河流相砂岩中(Granger *et al.*，1961；图 1.6c、d)。矿体的形成早于断层的发育，呈板状或层状近平行于地层产于还原性砂岩中，并深受腐殖酸影响(Granger *et al.*，1961)。其成矿年龄早于 130Ma，集中于晚侏罗世—早白垩世(Brookins，1980；Ludwig *et al.*，1984)。该矿区除板状矿体外，晚期还发育卷状矿体，为早期矿体的二次富集，其成矿过程受拉勒米运动的影响，矿体多发育于这些构造隆起的周围，成矿时代小于 30Ma。

San Juan 盆地受拉勒米运动影响，周边发育 Zuni、Nacimiento 和 San Juan 隆起。矿体发育于盆地西南缘 Zuni 隆起的北缘，呈 NW 向平行于隆起构造线带状分布。晚侏罗世沉积建造直接角度不整合上覆于中侏罗统和上三叠统之上，整体向 NE 缓倾。由于晚侏罗世内华达运动的发育，科罗拉多高原西南端形成了科迪勒拉褶皱带，为盆地提供了大量的陆源碎屑和火山碎屑，为 Morrison 群的主要物源区(Silver and Williams，1981)。上侏罗统 Morrison 群为 San Juan 盆地主要的含矿层，可以分为 Recapture 组、Westwater Canyon 组、Brushy Basin 组和 Jackpile 组四个单元。铀成矿的最重要控矿因素是 Morrison 群含有大量的凝灰质物质(Waters and Granger，1953；Weeks，1953)。晚侏罗世科迪勒拉造山带内安第斯型岩浆弧发育，伴随着大量火山灰喷发，为该地区铀成矿提供了重要的铀源。Recapture

组主要为河流相沉积及湖泊相沉积体系。Westwater Canyon 组是该地区主要的含矿层，为辫状河体系的粗粒砂岩。Brushy Basin 组具有明显的侧向变化，从冲积平原向泥沼盐湖相、沙漠相沉积演变，同时含有大量的火山岩凝灰岩夹层。Jackpile 组主要为巨厚的河流相砂岩，也赋存大量的铀矿床。在 Westwater Canyon 组和 Brushy Basin 组交界处，发育一套灰绿色的泥页岩，为上下层位提供了很好的隔水层（Turner-Peterson，1985）。

Morrison 群内发育的板状矿体与腐殖酸具有密切关系（Turner-Peterson，1985）。过去对于腐殖酸的来源有争议，部分学者早期认为腐殖酸来自于白垩纪的热泉，通过角度不整合面进入 Morrison 群（Granger *et al.*，1961；Granger and Warren，1969），或者来自于原生有机物的分解（Thaden and Santos，1956；Squyres，1970，1980）。现在普遍的观点认为，腐殖酸主要来自于 Morrison 群内部 Brushy Basin 组的泥岩及与 Westwater Canyon 组交界处的泥页岩。

San Juan 盆地砂岩型铀矿有两个成矿阶段，即晚侏罗世—早白垩世和古近纪、新近纪（Turner-Peterson，1985）。晚侏罗世—早白垩世为主成矿阶段，形成大量的板状矿体；Morrison 群沉积成岩后期，源于含腐殖质湖泊近岸泥质沉积的腐殖酸或富稀酸，由于压实或渗流作用而进入附近的砂岩层中，将铀矿物质富集形成板状矿体。在新近纪受拉勒米运动影响，盆地西南缘发生 Zuni 隆起伴随闪长岩、二长岩侵入，盆地中心形成岩盖构造，高原南缘和西缘发育大量的火山岩，含氧–含铀流体从 Zuni 隆起，沿低缓地层进入 Morrison 群，造成早期板状矿体的二次迁移，形成卷状矿体。

## 二、澳大利亚的砂岩型铀矿床

澳大利亚砂岩型铀矿床主要位于中—新生代盆地中。大约46%的砂岩型铀资源产于南澳大利亚新生代 Callabonna 次盆地的 Lake Frome 地区，主要矿床有贝弗利（Beverley）、蜜月（Honeymoon）、四英里（Four Mile）、佩佩戈纳（Pepegoona）和裴妮可（Pannikin）等（Hou *et al.*，2017；图1.7）。其中，四英里 E（Four Mile East）、Pannikin 和 Pepegoona 矿床主要位于始新世冲积扇和河流相叠合砂体中（Eyre 组；Hore and Hill，2009），而 Beverley 矿床则形成于 Namba 组中新统河流沉积物中（Heathgate Resources，1998；Wülser *et al.*，2011）。四英里 W（Four Mile West）矿床赋存于伊罗曼加（Eromanga）盆地（Cross *et al.*，2010）。

Callabonna 次盆地三面被富铀的元古宙地体包围。Flinders Ranges 山脉北段中的 Mount Painter Domain（MPD）侵位于新太古代 Adelaidean 沉积岩系中（Idnurm and Heinrich，1993）。MPD 中的长英质岩体含铀高达约400ppm①，为盆地内 Lake Frome 地区提供了大量的物源和铀源。

在 Callabonna 次盆地，古新世到始新世 Eyre 组砂体，由河流相砂岩、褐煤、含碳碎屑岩和泥岩组成（Michaelsen and Fabris，2011）。含矿砂体渗透性极高，赋存了 Lake Frome 地区超过90%的已探明铀资源量。

该地区还原剂可能来源于伊罗曼加和阿罗韦盆地的碳氢化合物，或来自沉积物中有机

---

① 1ppm = 10⁻⁶。

物质的热降解。Lake Frome 地区断层的活化，为来自盆地下方的含烃流体提供了通道。Paralana 断层附近的磷灰石裂变径迹热年代学研究表明，在 25～20Ma，该地区的古地温可以达到100℃以上，能够使泥页岩中的有机质发生降解，从而形成还原性的含烃流体，并沿断层向上运移（Hou et al., 2017）。该地区砂岩型铀矿具有三个重要的成矿期：55Ma±、28Ma±和 6～4Ma（Wülser et al., 2011；Hou et al., 2017）。后期成矿不仅重新活化了早期的铀矿体，而且在老的含水层中形成了新的矿化带。

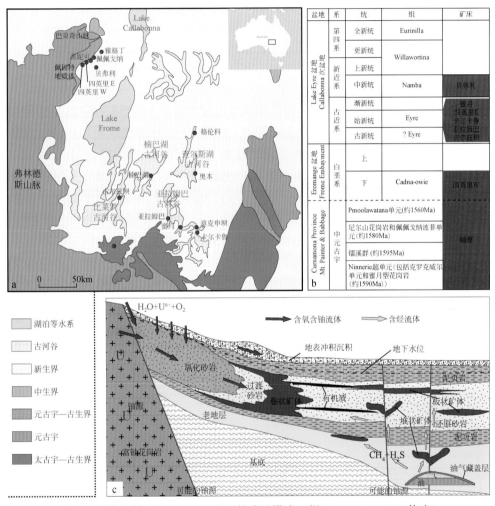

图 1.7　澳大利亚 Lake Frome 地区铀成矿模式（据 Hou et al., 2017 修改）

a 的底图修改自澳大利亚地调局资料；b 中红色充填表示含矿层

## 三、中亚地区的砂岩型铀矿床

中亚砂岩型铀成矿带包括八个铀矿矿集区（姚振凯和刘翔，2000），即哈萨克斯坦南部的楚-萨雷苏铀矿矿集区、锡尔达林铀矿矿集区，东南部的楚伊犁铀矿矿集区、伊犁铀矿矿集区，北部的北哈萨克斯坦铀矿矿集区和西部的曼格什拉克铀矿矿集区；乌兹别克斯坦中部的中央卡兹库姆铀矿矿集区，东部的费尔干纳铀矿矿集区。

　　哈萨克斯坦南部的楚-萨雷苏铀矿矿集区为中亚地区最重要的砂岩型铀成矿区，主要发育于白垩系—古近系中（图1.8）。楚-萨雷苏盆地大地构造位于亚欧 EW 向巨型构造带——天山造山带西段卡拉套造山带 NE 缘（姚振凯等，2011）。砂岩型铀矿床均产于中生代白垩系的陆相灰色细砾-砂质-杂色黏土岩建造和古近系的滨海相灰色砂-黏土岩建造，在上白垩统门库杜克组、英库杜克组、扎尔巴克组，以及古新统乌瓦纳斯组、始新统乌尤克组等富铀地层内，有多个岩性稳定、厚度大的富铀层产出。楚-萨雷苏盆地为一大型渗入型自流水盆地，具有优越的铀成矿条件，并已取得了大量研究成果（Кисляков и Щеточкин，2000；Печенкин，2003；姚振凯等，2011）。盆地基底为前寒武纪花岗岩-变质岩富铀建造，盆地蚀源区发育早古生代富铀黑色岩系和晚古生代富铀的火山岩建造和浅色花岗岩，为盆地中—新生代砂岩型铀矿的形成提供了充足的铀源。盆地铀矿床分布的一个重要特征，是垂向上呈明显的多层矿化，可划分为晚白垩世陆相沉积和古近纪滨海相沉积两个大的层位。

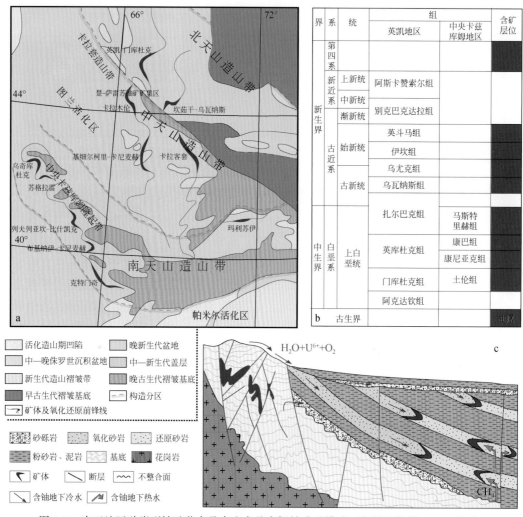

图 1.8　中亚地区砂岩型铀矿分布及中央卡兹库姆铀成矿模式（据姚振凯等，2011 修改）

b 中红色充填表示含矿层

中央卡兹库姆铀成矿矿集区位于乌兹别克斯坦境内中部，区域上属于分隔布哈拉盆地和锡尔河盆地的中央卡兹库姆隆起带的一部分（图 1.8）。中央卡兹库姆隆起带为早古生代阶梯状隆起，后期叠加了海西期和喜马拉雅期的次级造山作用，发育了大量层间氧化带砂岩型和碳硅质板岩型铀矿床（姚振凯和刘翔，2000）。中央卡兹库姆铀成矿矿集区已发现 27 个铀矿床，分别位于布坎套、塔姆德、阿乌明扎、西努拉金和西阿金-西拉布拉克五个铀成矿区内（姚振凯和刘翔，2000）。其中的乌奇库杜克铀矿床是世界首次发现的层间氧化带型砂岩铀矿。

中—新生代以来，中央卡兹库姆经历了多次地壳升降运动，以整体差异升降为特点，在区内发育了厚度较小的海陆交互相沉积盖层，并在沉积盖层中形成了多个不整合沉积间断和古风化壳（Каримов и др.，1996；Печенкин，2003）。中央卡兹库姆地区地史上处于半温湿-半干旱气候相互交替的环境，广泛发育砂岩、中细粒砂岩、粉砂岩和黏土岩。其中含矿主岩为砂岩和中细粒砂岩，其成岩度很差，并含有大量古植物和海洋生物碎屑及黄铁矿等硫化物，次生还原作用明显。粉砂岩和黏土层常形成隔水层。岩相以河流相、海陆交互相、水下三角洲相和滨海相为主（姚振凯等，2011）。铀源主要来自多个长期沉积间断所形成的古风化壳和埋藏不深的古生代基底，二者均为铀含量丰富的富铀建造（姚振凯等，2011）。含矿层位白垩系和古近系，倾角一般为2°～5°。

## 四、古生代地层内砂岩型铀矿床

上述成矿作用主要发育于中—新生代地层中，但是在古生代地层中同样可以发育砂岩型铀矿，如位于东欧塞尔维亚东端、保加利亚西部的 Stara Planina 铀成矿区，矿体产于二叠系—三叠系砂体地层内（Kovačević et al.，2009）（图 1.9）。

区域上，Stara Planina 属于 Carpatho-Balkanides 地块。包含大量的古生代和中生代地质体（Anđelković，1996）。最古老的岩石单元为寒武纪片麻质结晶基底，含有绿色杂岩体和辉长-辉绿岩体。石炭系为一套湖泊相沉积体系，含有大量的火山碎屑及花岗岩的侵入。二叠系为一套约 2000m 厚的碎屑沉积物。沉积环境在晚二叠世发生了转变，由氧化环境变为还原环境。随后的晚二叠世至早三叠世沉积经历多期蚀变作用，在颜色、成分及粒度上存在多样性，常被称作与铀成矿相关的"杂色砂岩系"（Kovačević，1997）。在中三叠世早期，盆地形成了灰岩沉积，覆盖于砂岩之上（Anđelković，1996）。该地区的铀矿床主要产于含有大量的有机质和硫化物（Kovačević，1997；Nikić et al.，2002）的二叠纪—三叠纪砂岩和粉砂岩中。

该地区铀矿床发育的铀源主要为盆地边缘的 Janjia、Ravno Bučje 花岗岩、Inovo 岩系的变沉积岩及二叠系—三叠系。

Stara Planina 砂岩型铀富集作用包括三个阶段（Kovačević et al.，2009）。第一阶段为二叠纪—三叠纪沉积期的预富集阶段，来自物源区的花岗岩、片麻岩及古老地层碎屑中，含有大量的铀元素，在沉积过程中发生铀的预富集作用。第二阶段为流体渗滤过程中铀元素的再次富集，大气降水及地下水将古高地中的铀元素不断带进赋矿砂岩中，并进一步通过渗滤作用迁移原始预富集的铀元素，与砂岩中的还原性介质发生氧化还原作用，形成卷

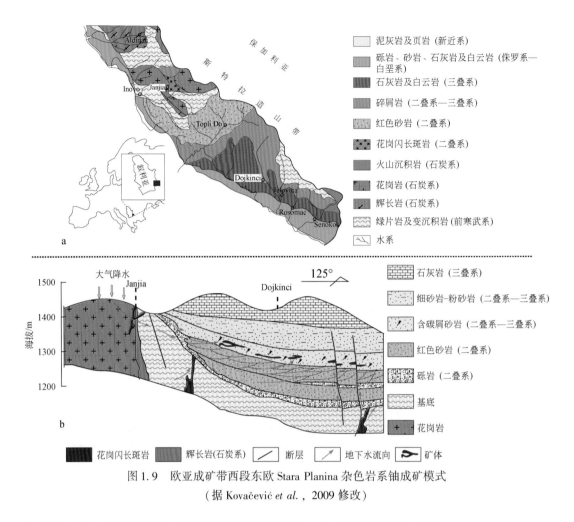

图 1.9　欧亚成矿带西段东欧 Stara Planina 杂色岩系铀成矿模式

（据 Kovačević *et al.*，2009 修改）

状矿体。第三阶段为含铀表生流体沿断裂带迁移，在合适部位富集成矿。

## 五、世界砂岩型铀矿的成矿时代

世界上砂岩型铀矿从古生代到新生代地层内均有产出，但80%以上赋存于中生代和新生代地层中（王飞飞等，2017；图1.10）。

南美洲铀矿主要产于白垩系和二叠系。阿根廷、巴拉圭和巴西等国产于古近系—新近系（E—N）和石炭系—二叠系（C—P）（Labenski *et al.*，1982；Dahlkamp，2010）。北美洲怀俄明盆地和南得克萨斯地区内的砂岩型铀矿床主要赋存于古近系—新近系（E—N）（Dahlkamp，2010），科罗拉多高原铀矿床主要赋存于上三叠统—中侏罗统（$T_3$—$J_2$）（王飞飞等，2017）。

中亚地区，哈萨克斯坦和乌兹别克斯坦境内的铀矿床主要赋存于上白垩统—古近系（$K_2$—E）。中国及俄罗斯境内的铀矿床主要赋存于中侏罗统—白垩系（$J_2$—K），并在古近系—新近系（E—N）内有新的发现。蒙古境内则主要赋存于白垩系（K），有部分铀

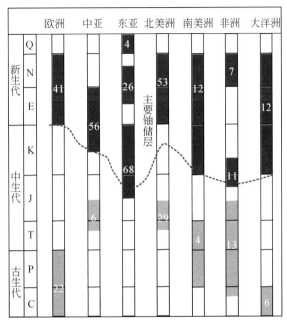

图 1.10　世界砂岩型铀矿主要赋矿层系（灰色代表铀赋存地层单元）

矿赋矿层位为古近系—新近系（E—N）和第四系（Q）（Jin *et al.*，2016；王飞飞等，2017）。

　　澳大利亚，Callabonna 次盆地、Carnarvon 盆地、Gunbarrel 盆地和 Eucla 盆地等，赋矿层位主要为白垩系—古近系（K—E）；而在 Canning 盆地、Ngalia 盆地和 Amadeus 盆地等，主要赋存在石炭系（C）（Jaireth *et al.*，2016；王飞飞等，2017）。

　　欧洲主要赋矿层位为石炭系—二叠系（C—P），次要赋矿层位为古近系—新近系（E—N）（Dahlkamp 2016；Wang *et al.*，2017）。

　　非洲赋矿层位为二叠系—三叠系（P—T）及古近系（E）（Cairncross，2001；王飞飞等，2017）。

　　综上所述，世界上砂岩型铀矿主要赋矿层位为中—新生界。这表明砂岩型铀矿的主要成矿时代可能集中于侏罗纪、白垩纪、古近纪和新近纪时期，成矿时代较为宽泛。由于后期的多次活化作用影响，测试年龄多数偏新。砂岩型铀矿为较开放动态水成体系成矿，很难精确的测试其成矿时代（Ludwig *et al.*，1982；Placzek *et al.*，2016；Domnicka *et al.*，2018）。

　　统计分析表明（Cheng *et al.*，2018）（图 1.11），①大多数砂岩型铀矿的主要成矿时代集中于中新世至全新世；②成矿时代表明其成矿作用一直持续到中新世以后；③大多数侏罗系—白垩系（J—K）和古近系—新近系（E—N）的赋矿层位含有中新世和上新世至更新世的成矿作用；④更古老的成矿时代多代表了早期残留的矿体，经历了多期次的构造隆升及流体动力学作用。

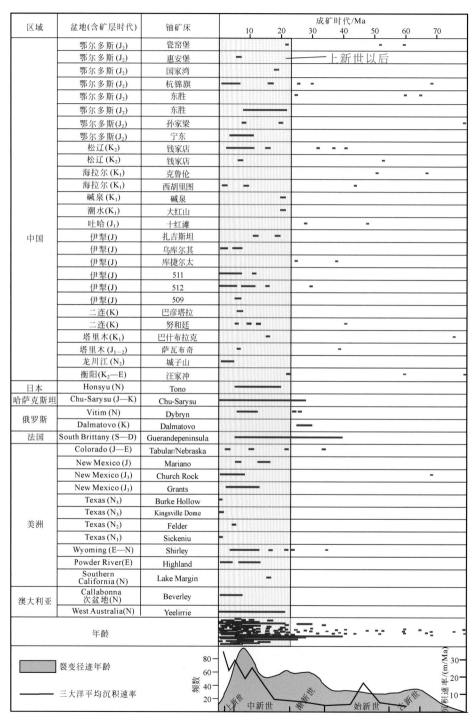

图 1.11　全球砂岩型铀矿成矿时代（据 Cheng *et al.*，2018 及其内部资料）

# 第三节　国内研究概况

20 世纪 50 年代，我国地质学家在苏联专家的帮助下，在伊犁盆地南缘开展砂岩型铀矿的普查工作，并发现了中国第一个含铀煤型达拉地铀矿床，赋矿层位为中–下侏罗统含煤碎屑岩建造；同时在南方衡阳盆地内发现了汪家冲、蒲魁堂等砂岩型铀矿，赋矿层位为白垩系—古近系红层建造中的灰色夹层。后期，在伊犁盆地南缘，砂岩型铀矿找矿工作相继获得重大突破，发现蒙其古尔、扎吉斯坦、库捷尔太等矿床。

20 世纪 60～80 年代，铀矿勘查在调整中前进。在四川盆地发现了松溪矿床、花台寺矿床，在云南龙川江盆地发现了城子山砂岩型铀矿床，在西北地区潮水盆地和老庙盆地开展了砂岩型铀矿勘查工作，同时也开展了一些砂岩型铀成矿作用的理论研究工作。

20 世纪 90 年代，随着中亚各国砂岩型铀矿找矿工作的重大进展及砂岩型铀矿地浸技术的不断成熟，砂岩型铀矿在世界铀资源中的重要性不断增强。中国核工业系统先后引入了美国的卷状成矿理论和苏联的层间渗入型理论，指导中国砂岩型铀矿找矿工作。相继在伊犁盆地库捷尔太和乌库尔其矿床、吐哈盆地十红滩矿床、鄂尔多斯东胜铀矿点及中石油在松辽盆地钱家店铀矿床取得进展及突破，中国砂岩型铀矿找矿工作进入良性发展阶段。

进入 21 世纪以后，随着世界铀价格不断变化，人们对环境保护意识进一步增强，中国加大了砂岩型铀矿的勘查力度。在伊犁盆地，继续有所发现，南缘已经成为我国砂岩型铀矿开采的基地之一。在吐哈盆地，十红滩铀矿床北带获得重大突破。在鄂尔多斯盆地，北部大营、纳岭沟、东胜、呼庐梁等矿床取得了系列找矿突破。纳岭沟铀矿床开展了地浸实验，效果很好，为鄂尔多斯北缘砂岩型铀矿开采基地建设奠定了资源基础。在二连盆地，巴彦乌拉等砂岩型铀矿床也取得重大进展，地浸实验取得成功。中国石油辽河油田在松辽盆地超大型钱家店铀矿床，建立了大型砂岩型铀矿开采基地。

2010 年以来，随着中国核电的蓬勃发展，对于铀资源的需求不断上升。为满足核电和国防需求，中国地质调查局组织了中国北方砂岩铀矿调查工作，先后在鄂尔多斯盆地塔然高勒、宁东、彭阳和黄陵，二连盆地陆海及准噶尔盆地东部（准东）和克拉玛依等地区获得重大找矿突破，为国家铀矿开采基地建设提供了资源保障。在准东和硫磺沟等地区首次发现了铀矿产地，在柴达木盆地新近系发现了高品位工业矿体，在鄂尔多斯盆地彭阳–红河地区的风成砂中发现了厚大工业矿体，在松辽盆地北部新区新层位发现了多个新的矿产地等。我国砂岩型铀矿的找矿工作迈上新的台阶（图 1.12）。

中国地质调查局天津地质调查中心（简称天津地调中心）科研团队，在前期"北方砂岩型铀矿调查工程"的基础上，开展了中国砂岩型铀矿 973 计划"中国北方巨型砂岩铀成矿带陆相盆地沉积环境与大规模成矿作用"项目（2015～2019 年），建立了适合中国北方中—新生代陆相盆地砂岩型铀成矿的理论体系，有效地指导了中国新一轮铀矿找矿工作，取得了系列找矿突破。此项目解决了制约砂岩型铀矿找矿的四个关键科学问题：①陆相盆地含铀岩系沉积环境对成矿的制约；②表生流体作用下铀的超常富集机理；③煤等有机质对铀成矿的影响；④构造运动对铀成矿的控制作用。为了实现深部找矿突破，科技部又组织实施了国家重点研发计划"深地资源勘探开采"（2016～2020 年），天津地调中心团队是铀矿深部调查的主力军。这些项目的相继开展，先后在新区、新层系获得重大找矿突破，在砂岩型铀成矿模式、沉积环境、构造演化等对铀成矿的制约等方面获得一系列理论创新。为开展世界砂岩型铀矿的理论研究和联合对比，由中国地质调查局天津地质调查中心牵头，开展实施了砂岩型铀矿国际地球科学对比计划 IGCP-675 项目。

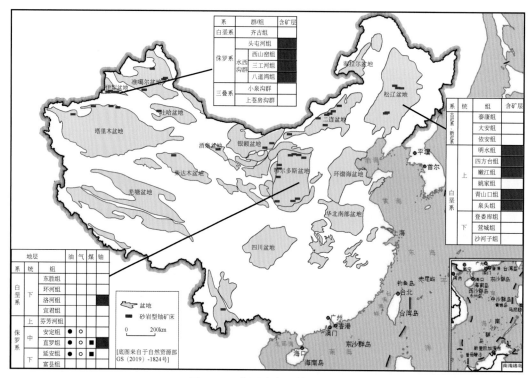

图 1.12　中国砂岩型铀矿分布

# 一、伊犁盆地成矿模式

　　伊犁盆地是我国最早开始砂岩型铀矿勘查和地浸开采的铀矿产地，在盆地的南缘发育一批重要的砂岩型铀矿床，如洪海沟、库捷尔太、乌库尔其、扎吉斯坦、蒙其古尔、达拉地等。该盆地属于哈萨克斯坦板块南部东段中天山隆起带中的伊犁微地块，伊犁盆地铀成矿带，是中亚地区南巴尔喀什-伊犁铀矿省的重要组成部分。

　　伊犁盆地的沉积建造具有三大构造层，下部为富铀盆地基底，中部为侏罗系水西沟群陆相暗色含煤碎屑岩和白垩系碎屑岩建造，上部为新生代红色类磨拉石建造。侏罗系水西沟群含煤地层是盆地内的产铀建造，分为八道湾组、三工河组和西山窑组三个组。

　　水西沟群沉积相模式为冲积扇扇前辫状河-滨湖三角洲-湖沼相。砂体具有较稳定的泥—砂—泥结构。地层向盆地中间倾斜，岩石成熟度低，颗粒磨圆度差，渗透性较好，构成了稳定的补-径-排体系。砂体内有大量丰富的植物碎屑、煤屑、黄铁矿等还原物质，为铀矿的形成提供了有利条件。早—中侏罗世盆地为潮湿气候条件，形成了暗色含煤碎屑建造，晚侏罗世为杂色碎屑建造；白垩纪为干旱气候，形成了红色碎屑建造。现今半干旱-

干旱的气候，有利于含氧-含铀水深入深部还原性地层。

对于伊犁盆地南缘铀成矿的铀源主要有三种认识：一是盆地南缘为蚀源区；二是沉积地层本身为预富集层；三是成矿物质来自于深部热流体（刘红旭等，2015）。较普遍的观点认为此盆地受中—新生代构造运动的影响，南缘不断抬升造成富铀的石炭纪—二叠纪中酸性火山岩、火山碎屑岩及海西期花岗岩大规模出露，后期经剥蚀大量的物质被搬运到盆地中沉积，经含氧水淋滤，并与还原性介质发生反应，沉淀富集成矿。

伊犁盆地南缘铀矿主要经历了三个阶段，铀预富集阶段、卷状矿体形成阶段及后期改造二次富集成矿阶段（刘红旭等，2015；图1.13）。在海西期，盆地基底发育了一系列花

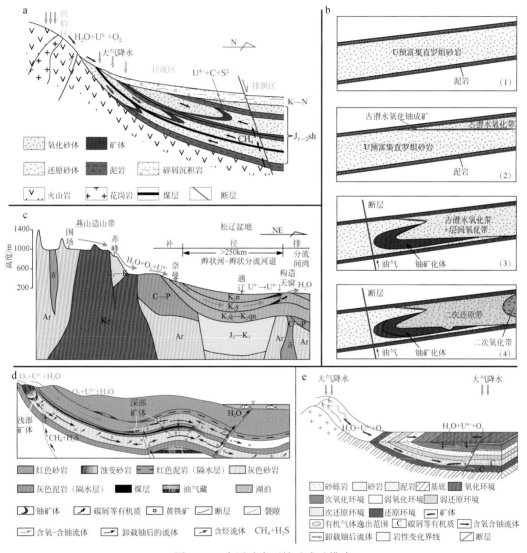

图1.13 中国砂岩型铀矿成矿模式

a. 伊犁盆地南缘成矿模式（据李胜祥等，2006；刘红旭等，2015修改）；b. 鄂尔多斯盆地北部叠合成矿模式（据李子颖等，2009修改）；c. 钱家店铀矿成矿模式（据焦养泉等，2015修改）；d. 含氧-含铀流体与含烃流体耦合成矿模式（据苗培森等，2020，中国北方砂岩型铀矿深部探测新发现及其意义，大地构造与成矿学（待刊））；e. 砂岩型铀成矿原始沉积环境垂向沉积分带模式（据金若时和覃志安，2013修改）

岗岩侵入体，同时发生大规模的火山活动，形成了一套富铀的中酸性火山熔岩、火山碎屑岩和凝灰岩建造。二叠纪末部分基底隆升，成为盆地边缘蚀源区，形成盆地沉积地层的原始预富集作用，并为后期层间氧化带铀成矿提供了充足的铀源。晚白垩世至古近纪，盆地边缘受挤压运动影响，发生缓慢抬升剥蚀。来自蚀源区的含氧-含铀流体，沿低缓地层向盆地内部迁移。由于水溪沟群发育煤-砂-煤的地层结构，并含有大量的碳屑及黄铁矿等还原性物质，含氧-含铀流体与还原性流体发生层间氧化还原作用，形成卷状或板状矿体。上新世末以来，由于印度板块的持续俯冲作用，中国西部发生强烈的陆内造山。伊犁盆地南缘察布查尔山发生强烈的隆升，并伴随盆地内部大量断层的活化和新断层的发育，造成地层掀斜或倒转。这导致盆地的补-径-排体系发生改变，早期矿体被二次迁移至更深层位或在还原性环境保存。部分深部还原性流体，沿断层向上迁移，与含氧-含铀流体汇合，在新的地方发生铀富集作用。

## 二、鄂尔多斯盆地北部成矿模式

鄂尔多斯盆地作为我国重要的多种能源共生的大型盆地，蕴含了大量的煤、油、气及铀等重要能源（邓军等，2005；刘池洋等，2006）。盆地边缘发育了大量的砂岩型铀矿床（图1.12），如盆地东北部的大营-东胜铀矿床（刘汉彬等，2007）、西部的宁东铀矿床（郭庆银等，2010）及南部的黄陵-店头铀矿床（邢秀娟等，2008），等等。

鄂尔多斯盆地东北部盆缘出露寒武纪—奥陶纪、二叠纪—侏罗纪沉积，盆地中间在北部出露的地层主要为早白垩世东胜组。中生代地层产出较平缓，倾角在1°～10°。侏罗系为该地区主要的铀含矿岩系，中侏罗统直罗组为该地区主要的含铀层，可以划分为上段和下段，下段又细分为上亚段、下亚段。下段下亚段主要为辫状河-辫状河三角洲相的中-粗砂岩，为主要的含铀层，靠近延安组的层位发育大量的碳屑、黄铁矿及碳酸盐胶结。下段上亚段为低弯度曲流河相的泥—砂—泥组合，以灰绿色中细砂岩夹泥岩为主，为该地区次要的含铀层位。直罗组上段主要为杂色砂岩夹泥岩，为干旱气候下河流及泛滥平原沉积体系，表现为灰绿色砂岩与红色泥岩互层发育。该地区地层相对稳定，区域性构造相对不发育。

铀源主要来自于沉积成岩阶段盆地北部阴山造山带内含铀碎屑颗粒的预富集和后期物源区高异常地质体通过含氧-含铀水向盆地内部的迁移。

鄂尔多斯东北部铀矿床形成，经历了构造多期次的"动-静"耦合、潜水氧化成矿作用的多次叠加、油气-热流体的改造等。前人将其总结为"叠合成矿模式"（图1.13b）（李子颖等，2006，2009）：①预富集阶段：直罗组辫状河体系的灰色砂岩，含有大量的碳屑和黄铁矿，同时还有大量来自源区的富铀碎屑颗粒，有利于地层的原始预富集。②古潜水氧化作用阶段：在中、晚侏罗世直罗组沉积后，盆地发生抬升和掀斜运动；气候由潮湿已转变为干旱-半干旱，导致含氧-含铀水的垂向运动，发生古潜水氧化作用，在直罗组形成一定量的板状铀富集和矿化。③古层间氧化作用阶段：早白垩世至古新世，盆地东北缘持续抬升，使盆地北部蚀源区及直罗组长期出露地表遭受剥蚀。伴随干旱-半干旱气候，含氧-含铀水沿地层向下渗透，在直罗组砂体内运移过程中，不断与地层中的还原性介质反应，同时早期矿体及原始预富集铀不断向前迁移和富集。④油气还原作用：由于鄂尔多斯盆地东北部为盆地油气逸散的主要地区，在多期次构造运动的影响下，该地区地层中富集大量的油气成分（何自新，2003），造成含矿层的二次还原及保矿作用。⑤热改造作用：根据铀石、硒化物、硫化物和一些高温矿物的研究，结合盆地热演化史分析，矿床大约在 20 ~ 8 Ma B. P. 经历了较强烈的热改造作用。

## 三、钱家店成矿模式

钱家店铀矿床位于松辽盆地南部开鲁盆地钱家店凹陷内，产于上白垩统姚家组下段，铀矿的形成受岩相带的控制作用明显。含矿层的沉积环境为辫状河心滩沉积，砂岩厚度大且分布广泛，砂岩顶底板为泥岩形成的隔水层，具有较高的非均质性。

钱家店铀矿床处于两条主河道汇合部位。河道外侧主要为泛滥平原相沉积，以泥岩为主；在河道分流间湾区域，其泥岩夹层厚度大，砂体较薄，并以粉砂岩和细砂岩为主（陈晓林等，2007）。局部含黄铁矿、碳化植物碎屑，并可见褐色油浸条带和油斑（陈祖伊等，2011）。此外，辫状河分流间湾内的沉积物中普遍富含有机质、植物碳屑及硫化物等，为铀成矿提供较好的还原剂（焦养泉等，2018）。

鉴于姚家组为红色沉积建造，内部缺乏还原性介质，焦养泉等（2015，2018）提出了"红层相控模式"。来自盆地南部燕山造山带的含氧-含铀流体，沿红层可以迁移更长的距离（焦养泉等，2018）。在钱家店地区，流体遇到分流间湾内发育的暗色沉积体系，并受白兴吐隆起的影响，呈"U"型围绕暗色沉积体系发育一系列矿体。

## 四、红河-彭阳成矿模式

近期，研究团队在鄂尔多斯盆地西南部白垩系洛河组内发现了巨厚层的砂岩型铀矿，初步研究表明其为风成沉积体系下形成的矿床。通过对沉积特征、流体特征、蚀变作用等研究，苗培森等[①]认为该地区具有典型的含氧-含铀流体与含烃流体耦合成矿特征。红河-彭阳铀矿大地构造位置处于鄂尔多斯盆地天环拗陷带西南缘，东北侧毗邻长庆油田。赋矿层位为下白垩统洛河组，属风成沉积体系下发育的一套巨厚红色砂体。区域构造较为发育，以 NW 向、近 SN 向断裂构造为主。其中，彭阳铀矿成矿远景区呈 SN 走向的长条形，南北长约百余千米，矿化深度在 700 ~ 1500m。洛河组厚度在 300 ~ 400m，发育 1 ~ 3 层矿化，顶、底和中部均有产出，最大矿化厚度为 50.5m。岩性主要为灰色、绿灰色中细粒砂岩、中粒砂岩。洛河组砂岩中可见沿裂隙切层或顺层发育的还原性流体蚀变现象，具有明显的蚀变分带，从中心向外围依次为绿灰色-黄色、浅红色-红色砂岩。深部探测钻孔中砂岩内顺层及沿裂隙贯入还原性流体，形成蚀变分带。主要见矿孔发育砂岩型铀矿典型垂向分带现象，另有发育上灰下红的逆向分带。蚀变矿物含量总体较低（5% ±），主要有黄铁矿、方解石、白云石、锐钛矿、沥青铀矿、胶磷矿和高岭石等。

---

① 苗培森，陈印，程银行，赵华雷，陈路路，李建国，金若时，汤超，俞礽安，杨涛，胡永兴. 2020. 中国北方砂岩型铀矿深部探测新发现及其意义. 大地构造与成矿学（待刊）

赋矿地层的红层控矿是彭阳铀矿的特点，使得氧化地层（红层）中还原性砂体成为研究热点。晚白垩世以来构造活动触发地表含氧–含铀流体和深层含烃流体的运移，构筑起了补–径–排流体成矿系统，深层还原性流体沿构造裂隙或顺层贯入红色砂岩造成蚀变分带，在氧化还原过渡带形成铀矿（化）体（图 1.13e）。随着中生代古气候由温暖湿润向干旱的转变，盆地沉积了大量的煤系地层、烃源岩及巨厚的红层。红层的发育有利于来自蚀源区的含氧–含铀流体拥有更远的运移距离。晚白垩世末期以来的构造挤压作用，诱使了褶皱和断裂的发育，形成了有利的构造圈闭和流体运移通道，触发了深层还原性流体上涌和表生含氧–含铀流体耦合，在油气藏边缘及盆地边缘的有利砂体内发生氧化还原作用，导致了巨量铀金属富集。

## 五、砂岩型铀成矿原始沉积环境的垂向分带

在中国北方砂岩型铀矿勘查工作中，发现砂岩型铀矿沉积体系的颜色分带具有明显的特征，对盆地铀矿成矿的约束作用也逐步被认识（金若时和覃志安，2013）。垂向分带自上而下主要表现为：强氧化环境的紫色、红色砂岩；次氧化环境的黄色、褐色砂岩、泥岩；弱氧化环境的浅黄色砂岩、泥岩、页岩；弱还原环境的绿色砂岩、泥岩；次还原环境的灰色砂岩夹泥岩，偶见碳屑，为主要含矿目的层；强还原环境的暗灰色、黑色砂岩、泥岩及煤层（次要含矿层）。

通过对中国北方重要含铀盆地内沉积体系的研究，金若时等（2017）进一步指出"红–黑岩系"垂向环境变化制约着大规模成矿作用具有普遍性。中国北方陆相盆地赋铀地层的时代，自西向东由中侏罗世过渡到晚白垩世（李子颖等，2009；刘红旭等，2015；焦养泉等，2015）。中生代晚期至少存在六次大规模的富氧红层沉积事件（金若时等，2017）。其中，中—晚侏罗世、白垩纪红色地层中发育了时代相近的黑色层，共同构成"红–黑岩系"的沉积结构，是北方砂岩型铀成矿的主要层位。典型盆地内地球化学表明，红层与黑色层的 B、Sr 和 Cu 元素含量，及 $Fe^{2+}/Fe^{3+}$、B/Ga、Sr/Cu 和 FeO/MnO 值具有明显的差异（赵振华，1997；张天福等，2016；孙立新等，2017）。结合黑色岩层中黄铁矿、碳屑、油斑和红层中碳酸盐岩的发育，认为红层为相对较强氧化环境，黑色层为相对较还原环境。钻孔联井剖面资料显示红层、黑色层与砂岩型铀矿空间关系密切，铀矿多产于红层与黑色层之间过渡带上，呈板状矿体赋存于灰色、绿灰色砂岩和细砂岩中（金若时等，2017）。中—新生代陆相盆地内耦合产出的黑色岩系和红色岩系是古沉积环境由还原向氧化转变形成的垂向分带，前者为铀矿物质沉淀提供了"障"，后者为表生流体溶解铀矿提供了"场"。

# 第四节　小　　结

世界铀资源供给形式等分析表明，砂岩型铀矿资源已经是世界最主要的铀资源类型。本章以世界典型铀矿床为对象，详细分析了砂岩型铀成矿作用的地质背景、构造演化、成矿时代及成矿模式等。

作为世界上最重要的铀资源，砂岩型铀矿集中分布于欧亚成矿带、北美成矿带和澳大利亚等地区。其成矿模式可以概括为河谷型、卷状、板状及构造-岩性控制等。在模式划分过程中，强调了铀源、岩性、矿体形态、原始沉积特征及构造等因素对砂岩型铀成矿的制约。

上述世界及中国主要砂岩型铀矿床的成矿模式分析表明，砂岩型铀成矿作用具有以下共性：

（1）成矿区域：全球砂岩型铀矿主要分布于南北纬 20°~50°带内的中、新生代盆地，且以盆缘或隆起边缘为主。

（2）物源、铀源体系：物源和铀源具有一致性。物源主要来自盆地边缘的造山带或已经出露的老地层。而造山带内发育的富铀岩体，尤其花岗岩和火山岩，为地层中铀元素的预富集作用提供了重要物源和铀源。

（3）赋矿层位特征：夹于不透水层之间的还原性灰色砂岩为主要的赋矿层位。赋矿地层主要为温暖潮湿环境下发育的河流相砂岩，以辫状河体系为最佳，并含有丰富为碳屑、黄铁矿等还原性介质。部分为富氧条件下发育的红色砂岩，但经后期还原性流体改造后，同样为优质的赋矿层位。赋矿地层上下发育泥页岩、煤层、泥质粉砂岩等弱渗透性岩系，联合中间渗透性好的砂体，共同组成了地下水运移的通道。

（4）成矿过程：砂岩型铀成矿作用具有多期次性。早期赋矿地层发育阶段，随着富铀花岗岩碎屑的沉积，赋矿地层具有原始预富集作用，或在成岩末期在煤层等还原性层位附近发育板状矿体。当泥—砂—泥体系完善后，来自蚀源区的含氧-含铀流体进一步在砂体中迁移富集铀元素及改造早期矿体，并多形成卷状矿体。后期随着断层的发育，深部还原性流体上移，可进一步改造或新形成铀矿体。

（5）构造控制作用：砂岩型铀成矿作用受构造多期次性制约，尤其受断裂构造及隆起制约。早期区域性挤压和伸展运动，造就了盆地蚀源区的隆起，为盆地沉积提供物源和铀源，并形成了盆缘低倾角地层，建立了有利的地下水循环系统。成岩后期挤压构造，使地层发生褶皱隆起，进一步限制了砂岩铀成矿的空间位置。而大量断层的发育，建立了地下水"补-径-排"体系，并为深部还原性流体的运移提供了通道。

（6）还原性介质：参与砂岩型铀成矿的还原性介质主要分为两类，地层内的沉积时发育的还原性介质及后期通过流体迁移来的还原性介质。前者主要包括大量的碳屑、黄铁矿及煤夹层等。后者主要为通过成岩压实作用来自周围还原性地层的还原性流体及通过断层来自深部的含烃流体。

（7）成矿时代：虽然成矿时代具有多期次性，但全球砂岩型铀成矿主要发育在中新生代，尤其晚白垩世—新近纪。

此外，以金若时为首的团队，通过中国北方陆相盆地大规模铀成矿作用的研究，进一步发现盆地原始沉积环境垂向的变化、构造演化对砂岩型铀成矿作用的控制作用越来越重要。

# 第二章 铀成矿的沉积环境

鄂尔多斯盆地地层、主要构造事件对含铀岩系的控制作用、含铀岩系形成的沉积相、盆地氧化–还原条件演化、干旱–潮湿环境变化等问题的详细梳理分析，是研究砂岩型铀矿成矿地质背景的基础工作。

## 第一节 鄂尔多斯盆地地层结构

### 一、鄂尔多斯盆地中生代含铀岩系

鄂尔多斯盆地盖层以中生界为主（图2.1、图2.2）。地质、煤田、石油和核工业系统都曾对其进行过系统的对比研究，主要的层序划分基本一致。

在前人研究基础上，我们着重野外沉积标志面观测、沉积旋回划分和钻孔联井剖面对比，按照层序地层学的原理进行了系统梳理研究。通过野外地质调查和地震、钻孔资料揭示和磷灰石裂变径迹测试，根据北缘中生代以来地层接触关系划分出了三个角度不整合（203Ma、145Ma、65Ma）、三个平行不整合（230Ma、195Ma、165Ma）及据磷灰石裂变径迹测试厘定了两次（120Ma、95Ma）构造事件（图2.2）。据此，中生代鄂尔多斯盆地经历了"三翻五次"八个幕次的构造事件（图2.2）。通过鄂尔多斯盆地重力、航磁异常及遥感影像等信息分析，厘定了盆地基底及周缘构造格架（详细分析请见《鄂尔多斯盆地砂岩型铀矿成矿地质背景》）。盆地基底构造以 NE 向为主，叠加 NW 向、（近）EW 向断裂；盆地周缘断裂构造受盆地边界走向影响，以 EW 向、SN 向为主。

在早—中侏罗世，鄂尔多斯盆地处于弱伸展环境下的相对稳定演化阶段，印支期碰撞挤压造成的高低不平古地貌被剥蚀填平，此时为鄂尔多斯盆地沉积的全盛时期，盆地范围远大于现今盆地（时志强等，2003）。沉积相以河湖相、沼泽相为主。中—晚侏罗世受到多向挤压作用，盆地不同地区隆升、剥蚀程度差异较大，盆地呈不均衡演化状态。早白垩世，盆地西部沉积厚度远大于盆地东部地区。晚白垩世，盆地处于全面隆升状态，缺失晚白垩世地层，鄂尔多斯盆地构造格架基本定型。

鄂尔多斯盆地中—新生代发育了一套陆相沉积体系（图2.3）。从下至上地层层序为：三叠系（T）、侏罗系（J）、下白垩统（$K_1$）及新生界（E、N、Q），其中中生代地层构成了鄂尔多斯盆地沉积的主体（图2.2、图2.3）。盆地中生代含铀岩系包括白垩系含铀岩系和侏罗系含铀岩系，分别为白垩系洛河组（$K_1l$）、环河组（$K_1h$）和侏罗系延安组（$J_2y$）、直罗组（$J_2z$）（图2.2）。延安组二段、三段（$J_2y^{2+3}$）聚煤作用强烈，由多个湖泊三角洲体系单元组成，细碎屑沉积为主，岩性为深灰色、黑色泥岩、粉砂岩及煤层，其次为灰色砂岩夹泥灰岩或黑色油页岩。中侏罗统直罗组（$J_2z$）为"红色"富氧沉积，整体为河湖

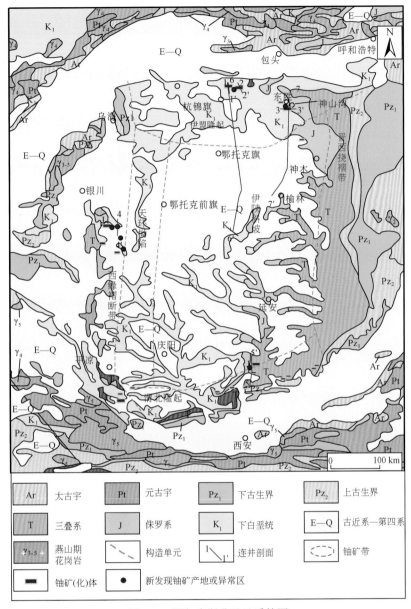

图 2.1　鄂尔多斯盆地地质简图

相碎屑岩建造，分为上、下两段，两段物源条件一致，但沉积体系差异明显（张天福等，2016）。直罗组上段（$J_2z^2$）上部以褐红色、紫色泥岩与细砂岩、粉砂岩互层，下部多发育褐红色厚层中-粗粒砂岩。直罗组下段（$J_2z^1$）发育多个正韵律沉积旋回，岩性主要为灰色、灰绿色、绿色中-粗砂岩、含砾砂岩，以辫状河沉积为主。白垩系含铀岩系主要为一套红色富氧沉积建造，下白垩统为红色、杂色碎屑岩，以河流相、湖相及风成沉积体系为主。洛河组至华池-环河组沉积时期为一个退积沉积旋回，形成了巨厚层的洛河组风成砂沉积。从罗汉洞组至泾川组沉积时期组成第二个退积沉积旋回，形成了罗汉洞组巨厚层风成砂沉积。

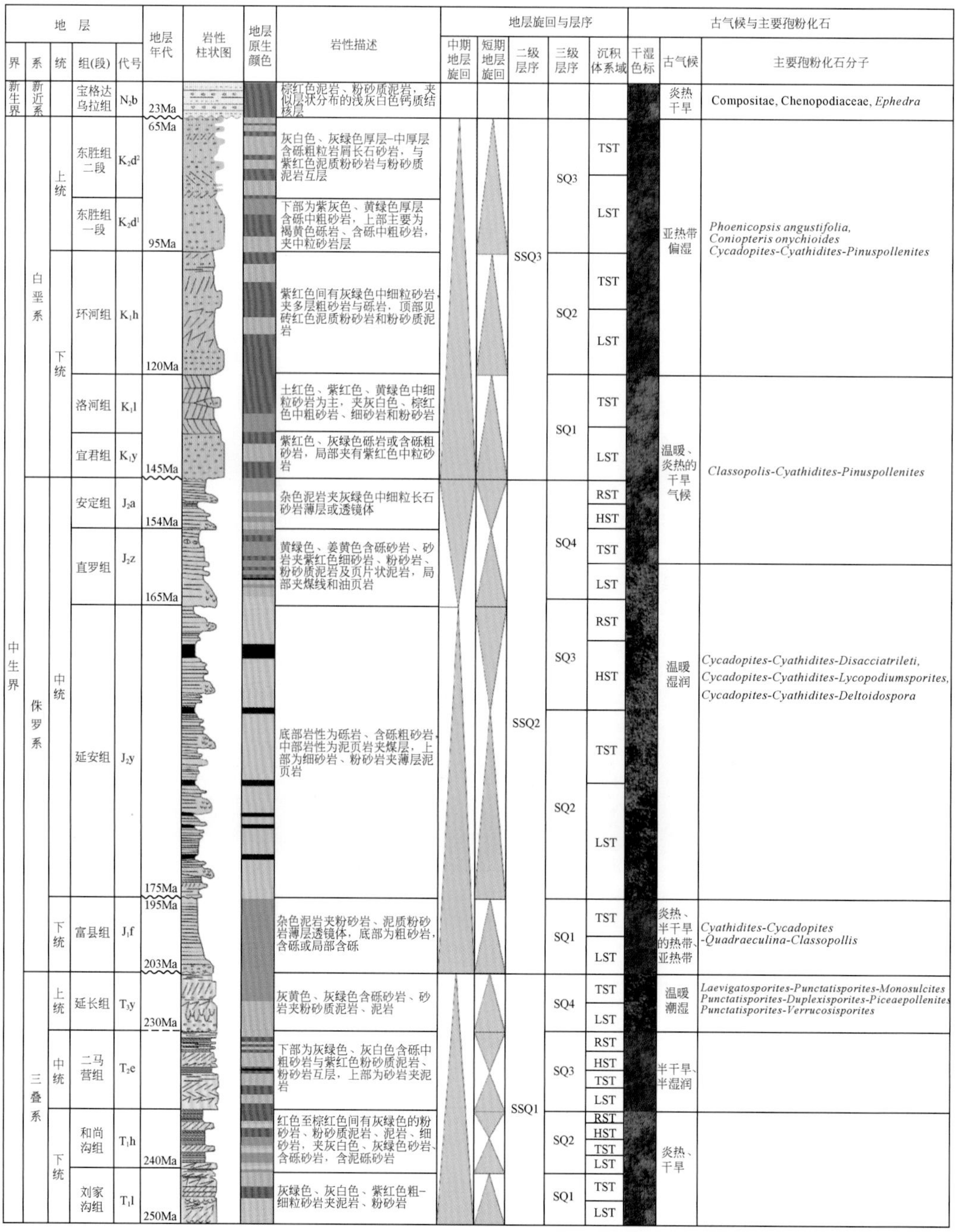

| 界 | 系 | 统 | 组(段) | 代号 | 地层年代 | 岩性柱状图 | 地层原生颜色 | 岩性描述 | 二级层序 | 三级层序 | 沉积体系域 | 古气候 | 主要孢粉化石分子 |
|---|---|---|---|---|---|---|---|---|---|---|---|---|---|
| 新生界 | 新近系 | | 宝格达乌拉组 | N₂b | 23Ma | | | 棕红色泥岩、粉砂质泥岩,夹似层状分布的浅灰白色钙质结核层 | | | | 炎热干旱 | Compositae, Chenopodiaceae, *Ephedra* |
| 中生界 | 白垩系 | 上统 | 东胜组二段 | K₂d² | 65Ma | | | 灰白色、灰绿色厚层—中厚层含砾粗粒长石砂岩,与紫红色泥质粉砂岩与粉砂质泥岩互层 | SSQ3 | SQ3 | TST | 亚热带偏湿 | *Phoenicopsis angustifolia, Coniopteris onychioides* Cycadopites-Cyathidites-Pinuspollenites |
| | | | 东胜组一段 | K₂d¹ | 95Ma | | | 下部为紫灰色、黄绿色厚层含砾中粗砂岩,上部主要为褐黄色砾岩、含粗中粒砂岩,夹中粒砂岩层 | | | LST | | |
| | | 下统 | 环河组 | K₁h | 120Ma | | | 紫红色间有灰绿色中细粒砂岩,夹多层砾岩与砾岩,顶部见砖红色泥质粉砂岩和粉砂质泥岩 | | SQ2 | TST / LST | 温暖、炎热的干旱气候 | *Classopolis-Cyathidites-Pinuspollenites* |
| | | | 洛河组 | K₁l | | | | 土红色、紫红色、黄绿色中细粒砂岩为主,夹灰白色、棕红色中粗粒砂岩、细砂岩和粉砂岩 | | SQ1 | TST | | |
| | | | 宜君组 | K₁y | 145Ma | | | 紫红色、灰绿色砾岩或含砾粗砂岩,局部夹有紫红色中粒砂岩 | | | LST | | |
| | 侏罗系 | 上统 | 安定组 | J₃a | 154Ma | | | 杂色岩岩夹灰绿色中细粒长石砂岩薄层或透镜体 | | SQ4 | RST / HST | 温暖湿润 | Cycadopites-Cyathidites-Disacciatrileti, Cycadopites-Cyathidites-Lycopodiumsporites, Cycadopites-Cyathidites-Deltoidospora |
| | | 中统 | 直罗组 | J₂z | 165Ma | | | 黄绿色、姜黄色含砾砂岩、砂岩夹紫红色细砂岩、粉砂岩、粉砂质泥岩及页片状泥岩,局部含煤线和油页岩 | | SQ4 | TST / LST | | |
| | | | | | | | | | SSQ2 | SQ3 | RST / HST | | |
| | | | 延安组 | J₂y | | | | 底部岩性为砾岩、含砾粗砂岩,中部岩性为泥页岩夹煤层,上部为细砂岩、粉砂岩夹薄层泥页岩 | | SQ2 | TST / LST | | |
| | | 下统 | 富县组 | J₁f | 175Ma 195Ma 203Ma | | | 杂色泥岩夹粉砂岩、泥质粉砂岩薄层透镜体,底部为粗砂岩,含砾或局部含砾 | | SQ1 | TST / LST | 炎热、半干旱的热带亚热带 | *Cyathidites-Cycadopites-Quadraeculina-Classopollis* |
| | 三叠系 | 上统 | 延长组 | T₃y | 230Ma | | | 灰黄色、灰绿色含砾砂岩、砂岩夹粉砂质泥岩、泥岩 | | SQ4 | TST / LST | 温暖潮湿 | *Laevigatosporites-Punctatisporites-Monosulcites Punctatisporites-Duplexisporites-Piceaepollenites Punctatisporites-Verrucosisporites* |
| | | 中统 | 二马营组 | T₂e | | | | 下部为灰绿色、灰白色含砾中粗粒砂岩与紫红色粉砂质泥岩、粉砂岩互层,上部为砂岩夹泥岩 | SSQ1 | SQ3 | RST / HST / LST | 半干旱、半湿润 | |
| | | 下统 | 和尚沟组 | T₁h | 240Ma | | | 红色至棕红色间有灰绿色的粉砂岩、粉砂质泥岩、泥岩、细砂岩,夹灰白色、灰绿色含砾砂岩、含砾砂岩 | | SQ2 | RST / HST / TST / LST | 炎热、干旱 | |
| | | | 刘家沟组 | T₁l | 250Ma | | | 灰绿色、灰白色粗—细粒砂岩夹砾岩、粉砂岩 | | SQ1 | TST / LST | | |

图2.2　鄂尔多斯盆地三叠纪—侏罗纪综合柱状图

　　鄂尔多斯盆地目前发现的铀矿主要赋存在侏罗系延安组（J₂y）、直罗组（J₂z）、安定组（J₃a）和白垩系洛河组（K₁l）和环河组（K₁h）五个地层层位的砂岩中，其中矿体主要赋存于侏罗系直罗组（J₂z）、白垩系洛河组（K₁l）和环河组（K₁h）三个地层之中。

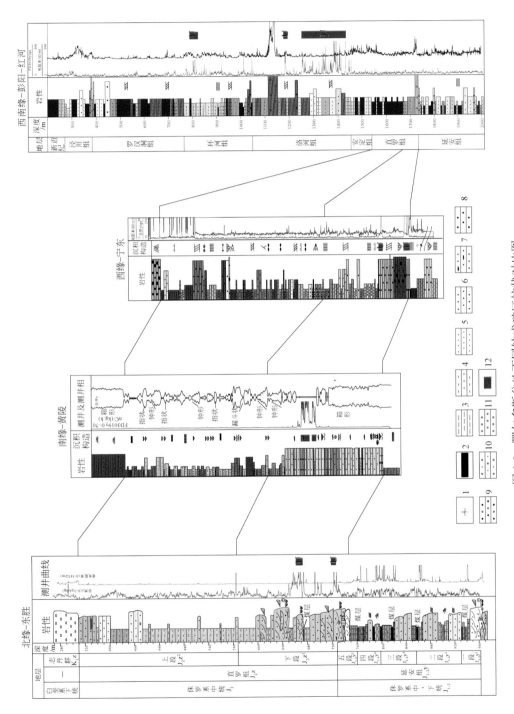

图 2.3　鄂尔多斯盆地不同铀成矿区柱状对比图

1.植物化石；2.煤层；3.泥岩；4.粉砂岩；5.细砂岩；6.中砂岩；7.含碳屑砂岩；8.粗砂岩；9.含砾粗砂岩；10.砂质砾岩；11.砾岩；12.铀矿层；自然γ.自然伽马，GR

# 二、鄂尔多斯盆地等时地层格架

## （一）鄂尔多斯盆地东北缘等时地层格架

综合运用露头、地震、测井、钻井资料，对鄂尔多斯盆地东北缘典型铀矿床进行了三维地质编图，开展了区域等时地层格架对比（图2.4~图2.6），建立了纳岭沟地区砂岩型铀矿床三维地质模型（图2.7）。

自三叠纪以来该地区主要发育地层有：三叠系刘家沟组、和尚沟组、纸坊组和延长组；侏罗系富县组、延安组、直罗组、安定组及芬芳河组；下白垩统志丹群（北部包括伊金霍洛组和东胜组，南部包括宜君组、洛河组、环河组、罗汉洞组和泾川组）（图2.4）。白垩系东胜组为该地区出露的主要地层，产状平缓，向SW倾，倾角1°~10°（图2.5）。

中侏罗统直罗组为盆地东北部主要的含铀层，呈SN向带状分布，与上下层位均为角度不整合接触，有明显的沉积间断。直罗组可以划分为上段和下段（上亚段、下亚段）。下段下亚段主要为辫状河–辫状河三角洲沉积相的中–粗粒砂岩，主要表现为灰色、灰白色和灰绿色，局部地区底部可见砾岩层。下亚段为该地区主要的含铀层，靠近延安组的层位发育大量的碳屑、黄铁矿及碳酸盐矿物。下段上亚段为低弯度曲流河沉积相的泥–砂–泥组合，以灰绿色中细砂岩夹泥岩为主，为该地区次要的含铀层位。直罗组上段主要为杂色砂岩夹泥岩，为干旱气候下河流及泛滥平原沉积体系，多表现为灰绿色砂岩与红色泥岩互层发育。

纳岭沟–大营地区存在区域性沉积相变，由呼斯梁向西、向南，沉积体系由砾质辫状河向砂质辫状河再向辫状河三角洲沉积有序转变，铀矿化（红色）主要发育于宽而厚的辫状河道砂体向窄而薄的砂体频繁分岔处（图2.7）。

## （二）鄂尔多斯盆地西缘地层层序

晚三叠世，盆地西缘形成内陆拗陷，沉积了巨厚的中生界河湖相碎屑岩，后期燕山运动使中生界缺失上侏罗统和上白垩统。中新生代地层总厚度在5000m以上，以河流–湖泊相沉积为主（郭庆银等，2010）。由于该区在中新生代经历了多期构造运动，盆地性质和构造格局也随之发生了多次变化。在沉积过程中还伴随有多次从温湿—半干旱的古气候变迁（张天福等，2018）。中侏罗统直罗组（$J_2z$）为区内主要含铀地层，发育多层铀矿化，尤其直罗组下段（$J_2z^1$）铀矿化最为发育。厚度336~495m，与下伏延安组呈整合接触。

侏罗系主要是河流湖泊相沉积的陆源碎屑建造，包括中侏罗统延安组、直罗组及上侏罗统安定组（图2.8）。区内下侏罗统富县组大部分地区缺失。

侏罗纪末期的燕山运动使鄂尔多斯盆地周缘上升，在盆地西缘内沉积了下白垩统，主要为干旱气候条件下的冲积扇–河流–湖泊相沉积（郭庆银等，2010）。在盆地内称志丹群，自下而上依次为宜君组、洛河组、环河组、罗汉洞组和泾川组；在六盘山地区称六盘山群，与志丹群各组相对应，可进一步划分为三桥组、和尚铺组、李洼峡组、马东山组和乃家河组；在贺兰山称庙山湖群。

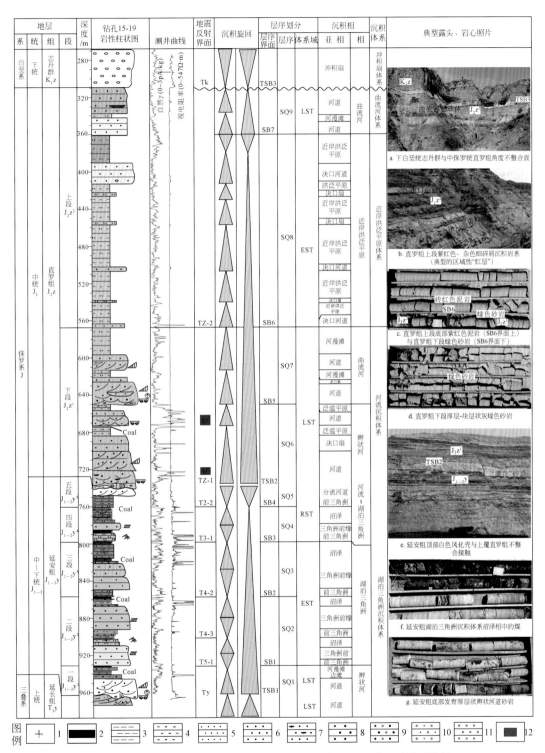

图 2.4　鄂尔多斯盆地东北缘侏罗系典型剖面层序地层划分及关键层序界面

1. 植物化石；2. 煤层；3. 泥岩；4. 粉砂岩；5. 细砂岩；6. 中砂岩；7. 含碳屑砂岩；8. 粗砂岩；9. 含砾粗砂岩；
10. 砂质砾岩；11. 砾岩；12. 铀矿层。LST. 低位体系域；RST. 湖泊萎缩期的体系域；EST. 湖泊扩展期的体系域

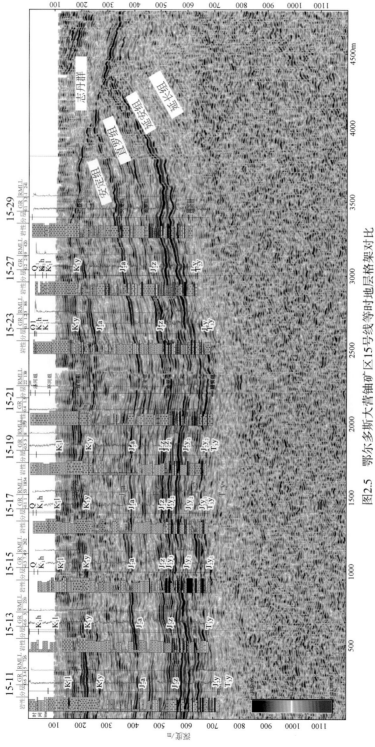

图2.5　鄂尔多斯大营铀矿区15号线等时地层格架对比

GR单位API；RMLL单位Ω·m

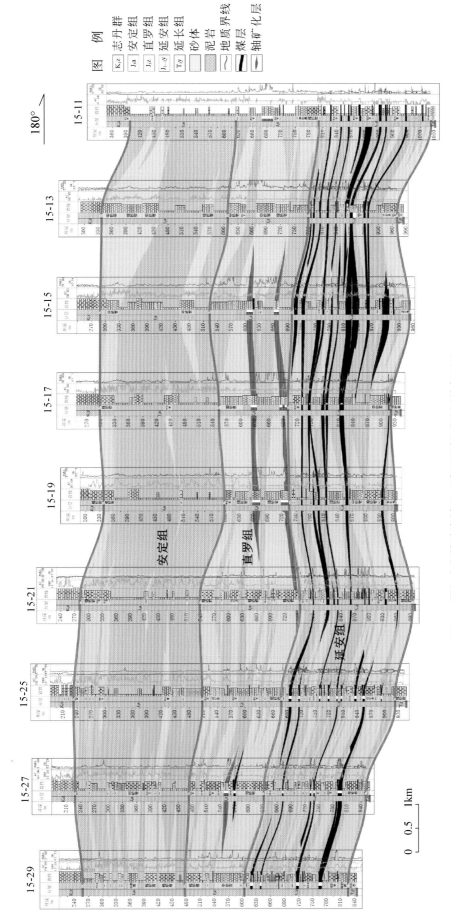

图2.6 鄂尔多斯纳岭沟铀矿厂区直罗组等时地层格架对比

AC单位μs/m；DEN单位g/cm³；RMLL单位Ω·m；GR单位API

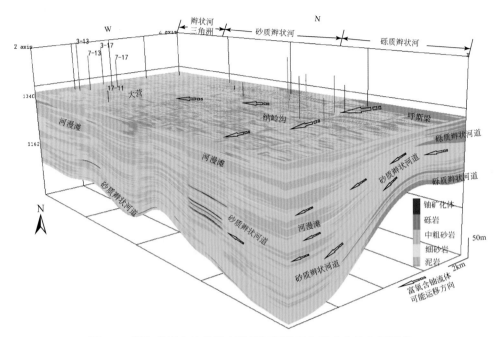

图 2.7 鄂尔多斯盆地北部直罗组沉积体系与铀矿化体空间展布

### (三) 鄂尔多斯盆地东南缘等时地层格架

鄂尔多斯东南缘砂岩型铀矿主要分布于伊陕斜坡南部与渭北隆起北缘构造斜坡带内。区内地层主要由中侏罗统延安组 ($J_2y$)、直罗组 ($J_2z$)、下白垩统洛河组 ($K_1l$)、环河组 ($K_1h$) 和新生界第四系 (Q) 组成 (图 2.9)。主要含矿层砂体为直罗组下段辫状河沉积体系。根据岩性旋回结构并结合地区性标志层 (薄煤层及泥岩) 和岩性、颜色变化特征等,可将直罗组划分为上、下两段,直罗组下段又可分为上、下亚段。

(1) 中侏罗统延安组:该组假整合于三叠系之上,为河沼相含煤碎屑岩建造。岩性以灰色泥岩、粉砂岩为主,发育煤层,是该区主要的含煤岩系。地层中含大量的碳屑,烃源岩分布面积和厚度较大,总有机碳 (TOC) 质量分数可达 3.89% (李智学等,2014)。

(2) 中侏罗统直罗组下段:该段与延安组冲刷接触,为主要赋矿层位,俗称七里镇砂岩,全区稳定分布。岩性主要为褐黄色、灰色、灰白色中粗粒砂岩,顶部为泥岩、细砂岩,局部夹有透镜状的砾岩薄层。该层下部黄铁矿化发育,局部地段可见"油浸、油斑"现象,铀背景含量 2.0~3.0μg/g,是该地区的主要赋铀层位。

(3) 中侏罗统直罗组上段:该段为干旱湖泊及曲流河沉积体系,岩性为紫红色、棕红色泥岩、粉砂质泥岩及粉砂岩互层,中间夹有红褐色中细粒长石石英砂岩透镜体,可见薄层石膏夹层。具砂岩-泥岩的二元结构,曲流河特征明显,未发育铀矿化。

鄂尔多斯盆地东南缘等时地层格架见图 2.10。

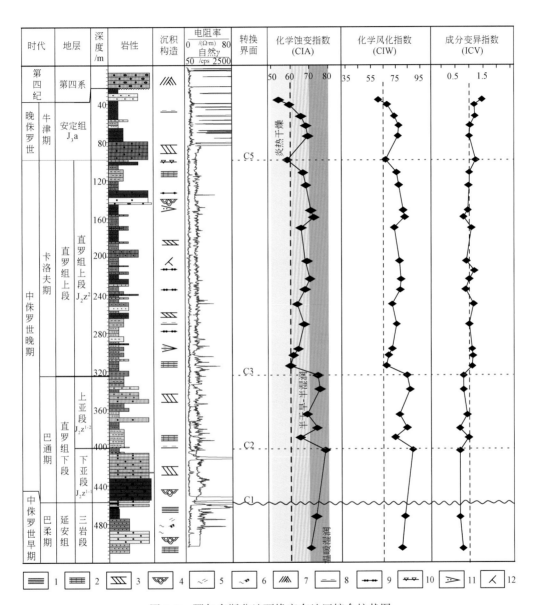

图 2.8　鄂尔多斯盆地西缘宁东地区综合柱状图

1. 水平层理；2. 平行层理；3. 板状交错层理；4. 槽状层理；5. 波状层理；6. 砂纹层理；7. 大型交错层理；
8. 泥岩夹层；9. 粉砂岩夹层；10. 石膏夹层；11. 砂质条带；12. 破碎带

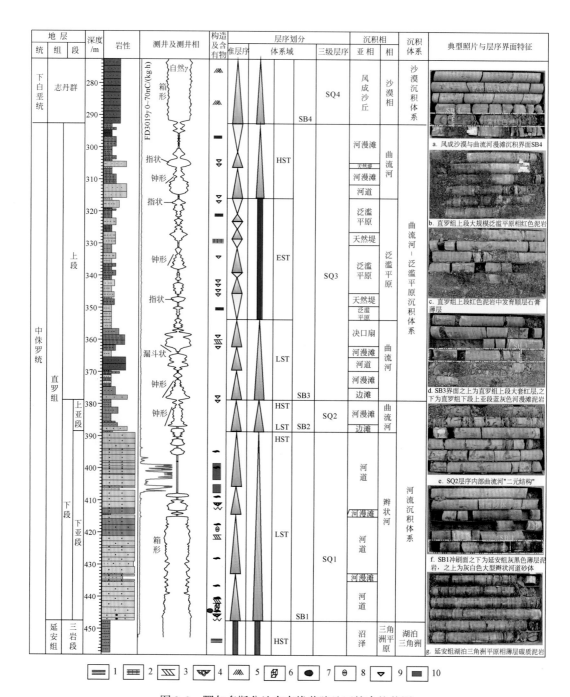

图 2.9  鄂尔多斯盆地东南缘黄陵地区综合柱状图

1. 水平层理；2. 平行层理；3. 板状交错层理；4. 槽状层理；5. 大型交错层理；6. 黄铁矿；7. 油浸；8. 泥砾；
9. 石膏夹层；10. 铀矿层

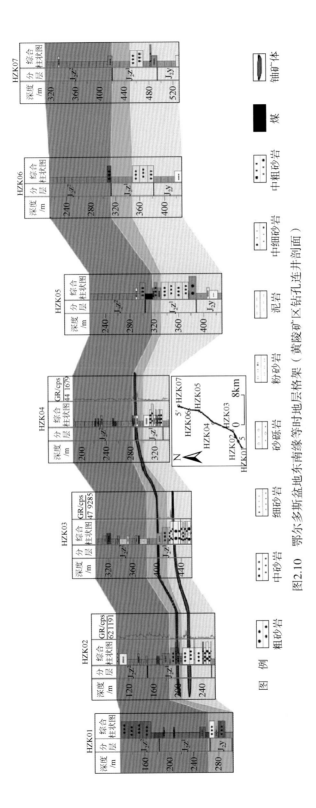

图2.10 鄂尔多斯盆地东南缘等时地层格架（黄陵矿区钻孔连井剖面）

### （四）鄂尔多斯盆地西南缘等时地层格架

鄂尔多斯盆地西南缘砂岩型铀矿主要集中于盆缘造山带及天环拗陷南端。赋矿层位主要为白垩系六盘山群和志丹群。该地区零星出露前寒武系、古生界、三叠系及侏罗系，广泛分布下白垩统，缺失上白垩统，向东大部分为第四系黄土所覆盖。下白垩统在平凉-安口古脊梁以东为志丹群；以西的六盘山区为六盘山群。

下白垩统六盘山群由下而上分为五个岩组，依次为三桥组、和尚铺组、李洼峡组、马都山组、乃家河组，其沉积物由粗变细至较粗，岩相由河湖交替相变为湖相至浅水湖相；沉积环境也由氧化→还原→氧化等。下部为冲积扇-河流相沉积，岩性由紫灰色砾岩、砂岩和紫红色泥岩组成，发育层理，可见波痕。上部为湖相沉积，岩性主要为紫红色、灰绿色砂质泥岩、砂岩、页岩、砾岩、灰黄色、蓝灰色泥岩、页岩、泥灰岩互层，夹灰岩、鲕粒灰岩、油页岩、石膏层。含有大量双壳类、叶肢介、介形类、鱼类和植物化石等。

下白垩统志丹群主体以杂红、灰红色河流-湖泊相沉积为主，山麓洪积扇、风成砂沉积为次。自下而上分为宜君组、洛河组、环河组、罗汉洞组、泾川组，总厚度大于1872m（图2.11）。

1）宜君组（$K_1y$）

宜君组主要分布于盆地南部，呈从西南到东北减薄的楔状体（0~65m），为一套杂色、紫灰色、棕红色砾岩夹砂质泥岩条带或砂岩透镜体，属近源山前冲洪积扇沉积。镇原地区钻探资料为紫红色砾岩、砂砾岩夹薄层砂岩、泥岩，厚度0~190m。

2）洛河组（$K_1l$）

在沮水以南与下伏宜君组为连续沉积，以北由于宜君组的缺失，直接覆于中侏罗统安定组之上。洛河组岩性为紫红色、棕红色巨厚层细-粗粒砂岩，夹同色中薄层含砾砂岩、粉砂岩和泥岩等，发育巨型交错层理和板状层理。盆地中南部沉积环境总体以沙漠相为主，细粒长石石英砂岩为主，杂基含量少，单层厚度大，累计砂岩厚120~170m。在盆地西南缘千阳草碧沟一带叠加冲积扇沉积，厚130m，底部发育砾岩层。

3）环河组（$K_1h$）

环河组为一套河湖相沉积，在其下部夹有数层风成砂岩。盆地由北向南，环河组粒度由细变粗，厚度变薄。其中泾河剖面岩性为灰色、灰绿色、紫红色泥质砂岩、粉砂岩与砂质泥岩、泥岩互层夹页岩、（局部呈浅黄色）细砂岩，偶夹泥灰岩，厚348m。芬芳河一带岩性变细，以紫红色泥岩、砂质泥岩为主，夹粉细砂岩及少量粗砂岩，于顶部灰色泥岩中夹有泥灰岩，厚225m。草碧河一带，岩性复又变为紫红色、棕红色泥质粉细砂岩、砂质泥岩、泥岩与厚层块状中粗粒砂岩、砂砾岩互层，局部泥岩中含钙质结核、厚212.3m。

4）罗汉洞组（$K_1lh$）

罗汉洞组与洛河组一样，为一套风成沉积体系。岩性为橘红色、棕红色、紫红色块状细-粗粒长石砂岩，泥质砂岩夹泥质粉砂岩、砂质泥岩、页岩，底部为土黄色砂岩夹少量细砾岩。在盆地南部边缘为辫状河相，局部滨浅湖亚相和沙漠沉积。陇东地区南部罗汉洞组分上、下两个岩层单元，分别由风成相和河流相砂岩组成。下部为紫红色泥岩，泥质粉砂岩夹细粒长石砂岩，夹有风成的中粗粒长石砂岩。上部为浅棕色粗粒长石砂岩夹暗紫色粉砂质泥岩、泥质粉砂岩。地层厚度29.5~562m。

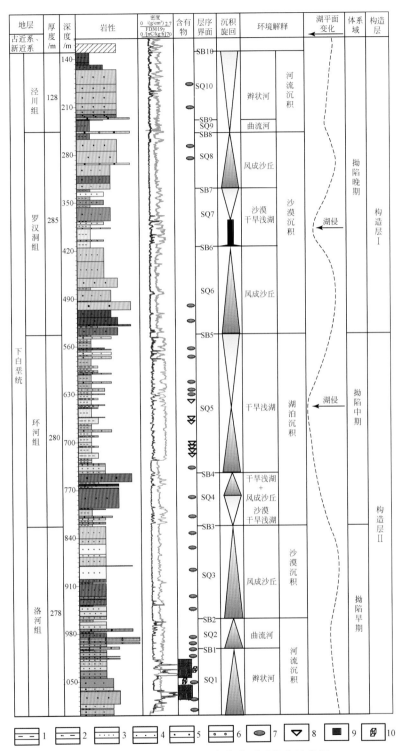

图 2.11　鄂尔多斯盆地西南缘白垩系综合柱状图

1. 泥岩；2. 泥质粉砂岩；3. 粉砂岩；4. 细砂岩；5. 中粗砂岩；6. 砾岩；7. 油浸；8. 石膏层；
9. 主要铀矿层；10. 黄铁矿

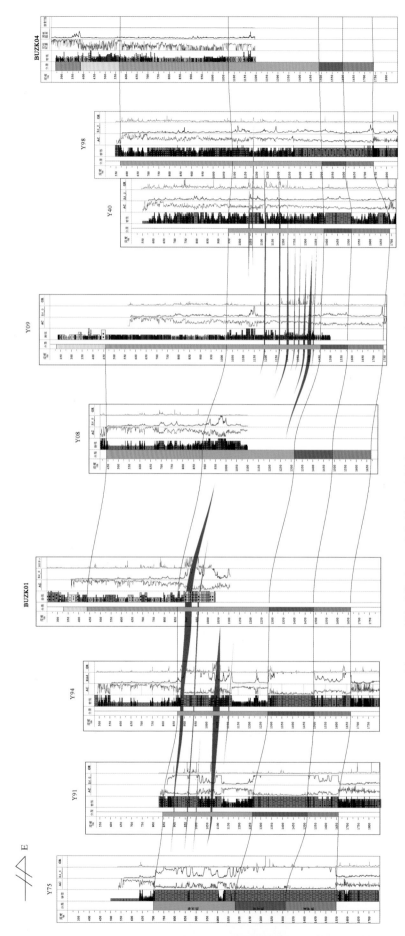

图2.12 鄂尔多斯盆地西南部等时地层格架（彭阳-红河地区近EW向连井剖面）

5）泾川组（$K_1j$）

泾川组主要由河湖相杂色粉砂质泥岩、泥岩及泥质粉砂岩组成，为滨浅湖亚相。在盆地分布广泛，南北岩性变化较大。以灰黄色、蓝灰色泥岩或泥灰岩夹层的出现与下伏罗汉洞组分界，其上被古近系干河沟组不整合覆盖。南部出露于泾川、镇原、环县以西罗汉洞组之上的一套杂色泥页岩与粉砂岩互层，岩性为紫红色、粉红色、灰绿色、灰黄色、蓝灰色泥岩、砂质泥岩、粉砂岩、细砂岩互层，夹蓝灰色泥灰岩。上部具有铀矿化和石油显示，下部具有铜矿化。

鄂尔多斯盆地西南缘等时地层格架见图 2.12，地层颜色分带规律性非常明显。

## 三、鄂尔多斯盆地形成演化过程

鄂尔多斯盆地三叠纪地层在盆地及周边地区均很发育，自下而上为下三叠统的刘家沟组、和尚沟组，中三叠统的二马营组，上三叠统的延长组。印支两期隆升运动使盆地抬升遭受剥蚀和变形，形成了北部以隆起为主，隆中有凹；中部以凹为主，凹中有隆；南部以隆为主，隆凹相间的古构造格局（王双明等，2017）。受太平洋板块的 NWW 向的俯冲作用影响，侏罗纪到白垩纪发生了多次构造活动，据王双明等（1997）研究，燕山运动有五次构造幕。第 I 幕，发生于中侏罗世延安组和直罗组沉积之间的一次构造运动，一般认为此幕沉积间断时间不长，缺失地层不多，上下地层产状一致，为平行不整合接触关系。延安组发育一套稳定的湖泊-沼泽相沉积，是盆地发育的稳定充填时期和主要的成煤时期。第 II 幕，中侏罗世末期仍以大范围抬升为主，并且发生了强烈的褶皱和断裂，造成芬芳河组与下伏安定组地层呈微角度不整合接触。第 III 幕，发生于晚侏罗世芬芳河组与早白垩世沉积之间，这次构造作用对盆地演化影响最大，不仅产生了许多褶皱和断裂，还造成了下白垩统与下伏地层呈广泛不整合接触。白垩纪初盆地下降，大部分地区接受了早白垩世沉积，形成了志丹群沉积地层（北部：伊金霍洛组+东胜组；南部：洛河组+环河组+罗汉洞组+泾川组）。第 IV 幕，发生于上、下白垩统之间，造成全面隆起，结束了大型拗陷盆地的沉积历史。第 IV 幕主要是全区抬升，使前新生界遭受剥蚀。喜马拉雅期受印度洋板块碰撞和太平洋板块俯冲双重影响，造成了盆地内部整体和局部抬升及断裂构造破坏等。

# 第二节　鄂尔多斯盆地沉积特征

氧化-还原与干旱-潮湿体系作为两个重要的环境判别体系，决定了沉积组合特征和沉积体系原始的沉积色，同时也决定了砂岩型铀成矿过程中铀的迁出与沉淀富集。但以往的研究常将这两个指标体系相混淆，认为氧化等于干旱，潮湿等于还原。实际工作表明，这两者是各自独立的环境条件；即氧化环境下可以为干旱条件，也可以为潮湿条件；还原环境下可以是干旱条件，也可以是潮湿条件。铀成矿物质往往在潮湿的氧化条件下析出运移，在还原条件下发生氧化还原反应被析出沉淀成矿。因此，研究盆地干湿环境的变化，对于揭示砂岩型铀矿成矿作用过程非常重要。

## 一、地层层序界面特征及识别标志

基于钻孔、野外剖面和地震剖面的分析，通过对沉积间断、沉积旋回、古环境等特征的分析，建立了鄂尔多斯盆地北部地层层序界面特征及识别标志，并进一步分析其对铀成矿作用的制约。

在鄂尔多斯盆地神山沟地区通过野外观察和测制地质剖面，识别和确定了几个特征地层界面（图2.2、图2.4、图2.13）：①延安组（$J_{1-2}y$）与延长组（$T_3y$）层序界面（TSB1），该界面为一微角度不整合面，野外露头及钻井岩心比较容易识别，岩性变化较大，界面顶部发育区域性的铁质风化壳（图2.13g~h）。此界面在盆地边缘区及石油和煤炭深钻中均显示为一起伏不平的剥蚀面，并对侏罗系早期沉积有明显的控制作用。②延安组一段至五段内各段的层序界面（SB1~SB4），均为连续沉积的整合面。③安定组（$J_2a$）和直罗组（$J_2z$）层序界面（SB6），识别标志是岩性组合和地层颜色的突变（图2.13c）。④志丹群（$K_1z$）与侏罗系、三叠系长期旋回层序界面（TSB3），野外露头表现为十分明显的区域性角度不整合面（图2.13a、b），界面之上岩性一般为厚层-巨厚层砂砾岩、砾岩，界面底部一般为中侏罗统安定组的红色细碎屑岩或薄层砂岩。这些界面主要反映的是低水位体系的侵蚀面。

钻孔资料对比可以识别区域连续性好的两种界面：①高水位界面，主要为大面积发育的湖相泥岩层（图2.13f）；②主煤层的顶界面，通过本区钻孔资料大范围追溯和对比，发现主煤层的形成期具有近似的等时性。

## 二、地震剖面层序界面识别

地震时间剖面上反射波同相轴较多，为减少地震相的多解性，选择鄂尔多斯盆地北缘钻孔岩心和测井资料标定到地震剖面上，利用确定的钻井信息验证和约束地震相的解释。通过对特征明显、能量强、连续性好、层位明确的主要反射波组的地质属性标定，从而可以对地震时间剖面上主要层序界面反射波进行综合对比和追踪。从大营地区二维地震剖面可以看出，本区Tk、Tz-1、Tz-2、Ty四个层序界面和延安组3煤组、4煤组和5煤组反射波特征最为显著（图2.14）。二维地震剖面显示，白垩系志丹群底界（层序界面TSB3）为明显的区域性角度不整合界面：在盆缘，志丹群与下伏三叠系、侏罗系不同地层单元接触，向盆内过渡为与安定组呈角度不整合接触。长期旋回层序界面TSB3和TSB2下部常表现为削截、顶超，上部表现为上超反射终止（图2.14a）。此外，白垩系底部砂砾岩充填下切谷刻蚀现象显著，表现为顶平、底凹的外部形态，常切割下伏同向轴，其底界呈削截反射终止类型（图2.14b）。安定组与直罗组的层序界面SB6在地震剖面上表现也较为显著，反映了区域性的岩性突变。直罗组下段规模较大的河道砂体在地震剖面上具有典型的反射特征：其外形为顶平底凹的透镜状，内部无反射（图2.14b）。规模小的河道砂体，由于厚度小于地震分辨率，一般表现为短轴状的振幅异常。延安组发育的五组煤组中，3煤组、4煤组和5煤组的反射波组成一个良好的反射组，T3、T4-2、T4-3和T5在时间剖面上表现能量强、信噪比高、全区发育或大部发育的特征（图2.14b）。

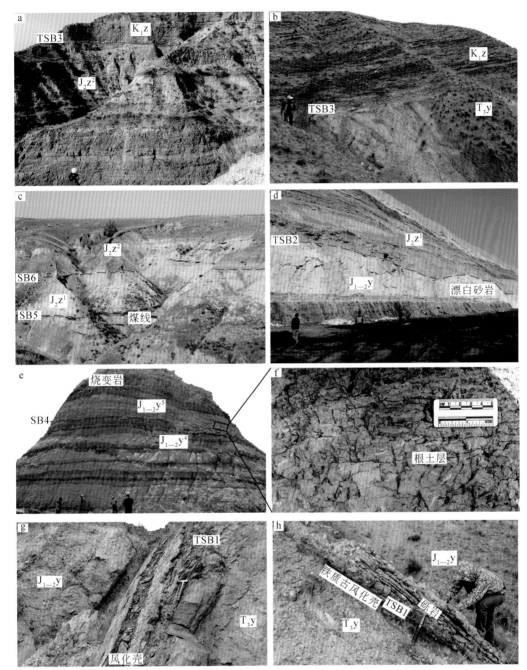

**图 2.13 鄂尔多斯盆地东北缘高头窑-神山沟地区侏罗系延安组—直罗组层序界面露头特征**

a，b. 神山沟和高头窑地区下白垩统志丹群不整合超覆于侏罗系、三叠系不同地层单元之上，不整合界面 TSB3 之上砂砾充填削切了下伏的部分地层；c. 神山沟地区安定组与下段整合接触面（层序界面 SB6），直罗组下段内部发育 1~2 条薄煤层（区域上连续性差）；d. 神山沟地区直罗组与延安组微角度不整合面（层序界面 TSB2）；延安组顶部发育厚层高岭土化"漂白"砂岩；e. 神山沟地区延安组内部四段与五段整合面（层序界面 SB4）；延安组五段顶部由于煤自燃形成的烧变岩；f. 延安组区域性水进界面的露头识别标志——植物根土层；g，h. 高头窑地区延安组与延长组角度不整合面（层序界面 TSB1），发育区域性的铁质风化壳

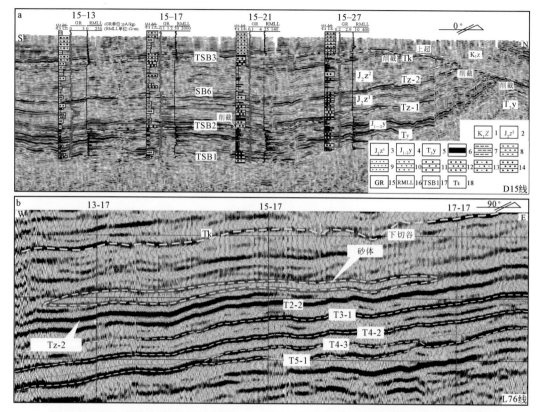

图 2.14　鄂尔多斯盆地大营地区延安组—直罗组在地震剖面上的反射终止类型与层序界面

1. 下白垩统志丹群；2. 中侏罗统安定组；3. 中侏罗统直罗组下段；4. 中—下侏罗统延安组；5. 上三叠统延长组；6. 煤层；7. 泥岩；8. 粉砂岩；9. 细砂岩；10. 中砂岩；11. 粗砂岩；12. 含砾粗砂岩；13. 砂质砾岩；14. 砾岩；15. 自然 $\gamma$ 曲线；16. 视电阻率曲线；17. 层序界面；18. 地震反射界面

## 三、测井曲线沉积层序识别标志

　　地层层序界面的确定为鄂尔多斯盆地地层厘定了沉积旋回的基本时间格架。利用钻孔编录和测井曲线对垂向上岩石的粒级结构进行定量分析，有助于用层序地层学的原理恢复各界面间的沉积旋回特征和沉积相。

　　这次工作选用自然伽马-视电阻率和双收时差-视电阻率等测井曲线组合特征（图 2.15），建立了钻孔测井曲线沉积层序的识别标志：

　　（1）不整合引起的沉积地层缺失。该类界面通常界面之下双收时差会较大，界面之上双收时差较小，处于正常压实状态。例如，层序界面 TSB3 之上白垩系志丹群底部砂砾岩削截下伏地层导致安定组及直罗组上段的部分缺失，该界面之下双收时差变大，界面之上双收时差较小（图 2.15a）。其原因在于不整合面代表沉积间断，在该界面之下的地层由于构造运动的抬升，经历了长时间的压实间断，而界面之上为正常沉积-压实成岩，因此双收时差及视电阻率等其他测井曲线必然会有所表现。

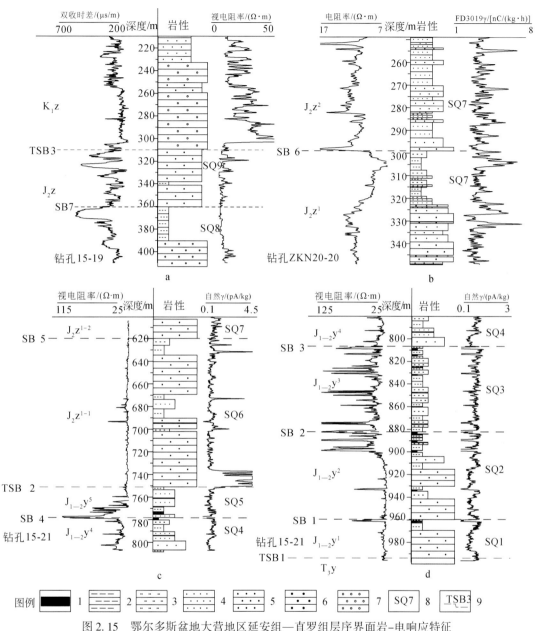

图 2.15 鄂尔多斯盆地大营地区延安组—直罗组层序界面岩-电响应特征

1. 煤层；2. 泥岩；3. 粉砂岩；4. 细砂岩；5. 中砂岩；6. 粗砂岩；7. 砾岩；8. 层序；9. 层序界面

（2）沉积环境及岩性差异引起的岩-电突变。视电阻率和自然伽马（或 FD3019γ）在层序界面上下出现折线，或者突变，这种岩-电差异容易辨别。其中，TSB3、SB6 和 TSB2 界面附近的岩电表现为明显的钟形突变：①界面 TSB3，该界面之上为一套区域性砾岩层（图 2.15），界面之下为安定组杂色细碎屑岩，电性特征表现为视电阻率骤减（图 2.15a），尤其在视电阻率连井剖面上骤减尤为突出（图 2.15）。②界面 SB6，该界面之上主体为一套红色细碎屑岩沉积，整体呈现为低电阻率、高自然伽马等曲线特征。界面之下直罗组下段主要为河流相沉积,下部以辫状河相块状砂岩为主,向上逐渐变细,砂层减少,泥岩增多(图 2.15),电性特征表现为电阻率由下向上降低、自然伽马增高的趋势。到了界面 SB6 之下的泥岩段,电阻率具有明显降低特征(图 2.15b)。③界面 TSB2,该界面之下为一套灰色含煤细碎屑沉积,电性特征表现为大锯齿状高视电阻率、低的锯齿状自然伽马(图 2.15d);界面之上为粗碎屑沉积,视电阻率呈现骤减特征(图 2.15c)。在视电阻率连井剖面上,延安组的视电阻率整体明显高于界面之上的直罗组,而且表现为大锯齿状特征(图 2.15)。

(3)煤层的地震–测井响应特征:延安组煤层的低波阻抗、低密度是本区最明显的测井响应特征。煤层组作为反射层反射系数大,全区连续性好,一般为全区标志层。在速度曲线上,速度由高向低变化,岩性由砂岩变为煤层,岩性变化导致速度差异,从而形成较强反射相位。煤层相对于泥岩、砂岩,自然伽马曲线呈低值大锯齿状、视电阻率呈高值大锯齿状(图 2.15d),密度曲线则表现为小尖刀状至大尖刀状的低密度特征。根据以上煤层显著的地震–测井响应特征,延安组内部的层序界面 SB1～SB4 能够较容易的识别。

# 四、沉积旋回划分及水位体系域

本次研究实测和编制了大量的露头剖面和钻孔连井剖面,在盆地周缘选择钻孔揭露地层相对完整的连井剖面,参考已有的研究成果,建立了鄂尔多斯盆地侏罗系–白垩系层序地层格架。

通过该区侏罗系延安组—安定组基准面旋回的识别和叠置规律的综合分析,将延安组、直罗组、安定组划分为三个长期旋回(LSC1～LSC3)和 10 个中期旋回(MSC1～MSC10)(图 2.4、图 2.16～图 2.20)。其中,延安组划分为五个中期旋回(MSC1～MSC5),与李思田(1992)五个成因单元的划分方案一致。直罗组为一个长期旋回(LSC2),包括三个中期沉积旋回(MSC6～MS8)。安定组为一个长期旋回(LSC3),包括两个中期旋回(MSC9、MSC10)。

## (一)延安组(LSC1)沉积旋回特征

延安组具有明显的旋回性,整体是由湖进到湖退组成的完整序列。其五个中期旋回(MSC1～MSC5)具有以下特征:

MSC1 基准面旋回:底界为延安组与富县组或者三叠系延长组的微角度不整合面,顶界面为冲刷面。该基准面旋回在全盆地保存不完整,盆地北部缺失较多。可进一步划分1～3 个短期旋回,以主要发育上升半旋回为特征,反映了该期可容纳空间较小,砂体相互切割,下降半旋回没有较好的保存(图 2.4、图 2.16、图 2.17)。MSC1 底部发育区域可对比性的"宝塔砂岩"(图 2.18)。

MSC2 基准面旋回:MSC2 中期基准面旋回在 SN 方向上旋回的结构有很强的规律性,在盆地北部,有短期基准面旋回的上升半旋回构成,向南方向,基准面旋回的下部短期旋回仍然是以短期基准面旋回的上升半旋回构成,而上部逐步变成上升半旋回为主的不对称

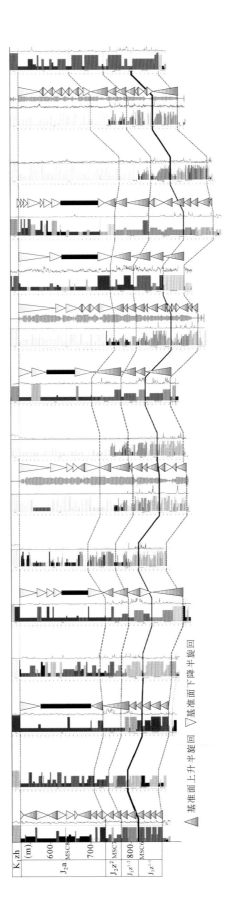

△ 基准面上升半旋回　▽ 基准面下降半旋回

图2.16　鄂尔多斯盆地北部大营地区侏罗系直罗组基准面旋回划分与对比示意图 (MSC6~MSC10)

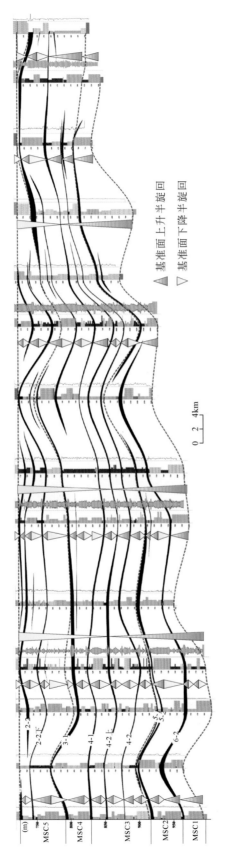

图2.17　鄂尔多斯盆地北部东胜地区侏罗系延安组基准面旋回划分与对比示意图（MSC1~MSC5）

图 2.18 鄂尔多斯盆地北部东胜地区延安组 MSC1 中期基准面旋回野外露头（底部"宝塔砂岩"）

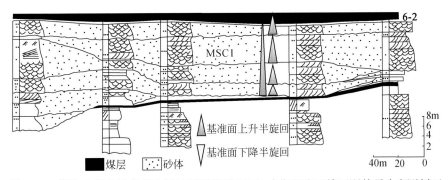

图 2.19 鄂尔多斯盆地北部东胜地区延安组 MSC1 中期基准面旋回野外露头实测剖面

旋回。表明在盆地北部，可容纳空间小，沉积物供应充足，A/S 小，进积作用仍然很强，向盆地中心方向，可容纳空间逐步增加，A/S 趋于增大，沉积作用以加积作用为主。在中期基准面旋回晚期出现湖相泥岩沉积，在较大范围内可以对比，在盆地北部的东胜地区形成了数米厚的煤层，其上为暗色泥岩，代表了一期湖泛面。

　　MSC3 和 MSC4 基准面旋回：MSC3 和 MSC4 基准面旋回是鄂尔多斯盆地延安组湖盆发育的高峰，以出现代表较深水的湖相暗色泥岩为标志，由于湖相泥岩具有凝缩层的特征，短期旋回的对比有相当的难度。在盆地北部的东胜地区，MSC3 由两个短期基准面旋回构成，下部为短期基准面上升半旋回，上部为对称的旋回，发育较厚的泛滥平原泥岩和煤层

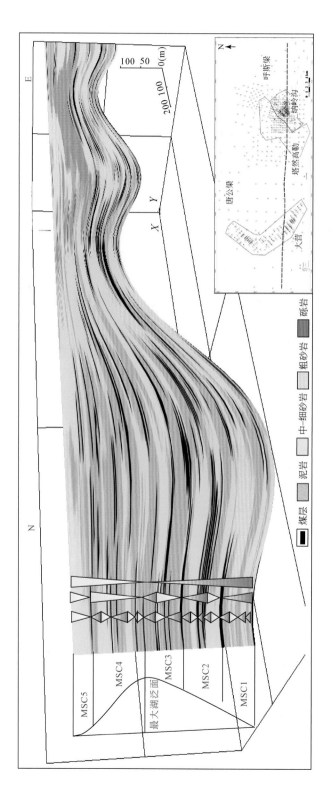

图2.20　鄂尔多斯盆地北部呼斯梁-大营地区延安组三维切片（EW向）基准面旋回划分

（图 2.21）。MSC4 的厚度相对较小，以湖相泥岩和粉砂质泥岩为主，旋回的结构为以下降半旋回为主。显示了可容纳空间增大，沉积物供应较少的沉积特征。

MSC5 基准面旋回：MSC5 发育不完整，顶部缺失。MSC5 的底界为冲刷面，能够识别出两个短期旋回，下部短期旋回只保留了上升半旋回，上部短期旋回在纳林希里是一个基本对称的旋回。在盆地北部的河流区，可容纳空间小，旋回的结构以发育上升半旋回为主，下降半旋回不发育或者缺失，向盆地中心方向，旋回的对称性逐步变好（图 2.21 ~ 图 2.23）。

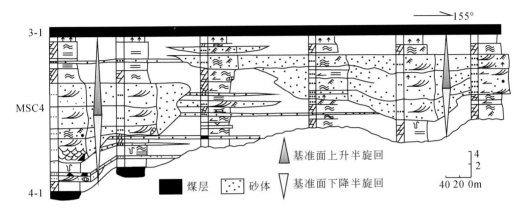

图 2.21 鄂尔多斯盆地北部东胜地区延安组 MSC4 中期基准面旋回野外露头实测剖面

图 2.22 鄂尔多斯盆地北部东胜地区延安组 MSC5 和直罗组 MSC6 中期基准面旋回野外露头

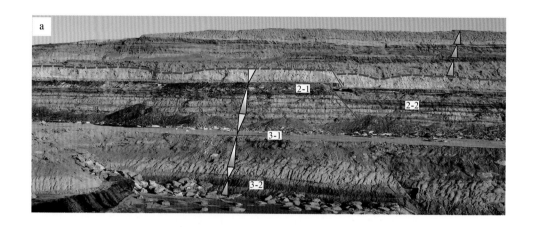

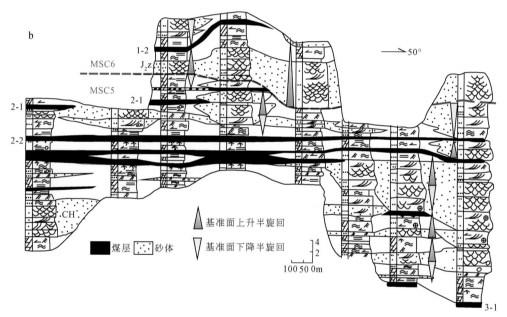

图 2.23　鄂尔多斯盆地北部神山沟地区延安组 MSC4、MSC5 和直罗组 MSC6 中期基准面
旋回野外露头（a）和实测剖面（b）

## （二）直罗组（LSC2）沉积旋回特征

直罗组是研究的重点，层序对比选择了盆地北部大营地区和盆地南部黄陵地区两条剖面，并结合纳岭沟地区单井钻孔，利用岩性、测井曲线和短期基准面旋回的叠置样式进行中期基准面旋回的识别与对比（图 2.16、图 2.24）。

图 2.24　鄂尔多斯盆地北部东胜地区直罗组 LSC2 长期基准面旋回野外露头

MSC6 和 MSC7 基准面旋回：在盆地北部的大营地区连井对比剖面上（图 2.16），以基准面上升为主的不对称中期基准面旋回，可进一步划分为两个短期基准面旋回。下部短期基准面旋回在纳岭沟、黄陵地区以只发育上升半旋回为特征，在大营地区是以上升半旋回为主的不对称旋回，反映了 MSC6 早期可容纳空间小，沉积物供应充足，A/S 值较小，沉积作用以强烈的进积为特征，河道频繁改道，砂体相互切割，彼此叠加成巨厚的复合砂体（图 2.25）。中期旋回的上部在大营地区以上升半旋回为主的不对称旋回构成，纳岭沟与大营连井剖面对比，旋回的厚度明显小于大营，旋回的对称性差于大营，反映了该地区从东向西可容纳空间增加，沉积环境从辫状河流向辫状河流三角洲迁移。

图 2.25　鄂尔多斯盆地北部东胜地区直罗组 MSC6 中期基准面旋回野外露头特征

MSC8 基准面旋回：在盆地北部大营地区钻孔柱状图和对比剖面上（图 2.16），MSC8 中期基准面旋回由 1 ~ 2 个以上升半旋回为主的短期旋回构成，一般缺失下降半旋回。反映了该短期旋回从总体上来说，可容纳空间较小。

通过直罗组不同地段短期基准面旋回的识别和中期基准面旋回的对比，可知在盆地周缘不同位置，直罗组发育和层序特征具有很好的共性。在直罗组早期，即 MSC6 和 MSC7 旋回，盆地周边以基准面上升半旋回为主，向盆地中心方向，旋回的对称性较好。同时，直罗组早期，是构造强烈变动期，盆地 EW 向的强烈挤压，使得盆地周缘开始隆升，提供了大量的沉积物，而盆地边部的可容纳空间不足以接纳所有沉积物，发生强烈的进积作用，形成盆地内广泛分布的直罗组底部大套块层状的复合砂体。进入 MSC8，盆地的构造活动减弱，随着基准面的上升，可容纳空间增加，短期基准面旋回上部开始发育一定厚度的细碎屑岩，砂体叠置方式发生重大调整。

### （三）安定组（LSC3）沉积旋回特征

安定组是盆地发育的一个重要阶段。直罗组沉积之后，燕山运动使盆地在 EW 向强烈挤压，鄂尔多斯主体区隆升，在不同的地貌单元地层发育和层序特征存在较大的差异，"同时异相"沉积明显。如在盆地中东部为浅湖相沉积，岩性为黑色、灰黑色油页岩及粉细砂岩和紫灰色、桃红色、灰黄色泥灰岩；而在盆地西部、西南部为滨湖相沉积，岩性主要为黄绿色、蓝绿色、紫红色粉砂质泥岩与浅棕红色、黄灰色砂岩不等厚互层；在盆地北部则为河流相-河泛平原相沉积，岩性以紫灰色、紫红色、紫杂色粉砂岩、粉砂质泥岩与紫灰色、紫红色中细砂岩互层。安定组顶部多被白垩系宜君组砾岩截削，由于安定组底部保存相对完整，基准面旋回对比具有较好的对比性。而安定组顶部多被剥蚀，区域性的对比难度较大。我们选择盆地北部大营-锡尼布拉格拗陷区安定组沉积厚度（>200m）相对较大的连井剖面进行沉积旋回划分。

MSC9 基准面旋回：在盆地北部大营和南部黄陵地区连井对比剖面上，MSC9 可以划分为 2 ~ 3 个短期旋回，中下部以加积的短期旋回为主，反映了安定组沉积早期发生了区域性的初始洪泛，可容纳空间较大。岩性主要以稳定的杂色泥岩为主（图 2.26）。该段具有凝缩段的性质。该中期基准面旋回的短期旋回不能进行一对一的对比。该段的对比原则是，首先确定其中期旋回的顶底界面，并确定最大洪泛面，在此基础上，以顶底界面和最大洪泛面进行界面对界面的对比。在两个界面限定的旋回内部，由于不同地貌单元沉积物保存程度的差异，而表现出不同的旋回结构。

MSC10 基准面旋回：MSC10 是基准面上升到最大后，洪泛后期的沉积，早期的短期旋回对称性较好，晚期的短期旋回对称性差，以下降半旋回为主，顶部形成进积型砂体。

通过安定组不同地段短期基准面旋回的识别和中期基准面旋回的对比，安定组沉积期盆地周缘发生过区域性的洪泛作用；直罗组沉积物颜色由灰色、灰绿色转变为红色、紫杂色沉积（图 2.27），碎屑物粒度也明显变细。

图 2.26 鄂尔多斯盆地北部神山沟地区安定组 MSC9 和 MSC10 中期基准面旋回野外露头（一）

图 2.27 鄂尔多斯盆地北部神山沟地区安定组 MSC9 和 MSC10 中期基准面旋回野外露头（二）

## （四）白垩系沉积旋回

鄂尔多斯盆地北部白垩系沉积包括了伊金霍洛组砂岩和东胜组砂岩，局部地区可见志丹群底部砾岩。鄂尔多斯盆地南部白垩系主要包括宜君组砾岩、洛河组砂岩、环河组泥岩夹薄层砂岩、罗汉洞组砂岩及泾川组泥岩夹砂岩（图 2.28）。沉积旋回可以划分为两个长旋回。其中，宜君组—环河组整体表现为水进体系，由边缘相冲洪积砾岩，向干旱气候下的洛河组风成沉积体系转变，在环河组时期变为湖泊相沉积。罗汉洞组—泾川组为另一个新的从干旱向潮湿转变的水进沉积旋回。

图 2.28　鄂尔多斯盆地西南部白垩系沉积体系

# 第三节　鄂尔多斯盆地岩石颜色垂向分带

砂岩型铀矿的形成与否，取决于氧化还原环境；而岩石的颜色是氧化还原环境的一个重要指示标志，也是鉴别岩石、划分和对比地层、分析判断古气候和古环境的重要宏观特征依据之一。因此对于盆地内沉积地层的颜色变化和氧化还原环境的研究和判别，对于研究砂岩型铀成矿作用至关重要。

# 一、含铀岩系的颜色分带

近年来我们团队对鄂尔多斯中新生代盆地内砂岩型铀矿、煤田、油田勘查数万个钻孔数据进行了系统地分析，并以盆地和矿集区为单元编制了钻孔联井剖面图，发现含铀岩系的颜色分带蕴含着重要的成矿信息。以前受国外砂岩型铀矿层间渗入理论的影响，地层颜色的水平分带被广泛重视。经过钻孔大数据资料分析后，我们发现含铀岩系颜色垂直分带对成矿具有决定性的控制作用，而横向变化差异较小（图2.29）（Jin et al., 2019b）。这个地质事实与前人的认识截然不同（杨晓勇等，2009；苗爱生等，2010）。客观地认识含铀岩系岩石的颜色分布规律，对指导鄂尔多斯盆地砂岩型铀矿的找矿勘查和研究砂岩型铀矿成矿理论具有十分重要的意义。在《鄂尔多斯盆地砂岩型铀矿成矿地质背景》第二章第四节中已经做了部分论述，本次工作将在前期工作的基础上，进行补充论述。

鄂尔多斯盆地已知典型铀矿床、矿点、矿化点主要分布于盆地边缘（图2.1），盆地内部部分油田区也发现铀矿化体。盆地共分布五处铀矿矿集区（图2.1），按照其所处的不同控矿构造单元，分别为北部东胜隆起矿集区、西部宁东断褶矿集区、西南部红河-彭阳断隆矿集区、东南部渭北隆起矿集区及中部金鼎隆起矿化区。

东胜隆起矿集区位于盆地东北缘，是鄂尔多斯盆地的重要矿集区，平面上呈半环状分布于东胜隆起带的西侧。此矿集区含铀岩系垂向颜色分带较为明显。红色层主要位于直罗组上段中上部，岩性表现为紫红色、红褐色砂泥岩夹杂绿色中粗粒砂岩的杂色沉积。绿色层主要位于直罗组上段底部和直罗组下段顶部的过渡部位，岩性以灰绿色、浅绿色中细粒砂岩夹粉砂质泥岩为主。灰色层分布于直罗组下段中下部，岩性为灰色中粗粒砂岩，砂岩底部常见滞留砾石和泥砾、煤屑，且常有钙质砂岩夹层。垂向上由多个粗—细的正韵律层叠置而成，是该区的主要赋矿层位（图2.29a～c）。

宁东断褶矿集区位于盆地西缘，矿体空间赋存部位受SN向断褶带控制。宁东铀矿区除了发育红色层、绿色层和灰色层外，绿色层和灰色层中局部夹杂黄色透镜状砂层（图2.29d）。该地区SN向逆冲推覆构造发育，上部地层剥蚀严重，白垩系基本没有保存。红色层主要位于直罗组上段上部，地层构造较为复杂。岩性以土黄色、紫红色、红褐色等杂色粉砂岩、细粒砂岩为主。绿色层在此发育广泛，主要分布于直罗组上段、直罗组下段中上部。岩性以灰绿色粉砂岩、细粒砂岩为主，夹薄层灰色中粒砂岩。灰色层主要位于直罗组下段中下部。岩性以灰色、灰白色中粗砂岩为主，为主要含矿层位。宁东矿集区铀矿体受SN向逆冲断褶带构造控制，总体呈SN向展布。矿体走向与背斜轴向一致；垂向上，矿体呈多层，主要赋存于直罗组底部灰白色粗砂岩中。

西南部红河-彭阳矿集区位于盆地西南缘，赋矿层位为下白垩统洛河组，属风成沉积体系下发育的一套巨厚红色砂体。岩性主要为灰色、绿灰色中细粒砂岩、中粒砂岩。整体上，自下而上颜色表现为灰色—灰绿色—红色的变化（图2.30）。该地区白垩系原始沉积体系表现为红色洛河组风成沉积体系、灰色湖泊相-浅湖相环河组沉积、红色罗汉洞组风成沉积体系及灰色夹红色浅湖-河流相泾川组沉积。部分钻孔表现为自下而上灰色—灰绿色—红色的颜色变化。

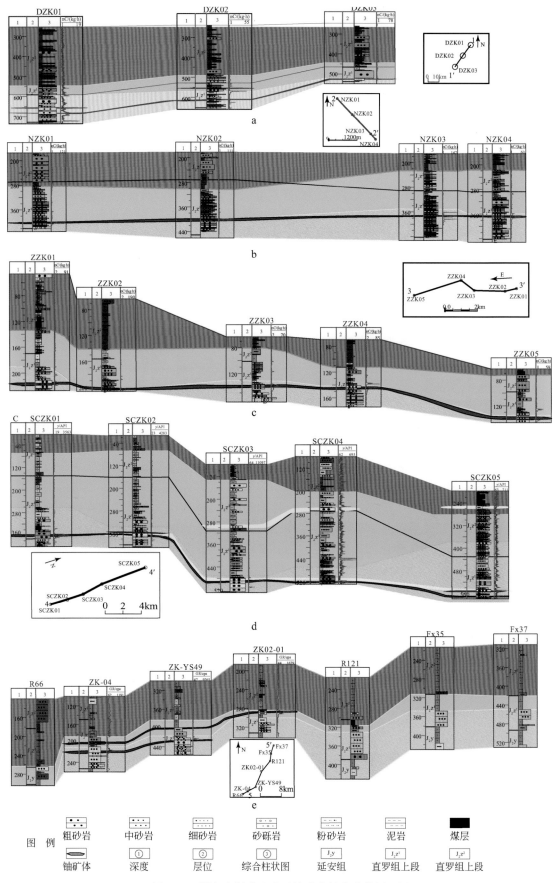

图 2.29 鄂尔多斯盆地典型铀矿床钻孔连井剖面图

a. 大营铀矿床 1–1′钻孔连井剖面图；b. 纳岭沟铀矿床 2–2′钻孔连井剖面图；c. 皂火壕铀矿床 3–3′钻孔连井剖面图；

d. 宁东铀矿区 4–4′钻孔连井剖面图；e. 黄陵铀矿区 5–5′钻孔连井剖面图。1. 深度，m；2. 地层；3. 岩性

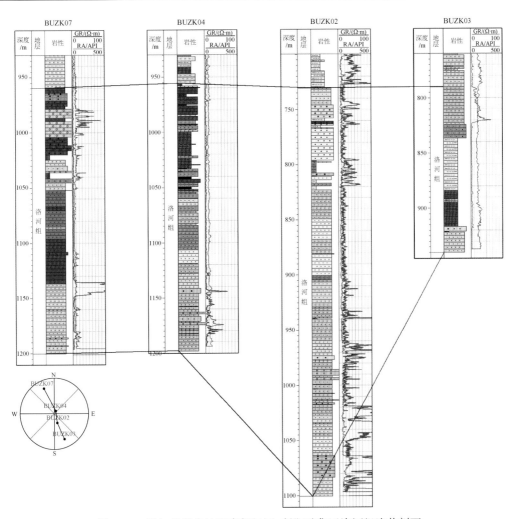

图 2.30　鄂尔多斯盆地西南部红河–彭阳矿集区洛河组连井剖面

渭北隆起矿集区位于盆地东南缘，矿集区直罗组由上至下岩石的颜色主要为红色、绿色和灰色；以红色和灰色层为主，绿色层相对较薄，但较稳定（图 2.29e）。红色层主要分布于直罗组上段和部分直罗组下段顶部，岩性以紫红色泥岩、泥质粉砂岩为主，夹薄层灰绿色、红褐色等杂色砂岩，薄层状石膏发育。绿色层主要分布于直罗组下段上部，以灰绿色泥岩、泥质粉砂岩夹杂紫红色砂岩，厚度较小，一般为 10~30m，此层很稳定，可作为该地区直罗组下段上亚段和下亚段的标志层。

## 二、盆地内岩石颜色分带

以盆地为单元研究沉积环境的目的就是要对比研究成矿的沉积环境与非成矿区的沉积环境究竟存在哪些相同性和差异性，从而更好地指导找矿工作。本次选择资料较全、代表性好、切穿矿集区的东北缘两条 SN 向大剖面（6-6′、7-7′）（图 2.31）。结合野外岩心宏观特征，从盆地尺度剖面进行综合精细解剖，分析盆地内含铀岩系岩石颜色的变化特征。

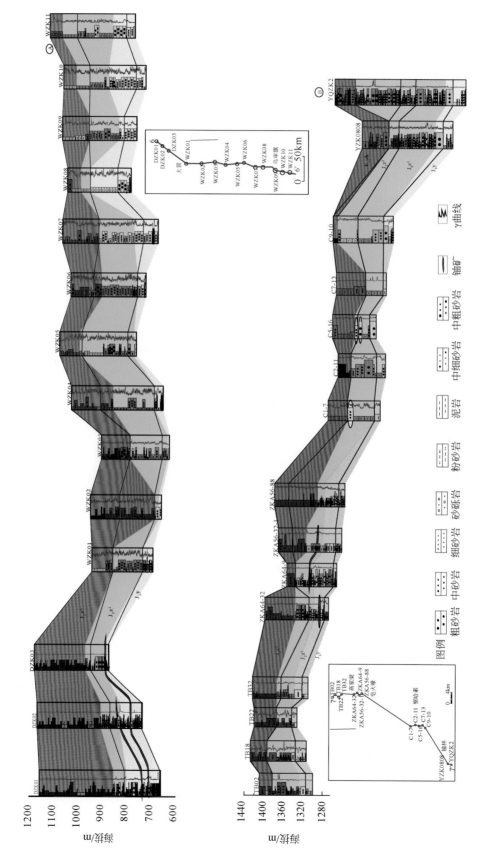

图2.31　鄂尔多斯盆地6-6′和7-7′钻孔连井剖面颜色分带

其中6-6′剖面北部始于伊盟隆起带的大营铀矿北部，南部终于靠近盆地中部伊陕斜坡带的乌审旗煤田勘查区，南北延伸长度280km。剖面上由北向南，红色层主要分布于直罗组上段，颜色以杂色为主。绿色层：北部主要位于直罗组上段下部和下段上部，局部夹杂紫红色泥岩，形成多旋回的粗—细二元结构沉积序列。灰色层位于直罗组下段下部，含砂率较高，辫状河沉积体系发育明显。

7-7′剖面北部始于皂火壕北部高家梁，南部终于榆林巴拉素煤田勘查区，南北延伸长度近200km。红色层：主要位于直罗组上段，由北部皂火壕向南部察哈素地区直罗组红色层的厚度逐渐减少。绿色层：由北向南空间分布位置和厚度变化较大。北部绿色层主要位于直罗组下段，南端的榆林地区直罗组上段和下段岩性以中细粒砂岩为主，沉积相均为曲流河沉积体系，颜色基本均为绿色调，局部见红色小夹层。灰色层：北部主要位于直罗组下段中下部，其中皂火壕地区的厚度相对其他地段较大，南部则主要分布于直罗组下段底部的薄层砂砾岩层中。

# 第四节　含铀红黑岩系与铀成矿的关系

为研究中国北方陆相盆地红层-黑色岩系对砂岩型铀成矿的制约，本书研究了国内外红-黑岩系与砂岩型铀矿赋存岩层的时空关系，筛选了10万余米岩心钻探资料，通过编制盆地钻孔柱状图、典型地区连井剖面图及关键岩层的地球化学测试等方法，对红-黑岩系和砂岩型铀矿的赋存岩层进行了垂向、横向上综合分析与对比。

本书中"红色岩系"是指一套黄色、褐色、红色陆相碎屑岩层组合，其中红色岩层对沉积环境具有特征指示意义，故常用"红层"讨论红色岩系成岩期的地质环境。"黑色岩系"是指绿色、灰色、黑色陆相碎屑岩层及含煤、含油岩系组合，同样亦用"黑色层"指示成岩期的地质环境。"红-黑岩系"是指产于同一构造层内及同一沉积序列内，沉积时代相近的红层沉积于黑色层之上的陆相碎屑岩层组合。

## 一、红-黑岩系耦合特征

中国陆相盆地中生代以来发育了多期次的红层（郭永春等，2007）和黑色层[1]（胡见义等，2014）（图2.32）。

过去对红层的研究主要集中在不同的专业领域，而关于红层与砂岩型铀成矿关系的研究相对较少。曾有一些学者从时空关系角度对华南、北秦岭等局部地区的红层与砂岩型铀矿化提出一些初步认识，认为红层附近或深部有利于铀成矿，铀矿成矿时间与红层的发育期相近（陈祖伊等，1983；权志高，1989；张星蒲，1999；张万良，2007）。对于有机质与砂岩型铀成矿关系的研究较多，煤、油、气等有机质与铀在空间上密切共生已形成共识（陈刚等，2005；邓军等，2005；冯乔等，2006；刘建军等，2006；杨斌虎等，2006；彭云

---

[1] 毛节华，许惠龙.1997. 全国煤炭资源预测和评价（第三次全国煤田预测）研究报告. 北京：中国煤炭地质总局。

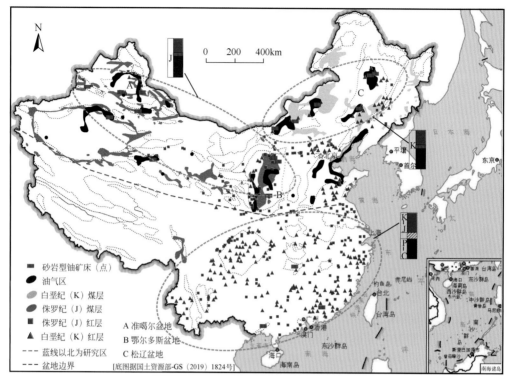

图 2.32　中国红层、黑色层与砂岩型铀矿分布图

红层、砂岩型铀矿（点）增加了本次工作成果。其他部分：砂岩型铀矿床引自 Jin et al., 2016；张金带，2016；李延河等，2016。红层分布据郭永春等，2007；彭华等，2013；潘志新和彭华，2015。煤田分布据毛节华和许惠龙，1997，全国煤炭资源预测和评价（第三次全国煤田预测）研究报告，北京：中国煤炭地质总局。油气分布据滕吉文和刘有山，2013；胡见义等，2014

彪等，2007；薛伟等，2009；侯惠群等，2016；张云等，2016；赵兴齐等，2016），但是对砂岩型铀矿与红层和黑色层三者的时空关系缺少系统性的区域性垂向和横向上的对比研究，基本上停留在砂岩型铀成矿的氧化-还原条件是受重力氧化水作用形成的层间水平分带认知上。苏联水成层间渗透型铀矿理论认为这类砂岩型铀矿形成主要是由于含矿氧化流体沿着隔水层之间的砂岩体运移，被还原物质逐渐氧化，使砂体被分成了氧化带、过渡带和还原带；铀矿体产于过渡带。美国的"卷状矿体"铀成矿理论（Shawe et al., 1959）和一部分中国的地浸砂岩型铀矿学者的认识也与此基本一致，更多强调了流体沿"泥-砂-泥"地层结构的横向氧化-还原条件转换及砂体颜色后期变化。对砂岩型铀矿赋存岩系的垂向分带研究也有部分学者关注（罗静兰等，2005；金若时和覃志安，2013）。近几年随着大数据和钻孔数据库的应用，北方砂岩型铀矿调查工程和科技部 973 计划铀矿项目团队，通过 10 万余米的岩心的综合对比研究，提出了红-黑岩系耦合产出对砂岩型铀矿成矿环境制约的新认识（金若时等，2017）。

中国北方陆相盆地内普遍有红层产出，由西向东红层形成时代具有逐渐变新的趋势，即西部以侏罗纪红层为主，向东逐渐转变为白垩纪红层（图 2.33）。西部准噶尔盆地、中部鄂尔多斯盆地均发育了晚侏罗世—早白垩世红层，东部松辽盆地早白垩世晚期—晚白垩

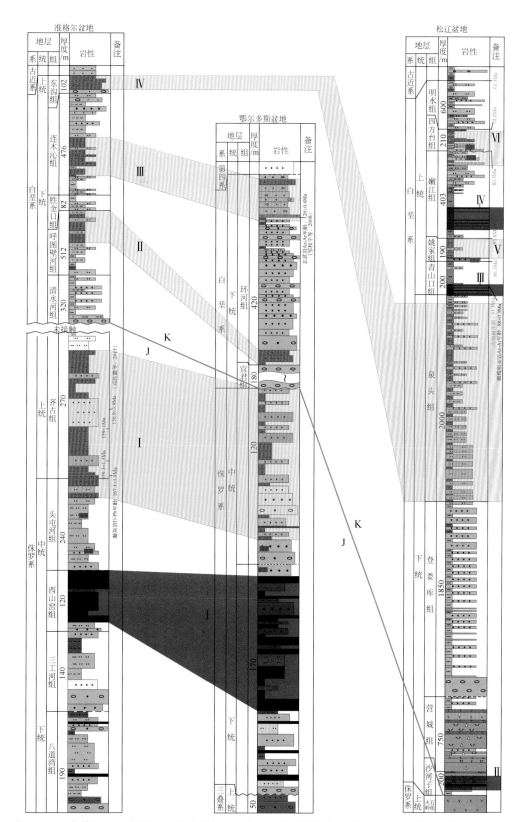

图 2.33　北方侏罗纪—白垩纪典型陆相产铀盆地红层发育期次和砂岩型铀"红-黑岩系"横向对比图

准噶尔盆地杨勇等，2012 和金若时等，2016；鄂尔多斯盆地张天福等，2016 和本次工程钻孔 ZKC2016-1；松辽盆地据高有峰，2010 和本次工程钻孔 ZKD1-01、野外实测 PM14。下侏罗统：$J_1$b. 八道湾组，$J_1$s. 三工河组，$J_1$y. 延安组；中侏罗统：$J_2$x. 西山窑组，$J_2$t. 头屯河组，$J_2$z. 直罗组；中—上侏罗统：$J_{2-3}$q. 齐古组；上侏罗统：$J_3$h. 火石岭组；下白垩统：$K_1$q. 清水河组，$K_1$h. 呼图壁河组，$K_1$sj. 胜金口组，$K_1$l. 连木沁组，$K_1$y. 宜君组，$K_1$h. 环河组，$K_1$sh. 沙河子组，$K_1$y. 营城组，$K_1$d. 登娄库组世发育了多期红层。这些盆地的黑色层也较发育，一般产在红层之下，沉积时代与红层相近，均属于中晚侏罗世或白垩纪，与红层一起构成红-黑岩系砂岩型铀成矿系统。这为中国北方中新生代陆相盆地成矿创造了铀成矿的氧化还原条件，同时也解释了中国南方也有大面积红层产出，但由于缺少黑色岩系故没有大量的砂岩型铀矿形成。

鄂尔多斯盆地在中生代构造层内发育了完整的红-黑岩系（图2.34）。这套岩系的产出，标志着盆地具有砂岩型铀矿形成的氧化还原环境。有利于砂岩铀矿形成的侏罗系红-黑岩系主要发育在东胜隆起、宁东断褶带和渭北隆起三个矿集区，白垩系红-黑岩系主要发育在红河-彭阳断隆矿集区。

## 二、红-黑岩系耦合反映的氧化还原条件

从早—中侏罗统延安组、直罗组不同层位的黑色层到红层，B、Sr 和 Cu 元素及 $Fe^{2+}/Fe^{3+}$、B/Ga、Sr/Cu 和 FeO/MnO 值在红层和黑色层有明显差异（张天福等，2016；孙立新等，2017）。直罗组上段以红色岩层为主，夹少量的灰色砂体，见碳酸盐岩，$Fe^{2+}/Fe^{3+}$ 平均为 0.19（$n=10$），远小于1，显示较强的氧化环境。直罗组下段为灰色岩层与黄绿色岩层交替出现，多处可见碳屑等有机质，$Fe^{2+}/Fe^{3+}$ 平均为 0.57（$n=6$），变化范围较大，总体为氧化还原过渡环境。下部延安组含黑色煤层等暗色沉积层，发育多层煤炭和许多草莓状黄铁矿，$Fe^{2+}/Fe^{3+}$ 平均为 1.84（$n=12$），多大于1，显示较强的还原环境。另外直罗组上段红层岩段，U/Th 平均为 0.3（$n=10$），直罗组下段 U/Th 平均为 1.26（$n=6$），下部延安组黑色层 U/Th 平均为 0.25（$n=12$）。即上部红层和底部黑色岩层的 U/Th 值基本一致，而中间过渡阶段 U/Th 是前两者的 4~5 倍，中间过渡阶段岩层铀含量较高，为铀易富集沉淀区间。

对于红层形成原因及沉积环境有不同的认识。一种观点认为红层的红色是干旱或干湿交替的古气候条件导致了赤铁矿氧化淋溶富集形成的，红层中大多含有蒸发盐夹层（Miki，1992；Hofmann et al.，2000），与红层存在于两种共生体中。在干旱地带，与河成及风成的砂岩与蒸发盐岩共生，在潮湿地带，与交错的含煤地层共生（彭华等，2013）。另一种观点认为红层不具备气候指示意义，其中的赤铁矿可能是成岩过程中含铁矿物脱水氧化形成的（Van Houten，1968；Turner，1980；彭华等，2013）。傅培刚等（2008）研究藏南白垩系红层-黑层的有机地球化学特征表明，黑层有机碳含量高于红层 5~10 倍，红层沉积时处于较强烈的氧化环境，而黑层则为还原环境。微体古生物资料显示，西部中侏罗统齐古组红层中发育了相当数量的孢粉化石（邓胜徽等，2015），东部上白垩统姚家组红层中化石也较为丰富，发育有介形虫、叶肢介、孢粉等化石（万晓樵等，2017；徐增连等，2017），中部中侏罗统直罗组红层中孢粉类化石相对较少（孙立新等，2017）。对于鄂尔多斯盆地的红层，我们认为分两种情况：侏罗系东胜隆起、宁东断褶带和渭北隆起三个矿集区的红层，应形成于潮湿地带，与含煤地层交错共生；白垩系红河-彭阳断隆矿集区的红层，应该是干旱体系下风成红层；但是无论是水成还是风成的红层，都代表一种较强的氧化环境。

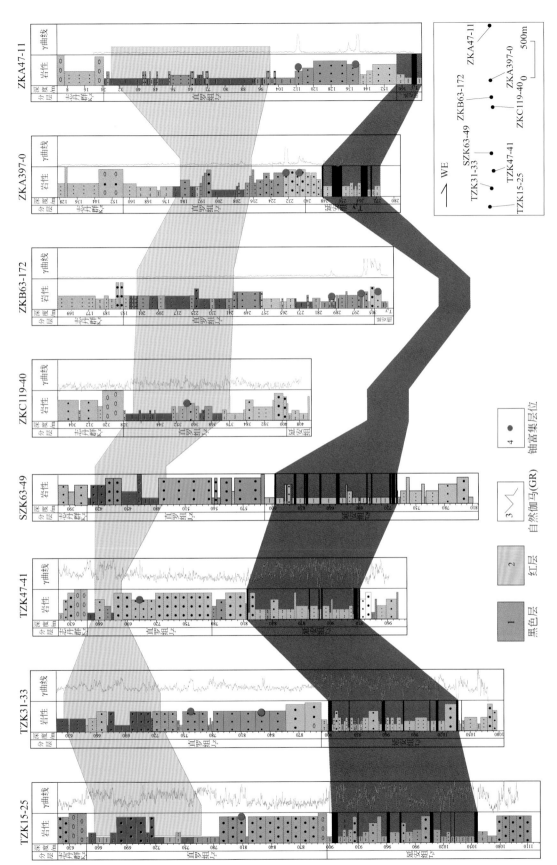

图2.34 鄂尔多斯盆地红层、煤层与砂岩型铀空间铀空间关系连井剖面图

　　本书认为，红色岩系对砂岩型铀矿成矿的主要贡献，是为成矿流体运移与物质交换，尤其是铀的溶出、迁移提供了有利的环境"场"。黑色岩系则为铀矿物质富集、沉淀、储存创造了有利的沉淀"障"。前人也认为红层是铀矿"第二母源层"（王志龙，1988）。红层作为含铀流体通道大家的认识是比较一致的，因为只有在氧化条件下才能有效地携带 $U^{6+}$ 迁移；而黑色还原层既为成矿提供了还原性的化学障，也常常因为自身细粒、含高有机质泥等因素，而起到了阻挡渗透和引起吸附的物理障作用（赵希刚等，2005）。这也是为什么耦合产出的红-黑岩系中过渡带能成为主要工业铀矿层的主要原因。

## 三、世界红-黑岩系与砂岩型铀矿分布

　　世界红层、黑色层与砂岩型铀矿分布（图2.35）显示：①全球红层的形成年代跨度大，从前寒武纪、古生代、中生代到新生代均有发育，欧亚板块上的赋存层位自西向东逐渐变新，即从欧洲的古生代到亚洲的中生代。②世界上单独产出黑色岩系的区域，砂岩型铀矿不发育；单独产出红色岩系的地区，砂岩型铀矿也不发育。砂岩型铀矿主要产出在二者同时发育的区域，三者产出空间密切相关。③砂岩型铀矿分布具有南北分带性，北半球集中分布在30°~60°，南半球多分布在20°~40°。全球的构造运动、气候变化和大规模缺氧与富氧事件，控制了世界上各大盆地砂岩型铀矿的形成。研究表明，白垩纪一种极端的温室气候，在大洋中表现为红层沉积的富氧作用（王成善和胡修棉，2005）。

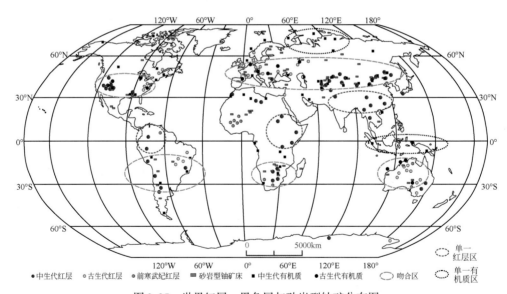

图2.35　世界红层、黑色层与砂岩型铀矿分布图

中国部分增加了本次工作成果。砂岩型铀矿床引自 Jin *et al.*，2016；张金带，2016；李延河等，2016；付勇等，2016。红层分布据郭永春等，2007；彭华等，2013；潘志新和彭华，2015。有机质分布据毛节华和许惠龙，1997，全国煤炭资源预测和评价（第三次全国煤田预测）研究报告，北京：中国煤炭地质总局；贾小乐等，2011；温泉波等，2011；滕吉文和刘有山，2013；胡见义等，2014

图 2.32 为综合多方面资料编制的晚中生代红-黑层与砂岩型铀矿分布图，从中可以清楚地看出中国红层、黑色层与砂岩型铀矿产出具有以下几方面特征：①中国北方陆相盆地内中生代地层中红层发育，由西向东红层发育的时代具有逐渐变新的趋势，即西部以侏罗纪红层为主，向东逐渐转变为白垩纪红层。西部准噶尔盆地、中部鄂尔多斯盆地均发育了晚侏罗世—早白垩世红层，东部松辽盆地早白垩世晚期—晚白垩世发育了多期红层。②中国北方陆相盆地内黑色层，一般在红层之下的层位产出，沉积时代与红层相近，均属于中晚侏罗世或白垩纪，与红层一起构成红-黑岩系砂岩型铀成矿系统。砂岩型铀非常发育。③中国北方有大面积红层分布，尤以白垩纪为主。而黑色岩系以石炭系—二叠系为主。并不构成本书所提出的"红-黑岩系"，因此，砂岩型铀矿也不发育，可能与中间地层形成的物理障阻隔有关。总之，中国北方虽然出现了由西向东黑色岩系和红色岩系层位由侏罗纪向白垩纪的演化过程，有的地区还出现了红黑交互的环境变化，但总体上看，中国北方大多具有从"还原"到"氧化"环境的变化，即具有适宜砂岩型铀矿形成的古沉积环境。

## 四、绿色砂岩的成因

鄂尔多斯盆地内发育一套与成矿关系密切的绿色岩层，岩性为绿色砂岩和泥岩。绿色岩层与下伏的灰色岩为整合接触的连续沉积层（李子颖等，2007；苗爱生等，2010）。砂岩型铀矿往往产在紧邻绿色层的灰色砂岩中，有的矿体还直接产在绿色砂岩中，因此对绿色砂岩的成因引起了广大研究者的重视。目前对绿色砂岩的成因有三种不同的认识：①绿色砂（泥）岩由红色砂（泥）岩经油气"二次还原"作用形成（李子颖等，2007，2009；权建平等，2007；彭云彪等，2007；杨晓勇等，2009；苗爱生等，2010；易超等，2014；李西得等，2016）；②砂岩中黑云母水解产生的 $Fe^{2+}$ 致其呈现绿色（肖新建等，2004）；③绿色矿物可能来源于热流体还原作用（丁万烈，2003；夏菲等，2016）。对东胜地区的绿色岩层进行观测和编图对比研究发现，此层连续性好，具有稳定的层位（图 2.36）。

东胜地区直罗组绿色砂（泥）岩多呈"上绿下灰"或"灰、绿"相间，倾角通常在 5°~10°。绿色砂岩颗粒由石英、斜长石和钾长石等碎屑矿物（60%~70%）组成，基质由绢云母、蒙脱石和绿泥石等黏土矿物（20%~30%）组成。岩石类型均被确定为长石碎屑砂岩，碎屑成分由长石（30%~40%）、石英（40%~50%）、云母（3%~5%）和岩屑（<10%）组成。碎屑颗粒表面通常附着厚度为 3~5μm 的绿色黏土膜（图 2.37），矿物碎屑的棱角发育。为了验证绿色砂（泥）岩区域分布的稳定性，对大营纳岭沟和皂火壕矿床直罗组的绿色砂岩进行了水平岩石学对比（表 2.1）。在不同的矿床中，纳岭沟地区的黏土矿物（蒙脱石、高岭石、绿泥石和伊利石）比其他两个地区丰富。大营和纳岭沟矿床的绿色砂岩与红色或灰色砂岩具有相似的碎屑成分、副矿物及变质的矿物组成和岩石结构（表 2.2）；只是绿色和灰色砂岩中的黏土矿物含量高达 10%，而红色砂岩中的黏土矿物含量较低。

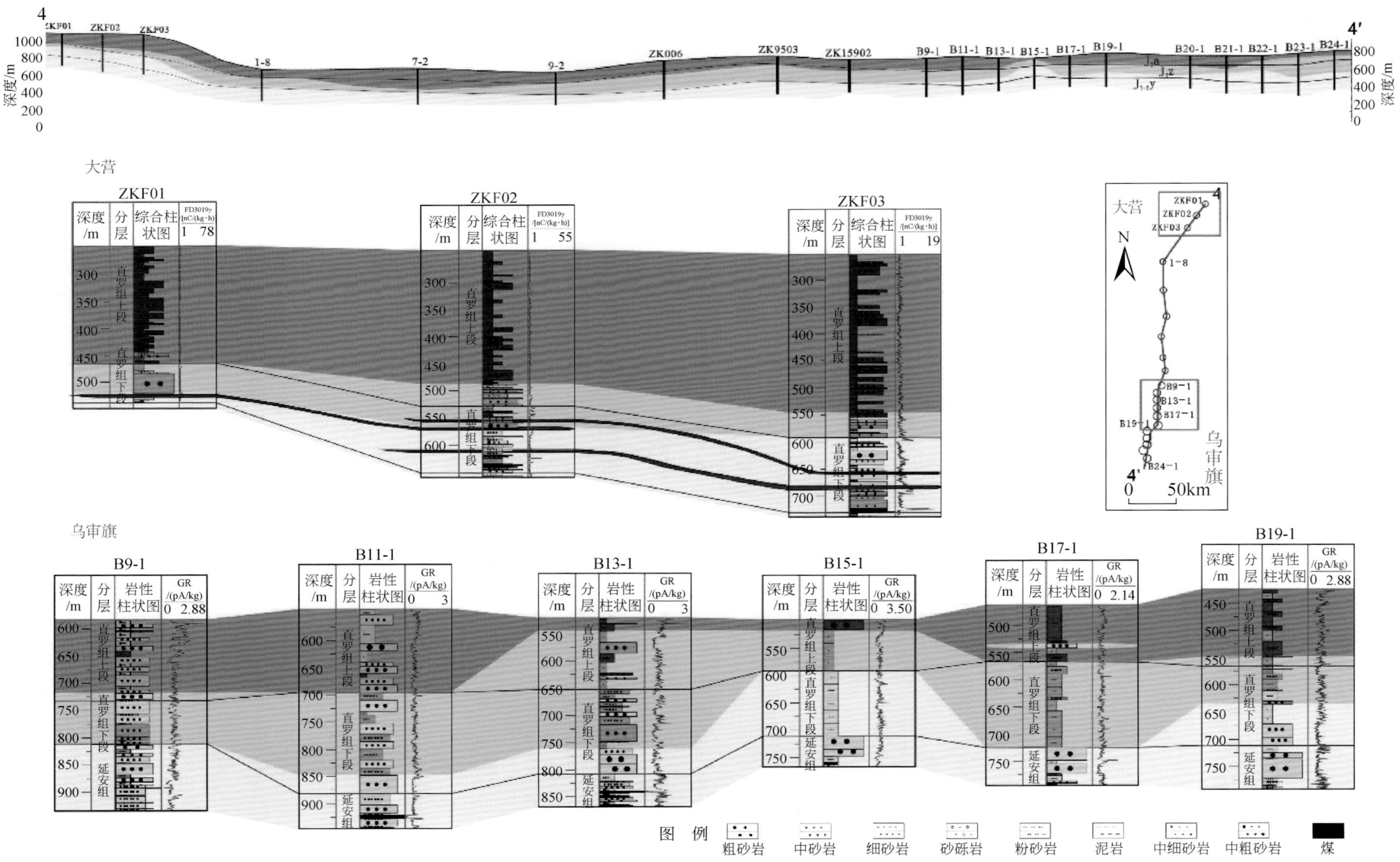

图2.36 大营铀矿区至乌审旗地区直罗组绿色岩空间分布图

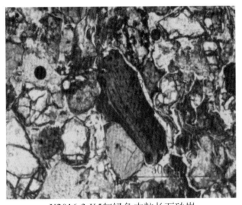 

a. X2016-3-K5灰绿色中粒长石砂岩　　　　　b. 15ZKN15-40-Ⅲ-001绿色粉砂质泥岩

图2.37　盆地北部纳岭沟铀矿床绿色砂岩显微特征

表2.1　东胜铀矿田直罗组绿色砂（泥）岩横向岩石学特征对比表

| 特征 矿床 | 大营西（巴音青格利） | 纳岭沟 | 皂火壕 |
|---|---|---|---|
| 碎屑/% | 长石（40~45）、石英（35~40）、黑云母（6~10）、岩屑（泥岩、石英岩）（少量） | 长石（30~35）、石英（30~35）、黑云母（1~4）、岩屑（石英岩、花岗岩、片岩）（4~10） | 石英（50~60）、长石（15~35）岩屑（5~25）、黑云母（1~5）岩屑（石英岩、花岗岩）（3~5） |
| 胶结物/% | 方解石（6~8）、黏土矿物（10~20）、黄铁矿（微量） | 黏土矿物（20~25）、方解石（1~15）、黄铁矿（微量） | 黏土矿物（10~15）、方解石（5~8）、黄铁矿少量 |
| 副矿物 | 锆石、磷灰石、榍石、石榴子石、绿帘石、金属矿物 | 锆石、磷灰石、石榴子石、绿帘石、金属矿物 | 锆石、磷灰石、绿帘石、金属矿物 |
| 结构 | 孔隙式胶结，多泥颗粒支撑 | 孔隙–基底式胶结，多泥颗粒支撑 | 孔隙式胶结 |
| 黏土矿物 | 蒙脱石、高岭石、绿泥石、伊利石 | 蒙脱石、高岭石、绿泥石、伊利石 | 蒙脱石、高岭石、绿泥石、伊利石 |
| 蚀变矿物 | 绢云母、绿泥石、碳酸盐矿物 | 绢云母、绿帘石、绿泥石、蛭石、碳酸盐矿物 | 绢云母、碳酸盐矿物、绿泥石化 |

表 2.2　东胜铀矿田直罗组绿色砂（泥）岩与红色、灰色围岩主要岩石学特征对比表

| 矿床 特征 | 大营西（巴音青格利） | | | 纳岭沟 | | |
|---|---|---|---|---|---|---|
| | 绿色砂岩 | 红色砂岩 | 灰色砂岩 | 绿色砂岩 | 红色砂岩 | 灰色砂岩 |
| 碎屑/% | 长石（40～45）、石英（35～40）、（黑）云母（6～10）、岩屑（泥岩、石英岩）少量 | 长石（35～40）、石英（35）、云母（2～3）、岩屑（泥岩、石英岩+花岗岩、千枚岩）少量 | 长石（40～45）、石英（30～40）、黑云母少量、岩屑（3～4）（石英岩、泥岩、绢云千枚岩、细砂岩） | 长石（40～45）、石英（35～40）、云母（1）、岩屑（8～10）（石英岩、花岗岩、泥岩） | 石英（60）、长石（20）、岩屑（10）（石英岩、千枚岩、粉砂岩） | 长石（40～45）、石英（35～40）、云母（2～3）、岩屑（4～6）（石英岩、花岗岩、泥岩、云母石英片岩） |
| 胶结物/% | 黏土矿物（10～20）、方解石（6～8）、黄铁矿少量 | 方解石（20～25）、黄铁矿微量 | 黏土矿物（2～10）、方解石（15～20）、黄铁矿（4～6） | 黏土矿物（4～6）、方解石（4～6）、黄铁矿微量 | 褐铁矿化、弱绿泥石化 | 黏土矿物（10～15）、黄铁矿微量 |
| 副矿物 | 锆石、磷灰石、榍石、石榴子石、绿帘石、金属矿物 | 锆石、磷灰石、电气石 | 锆石、磷灰石、绿帘石、石榴子石、榍石、金属矿物 | 锆石、磷灰石、绿帘石、金属矿物 | 锆石、磷灰石、绿帘石 | 锆石、磷灰石、绿帘石、榍石、金属矿物 |
| 蚀变矿物 | 黏土矿物、绢云母、绿泥石、绿帘石、碳酸盐矿物、黄铁矿 | 黏土矿物、绢云母、绿泥石、绿帘石 | 黏土矿物、绢云母、绿泥石、绿帘石、黄铁矿、方解石 | 黏土矿物、绢云母、绿帘石、绿泥石、蛭石 | 黏土矿物、褐铁矿、绢云母 | 黏土矿物、绢云母、绿帘石、绿泥石、蛭石 |

　　利用高倍显微镜，发现绿色砂岩的碎屑颗粒表面都被厚达 $10\mu m$ 的黏土膜涂层覆盖，见有亚氯酸盐已渗透到长石的微裂缝和溶解孔中。这些特征类似于世界其他地方报道的砂岩铀矿床特征（Kacmaz and Burns，2017）。黏土膜涂层成四种类型产出：颗粒膜、孔隙衬里、孔隙填充和黑云母蚀变（图 2.38）。最常见是颗粒膜，其次是黑云母变质膜，偶见孔隙衬里和孔隙填充。颗粒膜可以细分为蜂窝状绿泥石或蒙脱石，片状绿泥石或蒙脱石，片状高岭石，层状高岭石和针状伊利石。黑云母膜大部分被氯化或微粉化，发生膨胀和压缩变形。检测到局部的孔隙衬里，其中绿色黏土矿物沿着膜表面或碎屑溶解孔隙和微裂缝的壁垂直生长，有时呈绒球状。孔填充很少见（图 2.38c～f）。这些均为岩石固结成岩阶段矿物的充水-脱水特征。

　　采集了纳岭沟矿床的三个钻孔 10 个绿色砂岩样品，分析黏土矿物组成（表 2.2）。15WN5（K16～K20）钻孔绿色砂岩中的黏土矿物组分为蒙脱石占 43%、伊利石占 22%、高岭石占 17% 和绿泥石占 18%。绿色砂岩与灰色砂岩中的黏土矿物含量相比较，绿色砂岩的蒙脱石含量较低，伊利石含量较高，绿泥石含量较低。在钻孔 15WN7 的绿色砂岩中，黏土矿物组分为蒙脱石占 80%，伊利石占 9%，高岭石占 6% 和绿泥石占 5%；与灰色砂

岩相比，蒙脱石含量较高，伊利石含量较低，高岭石和绿泥石含量相近。在15N44-131和15WN7钻孔的样品中，绿色砂岩和灰色砂岩黏土矿物含量相当，蒙脱石占62%，伊利石占11.5%，高岭石占13%和绿泥石占12.5%。这些特征表明，岩石中的黏土矿物绿泥石不是绿色砂岩的主要致绿因素。

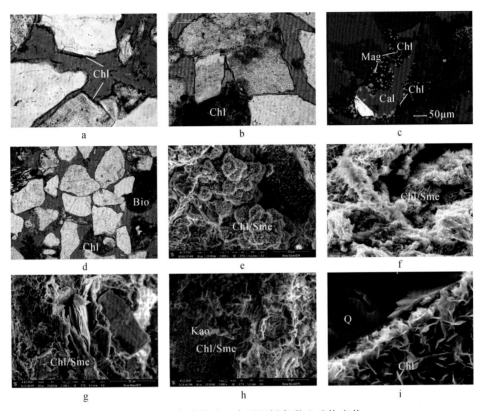

图2.38　东胜铀矿田直罗组绿色黏土矿物产状

a. 铸体片下颗粒包膜黏土矿物，碎屑颗粒表面均包裹极薄的黏土矿物膜；b. 铸体片下孔隙衬里状绿泥石，主要呈粒间孔，在个别微裂缝内也可见少量绿泥石；c. 电子探针下孔隙充填状绿泥石，被后期方解石侵入；d. 黑云母蚀变成绿泥石；e. 扫描电镜下蜂窝状绿蒙混层；f. 扫描电镜下同视域下观察；g. 扫描电镜下片状、蜂窝状绿蒙混层；h. 扫描电镜下层片状高岭石和蜂窝状绿蒙混层；i. 扫描电镜下绿泥石呈细鳞片附着在石英颗粒表面。Bio. 黑云母；Cal. 方解石；Chl. 绿泥石；Kao. 高岭石；Mag. 磁铁矿；Q. 石英；Sme. 蒙脱石

利用微区光谱法，对钻孔中灰绿色粗粒长石砂岩样品进行分析，发现黏土膜的化学成分主要为O、Si、Fe、Al、Mg和Ca。绿色砂岩样品矿物的表面扫描显示出明显的富含Se、Ti、Si和Fe的区域（图2.39）。硒和钛以星状或聚集体形式存在，与含钛矿物如黑云母或锆石相对应。富硅区与石英或长石碎屑重合。铁明显富集在碎屑表面。铁的富集基本上与矿物上的碎屑膜的范围一致，表明该膜含有含铁的矿物。由此认为高含量$Fe^{2+}$应该是岩石绿色的主要因素。

综上所述，鄂尔多斯盆地北部铀成矿区内绿色砂（泥）岩区域分布广泛，层位稳定，绿色砂（泥）岩与围岩界线清晰，表明成岩作用具有区域广泛性，沉积成岩作用可能是主因。直罗组绿色砂岩与上下围岩矿物成分相似，均以石英、长石和黏土矿物为主，含量相

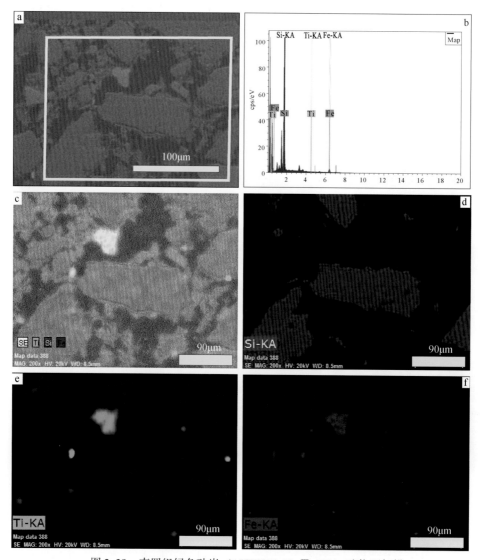

图 2.39　直罗组绿色砂岩（15ZKN15-40-Ⅲ-003）矿物面扫描

似，绿色砂岩与围岩稀土元素曲线形态一致，略平坦，Eu 略富集，Ce 亏损，与围岩可能经历了相似且连续的沉积成岩作用。碎屑表面绿色黏土薄膜成分复杂，有绿蒙混层、绿色蒙脱石、绿泥石及绿色高岭石，元素以 Fe、Mg、Si、Al 为主，富 Fe 的黏土矿物产生的绿色效应是引起岩石绿色的主要因素。由此，本书认为，沉积成岩作用是形成东胜铀矿田中侏罗统直罗组绿色砂（泥）岩成岩的主要地质作用，围岩与之经历了相似的成岩过程，未发现大规模区域性流体改造痕迹。富 Fe 黏土薄膜是形成绿色砂岩的直接因素。

## 五、地层颜色的模式层序及成因分析

通过对鄂尔多斯铀盆地大量钻孔及地层的观察研究，总结了地层的颜色特征，提出了反映沉积环境的砂岩型铀矿赋存模式地层层序见表 2.3（金若时和覃志安，2013）。

**表 2.3　砂岩型铀矿产出的地层颜色模式层序**

| 编 号 | 图 例 | 颜 色 | 岩 性 | 环 境 |
|---|---|---|---|---|
| ⑥ | | 紫色、红色 | 砂岩 | 氧化环境 |
| ⑤ | | 黄色、褐色 | 砂岩、泥岩 | 次氧化环境 |
| ④ | | 浅黄色 | 砂岩、泥岩、页岩 | 弱氧化环境 |
| ③ | | 绿色 | 砂岩、泥岩（含矿） | 弱还原环境 |
| ② | | 灰色 | 砂岩夹泥岩偶含煤屑（主含矿层） | 次还原环境 |
| ① | | 暗灰色、黑色 | 砂岩或泥岩-黑色煤层（含矿） | 还原环境 |

颜色模式层序反映的是盆地内岩石从还原到氧化的沉积环境演化过程中颜色变化的标准序列。事实上在盆地不同的区域位置，常常可能发育一个或几个不完整的沉积旋回演化过程。虽然不同矿床、矿集区从还原到氧化的演化过程有些差异，但是它们反映的盆地早期主要是接受了较近源的还原物质沉积物，晚期主要是接受了远源构造岩浆岩带剥蚀的花岗质物质沉积物的基本规律是一致的。远源构造岩浆岩带的长英质岩石碎屑，可以携带大量的铀矿物质进入盆地，构成铀的原始预富集，并作为后期铀成矿峰期的重要铀源（冯晓曦等，2017）。

# 第五节　鄂尔多斯盆地蚀变矿物的原始分带

## 一、岩石中黏土矿物的垂向分带

黏土矿物是颗粒小于 $2\mu m$、细分散的具有层状结构的含水硅酸盐矿物。其类型主要包括风化黏土矿物、自生黏土矿物、成岩黏土矿物和蚀变黏土矿物（赵杏媛，1990）。由于砂岩型铀矿是表生流体成矿，所以厘清黏土矿物是原生（水成、风成）、同生（成岩期）还是后期蚀变（后期流体作用）形成的，意义重大。原生黏土矿物反映的是古沉积环境，同生黏土矿是岩石中长石类矿物在成岩后期演化的产物，蚀变黏土矿物代表的是后期流体作用对岩石交代改造的遗迹。蚀变黏土矿物可能记录了成矿流体的重要信息，国内外砂岩型铀矿地质学家一直将它作为成矿规律研究的重要对象（Brookins，1982；Syed，1999；Lanson *et al.*，2002；杨殿忠和于漫，2005；庞雅庆等，2007，2010；宋昊等，2016；荣辉等，2016）。

黏土矿物晶粒微小，成分、结构易发生转变，对古气候、古环境的变化非常敏感。因此，黏土矿物沉积分异、组合类型及其含量变化、微细结构等特征对古沉积环境有重要的指示意义。成分成熟度低的泥岩含有较高比例的非黏土矿物，或者富含蒙脱石、伊利石等黏土矿物；相反，成分成熟度高的泥岩中黏土矿物则以高岭石矿物占优势（Cox *et al.*，1995）。通常认为，高岭石的存在指示矿物曾经历了温暖潮湿环境下的弱酸性、强化学风化作用；伊利石、蒙脱石是弱碱性、干燥环境指示矿物（金章红，2011）。

　　前人在研究砂岩型铀矿床时往往特别关注与成矿关系密切的蚀变黏土矿物。本书研究应用中国地质调查局南京地质调查中心研制的 CMS350A 型全自动数字化岩心光谱扫描仪（波段范围为 350～2500nm，分辨率为 3nm，1100～2500nm 波段的光谱分辨率为 10nm，扫描间距为 5cm），在鄂尔多斯盆地选择了四条剖面、50 个钻孔、约 22000m 岩心，开展了岩石光谱扫描工作；采用澳大利亚联邦科学与工业研究组织开发的 TSG 软件，提取反演了黏土矿物，系统地研究了鄂尔多斯盆地黏土矿物产出特征。

　　例如，鄂尔多斯盆地北部东胜地区直罗组上段红色砂岩中以蒙皂石+伊-蒙混层为主，灰绿色砂岩中以蒙皂石+伊-蒙混层+绿泥石为主，高岭石含量均较低（图 2.40）。直罗组下段黏土矿物以蒙皂石+伊-蒙混层+绿泥石为主，含矿砂岩中的黏土矿物以高岭石+伊-蒙混层+蒙皂石为主，具有酸性-碱性的过渡特征（图 2.41）。这些蚀变矿物具有明显的垂向分带特征，这种分带在成矿区和非成矿区都存在，表明这种分带是由于原始沉积成分的差异引起的黏土矿物分带，不是成矿作用带来的蚀变矿物分带。但它能较好地反映原始沉积物的古氧化还原条件。

　　鄂尔多斯盆地西南部洛河组黏土矿物含量在垂向上同样呈现出一定的规律性，自下而上分为三段：下部以高岭石、绿泥石为主，伊-蒙混层为辅，三价铁氧化物含量较低，铀含量较高；中部以绿泥石、伊-蒙混层为主，高岭石为辅，三价铁氧化物升高；上部以绿泥石、伊-蒙混层为主，未见高岭石，三价铁氧化物含量低。整体来看，伊-蒙混层和伊利石、高岭石、绿泥石具有互为消长的特点（图 2.42）。

## 二、黏土矿物特征

　　通过岩心光谱扫描，本次工作对鄂尔多斯盆地北部塔然高勒-东胜铀矿矿集区和西南部彭阳铀矿床内的典型钻孔进行了黏土分析。其中，北部塔然高勒-东胜铀矿矿集区内含矿层主要为侏罗系延安组和直罗组，西南部彭阳铀矿床内含矿层主要为白垩系洛河组。

　　侏罗系延安组：黏土矿物种类以高岭石为主，含少量伊利石、绿泥石和蒙脱石，且高岭石结晶度一般较好，多呈假六方片状、假六角似板状（图 2.43a、b）。在扫描电镜下，对延安组 12 件泥岩样品中的黏土矿物大致做了估算，高岭石、伊利石、绿泥石和蒙脱石相对占比分别为 60%、20%、10% 和 10%。而且黏土矿物组合在纵向上表现出一定的分带性，自下而上依次为伊利石-高岭石-绿泥石组合、高岭石-伊利石组合、高岭石-伊利石-绿泥石组合及高岭石-伊利石-绿泥石-蒙脱石组合。由于蒙脱石、伊利石一般是干旱气候的反映，可见在延安组沉积时期总体湿润的气候背景下，也有相对干燥的时期，表现为延安组中期显著湿润，而后期气候干燥化则颇为明显。

　　侏罗系直罗组：黏土矿物除高岭石外，开始普遍出现大量的蒙脱石、伊利石及少量水铝英石（图 2.43c～f），结晶度都很差。蒙脱石呈弯曲片状，集合体多呈"花朵状"（图 2.43c），水铝英石多呈球粒状。纵向上，直罗组上段蒙脱石含量明显高于下段，而且开始出现水铝英石，说明在气候较干旱的总背景下，直罗组早期气候要比直罗组后期湿润一些。本组下段尚有煤线及含碳泥岩出现，并含有少量真蕨类、苏铁类植物化石，这些也进一步说明了直罗组早期比后期湿润。

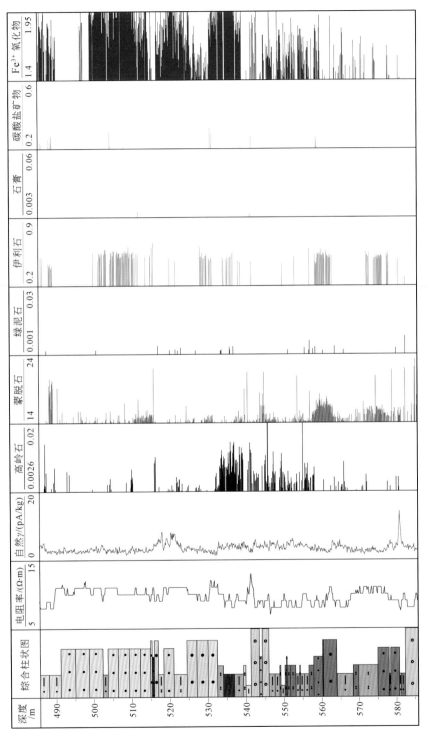

图2.40　盆地北部东胜地区直罗组上段蚀变矿物综合柱状图

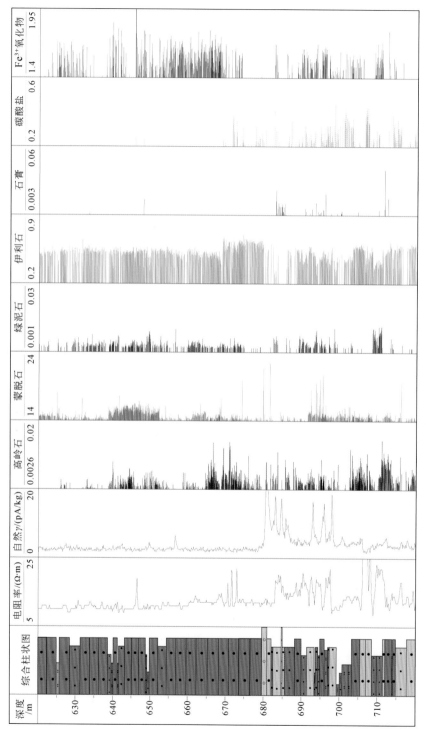

图2.41　盆地北部东胜地区直罗组下段蚀变矿物综合柱状图

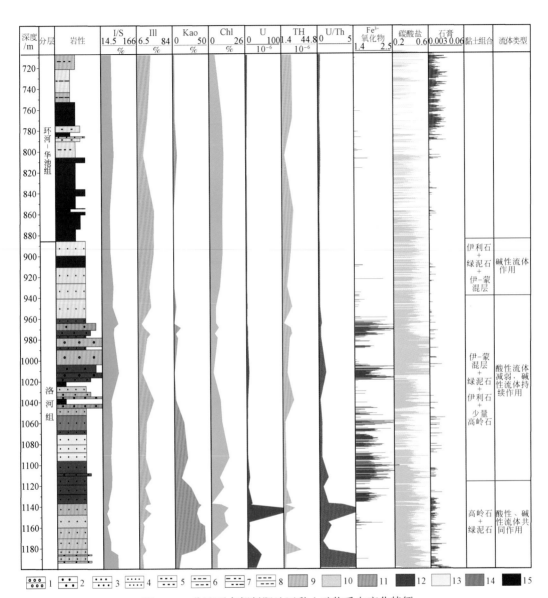

图 2.42　盆地西南部彭阳地区黏土矿物垂向变化特征

1. 砾岩；2. 粗砂岩；3. 中砂岩；4. 细砂岩；5. 粉砂岩；6. 粉砂质泥岩；7. 泥质粉砂岩；8. 泥岩；9. 灰色；

10. 浅灰色；11. 浅红色；12. 红色；13. 黄色；14. 灰绿色；15. 棕色。I/S. 伊-蒙混层；Ill. 伊利石；Kao. 高岭石；

Chl. 绿泥石；U. 铀；Th. 钍

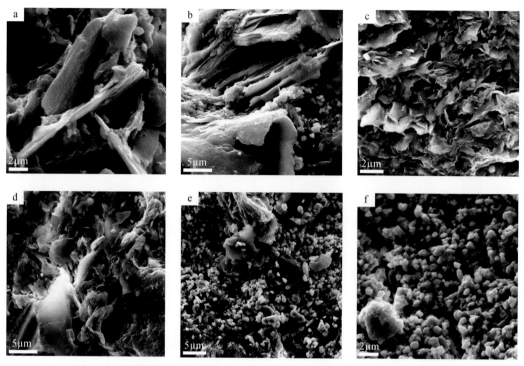

图 2.43　鄂尔多斯北缘延安组、直罗组泥岩黏土矿物扫描电镜下典型照片

a，b. 延安组假六方片状、假六角似板状高岭石；c. 直罗组弯曲片状蒙脱石；d. 直罗组鳞
片状伊利石；e，f. 直罗组上段球粒状水铝英石

白垩系：黏土矿物和碳酸盐岩全孔发育，黏土矿物以伊利石为主，碳酸盐矿物在安定组、直罗组及洛河组上段砾岩中尤为富集（图 2.42），石膏在铀矿段较富集，$Fe^{3+}$ 氧化物主要分布在泾川组、罗汉洞组和洛河组，基本与红色地层分布规律一致。

洛河组砂岩主要为中-细粒长石岩屑砂岩或岩屑长石砂岩，少量岩屑石英砂岩和石英砂岩，泥岩和砂岩的黏土矿物组合类型相似，含量有所差异。主要的黏土矿物类型包括伊-蒙混层、伊利石、高岭石、绿泥石，未见蒙脱石。洛河组砂岩中黏土矿物含量整体偏低（图 2.44a），通过扫描电镜观察，绿泥石多以针叶状薄膜覆盖于颗粒表面或成叶片状、玫瑰花状集合体发育在碎屑颗粒孔隙间（图 2.44b）。高岭石单个晶体多为似六方片状，集合体主要呈书册状、蠕虫状存在于碎屑颗粒间，或呈不规则状分布在碎屑颗粒表面（图 2.44c、d）。伊-蒙混层多呈弯曲褶皱片状分布在碎屑颗粒孔隙中（图 2.44e、f），轮廓线不清晰；伊利石大多为微弯曲片状，少量伊利石以薄膜状包裹在碎屑颗粒表面，可见伊利石搭桥。

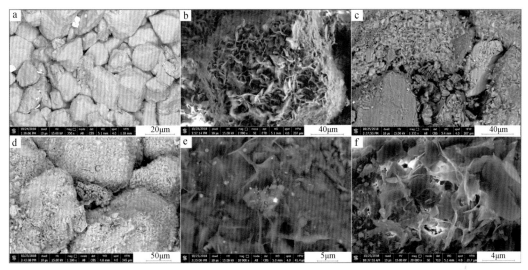

图 2.44　彭阳地区洛河组砂岩样品黏土矿物扫描电镜照片

a. 岩石样品中碎屑颗粒间填隙物较少；b. 玫瑰花状绿泥石；c. 书册状高岭石和针叶状伊–蒙混层；d. 蠕虫状高岭石和叶片状绿泥石；e. 针叶状绿泥石和轮廓不清晰的伊–蒙混层；f. 弯曲褶皱片状伊–蒙混层。矿物代号：I/S. 伊–蒙混层；Kao. 高岭石；C. 绿泥石

# 第六节　沉积环境地球化学参数特征

在沉积过程中，微量元素在水体及沉积物中的分布、循环及分异，除了与它们本身的化学性质有关外，还受到沉积介质物理化学条件及古气候、氧化还原条件的支配（Nameroff et al.，2004；Tribovillard et al.，2004，2006）。对沉积物中的微量元素的研究，可以示踪古沉积环境的氧化还原状态（Werne et al.，2003；Lyons et al.，2003；Riboulleau et al.，2003；Sageman et al.，2003；Rimmer et al.，2004；Algeo and Maynard，2004）。

笔者在鄂尔多斯盆地北缘神山沟剖面早—中侏罗统延安组、直罗组不同层位系统采集了 28 件泥岩、粉砂质泥岩样品（延安组 12 件，直罗组下段 6 件，直罗组上段 10 件），进行了微量、稀土元素测试。样品分析测试由天津地质矿产研究所实验室完成。常量元素采用 X 衍射荧光光谱（XRF）分析，FeO 采用氢氟酸、硫酸溶样、重铬酸钾滴定法，分析精度优于 2%。微量、稀土元素采用美国 X Series II 型号 ICP-MS 等离子体质谱仪进行测定，分析精度优于 5%。黏土矿物分析鉴定在扫描电子显微镜（SEM）下进行，首先将具新鲜断面的小块泥岩原岩样品做喷碳导电处理，扫描电子显微镜型号为 SS550，加速电压为 20kV，束流为 $1 \sim 3nA$，测试结果见表 2.4 和表 2.5。

硼（B）含量：微量元素硼常用来指示古盐度（Walker and Price，1963；Couch，1971）。一般而言，海相环境下的硼含量在 $80 \times 10^{-6} \sim 125 \times 10^{-6}$，而淡水环境的硼含量多小于 $60 \times 10^{-6}$。本研究区延安组泥岩硼含量介于 $22.50 \times 10^{-6} \sim 57.50 \times 10^{-6}$，平均含量为 $41.36 \times 10^{-6}$（$n=12$）。直罗组下段泥岩硼含量介于 $20.30 \times 10^{-6} \sim 39.50 \times 10^{-6}$，平均值为 $32.96 \times 10^{-6}$（$n=6$）；直罗组上段泥岩硼含量介于 $26.10 \times 10^{-6} \sim 42.8 \times 10^{-6}$，平均值为 $33.06 \times 10^{-6}$（$n=10$）。这些数据反映延安组、直罗组古沉积水体环境均为淡水环境。

表 2.4 鄂尔多斯盆地北缘延安组—直罗组泥岩常量元素（%）分析及计算结果（数据引自张天福等，2016）

| 层位 | 样品顺序 | 样号 | 岩性 | $SiO_2$ | $TiO_2$ | $Al_2O_3$ | $Fe_2O_3$ | FeO | MnO | MgO | CaO | $Na_2O$ | $K_2O$ | $P_2O_5$ | 烧失量 | 总和 | $Fe^{2+}/Fe^{3+}$ | Mg/Ca | $Al_2O_3/MgO$ | FeO/MnO | CIA | ICV | F1 | F2 |
|---|---|---|---|---|---|---|---|---|---|---|---|---|---|---|---|---|---|---|---|---|---|---|---|---|
| 直罗组上段 | 1 | b1-19-1 | 暗紫红色泥岩 | 58.23 | 0.98 | 19.77 | 6.06 | 0.23 | 0.01 | 1.30 | 0.80 | 0.26 | 1.97 | 0.03 | 10.32 | 99.97 | 0.04 | 2.28 | 24.71 | 17.69 | 86.85 | 0.58 | -4.14 | 3.91 |
| | 2 | b1-17-1 | 暗紫红色泥岩 | 58.50 | 0.89 | 18.38 | 6.93 | 0.24 | 0.02 | 1.67 | 0.92 | 0.39 | 2.51 | 0.03 | 9.48 | 99.96 | 0.04 | 2.54 | 19.98 | 12.00 | 82.10 | 0.72 | -4.29 | 3.03 |
| | 3 | b1-16-1 | 砖红色泥岩 | 59.58 | 0.91 | 16.10 | 6.70 | 0.86 | 0.05 | 2.78 | 0.94 | 0.68 | 2.81 | 0.07 | 8.43 | 99.91 | 0.14 | 4.14 | 17.13 | 15.93 | 75.28 | 0.92 | -3.79 | 3.68 |
| | 4 | b1-15-2 | 灰绿色泥质粉砂岩 | 52.23 | 1.09 | 20.33 | 8.62 | 1.01 | 0.06 | 2.98 | 0.77 | 0.35 | 2.35 | 0.06 | 10.03 | 99.88 | 0.13 | 5.42 | 26.40 | 16.56 | 84.60 | 0.79 | -4.23 | 4.80 |
| | 5 | b1-14-2 | 暗紫红色泥岩 | 60.12 | 0.91 | 18.25 | 6.30 | 0.43 | 0.04 | 1.65 | 0.77 | 0.38 | 2.94 | 0.03 | 8.15 | 99.97 | 0.08 | 3.00 | 23.70 | 11.94 | 80.43 | 0.71 | -4.22 | 1.93 |
| | 6 | b1-14-1 | 灰白色细砂岩 | 63.99 | 0.81 | 16.22 | 2.59 | 1.43 | 0.03 | 2.52 | 1.04 | 1.49 | 3.26 | 0.29 | 6.16 | 99.83 | 0.61 | 3.39 | 15.60 | 47.67 | 65.77 | 0.72 | -0.81 | 3.18 |
| | 7 | b1-13-1 | 暗紫色泥岩 | 48.26 | 0.39 | 26.92 | 6.62 | 0.38 | 0.02 | 1.74 | 0.97 | 0.26 | 0.88 | 0.05 | 13.47 | 99.96 | 0.06 | 2.51 | 27.75 | 22.35 | 93.70 | 0.40 | -2.90 | 5.03 |
| | 8 | b1-12-1 | 暗紫红色泥岩 | 56.47 | 1.00 | 19.87 | 6.04 | 1.11 | 0.03 | 2.53 | 0.74 | 0.37 | 2.43 | 0.02 | 9.27 | 99.88 | 0.20 | 4.79 | 26.85 | 32.65 | 83.75 | 0.66 | -3.89 | 3.47 |
| | 9 | b1-11-1 | 暗紫红色泥岩 | 58.02 | 0.77 | 17.72 | 5.63 | 1.83 | 0.05 | 2.80 | 1.02 | 0.90 | 2.88 | 0.16 | 8.02 | 99.80 | 0.36 | 3.84 | 17.37 | 37.35 | 74.43 | 0.79 | -2.31 | 2.68 |
| | 10 | b1-10 | 紫红色泥岩 | 51.35 | 0.73 | 18.40 | 10.71 | 1.92 | 0.05 | 3.31 | 0.89 | 0.86 | 2.62 | 0.13 | 8.84 | 99.81 | 0.20 | 5.21 | 20.67 | 42.67 | 76.44 | 1.04 | -3.47 | 2.93 |
| 直罗组下段 | 11 | b2-1-1 | 紫红色泥岩 | 56.46 | 0.83 | 20.97 | 5.66 | 0.59 | 0.03 | 2.51 | 0.78 | 0.20 | 2.96 | 0.03 | 8.91 | 99.93 | 0.12 | 4.51 | 26.88 | 17.88 | 84.42 | 0.62 | -3.71 | 2.65 |
| | 12 | b2-1-2 | 黄绿色泥质粉砂岩 | 57.17 | 0.87 | 20.77 | 3.93 | 0.67 | 0.04 | 3.33 | 0.77 | 0.23 | 3.21 | 0.08 | 8.86 | 99.93 | 0.19 | 6.05 | 26.97 | 17.18 | 83.05 | 0.59 | -2.79 | 4.05 |
| | 13 | b2-2-1 | 黄绿色泥质粉砂岩 | 55.15 | 1.21 | 21.33 | 4.53 | 1.19 | 0.04 | 2.65 | 0.86 | 0.49 | 2.70 | 0.16 | 9.57 | 99.88 | 0.29 | 4.31 | 24.80 | 31.32 | 82.44 | 0.58 | -2.51 | 4.89 |
| | 14 | b2-3-1 | 灰绿色粉砂质泥岩 | 57.68 | 0.98 | 21.02 | 2.09 | 2.27 | 0.03 | 2.56 | 0.59 | 0.46 | 2.88 | 0.09 | 9.09 | 99.74 | 1.21 | 6.07 | 35.63 | 75.67 | 81.92 | 0.45 | -2.07 | 2.47 |

| 层位 | 样品顺序 | 样号 | 岩性 | $SiO_2$ | $TiO_2$ | $Al_2O_3$ | $Fe_2O_3$ | FeO | MnO | MgO | CaO | $Na_2O$ | $K_2O$ | $P_2O_5$ | 烧失量 | 总和 | $Fe^{2+}/Fe^{3+}$ | Mg/Ca | $Al_2O_3/MgO$ | FeO/MnO | CIA | ICV | F1 | F2 |
|---|---|---|---|---|---|---|---|---|---|---|---|---|---|---|---|---|---|---|---|---|---|---|---|---|
| 直罗组下段 | 15 | b2-3-2 | 暗紫红色粉砂质泥岩 | 56.66 | 0.92 | 18.17 | 6.00 | 2.49 | 0.04 | 3.08 | 0.71 | 0.44 | 2.94 | 0.16 | 8.12 | 99.73 | 0.46 | 6.07 | 25.59 | 59.29 | 79.67 | 0.78 | -2.44 | 2.53 |
| | 16 | b2-4-1 | 紫红色粉砂质泥岩 | 57.96 | 0.94 | 18.37 | 8.44 | 1.00 | 0.05 | 1.85 | 0.37 | 0.24 | 2.61 | 0.02 | 8.04 | 99.89 | 0.13 | 7.00 | 49.65 | 19.23 | 83.53 | 0.79 | -4.82 | 1.85 |
| | 17 | b2-6-1 | 灰色粉砂质泥岩 | 63.90 | 1.12 | 22.03 | 0.17 | 0.56 | 0.01 | 0.35 | 0.14 | 0.11 | 1.74 | 0.04 | 9.77 | 99.94 | 3.66 | 3.50 | 157.36 | 70.00 | 90.73 | 0.16 | -3.09 | 3.57 |
| | 18 | b2-7-2 | 深灰色泥岩 | 58.44 | 0.93 | 21.09 | 2.08 | 3.35 | 0.04 | 2.16 | 0.27 | 0.17 | 2.97 | 0.09 | 8.05 | 99.64 | 1.79 | 11.20 | 78.11 | 79.76 | 84.79 | 0.41 | -2.10 | 0.08 |
| | 19 | b2-8-1 | 灰色粉砂质泥岩 | 56.41 | 0.92 | 20.72 | 2.35 | 3.86 | 0.05 | 2.42 | 0.46 | 0.20 | 3.07 | 0.16 | 8.95 | 99.57 | 1.83 | 7.37 | 45.04 | 82.13 | 83.85 | 0.45 | -1.35 | 0.56 |
| | 20 | b2-10-1 | 灰黑色泥岩 | 55.36 | 0.85 | 20.01 | 2.04 | 3.74 | 0.04 | 2.28 | 0.54 | 0.46 | 2.73 | 0.10 | 11.44 | 99.58 | 2.04 | 5.91 | 37.06 | 101.08 | 81.72 | 0.44 | -1.58 | 1.49 |
| 延安组 | 21 | b2-11-1 | 灰色粉砂质泥岩 | 60.26 | 0.80 | 17.11 | 2.26 | 4.36 | 0.08 | 1.93 | 0.53 | 1.12 | 2.72 | 0.14 | 8.20 | 99.51 | 2.14 | 5.10 | 32.28 | 51.90 | 72.05 | 0.55 | -1.45 | -0.21 |
| | 22 | b2-12-1 | 灰色粉砂质泥岩 | 56.16 | 0.87 | 18.83 | 2.78 | 4.86 | 0.10 | 2.13 | 0.49 | 0.64 | 2.57 | 0.12 | 9.92 | 99.47 | 1.94 | 6.09 | 38.43 | 48.60 | 79.37 | 0.50 | -1.61 | 0.13 |
| | 23 | b2-16-1 | 灰色粉砂质泥岩 | 58.38 | 0.97 | 19.42 | 1.45 | 3.89 | 0.04 | 2.08 | 0.64 | 1.13 | 2.67 | 0.16 | 8.74 | 99.57 | 2.98 | 4.55 | 30.34 | 99.74 | 74.59 | 0.46 | -1.06 | 1.05 |
| | 24 | b2-18-1 | 深灰色粉砂质泥岩 | 57.78 | 0.75 | 18.58 | 1.76 | 5.60 | 0.10 | 1.85 | 0.48 | 0.73 | 2.70 | 0.14 | 8.88 | 99.35 | 3.54 | 5.40 | 38.71 | 56.00 | 77.70 | 0.45 | -1.03 | -1.64 |
| | 25 | b2-21-1 | 深灰色粉砂质泥岩 | 60.29 | 0.85 | 20.88 | 2.82 | 1.05 | 0.03 | 1.54 | 0.62 | 0.42 | 2.64 | 0.12 | 8.62 | 99.88 | 0.41 | 3.48 | 33.68 | 38.89 | 83.10 | 0.43 | -2.44 | 2.46 |
| | 26 | b2-23-2 | 灰色泥岩 | 63.03 | 0.62 | 16.81 | 4.44 | 1.99 | 0.07 | 1.83 | 0.51 | 0.88 | 2.71 | 0.11 | 6.80 | 99.80 | 0.50 | 5.02 | 32.96 | 28.03 | 74.23 | 0.65 | -2.72 | 0.77 |
| | 27 | b2-26-1 | 灰色泥岩 | 53.01 | 0.89 | 31.06 | 0.53 | 0.26 | 0.01 | 0.23 | 0.28 | 0.07 | 0.48 | 0.05 | 13.12 | 99.98 | 0.55 | 1.15 | 110.93 | 52.00 | 97.64 | 0.08 | -2.33 | 5.40 |
| | 28 | b2-26-2 | 灰色泥岩 | 57.33 | 0.88 | 24.25 | 0.49 | 0.31 | 0.01 | 0.33 | 0.20 | 0.14 | 2.46 | 0.06 | 13.52 | 99.98 | 0.70 | 2.31 | 121.25 | 44.29 | 88.57 | 0.19 | -2.51 | 3.69 |

注:判别函数 $F=a_1x_1+a_2x_2+\ldots+a_nx_n+C$,其中,$x_1 \sim x_n$ 为 $n$ 个判别变量,$a_1 \sim a_n$ 为其相应系数,$C$ 为常数;具体变量及其系数参考文献 Bhatia et al.,1983;CIA $= Al_2O_3/(Al_2O_3+CaO+Na_2O+K_2O)$;

$ICV=(Fe_2O_3+Na_2O+K_2O+CaO+MgO+TiO_2)/Al_2O_3$。

表 2.5 鄂尔多斯盆地北缘延安组—直罗组泥岩微量元素（10⁻⁶）分析及比值计算结果（数据引自张天福等，2016）

| 层位 | 样品顺序 | 样号 | Cu | Pb | Zn | Cr | Ni | Co | Cd | Li | Rb | Cs | Sr | Ba | V | Sc | B | Ga | U | Th | 校正B含量 | 相当含量 | Sr/Ba | B/Ga | U/Th | V/(V+Ni) | V/Cr | Ni/Co | Sr/Cu |
|---|---|---|---|---|---|---|---|---|---|---|---|---|---|---|---|---|---|---|---|---|---|---|---|---|---|---|---|---|---|
| 直罗组上段 | 1 | b1-19-1 | 11.50 | 23.60 | 70.10 | 81.70 | 23.70 | 6.74 | 0.02 | 71.90 | 74.20 | 6.37 | 248.00 | 424.00 | 135.00 | 5.94 | 26.10 | 26.80 | 2.88 | 15.20 | 112.61 | 79.52 | 0.58 | 0.97 | 0.19 | 0.85 | 1.65 | 3.52 | 21.57 |
| | 2 | b1-17-1 | 18.60 | 26.40 | 64.20 | 60.00 | 18.40 | 9.44 | 0.05 | 52.40 | 85.50 | 5.95 | 337.00 | 595.00 | 74.00 | 15.90 | 36.40 | 24.10 | 4.14 | 23.00 | 123.27 | 92.10 | 0.57 | 1.51 | 0.18 | 0.80 | 1.23 | 1.95 | 18.12 |
| | 3 | b1-16-1 | 15.60 | 22.40 | 79.60 | 87.60 | 32.60 | 17.90 | 0.08 | 45.60 | 117.00 | 3.86 | 363.00 | 746.00 | 118.00 | 6.27 | 30.80 | 20.80 | 2.76 | 7.66 | 93.17 | 71.93 | 0.49 | 1.48 | 0.36 | 0.78 | 1.35 | 1.82 | 23.27 |
| | 4 | b1-15-2 | 36.20 | 24.40 | 117.00 | 90.00 | 65.80 | 32.30 | 0.04 | 85.70 | 87.00 | 5.00 | 302.00 | 556.00 | 162.00 | 6.50 | 26.20 | 27.40 | 4.54 | 14.10 | 94.77 | 69.61 | 0.54 | 0.96 | 0.32 | 0.71 | 1.80 | 2.04 | 8.34 |
| | 5 | b1-14-2 | 13.10 | 25.50 | 59.50 | 68.10 | 23.20 | 9.07 | 0.04 | 48.40 | 121.00 | 10.20 | 306.00 | 593.00 | 98.70 | 4.75 | 42.80 | 25.80 | 2.54 | 10.70 | 123.74 | 96.94 | 0.52 | 1.66 | 0.24 | 0.81 | 1.45 | 2.56 | 23.36 |
| | 6 | b1-14-1 | 30.80 | 17.60 | 102.00 | 79.50 | 32.80 | 18.70 | 0.02 | 36.20 | 108.00 | 4.24 | 305.00 | 802.00 | 113.00 | 14.10 | 26.30 | 22.00 | 7.15 | 9.43 | 68.57 | 55.74 | 0.38 | 1.20 | 0.76 | 0.78 | 1.42 | 1.75 | 9.90 |
| | 7 | b1-13-1 | 8.10 | 25.40 | 58.20 | 27.30 | 16.10 | 7.36 | 0.05 | 12.20 | 40.90 | 2.80 | 373.00 | 177.00 | 51.90 | 3.82 | 40.90 | 30.80 | 2.88 | 34.40 | 395.06 | 251.11 | 2.11 | 1.33 | 0.08 | 0.76 | 1.90 | 2.19 | 46.05 |
| | 8 | b1-12-1 | 17.30 | 21.50 | 85.90 | 83.90 | 39.90 | 20.10 | 0.03 | 119.00 | 92.90 | 9.01 | 330.00 | 526.00 | 104.00 | 5.31 | 32.30 | 27.90 | 3.45 | 13.20 | 112.98 | 83.70 | 0.63 | 1.16 | 0.26 | 0.72 | 1.24 | 1.99 | 19.08 |
| | 9 | b1-11-1 | 24.90 | 19.30 | 102.00 | 90.90 | 41.70 | 21.40 | 0.21 | 52.70 | 120.00 | 6.52 | 344.00 | 513.00 | 121.00 | 6.90 | 35.20 | 25.00 | 4.20 | 13.70 | 103.89 | 80.84 | 0.67 | 1.41 | 0.31 | 0.74 | 1.33 | 1.95 | 13.82 |
| | 10 | b1-10 | 27.30 | 13.30 | 108.00 | 125.00 | 62.10 | 25.70 | 0.20 | 73.10 | 90.60 | 3.74 | 204.00 | 615.00 | 122.00 | 6.63 | 33.60 | 28.90 | 3.81 | 11.60 | 109.01 | 82.42 | 0.33 | 1.16 | 0.33 | 0.66 | 0.98 | 2.42 | 7.47 |
| 直罗组下段 | 11 | h2-1-1 | 21.00 | 21.40 | 111.00 | 65.70 | 40.70 | 12.30 | 0.11 | 115.00 | 115.00 | 8.46 | 104.00 | 607.00 | 58.30 | 5.02 | 39.50 | 31.20 | 3.22 | 25.80 | 113.43 | 89.06 | 0.17 | 1.27 | 0.12 | 0.59 | 0.89 | 3.31 | 4.95 |
| | 12 | h2-1-2 | 34.90 | 32.60 | 135.00 | 77.40 | 63.40 | 33.30 | 0.27 | 101.00 | 124.00 | 7.53 | 115.00 | 695.00 | 96.70 | 6.29 | 34.20 | 30.80 | 6.31 | 18.90 | 90.56 | 73.18 | 0.17 | 1.11 | 0.33 | 0.60 | 1.25 | 1.90 | 3.30 |
| | 13 | h2-2-1 | 64.60 | 14.70 | 167.00 | 94.90 | 62.60 | 38.40 | 0.27 | 92.70 | 97.50 | 3.23 | 156.00 | 715.00 | 156.00 | 13.80 | 20.30 | 28.20 | 28.90 | 15.00 | 63.91 | 48.75 | 0.22 | 0.72 | 1.93 | 0.71 | 1.64 | 1.63 | 2.41 |
| | 14 | h2-3-1 | 41.00 | 15.50 | 120.00 | 95.80 | 46.40 | 32.70 | 0.14 | 99.80 | 111.00 | 5.78 | 146.00 | 651.00 | 151.00 | 16.40 | 34.40 | 29.60 | 61.80 | 19.10 | 101.53 | 79.00 | 0.22 | 1.16 | 3.24 | 0.76 | 1.58 | 1.42 | 3.56 |

| 层位 | 样品顺序 | 样号 | Cu | Pb | Zn | Cr | Ni | Co | Cd | Li | Rb | Cs | Sr | Ba | V | Sc | B | Ga | U | Th | 校正B含量 | 相当B含量 | Sr/Ba | B/Ga | U/Th | V/(V+Ni) | V/Cr | Ni/Co | Sr/Cu |
|---|---|---|---|---|---|---|---|---|---|---|---|---|---|---|---|---|---|---|---|---|---|---|---|---|---|---|---|---|---|
| 直罗组下段 | 15 | h2-3-2 | 33.80 | 17.70 | 95.00 | 82.50 | 42.00 | 20.00 | 0.06 | 88.20 | 110.00 | 5.72 | 158.00 | 749.00 | 124.00 | 15.80 | 30.10 | 26.10 | 5.30 | 15.80 | 87.02 | 68.18 | 0.21 | 1.15 | 0.34 | 0.75 | 1.50 | 2.10 | 4.67 |
| | 16 | h2-4-1 | 14.30 | 18.80 | 93.80 | 61.20 | 45.00 | 17.70 | 0.03 | 171.00 | 74.60 | 2.80 | 148.00 | 743.00 | 62.70 | 4.61 | 38.60 | 25.80 | 16.20 | 9.99 | 125.71 | 94.95 | 0.20 | 1.50 | 1.62 | 0.58 | 1.02 | 2.54 | 10.35 |
| 延安组 | 17 | h2-6-1 | 43.10 | 27.10 | 22.80 | 125.00 | 32.40 | 13.90 | 0.19 | 25.00 | 79.20 | 4.06 | 71.70 | 309.00 | 149.00 | 5.15 | 57.50 | 25.70 | 3.25 | 15.30 | 280.89 | 193.81 | 0.23 | 2.24 | 0.21 | 0.82 | 1.19 | 2.33 | 1.66 |
| | 18 | h2-7-2 | 33.90 | 30.90 | 100.00 | 99.80 | 39.10 | 13.90 | 0.10 | 53.10 | 126.00 | 8.02 | 102.00 | 606.00 | 132.00 | 14.90 | 40.30 | 26.90 | 4.82 | 15.40 | 115.34 | 90.67 | 0.17 | 1.50 | 0.31 | 0.77 | 1.32 | 2.81 | 3.01 |
| | 19 | h2-8-1 | 45.20 | 34.80 | 118.00 | 96.90 | 56.50 | 24.60 | 0.26 | 55.60 | 131.00 | 10.20 | 138.00 | 632.00 | 118.00 | 14.10 | 42.20 | 27.20 | 5.36 | 17.60 | 116.84 | 92.90 | 0.22 | 1.55 | 0.30 | 0.68 | 1.22 | 2.30 | 3.05 |
| | 20 | h2-10-1 | 45.30 | 29.20 | 101.00 | 100.00 | 40.50 | 18.70 | 0.17 | 53.10 | 129.00 | 11.90 | 195.00 | 527.00 | 123.00 | 14.90 | 45.70 | 26.60 | 3.79 | 14.70 | 142.29 | 108.89 | 0.37 | 1.72 | 0.26 | 0.75 | 1.23 | 2.17 | 4.30 |
| | 21 | h2-11-1 | 31.90 | 26.10 | 92.90 | 93.00 | 32.50 | 14.50 | 0.18 | 43.60 | 114.00 | 8.12 | 156.00 | 509.00 | 104.00 | 13.30 | 39.80 | 23.00 | 3.17 | 12.10 | 124.38 | 95.08 | 0.31 | 1.73 | 0.26 | 0.76 | 1.12 | 2.24 | 4.89 |
| | 22 | h2-12-1 | 44.70 | 26.40 | 97.90 | 107.00 | 36.60 | 16.40 | 0.21 | 47.30 | 109.00 | 7.79 | 154.00 | 527.00 | 129.00 | 14.00 | 48.30 | 25.10 | 2.98 | 12.70 | 159.75 | 120.13 | 0.29 | 1.92 | 0.23 | 0.78 | 1.21 | 2.23 | 3.45 |
| | 23 | h2-16-1 | 43.40 | 25.10 | 117.00 | 107.00 | 32.60 | 11.90 | 0.28 | 43.50 | 112.00 | 7.43 | 216.00 | 509.00 | 127.00 | 6.94 | 39.40 | 24.90 | 2.82 | 12.20 | 125.43 | 95.36 | 0.42 | 1.58 | 0.23 | 0.80 | 1.19 | 2.74 | 4.98 |
| | 24 | h2-18-1 | 35.30 | 30.00 | 98.50 | 95.40 | 40.60 | 20.00 | 0.17 | 38.50 | 111.00 | 7.60 | 144.00 | 528.00 | 126.00 | 6.82 | 47.70 | 24.80 | 3.06 | 13.30 | 150.17 | 114.54 | 0.27 | 1.92 | 0.23 | 0.76 | 1.32 | 2.03 | 4.08 |
| | 25 | h2-21-1 | 32.50 | 30.60 | 102.00 | 102.00 | 42.90 | 14.30 | 0.20 | 42.00 | 111.00 | 7.34 | 101.00 | 539.00 | 145.00 | 14.40 | 38.90 | 29.30 | 3.50 | 15.10 | 125.25 | 94.91 | 0.19 | 1.33 | 0.23 | 0.77 | 1.42 | 3.00 | 3.11 |
| | 26 | h2-23-2 | 26.80 | 24.90 | 93.90 | 76.90 | 25.90 | 12.20 | 0.13 | 41.10 | 116.00 | 9.82 | 105.00 | 507.00 | 96.10 | 5.93 | 40.70 | 21.80 | 2.57 | 11.70 | 127.66 | 97.48 | 0.21 | 1.87 | 0.22 | 0.79 | 1.25 | 2.12 | 3.92 |
| | 27 | h2-26-1 | 36.10 | 39.60 | 27.90 | 67.60 | 18.70 | 3.03 | 0.10 | 12.10 | 28.90 | 0.94 | 57.70 | 51.10 | 78.50 | 1.78 | 22.50 | 28.20 | 9.06 | 26.10 | 398.44 | 244.31 | 1.13 | 0.80 | 0.35 | 0.81 | 1.16 | 6.17 | 1.60 |
| | 28 | h2-26-2 | 66.70 | 38.50 | 143.00 | 69.50 | 48.10 | 18.20 | 2.19 | 43.40 | 83.10 | 2.81 | 106.00 | 550.00 | 104.00 | 5.32 | 33.40 | 28.60 | 1.80 | 11.40 | 115.41 | 85.77 | 0.19 | 1.17 | 0.16 | 0.68 | 1.50 | 2.64 | 1.59 |

注:校正硼含量 $= 8.5 \times [$硼测定值$(10^{-6})/K_2O(\%)]$;相当B含量 $= 11.8 \times$校正$B/1.70 \times [11.8 - K_2O(\%)]$。

相当硼（B）含量：Walker 以伊利石理论含钾量的 8.5% 来换算纯伊利石中的"校正硼（B）含量"（Walker and Price，1963），即校正硼含量 $= 8.5 \times$ [硼测定值（$10^{-6}$）/$K_2O$（%）]。由于伊利石的硼含量又与钾含量有关，为了在同等条件下对比，需计算相当于 $K_2O$ 含量为 5% 时的硼含量，称为"相当硼含量"。在运用 Walker 法时将相当 B 与校正 B 的图示关系用线性内插法换算成公式：相当 $B = 11.8 \times$ 校正 $B/1.70 \times$ [$11.8 - K_2O$（%）]。Walker 认为在相当硼含量大于 $400 \times 10^{-6}$ 时古海水为超盐度环境，$300 \times 10^{-6} \sim 400 \times 10^{-6}$ 为正常海水环境，$200 \times 10^{-6} \sim 300 \times 10^{-6}$ 为半咸水环境，而相当硼含量小于 $200 \times 10^{-6}$ 时则是低盐度环境的沉积产物（Walker and Price，1963）。本书依据 Walker 公式计算出延安组泥岩相当硼含量介于 $85.77 \times 10^{-6} \sim 244.31 \times 10^{-6}$，平均为 $119.49 \times 10^{-6}$（$n = 12$）；直罗组下段泥岩相当硼含量介于 $48.75 \times 10^{-6} \sim 94.95 \times 10^{-6}$，平均为 $75.52 \times 10^{-6}$（$n = 6$）；直罗组上段泥岩相当硼含量介于 $55.74 \times 10^{-6} \sim 251.11 \times 10^{-6}$，平均为 $96.39 \times 10^{-6}$（$n = 10$）。研究区除样品 b2-26-2（$244.31 \times 10^{-6}$）、b1-13-1（$251.11 \times 10^{-6}$）相当硼含量稍高外，其余泥岩样品含量均远小于 $200 \times 10^{-6}$，再次反映延安组及直罗组沉积水体整体为淡水。此外，在不同沉积体系中的相当硼含量差异性对沉积相具有一定的指示意义，在盆地北部地区表现为湖泊三角洲沉积环境泥岩相当硼含量明显高于河流沉积体系。

Sr/Ba 值：Sr、Ba 含量和 Sr/Ba 值也可以定性地判别介质古盐度。Sr 元素在咸水中含量一般为 $800 \times 10^{-6} \sim 1000 \times 10^{-6}$，在淡水中的含量一般为 $100 \times 10^{-6} \sim 300 \times 10^{-6}$。Sr/Ba 值小于 1 为淡水介质，Sr/Ba 值大于 1 为咸水（海相、咸湖相）介质（邓宏文和钱凯，1993）。本研究区延安组、直罗组 Sr 值均介于 $373.0 \times 10^{-6} \sim 57.7 \times 10^{-6}$，平均值为 $195.91 \times 10^{-6}$（$n = 28$）。除样品 b2-26-1、b1-13-1 的 Sr/Ba 值分别为 1.13、2.11 外，其余 26 件泥岩样品 Sr/Ba 均小于 1（介于 $0.67 \sim 0.16$，平均 0.34），反映了古水体介质整体为淡水介质环境。从 Sr、Sr/Ba 值的变化曲线上可以看出，自直罗组下段到直罗组上段古水介质盐度突然变高，尤其是 Sr 含量，直罗组上段明显高于下部的延安组及直罗组下段（图 2.45）。其原因可能是由于水体蒸发量剧增，盐分急剧浓缩所引起。在一定程度上指示中侏罗世直罗期气温发生明显上升。

B/Ga 值：与 B 相比，Ga 的迁移能力要弱得多。Ga 在河流相中富集，B 在湖相泥岩中富集。故 B/Ga 值可以作为盐度标志和区分河、湖相泥岩的标志。一般河流相泥岩中，B/Ga 值较低，湖相泥岩中 B/Ga 值较高，并随盐度的增高而变大。前人总结出泥岩 B/Ga 值的沉积相判别标准：$0.5 < B/Ga < 1.0$ 指示河流-三角洲相，$1.5 < B/Ga < 2.5$ 指示远岸开阔湖相，$4 < B/Ga < 5.5$ 指示闭塞湖相，$5 < B/Ga < 7.5$ 指示非闭塞咸水湖相沉积（邓宏文和钱凯，1993）。本研究区内延安组 2~5 段 B/Ga 值多集中于 $1.2 \sim 2.24$（除样品 b2-26-1 为 0.8 外），平均为 1.6（$n = 12$），指示延安组 2~5 段整体为湖泊-湖泊三角洲沉积；直罗组 B/Ga 值介于 $0.7 \sim 1.7$，集中于 $0.7 \sim 1.5$（表 2.5），平均值为 1.2（$n = 16$），指示直罗组整体为河流相沉积。

B、Sr 和 Cu 元素及 $Fe^{2+}/Fe^{3+}$、B/Ga、Sr/Cu 和 FeO/MnO 值在红色层和黑色层有明显的差异。Fe 存在 +2 和 +3 两种价态，其价态对氧化还原环境反应灵敏，随 Eh、pH 的不同，其化合价态发生相应变化。一般认为，$Fe^{2+}/Fe^{3+} > 1$ 为还原环境，$Fe^{2+}/Fe^{3+} < 1$ 为氧化环境（赵振华，1997）。样品中 $Fe^{2+}/Fe^{3+}$ 值变化较大。上部红层岩段（直罗组上

段），以红色岩层为主，夹少量的灰色砂体，岩层内部多处见蒸发作用形成的碳酸盐岩，$Fe^{2+}/Fe^{3+}$介于 0.04~0.36，平均 0.19（$n=10$），远小于 1，显示较强的氧化环境。中部灰色岩层、黄绿色岩层交替出现岩段（直罗组下段），多处可见碳屑等有机质，$Fe^{2+}/Fe^{3+}$介于 0.12~1.56，平均值 0.57（$n=6$），变化范围较大，总体偏氧化环境。下部黑色煤层岩段（延安组），发育多层煤和大量的草莓状黄铁矿，$Fe^{2+}/Fe^{3+}$介于 0.41~3.66，平均 1.84（$n=12$）多大于 1，显示较强的还原环境。上部红色层 $Fe_2O_3$ 含量在 2.59%~10.71%，平均含量 6.62%，远高于下部黑色层平均含量 1.93%，也显示红层氧化强度大于黑色层。

氧化还原敏感微量元素指那些溶解度明显受沉积环境氧化还原状态控制，从而在不同氧化还原状态的水体和沉积物中迁移、沉淀，发生自生贫化或富集的微量元素。其中，U、V、Mo、Cr、Co 氧化-还原敏感元素在沉积环境中表现为氧化条件下易溶，还原条件下不溶，在贫氧的沉积环境中自生富集，成岩作用中几乎不发生迁移，保持了沉积时的原始记录，所以它们可以作为恢复古水介质氧化-还原环境判别指标（Tribovillard et al.，2006）。Ni、Cu、Zn、Cd 金属元素在缺氧条件下常以硫化物形式沉淀，而区别与氧化条件下的溶解状态（Calvert and Pedersen，1993；Algeo and Maynard，2004；Tribovillard et al.，2006），对古水体环境也具有一定的指示意义。

Jones 和 Manning（1994）在西北欧晚侏罗世暗色泥质岩的古氧相研究中，通过比较诸多参数，认为 U/Th、V/Cr、Ni/Co 和 V/（V+Ni）值为最可靠的参数，由而总结出一套用于判断沉积物沉积时底层水体氧化-还原环境的微量元素比值判别指标（表 2.6）。此外，由于 Cu、Zn 不受成岩变化影响，（Cu+Mo）/Zn 或 Cu/Zn 值也可作为氧化-还原参数（Hallberg，1976），高值更还原，低值更氧化（Dypvik，1984）。

表 2.6　古水体氧化-还原环境微量元素判别指标（据 Jones and Manning，1994）

| 古氧相 | 含氧量/（mL/L） | U/Th | V/Cr | Ni/Co | V/（V+Ni） |
|---|---|---|---|---|---|
| 缺氧、极贫氧 | <0.2 | >1.25 | >4.25 | >7.0 | >0.77 |
| 贫氧、次富氧 | 0.2~2.0 | 1.25~0.75 | 2.0~4.25 | 5.0~7.0 | 0.60~0.77 |
| 富氧 | >2.0 | <0.75 | <2.0 | <5.0 | <0.6 |

U、Th 及 U/Th 值：本研究区延安组 U/Th 值介于 0.16~0.35，平均 0.25（$n=12$）；直罗组下段 U/Th 值介于 0.12~3.24，平均 1.26（$n=6$）；直罗组上段 U/Th 值介于 0.08~0.76，平均 0.3（$n=10$）（表 2.7）。从以上数据可以看出，延安组及直罗组上段 U/Th 值较为集中，指示其沉积水体均为富氧水体。直罗组下段辫状河道砂体为该区铀矿主要的赋存层位，可能受成岩后含铀富氧水的影响，致使直罗组下段泥岩中 U/Th 值变化范围较大。

表 2.7　鄂尔多斯盆地北缘延安组—直罗组泥岩微量元素比值判别指标统计表

| 层位 | Sr/Ba | B/Ga | U/Th | V/(V+Ni) | V/Cr | Ni/Co | $Fe^{2+}/Fe^{3+}$ | Sr/Cu | $Al_2O_3/MgO$ | FeO/MnO |
|---|---|---|---|---|---|---|---|---|---|---|
| 直罗组上段 | 0.68 | 1.28 | 0.30 | 0.76 | 1.44 | 2.22 | 0.19 | 19.10 | 22.02 | 25.68 |
|  | 2.11/0.33 | 1.66/0.96 | 0.76/0.08 | 0.85/0.66 | 1.90/0.98 | 3.52/1.75 | 0.36/0.04 | 46.05/7.47 | 27.75/15.60 | 47.67/11.94 |
| 直罗组下段 | 0.20 | 1.15 | 1.26 | 0.67 | 1.31 | 2.15 | 0.57 | 4.87 | 30.77 | 41.33 |
|  | 0.22/0.17 | 1.5/0.72 | 3.24/0.12 | 0.76/0.58 | 1.64/0.89 | 3.31/1.42 | 1.56/0.12 | 10.35/2.41 | 49.65/23.44 | 75.67/17.18 |
| 延安组 | 0.33 | 1.61 | 0.25 | 0.76 | 1.26 | 2.73 | 1.84 | 3.30 | 63.01 | 62.70 |
|  | 1.13/0.17 | 2.24/0.80 | 0.35/0.16 | 0.81/0.68 | 1.50/1.12 | 6.17/2.12 | 3.66/0.41 | 4.98/1.59 | 121.25/32.28 | 101.08/28.03 |

注：上为平均值，下为最高值/最低值。

**V/(V+Ni)**：V/(V+Ni) 值通常用于判断沉积物沉积时底层水体分层强弱程度（Hatch and Leventhal，1992；熊国庆等，2008），高于 0.84 分层强，0.6～0.84 分层中等，0.4～0.6 分层弱。本研究区延安组和直罗组 V/(V+Ni) 值均介于 0.58～0.85，多集中于 0.6～0.8（$n=22$），表明沉积时底层水体中等分层，水体环境为循环较为顺畅的富氧-次富氧环境。

**V/Cr、Ni/Co 值**：V 和 Cr 都是在氧化环境中溶于水，还原环境时易在沉积物中富集，但 V 的还原出现在富氧化作用界线的下部，Cr 的还原出现在界线的上部（Piper，1994）。因此，V/Cr 值仍可作为判别古海洋氧化还原环境的一个参数（Schefler et al.，2006）。除样品 PM2-b26-1 的 Ni/Co 值（Ni/Co=6.2）略高外，其他样品的 V/Cr、Ni/Co 值（V/Cr：0.9～1.9；Ni/Co：1.42～3.52）均反映盆地北缘延安组及直罗组沉积时的水体整体为富氧水体介质。

**Sr、Cu 及 Sr/Cu、FeO/MnO、Mg/Ca、$Al_2O_3/MgO$ 值**：延安组 Sr 含量与直罗组下部相当，与直罗组上部相差较大（图 2.45）。Cu 整体表现为延安组含量明显高于直罗组。Cu 主要靠有机质输送到沉积物中（Tribovillard et al.，2006），说明直罗组沉积时水体中有机碳要少于延安组；但直罗组下段底部砂体及含煤线地层中的 Cu 含量有局部增高趋势。延安组 Sr/Cu 值较为集中，均小于 5.0。Sr/Cu 值介于 1.3～5.0 指示温湿气候环境（Lermanm，1978），说明早—中侏罗世延安组沉积时为稳定的温湿气候。与之相比，直罗组下段 Sr/Cu 值（2.41～10.35，平均 4.87）整体高于延安组（1.59～4.98，平均 3.30），而且表现出"升高—降低—再升高"波动性变化，指示直罗组下段沉积时为干湿交替的气候特征；直罗组沉积晚期，Sr/Cu 值急剧升高（7.47～46.05，平均 19.10），且均大于 5.0。该值大于 5.0 则指示干旱气候（Lermanm，1978），说明下段沉积时为干旱气候环境。同时，Sr/Cu 值的骤增还反映了直罗组晚期存在着一次古气温明显升高事件。FeO/MnO 值的高值对应温湿气候，低值是干热气候的响应（宋明水，2005）。此区 FeO/MnO 值在垂向上的变化与 Sr/Cu 具有很好的一致性，表现为延安组 FeO/MnO 值整体高于直罗组，且在直罗组底部存在着 FeO/MnO 值的突然降低和之后的"低—高—低"波动性变化（图 2.45），进一步印证了直罗组期间波动性升温及早期干湿交替的气候特征。Mg/Ca、$Al_2O_3/MgO$ 值亦指示了同样的结果。

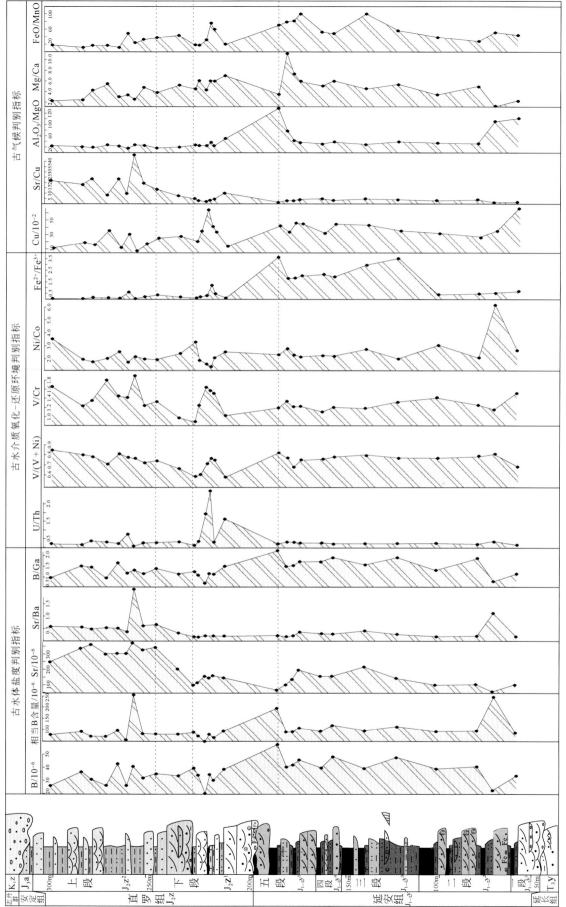

图 2.45　鄂尔多斯盆地北缘延安组、直罗组泥岩微量元素比值判别图

以上研究表明，延安组、直罗组沉积时的古水体条件均为淡水环境，直罗组古水体盐度相对偏高；延安组成煤、成岩阶段形成了区域性的原生还原层，直罗组上段红层为强氧化背景。

# 第七节　古生物特征及其对环境和气候的反映

## 一、古生物特征及其所反映的古环境

鄂尔多斯盆地侏罗纪生物繁盛，在延安组中部前三角洲相–浅湖相泥质岩、粉砂质泥岩中发现大量双壳类化石，以西伯利亚费尔干蚌（*Ferganoconcha sibirica* Chernyshev）为主（图 2.46e），反映正常湖泊环境的生态特点。在延安组剖面的中部、中上部地层中均发现了大量的真蕨类、裸子植物化石（图 2.46a ~ d），进一步说明延安组沉积形成于温暖潮湿气候环境下。直罗组下段，沉积体系由湖泊三角洲转变为辫状河沉积体系，岩性也由灰色岩系转变为一套灰色夹黄绿、紫红色中粗碎屑岩沉积，并且在下部辫状河透镜状砂体中，有大量的碳屑、黄铁矿，见有煤线和薄层煤，产出的植物化石与延安组近似，以真蕨类、苏铁类为主（图 2.46f），有一定量的本内苏铁类、银杏类。此外，还发现掌鳞杉科（Classopollis）、桫椤科为主的光面三缝孢（*Cyathidites、Deltoidospora*）含量较延安组增加两倍。掌鳞杉科的高含量与古气温较高的干燥的温带–亚热带气候间具有对应关系。直罗组上段未见煤层、煤线，岩石颜色由黄绿杂色转变为红色，且自下而上紫红色泥岩沉积变厚。

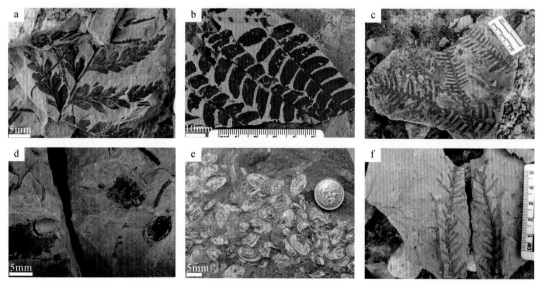

图 2.46　鄂尔多斯盆地北缘中—下侏罗统延安组、直罗组古生物化石照片

a ~ d. 延安组古植物化石：a. 膜蕨型锥叶蕨，*Coniopteris hymenophylloides* Brongn；b. 亚洲枝脉蕨（相似种），*Cladophlebis* cf. *asiatacahowet* Yeh；c. 紧密侧羽叶，*Pterophyllum* exgr. *propinquum*；d. *Paleonuat* sp.；e. 延安组双壳化石，*Ferganoconcha sibirica*；f. 直罗组苏铁，*Cycas* sp.

## 二、孢粉化石特征与古气候变化

用孢粉资料探讨各个地质历史时期的古气候是国内外学者常用的有效方法（Archangelsky and Gamerro，1967；Burger，1980；高瑞祺等，1999）。孢粉是植物的生殖细胞，反映、代表了母体植物的生态特征。植物素有"温度计"之称，不同的植物群落生长在不同的气候条件或地理环境之中，随着环境的变化，植物群也随之发生更替或演变。"就地带性植物而言，植被类型是一定气候区域产物"（黄清华等，1999）。

张立平等（张立平和王东坡，1994）将各孢粉属归类于喜热成分、喜温成分、喜寒成分、喜湿成分、喜干成分和水生成分六类。赵秀兰等（1992）、高瑞祺等（1999）将孢粉植被类型划分为针叶树、常绿阔叶树、落叶阔叶树、灌木和草本五大类，将孢粉气候带划分为热带、亚热带、温带及广温性的热带–亚热带、热带–温带植物五大类，并将孢粉干湿度带划分为旱生、中生、湿生、水生和沼生五大类。王蓉等则通过用孢粉资料计算喜热系数（热带、亚热带分子与其他气候带分子之比）和旱生系数（旱生类型与中生、湿生、水生类型之比）来研究古气候（王蓉和沈后，1992）。总之大家都是将孢粉按照不同的植被类型、气候带类型和干湿度类型进行划分。

鄂尔多斯盆地孢粉详细特征见《鄂尔多斯盆地砂岩型铀矿成矿地质背景》。主要孢粉化石类型见表2.8。

表2.8　主要孢粉植被、气候带、干湿度类型划分

| 孢粉化石名称 | 可能植被类型 | 植物成分 | 气候带类型 | 干湿度 |
| --- | --- | --- | --- | --- |
| *Cyathidites* | 桫椤科 | 阔叶树 | 热带 | 湿生 |
| *Deltoidospora* | 桫椤科 | 阔叶树 | 热–亚热带 | 湿生 |
| *Osmundacidites* | 紫萁科 | 阔叶树 | 亚热–温带 | 湿生 |
| *Dictyophyllidites* | 双扇蕨科 | 灌木 | 热–亚热带 | 湿生 |
| *Marattisporites* | 莲座蕨科 | 灌木 | 热–亚热带 | 湿生 |
| *Lycopodiumsporites* | 石松科 | 草本 | 热–亚热带 | 中生 |
| *Lycopodiacidite* | 石松科 | 草本 | 热–亚热带 | 中生 |
| *Cycadopites* | 苏铁科 | 阔叶树 | 热带 | 中生 |
| *Pinuspollenites* | 松科 | 针叶树 | 热–亚热带 | 中生 |
| *Podocarpidites* | 罗汉松科 | 针叶树 | 热–亚热带 | 中生 |
| *Protoconiferus* | 松科 | 针叶树 | 热–亚热带 | 中生 |
| *Piceaepollenites* | 松科 | 针叶树 | 热–亚热带 | 中生 |
| *Piceites* | 松科 | 针叶树 | 热–亚热带 | 中生 |

| 孢粉化石名称 | 可能植被类型 | 植物成分 | 气候带类型 | 干湿度 |
|---|---|---|---|---|
| *Neoraistrickia* | 卷柏科 | 草本 | 热-温带 | 中生 |
| *Perinopollenites* | 柏科 | 针叶树 | 温带 | 中生 |
| *Classopollis* | 掌鳞杉科 | 针叶树 | 热-亚热带 | 旱生 |
| *Callialasporites* | 南美杉科 | 针叶树 | 热带 | 旱生 |

在神山沟剖面中，延安组下部孢粉组合，反映植被中热带、亚热带潮湿地区的阔叶树为主，热带-亚热带成分占 17.18%。亚热-温带占 7.52%。植被中湿生为主。裸子植物中，松柏类两气囊花粉（包括气囊分化未完善的原始松柏类）含量最高，指示为热-温带半干旱-半湿润气候条件。总体上延安组下部组合植被类型反映温湿的亚热带型气候。

延安组中上部孢粉组合中，以裸子植物花粉占优势，蕨类植物孢子居次要地位，反映植被中热带或亚热带潮湿地区的阔叶树为主。总体上延安组中上部孢粉类型以湿生、湿中生、中生植物为主，反映亚热-温带温暖湿润型气候。

直罗组下部孢粉化石组合中，以桫椤科孢子繁盛，紫萁科较为发育，松柏类两气囊和单沟类花粉也有相当数量为其主要特征，反映干旱亚热-温带温暖型气候。

综上所述，延安组和直罗组孢粉组合在掌鳞杉科、桫椤科为主的光面三缝孢。延安组内该组合含量仅为直罗组的一半，表明气候总体为亚热-温带潮湿温暖气候向干旱炎热气候的转变。

# 第八节　岩石 CIA 指数对环境的指示

泥岩比与其共生的砂岩更能反映源区风化强度的变化（McLennan *et al.*，1993）。通常采用 CIA 指数（chemical index of alteration）来确定物源区的化学风化程度（Nesbitt and Young，1982）。CIA 值在 50 左右的碎屑沉积岩，其物源区岩石基本上未遭受化学风化，CIA 值为 50~100 时，表明其物源区岩石遭受一定强度的化学风化。其中，CIA 值为 80~100 时，代表炎热潮湿的热带气候条件下的强烈风化，60~80 反映温暖潮湿气候条件下的中等风化，50~60 为寒冷干燥气候条件下弱化学风化强度（梁斌等，2006）。依据 Nesbitt 和 Young（1982）计算结果，可总结出主要沉积物和矿物在典型气候下的 CIA 值（表 2.9）。

表 2.9　上地壳各类岩石、矿物 CIA 值（据 Nesbitt and Young，1982）

| 岩石 | 矿物 | CIA 值 | 气候和风化程度 |
|---|---|---|---|
| 上地壳平均 | 钠长石 | 50 | 反映寒冷干燥气候下低等风化程度 |
| | 钙长石 | 50 | |
| | 钾长石 | 50 | |
| 更新世冰碛岩基质 | — | 50~55 | |
| 更新世冰期黏土岩 | — | 60~65 | |

| 岩石 | 矿物 | CIA 值 | 气候和风化程度 |
|---|---|---|---|
| 页岩平均 | 白云母 | 70~75 | 反映温暖湿润气候下中等风化程度 |
| | | 75 | |
| 亚马孙泥岩残留黏土 | 伊利石 | 75~85 | 反映炎热、潮湿的热带、亚热带气候下高等风化程度 |
| | 蒙脱石 | 75~85 | |
| | | 80~90 | |
| | | 85~100 | |
| | 绿泥石 | 100 | |
| | 高岭石 | 100 | |

一般认为，成分成熟度与沉积物形成的气候背景和构造背景有关，ICV（index chemical variation）指数可以用来确定沉积物的成分成熟度（Cox et al., 1995），ICV 越高，其代表的成分成熟度越低。构造活动区泥质岩石的成分成熟度低，而在构造稳定区或强烈的化学风化背景下泥质岩的成分成熟度高。

## 一、鄂尔多斯盆地北缘

延安组、直罗组各段泥岩的 CIA 及 ICV 指数从下到上具有明显的变化规律，而且直罗组下段底部和上段底部存在着两次明显突变（图 2.47）。

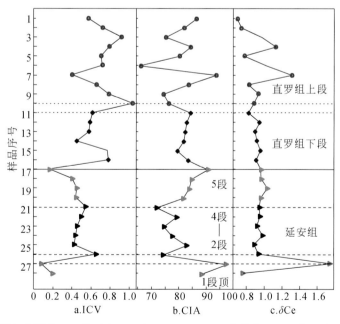

图 2.47  鄂尔多斯盆地北缘延安组、直罗组 ICV、CIA 指数值及 $\delta Ce$ 值垂向变化趋势图

延安组：二段底部至一段顶部泥岩的 CIA 指数介于 88.57 ~ 97.64，平均 93.1（$n = 2$），ICV 指数介于 0.08 ~ 0.19，平均 0.13（$n = 2$）；二段—四段 CIA 指数介于 72.05 ~ 83.10，平均 79.8，ICV 指数介于 0.43 ~ 0.65，平均 0.51（$n = 6$）；五段 CIA 指数介于 81.72 ~ 90.73，平均 85.27，ICV 指数介于 0.16 ~ 0.45，平均 0.37（$n = 4$）。

直罗组：下段泥岩的 CIA 指数介于 79.67 ~ 84.42，平均 82.50，ICV 指数介于 0.45 ~ 0.79，平均 0.64（$n = 6$）；上段 CIA 指数介于 65.77 ~ 93.70，平均 80.34，ICV 指数介于 0.40 ~ 1.04，平均 0.73（$n = 10$）。

CIA 及 ICV 指数每次突变均是物源区构造活动或古气候变迁的响应，有下列特征：①延安组二段—四段泥岩的 CIA 和 ICV 指数均较为集中，说明物源区构造稳定。延安组五段 CIA 逐渐增大、ICV 指数逐渐减小，反映物源区此时处于构造稳定的强烈化学风化背景下。②整体上，直罗组泥岩的 ICV 指数明显高于延安组，标志着直罗组泥岩成分成熟度远低于延安组。尤其是直罗组底部 CIA 骤降、ICV 急剧上升，反映了物源区化学风化作用明显减弱、沉积物成分成熟度显著降低。在碎屑矿物上表现为直罗组下段砂、泥岩中的云母含量比延安组大大增高，长石含量也较高。这些信息在一定程度上都指示着世直罗组时期，鄂尔多斯盆地周缘物源区进入了构造强烈活动的时期，与直罗组底部普遍存在区域性的平行不整合面相吻合。③直罗组下段从底部到顶部 CIA 整体逐渐降低，ICV 指数整体逐渐升高，反映物源区化学风化作用减弱，在一定程度上指示着直罗期蚀源区古气候由潮湿逐渐向干旱转变。直罗组上段底部界面附近泥岩 CIA、ICV 指数发生突变，CIA、ICV 变化频率、幅度也随之明显加大，地层主色调也在此期由早期的黄绿色、灰绿色突变为紫红色。这些信息综合反映了直罗组晚期存在着古气候环境的突变。究其原因，很可能由盆地周缘造山带构造活动性突然加强所引起。

## 二、鄂尔多斯盆地西缘

鄂尔多斯盆地西缘宁东地区中—晚侏罗世沉积地层化学蚀变指数（CIA）显示，自中侏罗世延安组时期至晚侏罗世安定组时期，古气候经历了暖湿→半湿润、半干旱频繁交替→持续干旱化的转变过程，中—晚侏罗世界面附近很可能存在剧烈、短暂的变冷事件。

延安组三岩段 CIA 值总体较高，介于 70.4 ~ 73.5，平均值为 71.9（$n = 2$）。直罗组下段 CIA 值波动较大，介于 65.6 ~ 79.8，平均值为 73.1（$n = 6$）（表 2.10），呈锯齿状震荡变化。直罗组上段 CIA 值下降明显，介于 58.9 ~ 72.4，主要集中于 60 ~ 70，平均为 66.4（$n = 14$），远低于直罗组下段和延安组 CIA 平均值。晚侏罗统安定组下部 CIA 值介于 54.2 ~ 69.4，平均 63.6（$n = 5$），CIA 值自下而上表现为由低→高→低的变化趋势。

从 CIA 值的分析结果可以看出，延安组三岩段（大致为巴柔期）和直罗组下段下亚段（大致为巴通期早期）沉积期均为温暖潮湿、中等风化程度的古气候。而直罗组下段上亚段（大致为巴通期晚期）气候波动较大，表现为暖湿与半湿润、半干旱交替变化，例如，样品 YCZK2.1.390 和 YCZK2.1.366 的 CIA 值分别为 65.6 和 69.2，为半湿润、半干旱气候条件，而其余四件样品的 CIA 值介于 74.1 ~ 79.8，为暖湿气候条件。直罗组上段

表 2.10　宁东地区 YCZ2-1 钻孔样品常量元素(%)分析及 CIA 值

| 层位 | 样品编号 | 岩性 | SiO$_2$ | Al$_2$O$_3$ | Fe$_2$O$_3$ | FeO | CaO | MgO | K$_2$O | Na$_2$O | TiO$_2$ | P$_2$O$_5$ | MnO | 灼失 | 总量 | CIA |
|---|---|---|---|---|---|---|---|---|---|---|---|---|---|---|---|---|
| 安定组 | YCZK2.1.36 | 浅灰白色细砂岩 | 61.5 | 11.8 | 3.2 | 0.6 | 7.9 | 1.7 | 2.3 | 2.3 | 0.6 | 0.1 | 0.2 | 8.0 | 99.9 | 54.2 |
| | YCZK2.1.41 | 紫红色、灰绿色粉砂岩 | 68.3 | 14.6 | 2.4 | 1.1 | 1.7 | 2.0 | 2.6 | 2.4 | 0.7 | 0.1 | 0.1 | 4.1 | 99.9 | 60.0 |
| | YCZK2.1.53 | 杂色泥粉砂岩 | 63.6 | 15.8 | 3.6 | 2.6 | 1.0 | 2.9 | 2.5 | 2.2 | 0.8 | 0.1 | 0.1 | 4.5 | 99.7 | 65.9 |
| | YCZK2.1.63 | 红褐色粉砂质泥岩 | 62.8 | 16.9 | 4.2 | 2.3 | 1.0 | 2.2 | 2.7 | 1.9 | 0.9 | 0.1 | 0.1 | 4.8 | 99.8 | 68.5 |
| | YCZK2.1.74 | 紫红色粉砂质泥岩 | 60.2 | 18.6 | 3.3 | 2.4 | 1.2 | 2.7 | 2.5 | 2.0 | 0.9 | 0.2 | 0.1 | 5.6 | 99.7 | 69.4 |
| | YCZK2-1-99 | 青灰色、紫红色粉砂质泥岩 | 69.7 | 13.5 | 3.8 | 0.7 | 1.6 | 1.5 | 2.5 | 2.3 | 0.7 | 0.0 | 0.1 | 3.5 | 99.9 | 58.9 |
| | YCZK2-1-112 | 杂色粉砂质泥岩 | 63.6 | 16.8 | 2.4 | 3.0 | 1.1 | 2.3 | 2.6 | 2.1 | 0.9 | 0.1 | 0.1 | 4.8 | 99.7 | 67.0 |
| | YCZK2-1-125.5 | 灰褐色粉砂质泥岩 | 63.5 | 16.9 | 3.1 | 2.7 | 1.0 | 2.1 | 2.6 | 1.9 | 0.9 | 0.1 | 0.1 | 4.9 | 99.7 | 68.6 |
| | YCZK2-1-152 | 深灰粉砂质泥岩 | 61.9 | 17.2 | 5.4 | 1.3 | 0.9 | 1.9 | 2.8 | 1.4 | 0.8 | 0.0 | 0.0 | 6.1 | 99.9 | 70.9 |
| 直罗组上段 | YCZK2-1-159 | 灰绿色粉砂质泥岩 | 64.3 | 17.9 | 2.9 | 1.9 | 0.6 | 1.7 | 2.7 | 1.7 | 0.9 | 0.0 | 0.0 | 5.1 | 99.8 | 72.4 |
| | YCZK2-1-170 | 灰绿色粉砂质泥岩 | 62.4 | 16.7 | 3.1 | 3.4 | 1.4 | 2.3 | 2.5 | 2.0 | 0.9 | 0.1 | 0.1 | 4.7 | 99.6 | 65.9 |
| | YCZK2.1.205 | 灰绿色粉砂质泥岩 | 64.6 | 16.9 | 2.7 | 3.0 | 0.8 | 1.7 | 2.7 | 2.0 | 0.8 | 0.0 | 0.1 | 4.4 | 99.7 | 68.7 |
| | YCZK2.1.224 | 杂色粉砂质泥岩 | 59.3 | 18.4 | 3.8 | 3.5 | 0.9 | 2.6 | 2.6 | 1.9 | 0.9 | 0.2 | 0.1 | 5.4 | 99.6 | 70.6 |
| | YCZK2.1.235 | 褐红色、褐黄色粉砂质泥岩 | 69.2 | 15.3 | 2.6 | 1.4 | 0.7 | 1.2 | 2.9 | 1.7 | 0.7 | 0.0 | 0.0 | 4.0 | 99.9 | 67.8 |
| | YCZK2.1.250 | 灰绿色、褐黄色泥质粉砂岩 | 63.5 | 15.9 | 3.1 | 3.2 | 1.3 | 2.3 | 2.6 | 2.2 | 0.9 | 0.1 | 0.1 | 4.5 | 99.7 | 64.1 |

续表

| 样品编号 | 岩性 | SiO$_2$ | Al$_2$O$_3$ | Fe$_2$O$_3$ | FeO | CaO | MgO | K$_2$O | Na$_2$O | TiO$_2$ | P$_2$O$_5$ | MnO | 灼失 | 总量 | CIA |
|---|---|---|---|---|---|---|---|---|---|---|---|---|---|---|---|
| 直罗组上段 | | | | | | | | | | | | | | | |
| YCZK2.1.271 | 蓝灰色粉砂质泥岩 | 64.6 | 16.4 | 2.5 | 2.9 | 1.0 | 2.2 | 2.5 | 2.0 | 0.8 | 0.1 | 0.1 | 4.5 | 99.7 | 67.4 |
| YCZK2.1.297 | 灰绿色泥质粉砂岩 | 62.8 | 15.8 | 2.5 | 4.6 | 1.4 | 2.4 | 2.4 | 2.2 | 0.8 | 0.1 | 0.1 | 4.5 | 99.5 | 64.5 |
| YCZK2.1.304 | 灰绿色粉砂岩 | 57.7 | 14.5 | 2.3 | 3.9 | 6.0 | 1.8 | 2.3 | 2.0 | 0.7 | 0.0 | 0.2 | 8.2 | 99.6 | 61.9 |
| YCZK2.1.315 | 灰绿色粉砂岩 | 63.5 | 14.7 | 1.9 | 3.0 | 3.4 | 1.7 | 2.4 | 2.2 | 0.8 | 1.6 | 0.1 | 4.6 | 99.7 | 60.3 |
| YCZK2.1.325 | 灰绿色粉砂质泥岩 | 62.7 | 17.9 | 2.7 | 3.4 | 0.6 | 1.9 | 2.6 | 1.4 | 0.9 | 0.1 | 0.1 | 5.5 | 99.6 | 74.5 |
| YCZK2.1.339.5 | 灰黑色泥岩 | 60.0 | 19.2 | 3.4 | 3.0 | 0.5 | 2.2 | 3.0 | 1.2 | 0.9 | 0.1 | 0.0 | 6.2 | 99.7 | 75.5 |
| 直罗组下段 | | | | | | | | | | | | | | | |
| YCZK2.1.366 | 灰绿色泥岩 | 61.8 | 16.8 | 1.9 | 4.3 | 1.0 | 2.1 | 2.6 | 1.8 | 0.9 | 0.3 | 0.1 | 5.9 | 99.5 | 69.2 |
| YCZK2.1.380 | 灰黑色泥岩 | 62.2 | 17.8 | 1.1 | 2.5 | 0.7 | 1.4 | 2.6 | 1.3 | 0.9 | 0.1 | 0.0 | 9.2 | 99.7 | 74.1 |
| YCZK2.1.390 | 灰色泥质粉砂岩 | 63.5 | 15.5 | 1.7 | 4.1 | 2.0 | 1.8 | 2.6 | 1.6 | 0.7 | 0.1 | 0.1 | 5.8 | 99.5 | 65.6 |
| YCZK2.1.403.5 | 灰黑色泥岩 | 51.2 | 20.1 | 1.7 | 4.1 | 1.2 | 1.9 | 2.5 | 0.7 | 0.8 | 0.5 | 0.1 | 14.7 | 99.5 | 79.8 |
| 延安组 | | | | | | | | | | | | | | | |
| YCZK2.1.473 | 深灰色粉砂质泥岩 | 53.2 | 20.2 | 0.3 | 3.5 | 0.4 | 1.9 | 2.7 | 2.3 | 0.9 | 0.1 | 0.0 | 14.3 | 99.6 | 73.5 |
| YCZK2.1.506 | 深灰色泥质粉砂岩 | 65.1 | 17.0 | 0.9 | 3.5 | 0.6 | 1.6 | 2.7 | 1.9 | 0.9 | 0.1 | 0.1 | 5.3 | 99.6 | 70.4 |

（大致为卡洛维期）底部 297～315m 范围内的样品 CIA 值为 60.3～64.5，明显低于巴柔期—巴通早期沉积，指示着卡洛维期气候开始趋于干旱化。其后的 CIA 值集中于 60～70（平均为 66.4），整体表现为相对稳定的半干旱、半湿润气候条件。直到安定组沉积早期（大致为牛津期早期），样品 YCZK2.1.399 的 CIA 值骤降为 58.9，随后样品的 CIA 值逐渐上升到 65.9～69.4，而牛津期晚期（样品 YCZK2.1.336）的 CIA 值又骤降至 54.2。指示中—晚侏罗世界线附近很可能存在剧烈、短暂的变冷事件。这一变冷事件在西藏中侏罗世晚期的海相地层和四川盆地的陆相地层沉积物中均有响应（Francois，1988；Jones and Manning，1994），且与中侏罗世晚期全球气候短暂变冷事件相一致（Jones and Manning，1994）。

综上所述，中侏罗世早期巴柔期（大致为延安组沉积期）样品 CIA 值总体较高，反映温暖湿润气候条件、中等化学风化程度的古气候条件。中侏罗世巴通期（直罗组下段沉积期）样品 CIA 值波动较大，说明该时期古气候环境经历了由暖湿向半湿润、半干旱的交替变化。中侏罗世晚期的卡洛维期（直罗组上段沉积期）样品 CIA 值下降明显，远低于巴柔期和巴通期样品的 CIA 平均值（分别为 72.8 和 71.9），反映相对稳定的半湿润、半干旱气候环境。直罗组上段底部的突变界面 C3（图 2.8）为古气候环境由暖湿向半湿润、半干旱转变的关键界面。进入晚侏罗世 CIA 降→增→降，指示牛津期（安定组时期）很可能存在剧烈、短暂的变冷事件。

鄂尔多斯盆地西缘侏罗系延安组—安定组原生"垂向分带"的界面与 CIA 反映的古气候突变界面高度一致，表明古气候变迁是大规模铀成矿的决定性因素之一。

# 第九节　鄂尔多斯盆地含铀地层特征

鄂尔多斯盆地是我国重要的含煤、石油、天然气和铀等能源的盆地，目前已发现的铀矿床（点）分布于盆地东北缘、西南缘、西缘、南缘和中部矿集区内（图 2.1）。在盆地北缘、西缘、南缘含铀岩系均为中侏罗统直罗组（$J_2z$），中部为中侏罗统安定组（$J_2a$），在盆地西南缘为白垩系环河组（$K_1h$）和洛河组（$K_1l$）。

## 一、侏罗系直罗组基本特征

直罗组作为鄂尔多斯盆地重要的铀含矿层，主要为河流相、三角洲相及湖泊相沉积。具有分布规范的厚砂体和泥岩或煤层等隔挡层（图 2.48）。尤其是直罗组下段，岩石较为疏松，蚀变作用强烈，含有大量的碳屑、黄铁矿等还原性介质，是该盆地主要的含矿层。在鄂尔多斯盆地东北部，具有较好的出露，为详细研究其沉积特征提供了有利场所。

实测剖面位于鄂尔多斯盆地东北缘东胜地区神山沟直罗组剖面（起点坐标：110°10′5″N，39°46′08″E）。直罗组下部为灰色、黄绿色砂岩夹紫红色泥岩，上部为紫红色泥岩、粉砂岩夹黄绿色、灰色砂岩。剖面地层出露厚度为 120.5m。剖面特征见表 2.11。典型构造见图 2.49。

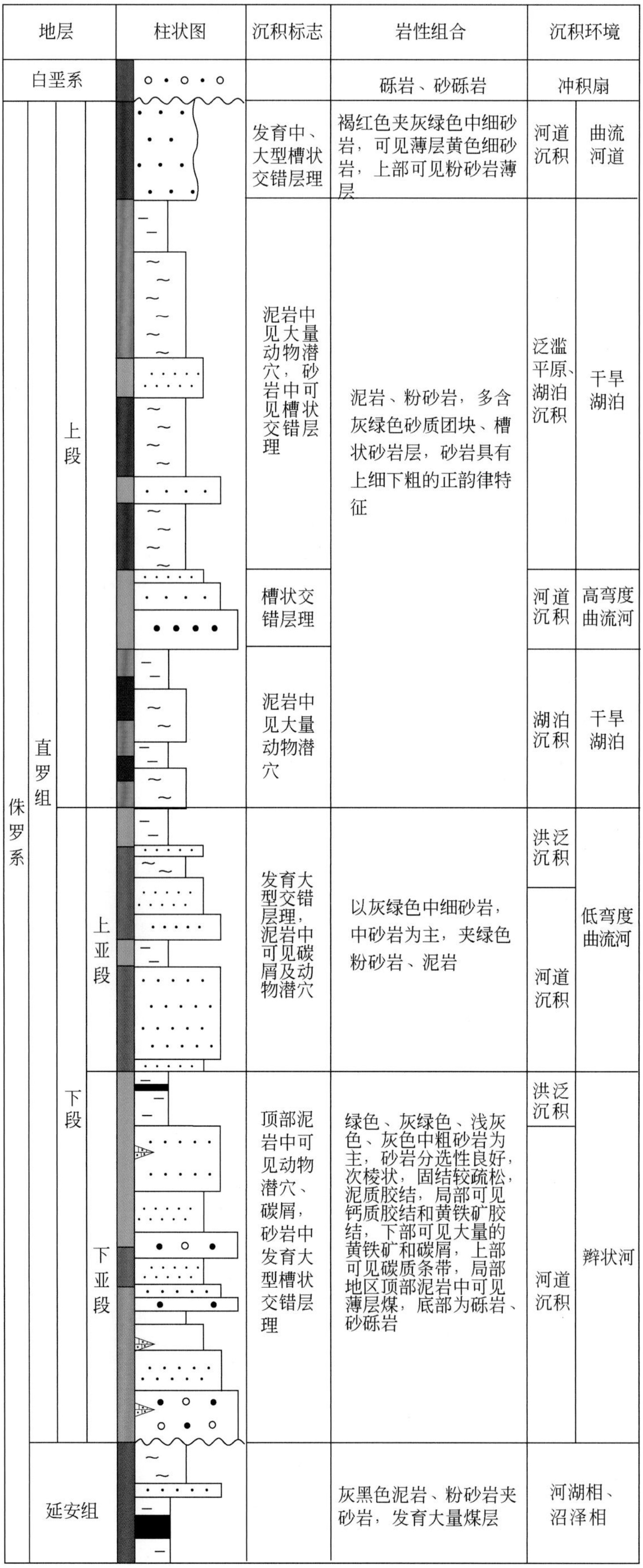

| 地层 | | | 柱状图 | 沉积标志 | 岩性组合 | 沉积环境 | |
|---|---|---|---|---|---|---|---|
| 白垩系 | | | | | 砾岩、砂砾岩 | 冲积扇 | |
| 侏罗系 | 直罗组 | 上段 | | 发育中、大型槽状交错层理 | 褐红色夹灰绿色中细砂岩,可见薄层黄色细砂岩,上部可见粉砂岩薄层 | 河道沉积 | 曲流河道 |
| | | | | 泥岩中见大量动物潜穴,砂岩中可见槽状交错层理 | 泥岩、粉砂岩,多含灰绿色砂质团块、槽状砂岩层,砂岩具有上细下粗的正韵律特征 | 泛滥平原、湖泊沉积 | 干旱湖泊 |
| | | | | 槽状交错层理 | | 河道沉积 | 高弯度曲流河 |
| | | | | 泥岩中见大量动物潜穴 | | 湖泊沉积 | 干旱湖泊 |
| | | 下段 | 上亚段 | | 发育大型交错层理,泥岩中可见碳屑及动物潜穴 | 以灰绿色中细砂岩、中砂岩为主,夹绿色粉砂岩、泥岩 | 洪泛沉积 | 低弯度曲流河 |
| | | | | | | 河道沉积 | |
| | | | 下亚段 | | 顶部泥岩中可见动物潜穴、碳屑,砂岩中发育大型槽状交错层理 | 绿色、灰绿色、浅灰色、灰色中粗砂岩为主,砂岩分选性良好,次棱状,固结较疏松,泥质胶结,局部可见钙质胶结和黄铁矿胶结,下部可见大量的黄铁矿和碳屑,上部可见碳质条带,局部地区顶部泥岩中可见薄层煤,底部为砾岩、砂砾岩 | 洪泛沉积 | 辫状河 |
| | | | | | | 河道沉积 | |
| | 延安组 | | | | 灰黑色泥岩、粉砂岩夹砂岩,发育大量煤层 | 河湖相、沼泽相 | |

图 2.48　鄂尔多斯盆地东北部含矿层综合柱状图

**表 2.11　鄂尔多斯盆地东北缘东胜地区直罗组实测地层剖面**

上覆下白垩统志丹群（$k_1z$）复成分砾岩，未见顶。

~ ~ ~ ~ ~ ~ ~ ~ ~ ~ ~ ~ ~ ~ ~角度不整合界线 ~ ~ ~ ~ ~ ~ ~ ~ ~ ~ ~ ~ ~ ~

中侏罗统直罗组（$J_2z$）总厚度 120.5m。

21. 黄绿色、土黄色中厚层中细粒砂岩夹透镜状粗砂岩透镜体。厚 8m。

20. 灰白色中厚层砂岩与紫红色泥岩构成三个韵律，向上泥岩增厚。厚 15m。

19. 灰白色中厚层中细粒砂岩与紫红色泥页岩。厚 5m。

18. 黄绿色巨厚层中细粒砂岩，层内发育交错层理，可见两个韵律沉积。厚 13m。

17. 青灰色、灰白色厚层–中厚层中细砂岩与紫红色泥岩构成两个韵律，向上泥岩增多。厚 6.5m。

16. 青灰色、灰白色厚层–块层状中粗粒黑云母岩屑长石砂岩与紫红色泥岩构成韵律，底冲刷面具交错层理。厚 6.5m。

15. 青灰色中厚层–中层细砂岩、泥质粉砂岩与紫红、砖红色泥岩夹泥质粉砂岩。厚 9m。

14. 青灰色中厚层–厚层中细粒黑云母长石砂岩与紫红色、砖红色中薄层泥质粉砂岩、紫红色泥岩互层，构成三个韵律层。厚 8m。

13. 青色、灰白色厚层中细粒岩屑长石砂岩与紫红色薄层粉砂质泥岩、页岩互层，上下两单元近等厚。厚 10.5m。

12. 灰白色、灰色厚层中细粒岩屑长石砂岩与紫红色泥岩夹灰绿色薄层泥质粉砂岩构成正韵律。厚 4.5m。

11. 灰紫色页岩与灰绿色中细粒厚层砂岩构成韵律组合，其中上部为紫红色泥页岩。厚 4m。

10. 灰白色巨厚层–块状中粗粒、粗粒长石岩屑砂岩，层内发育大型交错层理，发育冲刷面，并可见到多个河道叠置。向上岩石由灰白色变为黄绿色、黄色调，呈巨厚层状，见硅化木化石，局部可见紫红色泥岩透镜体。厚 11m。

9. 紫红色中薄层泥质粉砂岩夹紫红色页岩，侧向不连续，呈透镜状分布。厚 2m。

8. 灰黑色中薄层煤层。厚 1m。

7. 深灰色、灰色薄层泥质粉砂岩夹粉砂质泥岩，局部见细砂岩透镜体。厚 3m。

6. 灰黑色、黑色中厚层–厚层煤层。厚 1m。

5. 灰色、灰白色泥质细砂岩，中厚层状，底部具冲刷面。厚 0.5m。

4. 灰色、深灰色厚层–块层状细砂岩、泥质粉砂岩夹灰色透镜状钙质砂岩透镜体。厚 3m。

3. 灰绿色、灰黄色中厚层状中粗、中粒长石岩屑砂岩。厚 1m。

2. 紫红色、暗红色、砖红色中厚–厚层泥质粉砂岩、泥岩夹中薄层–中层中细粒岩屑长石砂岩透镜体。厚 2m。

1. 灰白色、灰色巨厚层–块状具交错层理中粗–粗砂岩。底部含大量砾石，成分以砂质、泥质砾石为主，砾径 1 ~ 5cm 不等，个别大者可达 10cm，约占 5%。向上可见大型槽状交错层理、楔状交错层理，底部发育冲刷面。厚 6m。

---------------------------平行不整合/微角度不整合---------------------------

下伏地层：中—下侏罗统延安组（$J_{1-2}y$）。

0. 黑色厚煤层（1 ~ 2m），下部为灰白色粗砂岩。厚 3m。

前人对直罗组与延安组、下白垩统与侏罗系划分具有很好的一致性，而对直罗组与安定组的划分却存在很大差异性。通过在盆地东北部东胜神山沟、陕西安塞地区进行野外调研，发现盆地中部为深湖相沉积，地层结构为：下部油页岩+中部泥灰岩+上部杂色泥岩；而盆地北部缺少下部油页岩和泥灰岩沉积，整体为洪泛平原（部分学者认为干旱浅湖相）细碎屑岩，颜色为紫杂色。前人在开展煤田勘查工作时将该套地层划分为安定组，而后期核工业系统在砂岩型铀矿勘查时将该套地层划分为直罗组上段。本此工作采用煤田勘查划分方案，将湖泊相的沉积体系划为安定组（$J_2a$）。该划分界面具有显著的可对比性，在二维地震剖面中亦表现为稳定的、可追索的区域性反射界面。

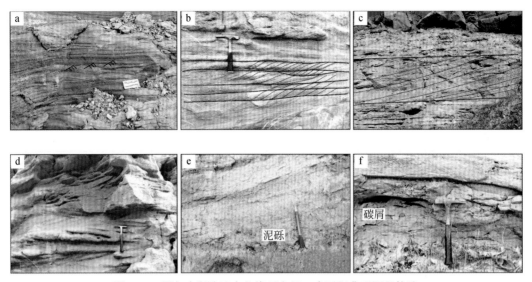

图 2.49　鄂尔多斯盆地东北缘延安组—直罗组典型沉积构造

a. 平行层理及爬升沙纹层理（波状层理）；b. 小型板状交错层理；c. 大型斑状交错层理；d. 槽状交错层理；e. 河道底冲刷面及泥砾等滞留沉积；f. 直罗组下部河道底冲刷面发育大量碳屑

对比钻孔资料直罗组下部为灰色、灰绿色、黄绿色块状砂体，上部为黄绿色、灰紫色砂岩夹中薄层杂色泥岩。岩性相对单一，直罗组下部测井曲线主要表现为箱形，为一套辫状河流相粗碎屑岩沉积（图 2.50）。直罗组下段的上亚段对下亚段冲刷严重，导致上、下亚段间普遍缺失 1 煤组，区域标志保留较少。

直罗组沉积由下至上岩层有由厚变薄的变化趋势，即单层砂体厚度变薄，砂层层数由少变多。直罗组显示出较好两分性，下部的厚层-巨厚层多河道叠置的复合砂体构成直罗组底部粗碎屑岩段，河道间泥岩段普遍不发育，岩性以中-细砂岩为主，大型槽状交错层理发育，河道下切侵蚀作用明显，底部含大量碳屑及黄铁矿结核。这些是识别直罗组的最突出标志。上部为中-薄层泥岩段，河道侵蚀作用减弱。野外露头显示直罗组下部单河道砂体厚度可达 5~10m，横向可延伸上百米；由于多期河道切叠较重，井下很难厘定河道期次，测井表现为单一旋回的箱型。

辫状河属游荡性河流，在无明显边缘高地限制的前提下，在同一流域地段内，在长期性充足物源供给的情况下可导致沉积物在横向上、纵向上和垂向上相互叠置，宏观上构成泛连通厚层状砂体或带状砂体，具有良好的渗透性和连通性。河道充填组合砂体连通性好、规模大，为含氧-含铀水提供了很好的运移通道。直罗组下段可再细划分为两个亚段，下亚段的多河道砂体相互叠置构成了空间上"泛连通厚"的大型砂体，而上亚段的砂体规模及含砂率明显低于下亚段，两者界面（SB5）突出的识别标志为下亚段顶部的薄煤线或薄层泥岩。

盆地东北部直罗组地层厚度 80~280m，其中砂体厚度 40~250m，埋深 200~1100m；靠近北部呼斯梁-大营-纳岭沟一带，直罗组沉积砂体厚度 150~250m，其埋深相对较浅，一般在 200~700m。

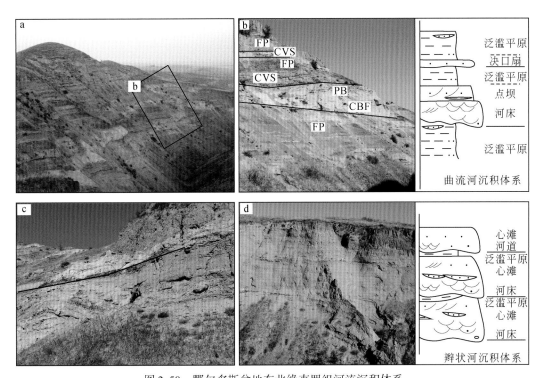

图 2.50　鄂尔多斯盆地东北缘直罗组河流沉积体系

a. 直罗组上部曲流河沉积体系野外宏观照片；b. 小型板状交错层理；c. 直罗组下部辫状河沉积体系向上部曲流河沉积体系过渡；d. 槽状交错层理。FP. 泛滥平原；CVS. 决口扇；PB. 点坝；CBF. 河床

　　本区直罗组底板标高等值线图上显示，沿新胜—锡尼布拉格—阿彦布鲁—泊尔江海子发育一条近 EW 向大断裂（泊尔江海子大断裂），该断裂以南直罗组底板埋深骤增至 900m 以上。盆地南部黄陵地区直罗组底板构造分析表明，该地区构造线整体呈 NE-SW 向展布，其中东南部北河寨—店头—腰坪一带为隆起区，向西北底板高程逐渐降低，形成分布范围较广、NE 向展布的斜坡带。相对盆地东北部，本区直罗组地层厚度明显变薄，一般在 20～100m，整体显示为西厚东薄的特点。南部彬县地区直罗组底板构造显示 SE 高、NW 低，且南部发育一条近 EW 向的"鼻状隆起"，倾伏端向西。

　　盆地内直罗组成矿砂岩产出的构造条件和岩石胶结程度存在较大的差异。在盆地北缘岩层产状总体向 SW 倾斜，倾角为 2°～8°；西缘向东或向西倾斜，倾角 5°～20°；南缘总体向 NNW 倾斜，倾角 5°～12°。北缘的砂岩岩石结构为松散胶结，西缘为半松散胶结，南缘岩石胶结程度较好。

# 二、白垩系洛河组基本特征

　　洛河组整体为沙漠相沉积，根据其沉积特征的不同可进一步划分为风成沙丘、旱型沙丘间、润型沙丘间、沙席沉积四个亚相。野外地质调查显示，洛河组在盆地南部广泛发育，常见大型楔状交错层理、大型板状交错层理等大型高角度层理（图 2.51）。其沉积相以沙漠相为主（张忠义，2005；谢渊等，2005；杨友运，2006；Xing *et al.*，2018；朱欣然等，2018），在靠近盆地边缘地区则发育有冲积扇及河流相沉积。

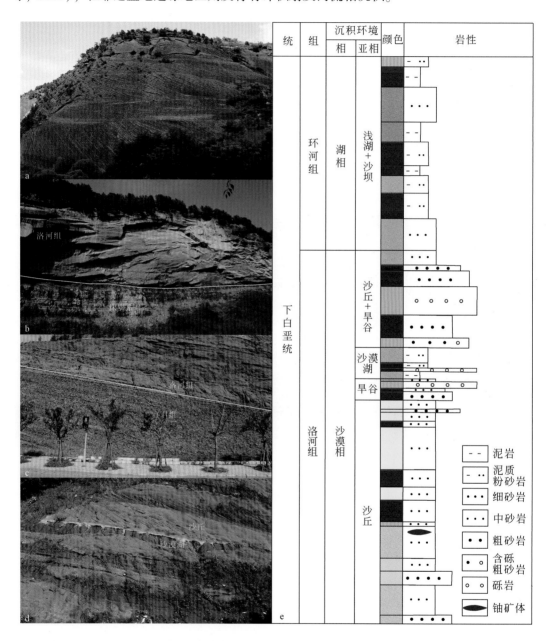

图 2.51　鄂尔多斯盆地南部洛河组野外露头照片及彭阳铀矿区含铀岩系简化地层柱状图

a. 洛河组砂岩露头的大型高角度楔状、板状交错层理；b. 洛河组砂岩与侏罗系的不整合接触界线；c. 洛河组与宜君组砾岩的整合接触界线；d. 洛河组中的沙丘、沙漠湖等沉积亚相；e. 彭阳铀矿区典型钻孔简化柱状图

　　鄂尔多斯盆地西南部镇原地区的洛河组厚度一般在 150～400m 左右，主要由砂岩、砾岩和少量泥岩组成。西部为一套近源洪冲积扇沉积，岩性主要为红色砾岩、含砾砂岩夹薄

层或透镜体状砂岩泥岩；在水平方向上地层厚度变化大，近距离内即能发生急剧变化，具有明显的冲洪积物的特征。中东部地区以风成沉积为主，岩性主要为红色、浅红色、浅黄色、灰色细–中粒长石砂岩、岩屑长石砂岩（图 2.52），偶夹含砾砂岩及薄层泥岩，以发育大型楔状交错层理、板状层理为特征。该层在研究区分布较为稳定，总体沉积环境为风成沙漠相，推测为沙漠沉积中心。

图 2.52　研究区洛河组砂岩岩心及显微镜下（正交偏光）照片
R. 岩屑；Qz. 石英；Kfs. 钾长石；Pl. 斜长石

# 第十节　小　　结

（1）从地层结构、沉积特征、垂向分带特征及古环境和古气候等方面，分析了鄂尔多斯盆地砂岩型铀成矿的沉积环境。

（2）明确了鄂尔多斯盆地的铀矿赋存在三叠系延安组（$J_2y$），侏罗系直罗组（$J_2z$）、安定组（$J_3a$）和白垩系洛河组（$K_1l$）、环河组（$K_1h$）五个地层层位的砂岩或粉砂岩中，其中矿体主要赋存于侏罗系直罗组（$J_2z$）、白垩系洛河组（$K_1l$）和环河组（$K_1h$）三个地层之中。

（3）侏罗系直罗组（$J_2z$）为一套辫状河沉积体系，是盆地北部、西部和东南部的主要赋矿层位；白垩系洛河组（$K_1l$）为一套风成沉积体系与滨湖相的环河组，一起构成了盆地西南部彭阳–红河铀矿带的赋矿层位。

（4）通过野外剖面及钻孔连井剖面分析，侏罗系延安组、直罗组、安定组共包括10

个沉积旋回，并对应了不同的水进–水退变化。白垩系包括两个沉积旋回，体现了两次水进–水退变化。这些沉积旋回反映的是盆地内构造的波动作用。

（5）盆地侏罗系和白垩系沉积岩层的颜色具有明显的垂向分带特征。岩层原始沉积颜色代表了古沉积的氧化还原环境。主要赋矿层位自下而上表现为灰色–灰绿色、绿色–红色、棕色的变化关系，体现了盆地沉积环境和古气候的演化。全球与中国及盆地尺度的红黑岩系的研究表明，这种组合特征为砂岩型铀成矿提供了重要的氧化还原条件。绿色砂岩的形成，主要是沉积成岩成因。黏土矿物空间分布表明，赋矿层位同样具有垂向分带特征。它们反映的也是古氧化还原条件。

（6）地球化学元素组合特征、古生物及孢粉化石特征分析表明，延安组、直罗组沉积时的古水体条件均为淡水环境，直罗组古水体盐度相对偏高；延安组成煤、成岩阶段形成了区域性的原生还原层，直罗组上段红层为强氧化背景；延安组至直罗组的气候总体为亚热–温带潮湿温暖气候向干旱炎热气候的转变。地层中发育着一套与原始沉积层岩石相关的垂向岩石矿物蚀变分带。

（7）CIA 指数和 ICV 指数可以确定物源区的化学风化程度和沉积物的成分成熟度。盆地北部主要赋矿层位侏罗系直罗组下段从底部到顶部 CIA 整体逐渐降低，ICV 指数整体逐渐升高，反映物源区化学风化作用减弱，在一定程度上指示着直罗期蚀源区古气候由潮湿逐渐向干旱转变。直罗组上段底部界面附近泥岩 CIA、ICV 指数发生突变，CIA、ICV 变化频率、幅度也随之明显加大，地层主色调也在此期由早期的黄绿色、灰绿色突变为紫红色。这些信息综合反映了直罗组晚期存在着古气候环境的突变。盆地西缘宁东地区中—晚侏罗世沉积地层化学蚀变指数（CIA）显示，自中侏罗统延安组时期至上侏罗统安定组时期，古气候经历了暖湿→半湿润、半干旱频繁交替→持续干旱化的转变过程，中–上侏罗统界面附近很可能存在剧烈、短暂的变冷事件。西缘侏罗系延安组—安定组原生"垂向分带"的界面与 CIA 反映的古气候突变界面高度一致，表明古气候变迁是大规模铀成矿的决定性因素之一。

综上所述，盆地侏罗系—白垩系垂向变化特征，反映了盆地跌宕运动控制了古沉积环境和古气候的变化，以及区域构造运动对于沉积碎屑物源的影响，同时带来了地下水的流动和水位的垂向波动，引起了砂岩型铀成矿作用。

# 第三章 矿床基本特征

鄂尔多斯盆地铀矿成矿具有多层赋矿，多期次成矿的特点。目前初步查明该盆地赋矿层位为侏罗系直罗组上下段、延安组、安定组及下白垩统洛河组；其中以中侏罗统直罗组下段为主要的含矿层位，中侏罗统延安组、下白垩统志丹群次之，矿体多呈板状、似层状、透镜状。区域上，鄂尔多斯盆地可划分出六个铀矿（化）集中区。主要成矿期为晚侏罗世—早白垩世末、晚白垩世—上新世。

其中，作者前期专著《鄂尔多斯盆地砂岩型铀矿成矿地质背景》已经对鄂尔多斯盆地典型铀矿床矿体基本特进行了征详细叙述。在此为方便读者理解本书，本章仅进行概要性描述。

## 第一节 鄂尔多斯盆地铀矿床分布概述

作为我国重要的多种能源共生的盆地，鄂尔多斯盆地内部发育有丰富的石油、天然气、煤炭和铀矿等多种资源。近年来发现一系列砂岩型铀矿，如大营铀矿、纳岭沟铀矿、东胜铀矿、宁东铀矿、国家湾铀矿、彭阳铀矿、黄陵铀矿等（表3.1，图3.1）。盆地中生代是煤、油气和铀矿资源共存现象最为显著的时期。盆地内多种能源矿产的空间赋存状况总体表现满盆含煤、南油北气、周缘为砂岩型铀矿的基本格局。天然气主要富集在下古生界奥陶系碳酸盐岩风化壳储层、上古生界山西组和石盒子组砂岩储层中。煤在层位上分布比较广，主要有石炭系—二叠系太原组和山西组潮坪–沼泽相煤系、三叠系延长组顶部和侏罗系延安组陆相河流–湖盆–沼泽相煤系。石油为陆相湖盆成因，分布在中生界上三叠统延长组及下—中侏罗统富县组、延安组的三角洲前缘砂体和河道砂体中。铀主要成矿于中侏罗统直罗组及下白垩统环河组、洛河组砂岩中。

**表 3.1 盆地典型铀矿床和矿（化）点统计**

| 地区 | 铀矿矿集区 | 典型铀矿床 | 含矿层位 | 新发现矿产地 | 含矿层位 | 新发现矿点、矿化点 | 含矿层位 |
|---|---|---|---|---|---|---|---|
| 东北缘 | 塔然高勒–东胜 | 大营 | $J_2zh$ | 塔然高勒 | $J_2z$ | 库计沟矿点 | $J_2z$ |
| | | 纳岭沟 | | 乌定布拉格 | | 纳林西里矿点 | |
| | | 皂火壕 | | 乌兰西里 | | 乃马岱矿点 | |
| | | 阿不亥 | | — | | — | |
| 东南缘 | 黄陵 | 双龙 | $J_2zh$ | 黄陵 | $J_2z$ | 彬县矿化点 | $J_2z$ |
| | | | | | | 新堡子矿化点 | |
| | | | | | | 大佛寺矿化点 | |
| 西缘 | 宁东 | 瓷窑堡 | $J_2zh$ | 羊肠湾 | $J_2z+J_2y$ | 叶庄子矿点 | $J_2z$ |
| | | 惠安堡 | | 金家渠 | | 环县矿化点 | |
| | | | | 石槽村 | | 崇信矿化点 | |
| | | | | 麦垛山 | $J_2z$ | — | |

| 地区 | 铀矿矿集区 | 典型铀矿床 | 含矿层位 | 新发现矿产地 | 含矿层位 | 新发现矿点、矿化点 | 含矿层位 |
|---|---|---|---|---|---|---|---|
| 西南缘 | 国家湾-彭阳 | 国家湾 | $K_1m$ | | | 红河矿点 | $K_1lh$ |
| | | 彭阳 | $K_1l$ | | | 崇信矿化点 | $J_2z$ |
| | | | | | | 环县矿化点 | $J_2z$ |
| 中部 | 志丹-金鼎铀 | | $J_2a$ | | | 金鼎矿化点 | $J_2a$ |
| 中东部 | 榆林矿集区 | | $J_2zh$ | | | — | |

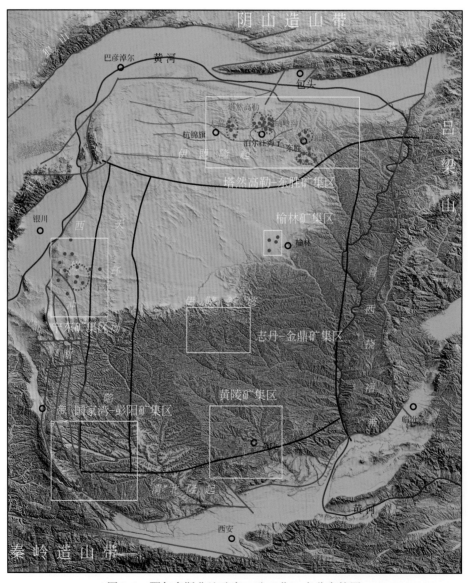

图 3.1　鄂尔多斯盆地矿床、矿（化）点分布简图

自 20 世纪 80 年代以来，在鄂尔多斯盆地的东北缘、西缘、东南缘等地区，先后发现了皂火壕、纳岭沟、双龙、瓷窑堡及大营等铀矿床。2012 年以来，在中国地质调查局的统一部署下，由天津地调中心牵头负责，组织煤田、油田、地矿、核工业等不同行业队伍共同推进各项工作，以煤田、油田钻孔资料"二次开发"为主要技术手段，先后实施了"我国主要盆地煤铀等多矿种综合调查评价"计划项目，"北方重要盆地砂岩型铀矿调查与勘查示范"、"北方砂岩型铀矿调查工程"及科技部 973 计划项目"中国北方巨型砂岩铀成矿带陆相盆地沉积环境与大规模成矿作用"等，并取得了一系列选区和找矿的重要突破。

鄂尔多斯盆地内可以划分成东北缘、西缘、西南缘、东南缘、中东部、中部六个矿集区。在《鄂尔多斯盆地砂岩型铀矿成矿地质背景》中，针对鄂尔多斯盆地四个矿集区和一个矿化带内典型矿床的特征已经进行了详细描述。为避免赘述，本章节仅对有矿床产出的东北缘塔然高勒–东胜、西缘宁东、东南缘黄陵、西南缘国家湾–彭阳及中部志丹–金鼎五个铀矿矿集区（图 3.1）进行介绍。

# 第二节　鄂尔多斯盆地典型矿集区特征

## 一、东北缘塔然高勒–东胜铀矿矿集区

该矿集区范围主要由皂火壕、纳岭沟、大营等特大型、大型铀矿床，以及塔然高勒大型矿产地、柴登壕–罕台庙和巴音青格利铀矿产地组成（图 3.2）。区内各个铀矿床、矿产地，具有相同的区域铀成矿背景及类似的铀成矿规律，具有相同的铀源条件、岩性–岩相条件、古气候条件、古水文地质条件及岩石地球化学环境。铀矿体主要产于近 SN 向展布的河道砂岩体的两侧。铀矿层位于含煤地层延安组之上的直罗组下段，主要为灰色砂岩和绿色砂岩的过渡部位。矿体的展布形态受古河道方向、河道砂体位置、砂体非均质性、砂体还原性及顶、底板等综合因素控制。矿体埋深主要受地层倾向、上覆地层厚度及地形控制。此区内东部矿体埋藏较浅，均在 200m 左右，向西逐渐加深，西部大营铀矿床埋深在600m 以上。矿体厚度较稳定、品位变化较小，矿体形态以板状、似层状为主。

### （一）大营铀矿床

大营铀矿床位于鄂尔多斯盆地伊盟隆起的中北部，在塔然高勒铀矿西侧，主要赋矿层位为侏罗系直罗组下段。

1. 直罗组下段下亚段矿体特征

平面上铀矿带呈 NW-SE 向展布，长约 15km，宽 800～2000m 不等（图 3.3）。直罗组下段下亚段矿体在矿床北部，发育于含矿砂体的中上部，受地层、河道砂体展布方向影响，矿体产状与储矿砂体的产状一致，呈向 SW 缓倾斜（图 3.4）。已发现矿体形态均以板状为主，并未发现卷状矿体。

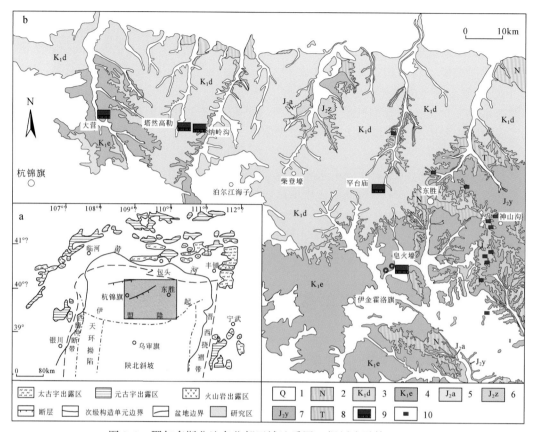

图 3.2　鄂尔多斯盆地东北部区域地质图 (据刘晓雪等, 2016)

a. 盆地东北部大地构造位置; b. 盆地东北部地质图; 1. 第四系; 2. 新近系; 3. 下白垩统东胜组; 4. 下白垩统伊金霍洛组;
5. 中侏罗统安定组; 6. 中侏罗统直罗组; 7. 中侏罗统延安组; 8. 三叠系; 9. 砂岩型铀矿床; 10. 地表放射性异常点

### 2. 罗组下段上亚段矿体特征

平面上, 矿体呈 NE-SW—SE 向展布, 长约 20km, 宽 400~2000m (图 3.5), 矿体沿走向、倾向的连续性差, 矿体呈带状、透镜状, 矿床北西部砂体中沉积韵律增多, 砂体的非均质性增强。剖面上, 直罗组上亚段矿体整体上比下亚段矿体连续且富集, 矿体以板状为主, 矿层埋深受地层倾向与地形控制明显, 总体呈 NE 向 SW 逐渐增大的趋势(图 3.6)。

### (二) 塔然高勒矿床

#### 1. 矿区构造

塔然高勒矿区构造单元处于鄂尔多斯盆地北缘伊盟隆起的中北部 (图 2.1), 位于东胜煤田北缘, 新生代地质作用较为强烈, 上部地层遭受剥蚀并被枝状沟谷切割破坏。从该区直罗组下段底板标高、埋深等值线图 (图 3.7) 可以看出, 其构造形态与区域含煤地层构造形态基本一致, 等值线呈 NW-SE 向基本等间距展布, 总体为一向 SW 倾斜的单斜构造。总体具有 NE 高 SW 低的特征。塔然高勒北部唐公梁-呼斯梁一带标高在 1300m 以上,

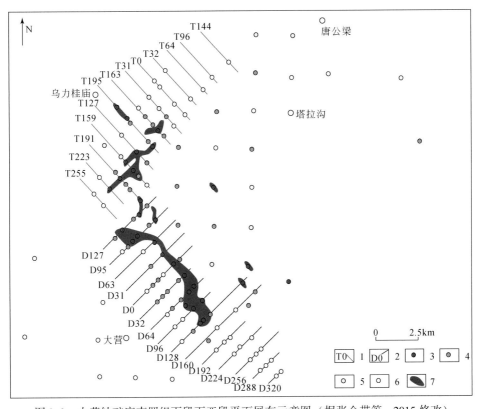

图 3.3 大营铀矿床直罗组下段下亚段平面展布示意图（据张金带等，2015 修改）

1. T 网勘探线及其编号；2. D 网勘探线及其编号；3. 工业铀矿孔；4. 铀矿化孔；5. 铀异常孔；
6. 无铀矿孔；7. 直罗组下段下亚段铀矿体

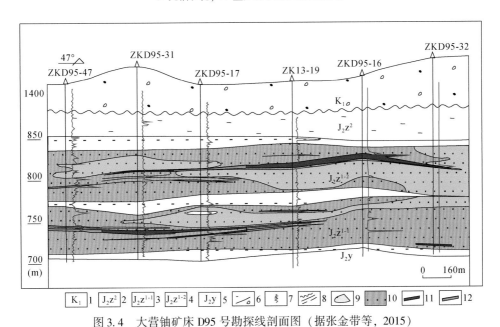

图 3.4 大营铀矿床 D95 号勘探线剖面图（据张金带等，2015）

1. 下白垩统；2. 直罗组上段；3. 直罗组下段下亚段；4. 直罗组下段上亚段；5. 延安组；6. 泥岩、砾岩；
7. 伽马曲线；8. 不整合界线；9. 绿色砂岩；10. 灰色砂岩；11. 工业铀矿体；12. 铀矿化体

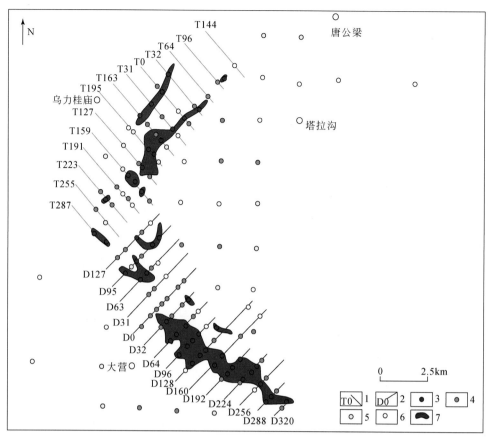

图 3.5　大营铀矿床直罗组下段上亚段平面展布示意图（据张金带等，2015 修改）

1. T 网勘探线及其编号；2. D 网勘探线及其编号；3. 工业铀矿孔；4. 铀矿化孔；5. 铀异常孔；
6. 无铀矿孔；7. 直罗组下段上亚段铀矿体

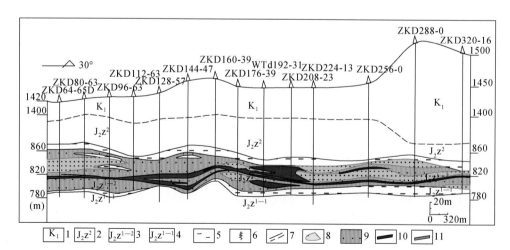

图 3.6　大营铀矿床直罗组下段上亚段主矿体剖面（据张金带等，2015）

1. 白垩统；2. 直罗组上段；3. 直罗组下段下亚段；4. 直罗组下段上亚段；5. 泥岩；6. 伽马曲线；
7. 不整合界线；8. 绿色砂岩；9. 灰色砂岩；10. 工业铀矿体；11. 铀矿化体

为本区隆起区；塔然高勒南部新胜地区标高一般在 800～900m，为本区相对的拗陷区。隆起区与拗陷区高差 400～500m，与直罗组倾向一致，倾向 SE 220°～250°，地层倾角 1°～5°，地层产状沿走向有一定变化，发育有宽缓的波状起伏。说明直罗组沉积时古地形较为平缓，为河流沉积体系的稳定发育创造了极为有利的构造条件。区内未发现明显的断层和褶皱构造。塔然高勒地区东部和西部分别有大营和纳岭沟两处典型大型砂岩型铀矿床，均处于北部隆起斜坡带上，这不仅为铀成矿流体运移提供了良好的通道，也为成矿物质卸载沉淀提供了有利空间。

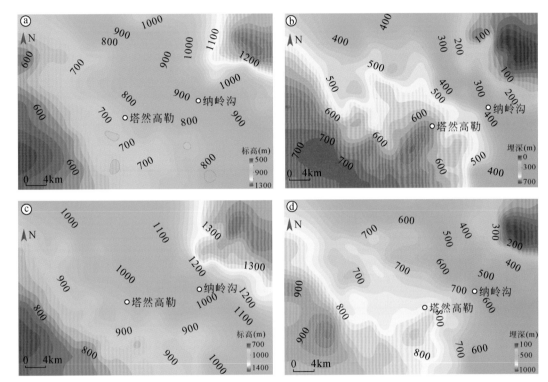

图 3.7 塔然高勒地区直罗组下段顶底板标高、埋深等值线图（据金若时等，2019）

a. 直罗组下段顶板标高等值线图；b. 直罗组下段顶板埋深等值线图；c. 直罗组下段底板标高等值线图；
d. 直罗组下段底板埋深等值线图

### 2. 目的层砂体展布特征

塔然高勒地区直罗组下段砂体厚度显示一条近 SN 向展布特征，这是主干河道的具体表现，且向 S、W、SE 向不断分岔，演化成系列规模较小的分支河道。主干河道位于纳岭沟–塔然高勒之间，砂体宽度约 10km，厚度在 150m 以上，最厚处可达 260m（图 3.8a）。

直罗组下段为沉积早期在潮湿气候环境下的辫状河–曲流河沉积体系，底部为砾质辫状河沉积体系，往上过渡为砂质辫状河沉积体系。表现为砂体多出现在深切谷的位置，具有填平补齐的沉积特征，在垂向上由多个由粗砂岩到细砂岩（或粉砂岩、泥岩）的韵律层叠置而成，整体呈一个厚层泛连通体。

平面上，含砂率图显示在塔然高勒和纳岭沟地区发育一条辫状分支河道，砂体厚度相对较厚，含砂率高达85%，整个辫状河道长约20km，宽5~10km（图3.8b）。辫状河道周边发育大面积泛滥平原，其上零星发育决口扇沉积，分布范围较小。区内辫状河道砂体的广泛发育，为含氧-含铀水的运移提供了有效通道，为砂岩型铀矿提供一个巨大的储存空间。

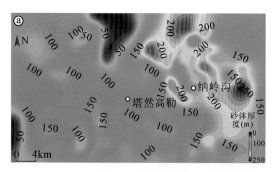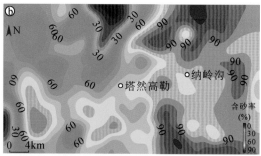

图3.8　塔然高勒地区直罗组下段砂体展布特征（据金若时等，2019）

a. 直罗组下段砂体厚度等值线图；b. 直罗组下段含砂率等值线图

### 3. 矿体展布特征

铀矿体主要赋存于中侏罗统直罗组下段辫状河砂体中。平面上总体呈 NE-SW 向或近 SN 向展布（图3.9）。矿体平均埋深500余米，矿体埋深受地形及地层产状影响较为明显，但总体上由东向西、北向南埋深逐渐加大。

剖面上，矿体发育于直罗组下段中下部（图3.10），受地层、河道砂体展布方向影响，矿体产状与目的层砂体的产状一致，均以平整的板状为主，矿化体主要沿工业矿体周边分布。矿体垂向分布与纳岭沟铀矿床较为相似，大部分赋存于中侏罗统直罗组下段下亚段的灰色砂体中，个别钻孔发育两层矿体。

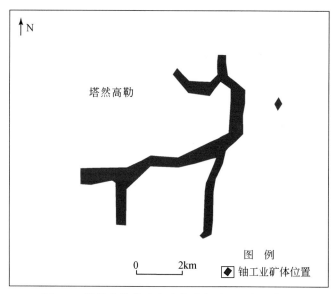

图3.9　塔然高勒铀矿床矿体形态平面展布示意图

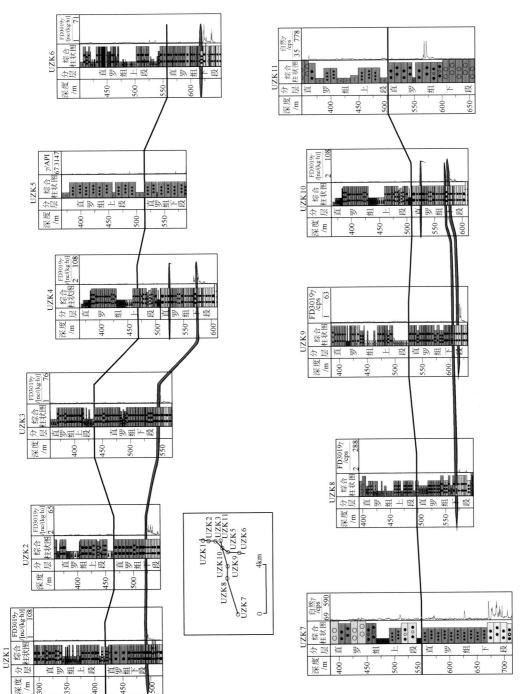

图 3.10　塔然高勒矿床 SN 向（上）和 EW 向（下）连井剖面图（据金若时等，2019）

### （三）纳岭沟铀矿床

该矿床位于鄂尔多斯盆地东北部的伊蒙隆起中部偏北区域。平面上，矿体呈 NE—SW 向展布，沿走向发育稳定，连续性好，长约 8km，最宽 2km。各勘探线上矿体宽窄不一，变化较大（图 3.11）。剖面上，矿体呈板状、似层状产于远离顶、底板的绿色砂岩和灰色砂岩过渡部位的灰色砂岩中（图 3.12）。矿体由 NE 向 SW 缓倾斜，倾角 1°～2°。以下白垩统底板为参照面，矿体距下白垩统底板大约 210.00m，具有"层控"特征。矿体顶界标高为 912.20～1106.85m，平均标高为 1065.14m；矿体顶界埋深为 315.00～630.00m，平均埋深 410.00m，埋深受地形标高及地层产状影响较为明显，但总体上由东向西、自北向南矿体顶界埋深逐渐加大。

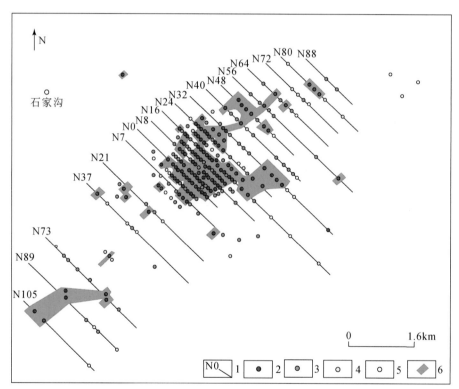

图 3.11　纳岭沟铀矿床平面展布示意图（据张金带等，2015）

1. 勘探线及其编号；2. 工业铀矿孔；3. 铀矿化孔；4. 铀异常孔；5. 无铀矿孔；6. 工业铀矿体

### （四）皂火壕铀矿床

该矿床位于鄂尔多斯盆地东北部的伊蒙隆起南缘。含矿地层为中侏罗统直罗组下段，主要赋存于一条近 EW 向展布的古河道内。矿床从东到西由乌兰色太、孙家梁、沙沙圪台、皂火壕、新庙壕五个矿段组成。矿床总体呈近 EW 向带状展布（图 3.13），东西长近 40km，南北宽约 5km。东部连续性好，西部稍差。矿体埋深由东向西逐步增大。矿体总体呈板状，向西缓倾斜，与赋矿砂体倾向基本一致。各矿段矿体形态也有差异，孙家梁矿段

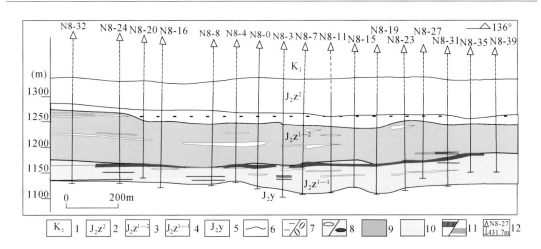

图 3.12 纳岭沟铀矿床 N8 号勘探线剖面图 (据王贵等, 2017 修改)

1. 下白垩统; 2. 直罗组上段; 3. 直罗组下段上亚段; 4. 直罗组下段下亚段; 5. 延安组; 6. 地质界线; 7. 泥岩、砾岩; 8. 泥岩夹层、钙质砂岩夹层; 9. 绿色砂岩; 10. 灰色砂岩; 11. 工业铀矿体、铀矿化体; 12. 钻孔位置、编号及深度

矿体分布相对集中, 平面形态呈饼状; 沙沙圪台矿段矿体平面形态为近 EW 向展布的两条近平行的带状; 皂火壕矿段矿体分布较为分散, 其矿体、矿化体平面形态呈带状、透镜状、U 型曲状。新庙壕地段矿体平面形态呈 NW-SE 向 "雁列式" 排列。

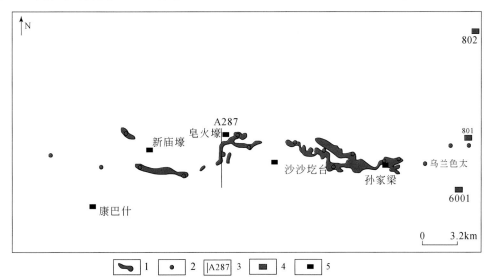

图 3.13 皂火壕铀矿床平面展布示意图 (据张金带等, 2015 修改)

1. 工业铀矿体; 2. 工业铀矿孔; 3. 勘探线及编号; 4. 铀矿化点; 5. 地名

总体看, 铀主要富集于含砂率中等偏高的骨架砂体的边缘部位。下层矿体具有薄而长的特点, 矿体连续性好、厚度小、延伸距离长; 上层矿体呈透镜状, 厚度薄, 连续性差 (图 3.14)。由东部向西部由薄变厚, 倾向上呈向南端翘起。

夏毓亮等 (2015) 对矿区内铀矿石采用 U-Pb 等时线方法获得了 $149 \pm 16$ Ma、$120 \pm 11$ Ma、$85 \pm 2$ Ma、$20 \pm 2$ Ma、$8 \pm 1$ Ma 五组成矿年龄。

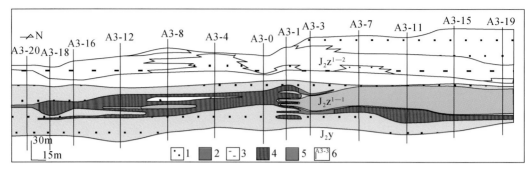

图 3.14　皂火壕矿床孙家梁地段 A3 号勘探线剖面示意图（据李子颖等，2006）

1. 灰色砂岩；2. 绿色砂岩；3. 泥岩；4. 层间氧化带前锋线；5. 工业矿体；6. 矿化体

## 二、西缘宁东铀矿矿集区

鄂尔多斯盆地西缘断褶带的铀矿化具有期次多、品位低、厚度小、平方米铀量低、矿化分散、层数较多、连续性较差等特点（贾恒等，2012）。该矿集区主要由过去发现的瓷窑堡、惠安堡中小型铀矿床及石槽村、麦垛山、金家渠、羊肠湾四个新发现矿产地和其他矿点、矿化点组成。区内铀矿化总体呈 SN 向展布，矿体产在直罗组上、下段砂体及延安组中。平面上，铀矿（化）体发育于背斜翼部的灰白色氧化–还原过渡带内，矿体形态呈带状，连续性好，走向与背斜轴向一致。垂向上，矿化呈多层，主要赋存于直罗组的灰白色粗砂岩中，部分分布在红褐色中砂岩中，形态呈似层状、板状。一般矿体长度 600 ~ 800m，宽度 200 ~ 300m。

### （一）瓷窑堡铀矿床

位于西缘冲断带南段北部马家滩鸳鸯湖–冯记沟背斜两侧，储矿层为中侏罗统直罗组下段、延安组上段，主要呈层状（图 3.15），产在灰色、灰白色粗砂岩和浅黄色中–细砂岩。均为辫状河相沉积体系。

前人用 U-Pb 同位素法测定直罗组和延安组样品中的沥青铀矿和铀石，获得 U-Pb 同位素表观年龄为 59.6Ma 和 21.9Ma，分别属于古新世末期和中新世早期（陈祖伊等，2010）。郭庆银等（2010）对矿区内铀矿石进行了全岩 U-Pb 同位素年龄测定，获得直罗组砂岩型铀矿化的年龄为 52±2Ma，属古新世末期。

### （二）金家渠铀矿床

金家渠铀矿床位于惠安堡地区，处于鄂尔多斯盆地西缘褶断带马家滩褶断带（图 3.16）。有关的构造为金家渠背斜。背斜东翼矿带断续长度 10km，控制长度 4km，背斜西翼控制矿带长度 2km。含矿层位为直罗组下段和延安组上段。铀矿化多产于疏松、较疏松灰色、褐黄色中粗、细砂岩中，部分产于致密钙质岩石、灰色粉砂岩中。

根据矿物 U-Pb 法和全岩 U-Pb 同位素年龄测定，南部惠安堡地区直罗组上段为 6.2Ma、6.8Ma，属于新近纪中新世晚期（贾恒等，2009）。此外，直罗组下段砂岩铀矿石等时线成矿年龄为 6.5Ma。

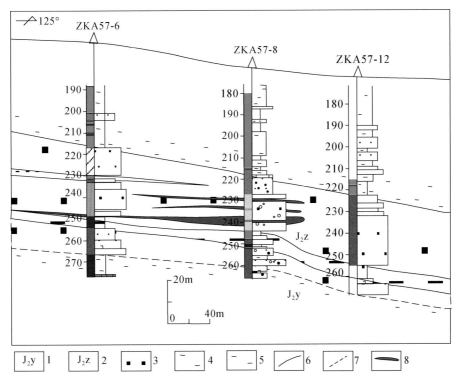

图 3.15  瓷窑堡地区 57 号勘探线产于直罗组下段的铀矿体（据核工业二○八大队）

1. 中侏罗统延安组；2. 中侏罗统直罗组；3. 砂岩；4. 粉砂岩；5. 泥岩；6. 地层及岩性界线；
7. 地层平行不整合接触界线；8. 铀矿体

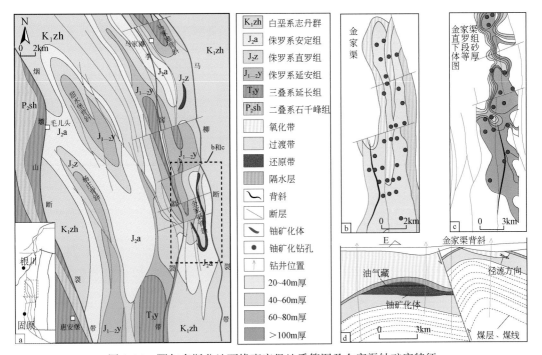

图 3.16  鄂尔多斯盆地西缘惠安堡地质简图及金家渠铀矿床特征

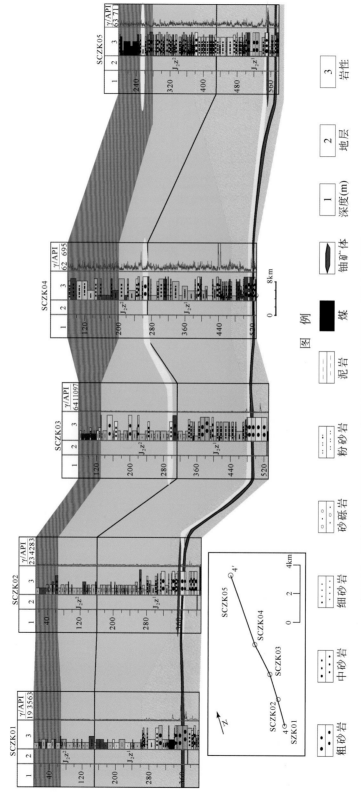

图 3.17　石槽村矿区矿体剖面图（SN向钻孔连井剖面）（据金若时等，2019）

### （三）石槽村矿区

该矿区位于鸳鸯湖背斜的东翼。铀矿化主要产于直罗组下段下亚段下部辫状河沉积粗砂岩及上亚段底部低弯度曲流河中、细砂岩中。

石槽村矿区内共圈定铀矿体五个，矿（化）体形态呈层（板）状（图3.17、图3.18），主要位于直罗组下段下亚段。矿体长度0.8~3.75km，宽度200~540m。

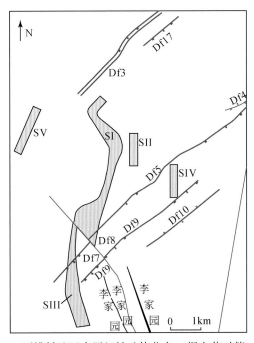

图3.18 石槽村地区直罗组铀矿体分布（据金若时等，2019）

## 三、西南缘国家湾–彭阳铀矿矿集区

鄂尔多斯盆地西南缘中新生代陆相沉积地层发育齐全，总厚度在5000m以上，以河流–湖泊相沉积为主。包括三叠系（T）、侏罗系（J）、下白垩统（K$_1$）、古近系（E）、新近系（N）及第四系（Q）。各地层在横向和纵向上发育差异较大，其中三叠系、侏罗系和下白垩统是盆地的沉积主体与盆地其他部分类似，下白垩统洛河组是新发现的主要含铀层位。鄂尔多斯盆地西南缘矿集区主要由彭阳铀矿、红河铀矿区及陇县国家湾小型铀矿床、华亭铀矿床等组成。

### （一）彭阳矿区

彭阳矿区位于天环向斜构造单元内。在该地区白垩系洛河组和罗汉洞组均主要表现为风成沙漠相局部见旱谷及沙漠湖相沉积。白垩系洛河组为主要赋矿层位，环河组为次要赋矿层位。

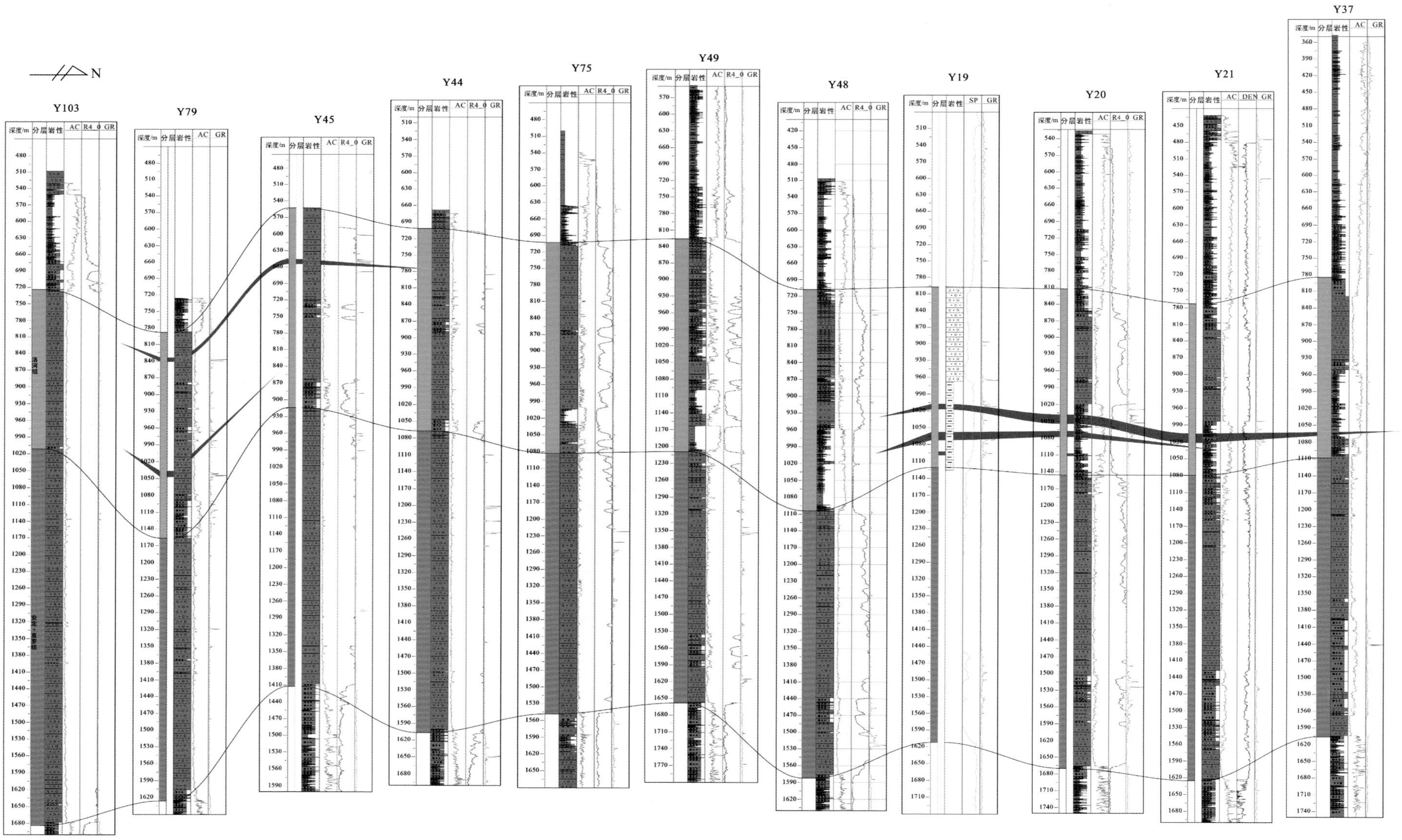

图 3.19　鄂尔多斯盆地西南部彭阳铀矿床近SN向连井剖面

彭阳矿区整体位于甘肃省庆阳市镇原县三岔镇和宁夏固原市彭阳县一带，呈长方形。矿体形态主要为顺层板状（图3.19），最大异常厚度可达200m。砂体埋深在700~1400m。矿体主要分布于下白垩统洛河组灰色、绿灰色砂体中。其上下围岩可见红色、浅红色或浅黄色、绿灰色的颜色蚀变分带。

### （二）红河矿区

红河铀矿赋存于白垩系志丹群环河组（$K_1h$）细砂岩与粉砂岩过渡部位，主要位于灰色粉砂岩–泥质粉砂岩中，底部细砂岩中也发育铀矿化（图3.20）。矿体为多层状，其形态与异常展布形态基本一致，呈近NEE向展布，矿体长度约15.2km，宽度约230~610m，矿体厚度4.60~14.70m，平均厚度8.87m。

含矿的灰色粉砂岩–泥质粉砂岩见平行层理，近乎垂直裂隙发育，部分裂隙面充填碳酸盐薄膜，局部见少量白云母。

### （三）国家湾铀矿床

国家湾铀矿床位于鄂尔多斯盆地西南角六盘山断陷的南端，地层基本为NE倾向的单斜层。受后期构造影响，局部地层发生宽缓褶曲。铀矿化主要赋存在六盘山群马都山组（$K_1m$）滨湖三角洲相及河流相灰紫色、灰绿色砂岩中，铀矿体多呈透镜状、似层状。马都山组为主要含铀矿层，总厚度达270m。其中、上部有两个矿化层，上部含矿砂岩为主，属透水层，而下部含矿砂页岩。

成矿年龄测试获得了两个成矿年龄：98Ma、18.58Ma，分别是晚白垩世和中新世（涂怀奎，2005；马小雷，2016；张字龙等，2018）。

## 四、东南缘黄陵铀矿矿集区

该矿集区主要由双龙中型铀矿床，店头小型铀矿床，焦坪、庙湾矿点及黄陵新发现中型规模矿产地北极、彬县矿化点组成。主要分布于渭北隆起北缘构造斜坡带。含矿层为直罗组砂体。直罗组地层倾角一般小于10°，总体构成一个向西倾斜的斜坡带。直罗镇–店头镇一带砂体最厚，达50~80m。在郴县地区，砂体厚20~50m。边缘其他地区的砂体较小，厚约5~20m。黄陵一带的铀矿体埋深在400m左右，矿体厚度较稳定，矿体形态以板状、似层状为主。盆地南缘秦岭造山带的秦岭群等变质岩和不同期花岗岩体蚀源区可能为铀成矿提供了丰富的铀源，有利于后生砂岩型铀矿化的形成。

### （一）双龙铀矿床

位于鄂尔多斯盆地南部伊陕斜坡与渭北隆起接合部位，黄陵铀矿矿集区北部。区内构造简单，总体为倾角平缓的西倾单斜构造。含矿层为中侏罗统直罗组下段下亚段，主要为一套温暖潮湿环境条件下形成的辫状河粗碎屑岩沉积。

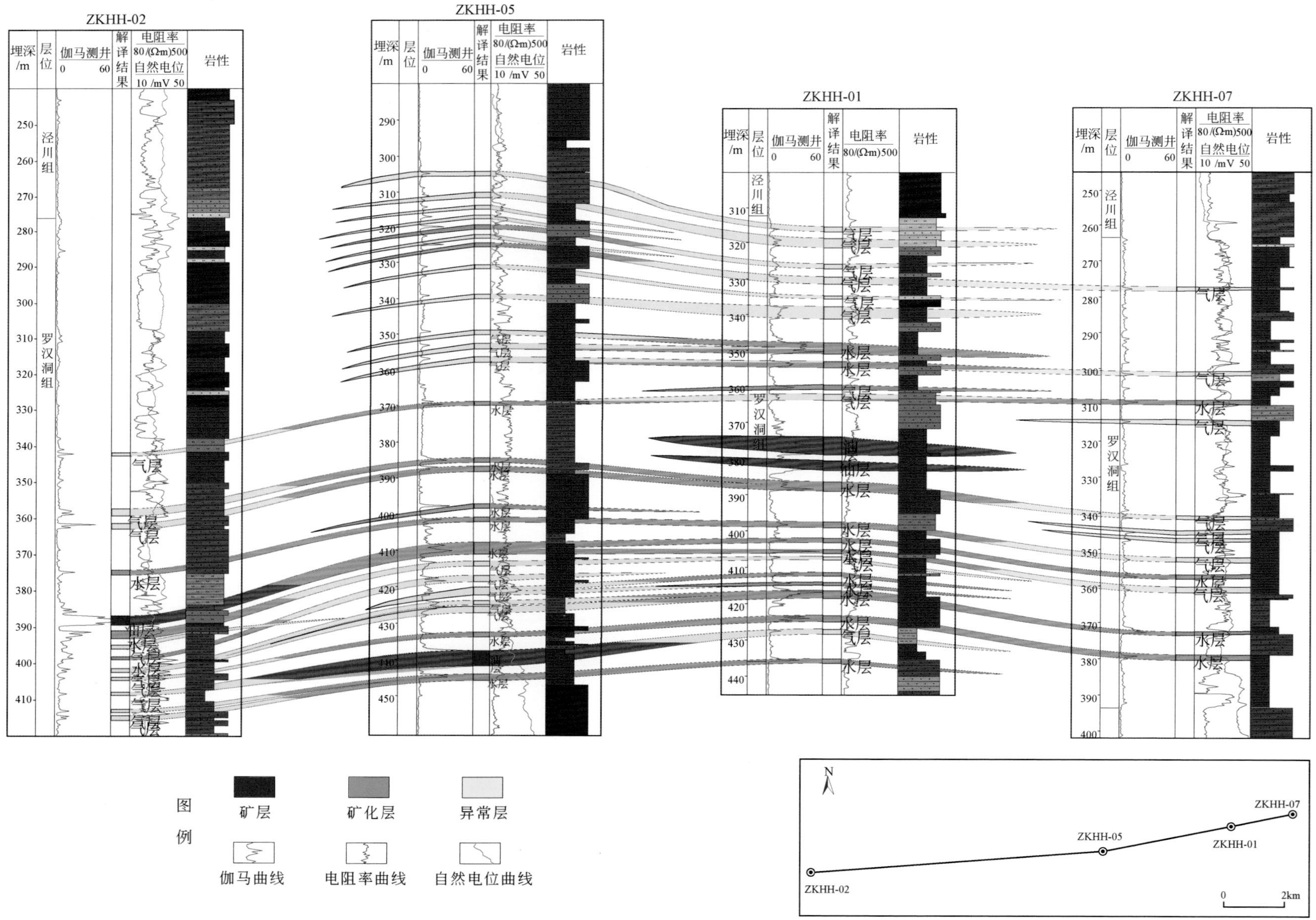

图 3-20　鄂尔多斯盆地西南部红河铀矿床近 EW 向洋丰剖面(红色为轴异常)

双龙铀矿床由三条铀矿化带（Ⅰ、Ⅱ、Ⅲ）组成，共圈出六个工业铀矿体（Ⅰ-1、Ⅰ-2、Ⅰ-3、Ⅰ-2′、Ⅱ-1、Ⅲ-1）（图3.21）。铀矿化带近NE向展布，矿体严格受岩性岩相、隆起构造及褶皱构造等因素控制。剖面上铀矿体形态简单，呈似层状（图3.22）。

含矿层泥硅质胶结，富含有机质、黄铁矿。利用沥青铀矿物U-Pb同位素年龄测定方法，所得铀成矿年龄为47.2±0.7Ma和52.4±0.7Ma。

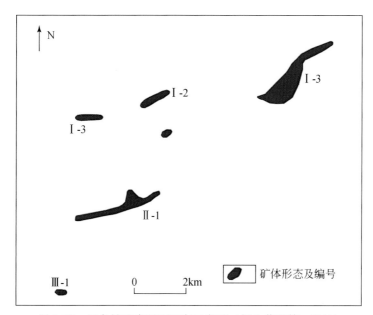

图3.21　双龙铀矿床平面展布示意图（据金若时等，2019）

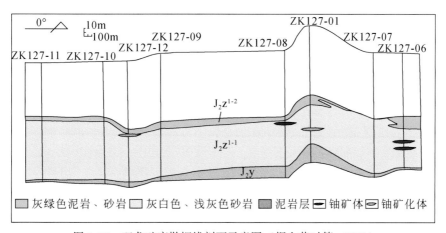

图3.22　双龙矿床勘探线剖面示意图（据金若时等，2019）

## （二）黄陵铀矿区

矿区位于盆地东南缘伊陕斜坡和渭北断隆接合部，以单斜构造为主。铀矿化主要分布在隆起与凹陷过渡部位。该区铀成矿过程中油气还原作用较为明显。隆起与拗陷过渡部位正好为油水界面，形成较强的还原环境，铀容易在该位置富集成矿。

　　垂向上，矿区内共见到两层工业矿层，分别是直罗组下段上亚段分布的Ⅰ号矿层和直罗组下段下亚段分布的Ⅱ号矿层，矿层总厚度 0.60~9.90m。Ⅰ号矿层分布在直罗组下段上亚段砂泥岩互层中，分布范围小，砂体规模有限。Ⅱ号矿层位于直罗组下段下亚段灰白色砂岩中，区内分布范围广。垂向上分布于灰绿色砂体与灰色砂体接触界面，并且偏向灰色砂体的位置。且局部钻孔围岩可见油砂、油斑现象，油气作用明显。

　　Ⅱ号矿层在区内呈连续"蛇曲"状、平面上呈近 EW 向展布，矿化带长度约 10km，矿化带宽度约 500m，矿化带上圈定五个工业铀矿体（图 3.23）。

　　利用沥青铀矿物 U-Pb 同位素年龄测定方法，所得铀成矿年龄为 52.6±2.2Ma，与店头矿床属同期成矿。

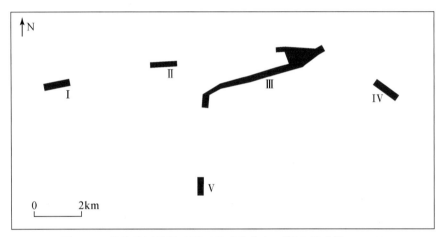

图 3.23　黄陵地区Ⅱ号矿层工业矿体分布（据金若时等，2019）

## 五、中部志丹-金鼎铀矿矿集区

　　志丹-金鼎铀矿矿集区内的金鼎铀矿化点位于鄂尔多斯盆地中东部伊陕斜坡内，中生代形成了一套含煤建造和红色碎屑岩建造。第四系黄土发育，覆盖面积较大。区内构造简单，断裂不发育，以鼻状构造为主，总体为一平缓的单斜构造，倾角为 10°~20°。

　　金鼎铀矿化体平面上呈板状，连续性较好（图 3.24），但富集程度变化大。在盆地中部志丹地区，石油钻孔异常验证已经证实侏罗系安定组泥灰岩段存在放射性铀异常。安定组为一套稳定的湖相沉积，静水环境下形成的泥灰岩在区域上较为稳定，构成了良好的赋矿层（图 3.25）。

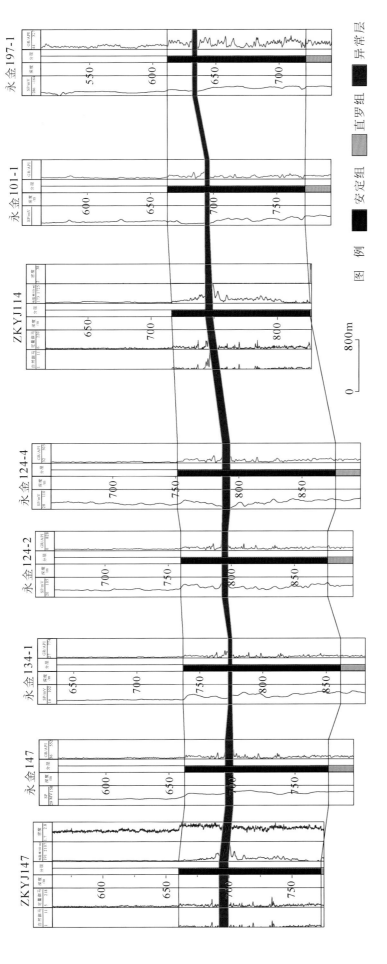

图 3.24　金鼎地区钻孔连井剖面

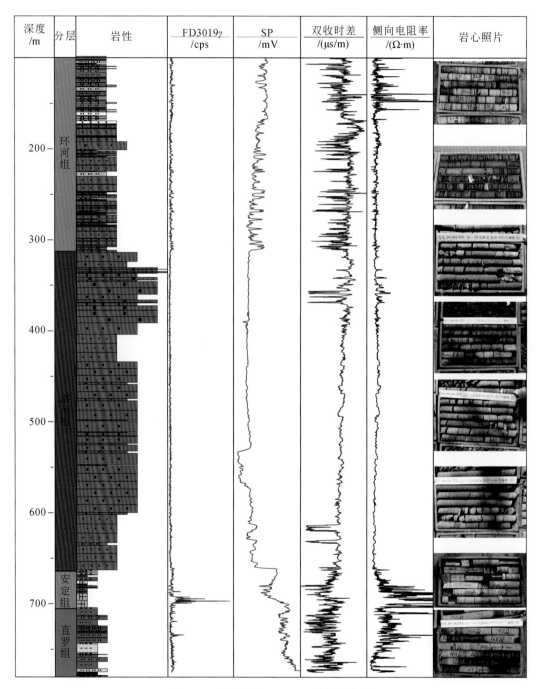

图 3.25 金鼎地区 ZKYJ147 钻孔柱状图

# 第三节 小 结

（1）鄂尔多斯盆地内的砂岩型铀矿分布在六个矿集区，这些矿化集中区受盆地二级构造单元的控制。其中，四个矿集区在盆缘区，两个矿集区在盆内隆起的边缘区。盆地内部隆起区边缘的矿集区是这次工作新发现的矿化集中区，具有较好的找矿前景。

（2）典型矿床均产在构造斜坡带上，矿体的产状均为层间条带状。

（3）盆地北部、西部和东南部产在中生界侏罗系直罗组（$J_2z$）内的铀矿，均以泥—砂—泥结构的形式产于泥质夹层砂岩中；盆地西南部中生界白垩系洛河组（$K_1l$）内的铀矿体主要产在红色巨厚层风成沉积体系中的灰色、灰绿色砂岩中。

# 第四章 成矿物质来源

成矿物源是矿床研究的重要内容，鄂尔多斯盆地内铀成矿物质主要来自周边的造山带及基底岩石，以及含矿层本身。

## 第一节 沉积物质来源

中、新生代以来，鄂尔多斯盆地接受了大量的碎屑物质沉积，形成了几套砂岩泥岩相间的沉积组合。依据大量煤田、铀矿钻孔资料编制的鄂尔多盆地三个铀矿矿集区直罗组下段砂体厚度反映的古沉积体系特征，可进一步探讨古流水走向，指示物源方向。盆地西部和东北部地区砂岩比东南缘地区的砂岩厚度大，从西到东，从 WN 向 ES 砂岩厚度逐渐减小，说明盆地的西缘与东北缘为盆地的主要物源区。早—中侏罗世时期秦岭海槽已经闭合形成秦岭造山带隆起区，也为盆地沉积提供了可能的物源。

## 一、鄂尔多斯盆地北缘

在鄂尔多斯盆地北部直罗组下段砂岩类型以长石岩屑砂岩为主，地球化学数据组合投点与薄片鉴定的岩石类型结果基本吻合（图 4.1）。岩石岩屑组分总含量为 46%~65%，而变质岩约占岩屑总含量 75%~88%，以石英岩、千枚岩、片岩、高级变质岩岩屑为主，火成岩岩屑约占 9.7%~14.6%（图 4.2）。根据碎屑组分进行蚀源区大地构造环境投图分析，此套岩石与岩浆活动区和造山带等不稳定构造区相关。常量元素构造背景投图大部落在活动大陆边缘区及大陆岛弧区域（刘晓雪等，2016），表明沉积物源主要来自于盆地北部阴山山脉的太古宙—元古宙的变质岩系及显生宙岩浆岩，与碎屑锆石数据结果基本一致（张龙等，2016；陈印等，2017）。

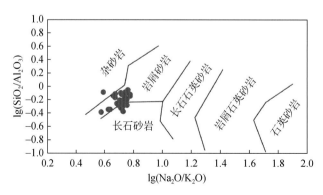

图 4.1 鄂尔多斯盆地北部直罗组下段砂岩元素地球化学反映的砂岩类型

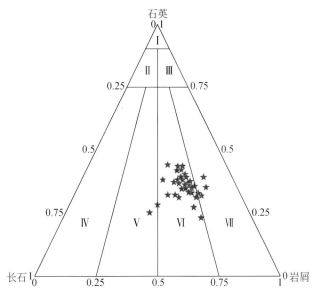

图4.2　鄂尔多斯盆地北部直罗组下段砂岩类型

## （一）重砂分析

重矿物研究（张龙等，2016）发现，鄂尔多斯盆地北部直罗组砂岩中主要重矿物有锆石、磷灰石、榍石、绿帘石、石榴子石、钛铁矿（图4.3）。其中，钛铁矿的含量最高，分布在31.5%~50.1%，平均为40.5%，所有样品中的辉石含量均很低。由于钛铁矿富含Mn元素，为典型的岩浆岩成因特征，而变质岩中的钛铁矿以富含 Mg 为特征（Olivarius

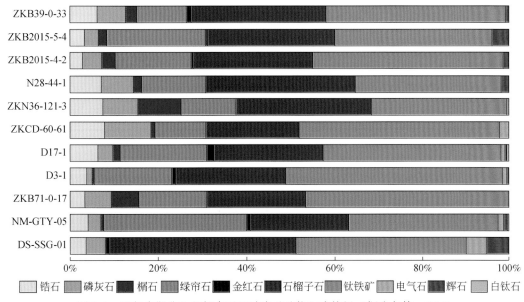

图4.3　鄂尔多斯盆地北部直罗组砂岩重矿物组成特征（据张龙等，2016）

et al., 2014）。鄂尔多斯盆地北部直罗组砂岩能谱显示钛铁矿富含 Mn 而未检测出 Mg 的元素，指示钛铁矿以岩浆成因为主。富 Mn 钛铁矿+锆石+磷灰石+榍石为主的重矿物组合，则指示直罗组砂岩以中酸性岩浆岩碎屑为主，其中绿帘石+石榴子石的组合表明混入了部分变质岩碎屑。鉴于盆地直罗组砂岩成熟度较低，沉积物未经历长距离的搬运，低含量的辉石指示基性岩类不是直罗组砂岩的直接主要物源。

### （二）碎屑锆石 U-Pb 定年对物源区的示踪作用

鄂尔多斯盆地周缘出露大量的太古宙变质基底、孔兹岩带、元古宙沉积及古生代和中生代侵入岩。自三叠纪以来，盆地北缘经历了多次构造运动，造成众多放射性异常地质体出露地表。本次针对盆地东北部直罗组内碎屑锆石进行了 U-Pb 定年（图4.4），年龄主要包括五个阶段：$2479 \pm 11 \sim 2460 \pm 19$Ma、$2300 \sim 1950$Ma、$1896 \pm 21 \sim 1820 \pm 32$Ma、$316 \sim 266$Ma 和 165Ma。碎屑锆石年龄并与鄂尔多斯盆地北缘造山带出露的岩石单元具有很好的对应关系。

本次工作在纳岭沟地区测得直罗组内碎屑锆石大量为 $2479 \pm 11 \sim 2460 \pm 19$Ma 年龄，最古老碎屑锆石年龄达 $2666 \pm 21$Ma。这与鄂尔多斯盆地北部出露的太古宙 TTG 岩系及一系列镁铁质、超镁铁质侵入岩的时代一致。指示这些新太古代—古元古代古老碎屑锆石最终来自于鄂尔多斯盆地北部阴山造山带内古老的变质基底或其他类似地质体。前人年代学研究表明，鄂尔多斯盆地北缘造山带内出现的大量 TTG 岩系及一系列镁铁质、超镁铁质侵入岩，时代为 $2.6 \sim 2.5$Ga（Guan et al., 2002；赵宏刚，2005；Wan et al., 2013）。在内蒙古固阳地区和乌拉山-集宁地区，麻粒岩年龄为 $2.65 \sim 2.35$Ga（张维杰等，2000；王惠初等，2001；吴昌华等，2006；刘建辉等，2013）。本次纳岭沟地区直罗组含矿段具有与盆地北缘出露的变质岩系时代相一致的碎屑锆石年龄。直罗组内碎屑锆石年龄主要集中分布在 $2300 \sim 1950$Ma 和 $1896 \pm 21 \sim 1820 \pm 32$Ma，其中以后者为重要的峰值分布区间。这与鄂尔多斯盆地西部及北部出露的孔兹岩带内锆石的年龄记录相一致。前人研究表明孔兹岩系原岩沉积年龄为 $2.3 \sim 1.9$Ga，并在 $2.0 \sim 1.9$Ga 发生重大变质事件（Xia et al., 2006；Wan et al., 2006）。该地区在 1.92Ga 发生板片断离，形成大量的岩浆活动及镁铁质岩脉的大规模侵入，并在 1.85Ga 左右发生华北克拉通东西陆块的碰撞拼贴（Yin et al., 2009）。这一碎屑锆石年龄分析结果与孔兹岩带地区的构造演化时间段相一致，进一步指示直罗组内该阶段碎屑锆石最终来源于盆地北缘孔兹岩带。

本次研究在多个样品中发现了中侏罗世碎屑锆石年龄，与直罗组沉积的时代基本一致。根据前人研究，在华北克拉通北部阴山-燕山造山带内发育大量侏罗系盆地，并分布一系列火山岩（Davis et al., 2001）。此外，赵宏刚（2005）在研究鄂尔多斯盆地构造演化与铀成矿关系时，指出鄂尔多斯盆地在中侏罗世直罗组时期经历了一次火山活动。针对本次工作获得的 165Ma 左右的锆石年龄，推测其为阴山-燕山地区中生代侏罗纪火山活动的记录，但需进一步研究证实。

综上所述，碎屑锆石所记录的多阶段年龄均与鄂尔多斯盆地北缘出露的岩石单元的时代相一致。碎屑锆石形态多呈棱角状，亦反映了近源搬运的特征。结合前人对东胜地区直罗组砂岩地球化学特征及古地理研究成果（李宏涛等，2007；吴兆剑等，2013；王盟等，

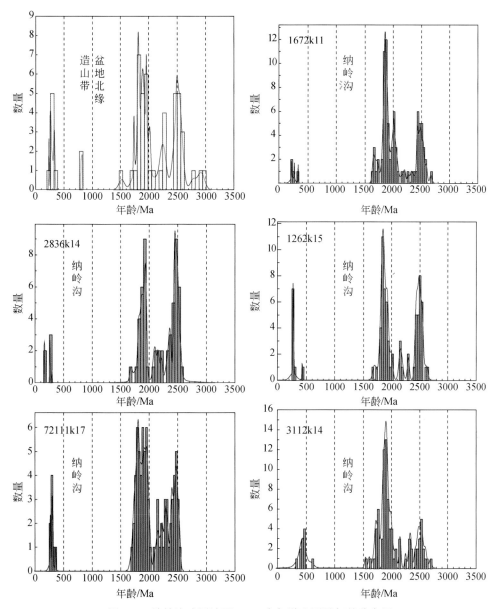

图 4.4 纳岭沟碎屑锆石 U-Pb 定年谐和图及年龄分布图

2013；焦养泉等，2015），认为鄂尔多斯盆地北缘直罗组含矿段砂岩的物质源区主要为北部的阴山造山带。同时也反映了北部造山的主要地质体形成时间，2479±11 ~ 2460±19Ma为太古宙 TTG 岩系等变质基底发育期；2300 ~ 1950Ma、1896±21 ~ 1820±32Ma 为孔兹岩系发育期及华北克拉通东西板块的碰撞拼贴期；316 ~ 266Ma 为古亚洲洋闭合引起的大规模岩浆活动期。中侏罗世阴山-燕山造山带普遍发育火山活动，并剥蚀搬运至盆地内部沉积。

此外，鄂尔多斯盆地北缘三叠纪以来构造变形以盆缘为主，在盆地内部构造变形较弱。鄂尔多斯盆地北缘造山作用隆升形成物源区，在盆地内部则发育含油、含煤等富有机质沉积体系，为后期铀的成矿富集提供大量的还原性介质。晚侏罗世燕山运动 A 幕的发育，造成鄂尔多斯盆地东部强烈抬升，东西两侧挤压变形，形成盆–山耦合体系。燕山运动 B 幕以后，鄂尔多斯盆地整体处于抬升剥蚀状态，保持了相对稳定的水动力条件，有利于含氧–含铀水沿盆地边缘地层隆起端向下运移，与大量还原性介质接触，造成铀矿物的沉淀富集成矿。此外，区域应力场特征表明，鄂尔多斯盆地北缘遭受了长期的挤压变形（张岳桥等，2006），使该地区隆升剥蚀而成为鄂尔多斯盆地北缘主要的物源区。

## 二、鄂尔多斯盆地西缘

### （一）碎屑物、重砂分析

鄂尔多斯盆地西缘直罗组含矿段岩石类型主要为长石砂岩和长石碎屑砂岩。碎屑矿物中石英、长石和岩屑具有如下特点：①石英主要为岩浆岩型石英，少量为变质岩型石英。其中，岩浆石英镜下见蠕虫状石英与文象结构；变质岩型石英颗粒细小，表面常见裂纹，具有定向波状消光（图 4.5）。②长石以碱性长石为主，其次为斜长石。碱性长石具有格子双晶的微斜长石和钠质条纹的钾长石，广泛分布于深成岩浆岩及深变质岩中。斜长石主要为奥–钠长石，板状为主，长石号码一般在 An10～An13，聚片双晶比较窄，多来自于酸性岩浆岩及变质岩。③岩屑含量高，类型丰富。变质岩岩屑主要有绢云母石英片岩岩屑、变质石英岩岩屑、千枚岩和片岩岩屑；岩浆岩岩屑主要为花岗岩岩屑，火山岩岩屑含量较少，常见火山霏细岩屑，流纹岩岩屑和安山岩岩屑。薄片鉴定结果反映了物源区发育碱性花岗岩、变质岩、酸性火山岩和沉积岩等岩石类型。

图 4.5　盆地西缘宁东地区直罗组岩石学特征

a. 鄂尔多斯盆地西缘钻孔柱状图；b. 鄂尔多斯盆地西缘宏观钻孔岩心；c. 鄂尔多斯盆地西缘直罗组砂岩岩心；
d. 鄂尔多斯盆地西缘直罗组砂岩薄片。Qrt. 石英；Pl. 斜长石；Kp. 钾长石；Bit. 黑云母；Ser. 绢云母

利用碎屑岩重矿物组合及其含量变化追溯物源及其母岩早已被广泛应用（冯增昭和王英华，1994）。对鄂尔多斯盆地西缘三叠系至侏罗系的 17 个重砂分析鉴定结果显示，重矿物种类主要有锆石、磷灰石、石榴子石、榍石、电气石、黝（绿）帘石、磁铁矿和钛铁矿等，反映出物源区主要为花岗岩（锆石+榍石+磷灰石+黑云母）和变质岩（石榴子石+帘石类），部分为沉积岩（磨圆锆石）。

## （二）碎屑锆石 U-Pb 定年对物源区的示踪作用

碎屑锆石样品来自铀矿目标层侏罗系延安组 1 段至 5 段和直罗组下段，共六个层位。碎屑锆石主要呈短柱状，少量为长柱状。根据晶体发育特征推测锆石形成时岩浆主要为偏碱性岩浆，少量为酸性岩浆和中基性岩浆。碎屑锆石锆（Zr）的含量为 62.73%~67.62%，平均为 65.70%；铪（Hf）的含量 0.41%~2.15%，平均为 1.34%。锆铪比一般在 30~88，平均 50，最高达 158，具有总体较高的特点。可能与物源区偏碱性花岗岩的广泛分布有关。锆铪比变化幅度较大，多数锆石的锆铪比小于 50，反映出物源区岩石类型复杂，既有锆铪比高的碱性岩，也有锆铪比较低的花岗岩（郭庆银，2010）。

锆石阴极发光（CL）图像（图 4.6）显示，所挑选出的锆石颗粒中等（50~100μm），主要为自形、半自形晶体或晶体碎屑。锆石中 Th/U 值（变质锆石 Th/U<0.1，岩浆锆石 Th/U>0.4）常常作为不同成因锆石的判定标志（吴元保和郑永飞，2004），其中年轻锆石多呈棱角状，具有较好的生长环带和韵律结构及较高的 Th/U 值（图 4.7），指示锆石的岩浆成因；而古老锆石多呈浑圆状、次棱角状，或者岩浆成因锆石具有很窄的浅色边，部分锆石颗粒可见古老核或 Th/U 值较低（0.1~0.4），指示其经历了多旋回的搬运磨蚀及后期地质事件造成的不彻底的变质重结晶等。由于锆石成因判定的复杂性，部分学者认为 Th/U 值不能作为唯一判定锆石成因的证据，需要结合锆石 CL 图像特征综合判定锆石的成因才是可靠的。

由年龄谐和图（图 4.6）可知，几乎所有测点均位于 U-Pb 谐和线附近。碎屑锆石年龄大致呈（中—晚古生代）250~400Ma、（古元古代）1800~2100Ma、2150~2500Ma 三个区段分布（图 4.8）。从碎屑锆石主峰值年龄占比（表）可以看出，三个阶段的年龄占比分别为 28.75%、31.875%、30%，三者比值较为相近（表 4.1~表 4.3）。

**表 4.1 盆地西缘宁东地区直罗组砂岩碎屑锆石主峰值年龄测点百分比**

| 样品号 | 主峰值测年比例/% | | | | | |
|---|---|---|---|---|---|---|
| | 250~400Ma | 平均值 | 1800~2100Ma | 平均值 | 2150~2500Ma | 平均值 |
| SCZK08 | 32.5 | 28.75 | 31.25 | 31.875 | 28.75 | 30 |
| SCZK36 | 25 | | 32.5 | | 31.25 | |

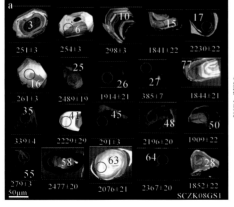
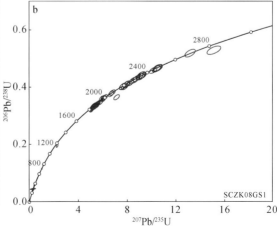

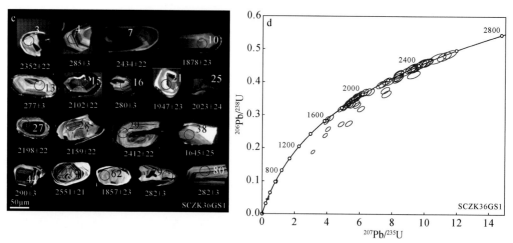

图 4.6　盆地西缘宁东地区直罗组砂岩碎屑锆石 CL 图和 LA-ICP-MS U-Pb 年龄谐和图
a. SCZK08 钻孔样品典型锆石阴极发光照片；b. SCZK08 钻孔样品 U-Pb 年龄谐和；c. SCZK36 钻孔样品典型锆
石阴极发光照片；d. SCZK36 钻孔样品 U-Pb 年龄谐和；a，c 中年龄单位为 Ma

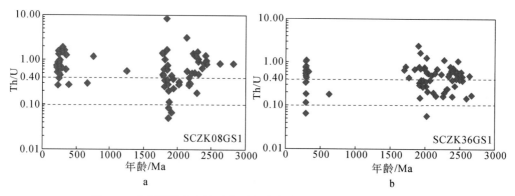

图 4.7　盆地西缘宁东地区直罗组砂岩碎屑锆石年龄与 Th/U 关系
a. SCZK08 钻孔样品；b. SCZK36 钻孔样品

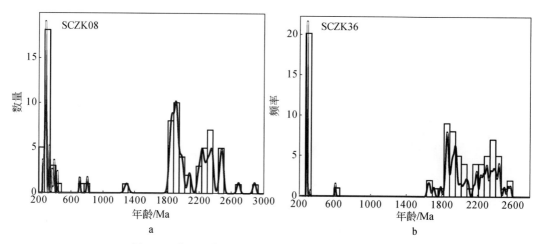

图 4.8　盆地西缘宁东地区直罗组砂岩碎屑锆石年龄谱
a. SCZK08 钻孔样品；b. SCZK36 钻孔样品

表 4.2　研究区直罗组砂岩微量元素分析结果（$10^{-6}$）

| 地区 | 样品编号 | Cu | Pb | Zn | Cr | Ni | Co | Li | Rb | Cs | Sr | Ba | V | Sc | Nb | Ta | Zr | Hf | Be | Ga | U | Th |
|---|---|---|---|---|---|---|---|---|---|---|---|---|---|---|---|---|---|---|---|---|---|---|
| 宁东 | SCZK15.1.2 | 26.6 | 20 | 99.6 | 58.5 | 25.9 | 15.9 | 40.3 | 118 | 4.25 | 149 | 268 | 110 | 8.14 | 15.8 | 1.05 | 226 | 6.93 | 2.04 | 20.9 | 2.2 | 7.08 |
| | SCZK15.1.4 | 10.4 | 13.2 | 42.2 | 32.5 | 16.4 | 11.6 | 16.3 | 69.5 | 2.52 | 222 | 566 | 60.4 | 8.68 | 8.52 | 0.56 | 164 | 4.66 | 1.2 | 12.1 | 2.28 | 5.84 |
| | SCZK15.1.8 | 4.18 | 13.4 | 24.4 | 18.1 | 7.37 | 5.81 | 12.1 | 81.7 | 1.36 | 225 | 573 | 29.9 | 5.6 | 6.05 | 0.39 | 87.2 | 2.65 | 1.16 | 9.93 | 1.55 | 2 |
| | SCZK15.1.12 | 0.86 | 11.1 | 6.82 | 5.67 | 3.9 | 2.94 | 5.26 | 74.4 | 1.35 | 134 | 549 | 11.9 | 2.75 | 3.11 | 0.23 | 55.9 | 1.77 | 0.65 | 5.89 | 0.63 | 0.87 |
| | SCZK23.2.4 | 24.2 | 17.5 | 85.1 | 57 | 25.5 | 13.8 | 39.4 | 122 | 2.04 | 143 | 173 | 91.5 | 5.36 | 15.3 | 1.02 | 261 | 7.81 | 1.94 | 19.1 | 1.27 | 3.36 |
| | SCZK23.2.5 | 16.3 | 43.1 | 23 | 27.3 | 24.7 | 22.5 | 17.6 | 77.6 | 1.84 | 195 | 475 | 29.8 | 4.75 | 8.49 | 0.51 | 144 | 4.16 | 1.34 | 11.1 | 1.6 | 3.3 |
| | SCZK23.2.7 | 4.66 | 13.2 | 25.3 | 19.6 | 5.95 | 5.35 | 9.71 | 88.5 | 1.65 | 175 | 693 | 33.7 | 4.03 | 5.71 | 0.35 | 120 | 3.46 | 0.94 | 10 | 2.83 | 0.64 |
| | SCZK00-3-2 | 9.77 | 15.8 | 18.5 | 30 | 13.4 | 10.8 | 17.4 | 104 | 2.74 | 148 | 449 | 48.1 | 5.73 | 8.65 | 0.5 | 148 | 4.62 | 1.4 | 17.1 | 17.2 | 11.3 |
| | SCZK00-3-4 | 23.5 | 15 | 45.8 | 62 | 22.5 | 10 | 30.5 | 171 | 6.61 | 135 | 188 | 110 | 6.49 | 13.9 | 0.9 | 171 | 5.09 | 2.38 | 18.8 | 1.68 | 11.3 |
| 上地壳 | | | | | 35 | 20 | 10 | | 110 | | 350 | 700 | 60 | | 25 | | 240 | 5.8 | | | 2.5 | 10.5 |

表 4.3　研究区直罗组砂岩稀土元素分析结果（$10^{-6}$）

| 地区 | 样品编号 | La | Ce | Pr | Nd | Sm | Eu | Gd | Tb | Dy | Ho | Er | Tm | Yb | Lu | Y |
|---|---|---|---|---|---|---|---|---|---|---|---|---|---|---|---|---|
| 宁东 | SCZK15.1.2 | 22.5 | 64 | 5.57 | 21.2 | 3.99 | 0.88 | 3.61 | 0.57 | 3.13 | 0.61 | 1.75 | 0.28 | 1.95 | 0.3 | 14.6 |
| | SCZK15.1.4 | 24.6 | 69.2 | 5.42 | 19.2 | 3.1 | 0.9 | 3.12 | 0.4 | 2.04 | 0.4 | 1.22 | 0.2 | 1.34 | 0.22 | 10.8 |
| | SCZK15.1.8 | 7.65 | 12 | 1.93 | 7.36 | 1.39 | 0.62 | 1.37 | 0.21 | 1.15 | 0.23 | 0.64 | 0.1 | 0.74 | 0.12 | 5.83 |
| | SCZK15.1.12 | 2.92 | 9.15 | 0.75 | 2.98 | 0.53 | 0.33 | 0.48 | 0.064 | 0.33 | 0.065 | 0.19 | 0.031 | 0.24 | 0.038 | 1.81 |
| | SCZK23.2.4 | 7.63 | 19.2 | 2.55 | 10.2 | 2.13 | 0.48 | 1.82 | 0.32 | 1.95 | 0.4 | 1.15 | 0.19 | 1.41 | 0.22 | 8.75 |
| | SCZK23.2.5 | 12.1 | 28.9 | 2.95 | 11.5 | 2.07 | 0.68 | 1.91 | 0.29 | 1.62 | 0.32 | 0.93 | 0.15 | 1.07 | 0.17 | 7.83 |
| | SCZK23.2.7 | 1.64 | 6.26 | 0.4 | 1.54 | 0.32 | 0.39 | 0.31 | 0.05 | 0.33 | 0.068 | 0.2 | 0.035 | 0.27 | 0.044 | 1.85 |
| | SCZK00-3-2 | 3.59 | 10.2 | 1 | 4.13 | 0.96 | 0.45 | 1.1 | 0.19 | 1.27 | 0.27 | 0.78 | 0.13 | 0.95 | 0.16 | 7.11 |
| | SCZK00-3-4 | 19.7 | 39.2 | 5.7 | 22.5 | 4.35 | 0.87 | 3.59 | 0.56 | 3.18 | 0.63 | 1.77 | 0.28 | 1.91 | 0.29 | 15.6 |

通过综合对比研究区地层的碎屑锆石年龄与盆地周缘及毗邻山体所出露岩石的年龄，能够为判断盆地某一时期沉积物源区和不同时期盆地源区性质的变化过程提供依据。一般认为若源区相同，碎屑锆石年龄的分布呈单峰形式或具相似性；若源区不同且源区的岩体年龄有明显差别，则在年龄频谱上呈现两个或两个以上的峰值区间或之间相似性差（闫义等，2003）。为了确定研究区直罗组砂岩的沉积物源，本次收集了研究区周边的阴山、大青山-乌拉山、狼山、贺兰山、桌子山、阿拉善东缘、北祁连造山带七个地区的岩浆、变质锆石及邻近的瓷窑堡铀矿床中侏罗统砂岩碎屑锆石测点数据，能够基本上反映了鄂尔多斯盆地西北缘-北缘及邻区物源的时空分布特征。

### （三）潜在物源区分布

位于华北板块西部的阴山造山带碎屑锆石主要有三个年龄组：220～350Ma、1600～2100Ma 和 2400～2700Ma。其中基底岩石典型的锆石年龄集中在 1.8～2.0Ga 和 2.4～2.8Ga（Zhao et al.，2000）。但该地区普遍缺失南华系和震旦系，鲜有 500～1500Ma 的岩浆岩和变质岩的报道。而中—晚海西期和早印支期的岩浆岩广泛分布于华北板块北缘，前人研究表明这些岩浆岩的形成与洋壳的俯冲和弧后盆地的发展密切相关（Zhai，2011）。

阿拉善地块位于研究区的西部，现今主体为巴彦浩特盆地所覆盖，其内部和周缘零星出露不同时期的岩浆岩和变质岩。阿拉善地块岩石中的碎屑锆石主要有五个年龄组：260～290Ma、440～480Ma、800～1000Ma、1800～2000Ma、2200～2400Ma（Zhang et al.，2016）。

祁连造山带的早古生代岩群（400～430Ma 和 450～490Ma）在祁连造山带中最为普遍，记录了北祁连洋向北俯冲及中祁连地块和阿拉善地块于古生代发生陆-陆碰撞所发生的一系列构造热事件（秦海鹏，2012），其次为 750～1000Ma、1650～2150Ma 和 2300～2500Ma 的元古宙岩石。

秦岭造山带以发育早古生代和新元古代岩体为特征，主要记录了 391～450Ma 期间的俯冲碰撞事件和花岗岩质岩浆作用及 408～415Ma 期间的碰撞变质作用（张国伟等，2001）。

宁东石槽村地区直罗组砂岩碎屑锆石年龄具有 250～400Ma、1800～2100Ma、2150～2500Ma 三个区段分布特征，每一组年龄对应于邻区同期发生的构造热事件，特定的岩浆岩和变质岩是各自年龄段碎屑锆石的母岩。从研究区的碎屑锆石 U-Pb 定年测试数据与邻区的年龄谱对比可以看出（图4.9）：阿拉善东缘（图4.9h）的年龄主峰值 250～400Ma 与研究区的显生宙年龄相对应，而>1.5Ga 的年龄段范围宽，缺少 2.150～2.5Ga 主峰值年龄段；与研究区 1800～2100Ma 年龄段相似的地区为桌子山地区，其中桌子山地区（图4.9d）的年龄主峰值为 1.9～2.1Ga，而>2.5Ga 的年龄段范围较宽；与研究区 2150～2500Ma 年龄段相似的地区为狼山、阴山、大青山-乌拉山地区。而贺兰山（图4.9）地区锆石年龄未显示隐生宙年龄峰值，且 500～1500Ma 的年龄广泛分布，研究区则普遍缺失该段年龄；北祁连造山带锆石年龄在 500～1800Ma 范围广泛，与研究区没有明显联系。

综上所述，宁东石槽村地区直罗组砂岩的物源与华北板块北缘造山带和结晶基底及阿拉善东缘有明显的联系，是鄂尔多斯盆地西部沉积地层的主要潜在物源区。

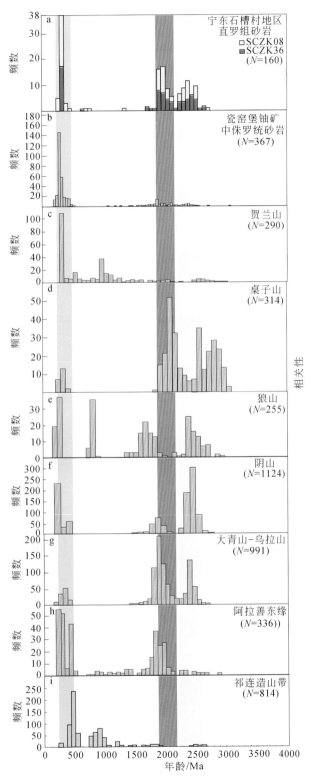

图 4.9　研究区直罗组砂岩锆石 U-Pb 年龄谱与邻区锆石年龄谱对比图

N 为所统计年龄数。b 据郭庆银等, 2010; c ~ h 据雷开宇等, 2017; i 据 Zhang et al. , 2016

**（四）物源分析**

**1. 元古宙锆石年龄信息**

鄂尔多斯盆地北部造山带主要出露太古宙、元古宙变质基底、孔兹岩带及古生代、中生代侵入岩，主要沿集宁、大青山-乌拉山、固阳-武川、色尔腾、贺兰山、阿拉善等地分布。研究区直罗组砂岩隐生宙碎屑锆石年龄主要集中分布在中元古代晚期—古元古代晚期（2100～1800Ma B. P.）和古元古代早期（2500～2150Ma B. P.），二者占锆石总量63.75%。

华北板块经历了复杂而多阶段的构造演化历史（翟明国和彭澎，2007）。大约2500Ma发生过大规模的岩浆和变质事件，是华北克拉通西部地区基底岩石的形成年龄，形成大量的TTG片麻岩和幔源花岗岩（Wang et al.，2016）；约1900Ma B. P.，由于地幔上涌并伴随辉长岩浆的底侵作用，在华北板块的北缘大青山-丰镇地区发生过超高温变质作用；1850～1700Ma B. P. 期间进入伸展构造体制，发生基底抬升并产生裂陷槽与非造山岩浆活动（翟明国和彭澎，2007），在华北板块的中、东部形成了碱性侵入岩带，反映了古元古代末期汇聚造山后裂解事件（王惠初等，2012）。

通过对比可以看出，研究区中元古代中期—古元古代晚期碎屑锆石年龄与华北克拉通该时期大规模岩浆和变质事件相对应。雷开宇等（2017）详细论述了2000～1800Ma B. P.、2500～2300Ma B. P. 两个阶段大青山-乌拉山地区片麻岩、麻粒岩、孔兹岩及阴山片麻岩、花岗闪长质侵入体，集宁及周边地区孔兹岩等不同地质体年龄，并建立相关地质体年龄谱（图4.9c～h），本书不再赘述。

阿拉善地区古元古代晚期发育两期构造热事件，早期事件在1950～1900Ma B. P.，晚期事件在1850～1800Ma B. P.（Zhang et al.，2015），这些构造热事件年龄与研究区直罗组组碎屑锆石年龄值具有一定的联系，这说明该时期阿拉善地块提供了一小部分物源；在祁连造山带，古元古代晚期—中元古代早期的岩浆事件并不显著，仅有少量的年龄数据显示新太古代—古元古代存在构造热事件（董国安等，2007）。因此，研究区该时期的直罗组物源主要来自于华北板块北缘和部分阿拉善地块出露的结晶基底，而不是来自祁连地块的结晶基底。

综合前人的统计分析结果认为，研究区直罗组砂岩中的元古宙锆石主要记录了鄂尔多斯盆地北部乌拉山-大青山和阴山地区的基底年龄和多期变质热事件。其中2100～1500Ma B. P. 阶段与乌拉山-大青山地区出露的孔兹岩带的锆石所记录的年龄相吻合，同时也有狼山地区岩体及阿拉善东缘、阴山地区片麻岩、花岗闪长质侵入体的一部分贡献；2500～2150Ma B. P. 阶段则与阴山、狼山、乌拉山-大青山等地区的片麻岩、麻粒岩和孔兹岩锆石所记录的年龄相吻合。另外本次样品中并未发现新元古代的锆石年龄，而狼山西部新元古代年龄代表了阿拉善地块的典型岩体年龄（Wang et al.，2016），因而不可能作为研究区直罗组物源。

**2. 中晚古生代锆石年龄信息**

研究区显生宙碎屑锆石年龄主要集中在泥盆纪—早三叠纪，具体时限为400～250Ma B. P.，占锆石总量的28.75%。由于西伯利亚板块和华北板块之间经历了古亚洲洋的闭合和陆-陆碰撞运动，北部造山带发育大规模晚古生代和三叠世后碰撞花岗质侵入体（张拴宏等，2010），在乌拉山-大青山和狼山地区均有出露，且以中酸性岩浆岩为主，如乌拉山地区大桦背岩体时代为330Ma B. P.（王梁等，2015），大青山地区哈拉少岩体黑云母二长花岗岩年龄为261.1±0.5Ma（赵庆英等，2007），乌拉特后旗查干花地区花岗岩年龄为253.3±2.8Ma（刘翼飞等，2012），狼山地区的花岗片麻岩和花岗岩年龄分布范围从古生代到三叠纪（308~232Ma B. P.）（Wang et al.，2016）。另外，阿拉善地块北部沙拉扎山地区也分布晚石炭世的花岗闪长岩（301Ma B. P.）、中二叠世的花岗岩（266Ma B. P.）和辉长岩（264Ma B. P.）、晚二叠世花岗闪长岩（254~250Ma B. P.）（杨奇荻等，2014），而祁连造山带和西秦岭造山带没有晚石炭世—早三叠世的岩浆或变质作用的记录。因此，研究区的年龄峰值特征与北部造山带和阿拉善地块的岩体有极好的对应关系，研究区泥盆纪—早三叠纪的碎屑锆石物源主要来自于华北板块北缘和阿拉善地块东部地区。

综上所述，由于阿拉善地块结晶基底形成于新元古代早期（郭进京等，1999；耿元生等，2002），故阿拉善结晶基底不能作为主要物源区给宁东石槽村地区提供碎屑沉积物，而华北板块北缘造山带的结晶基底、孔兹岩和阿拉善地块海西期岩浆岩是研究区直罗组的主要物源。

3. 地球化学特征对物源的指示意义

为了进一步确定鄂尔多斯盆地西缘直罗组下段的物源属性，本次工作将宁东地区直罗组微量及稀土元素配分模式进行剖析。

由微量元素表4.2可知，Co、Ni、Cr、V等镁铁质元素与大陆上地壳平均含量相近（Rudnik and Gao，2003），呈现出一个中酸性的趋势。在MORB标准化微量元素蜘蛛网图（图4.10a）中，岩石相对富集K、Rb大离子亲石元素，Zr、Hf高场强元素，亏损Nb、Ta、P、Ti等典型的不活动元素，同时可见Sr含量、Y、Yb等含量较低。

稀土元素含量和特征参数见表4.3。利用Boynton（1984）球粒陨石进行标准化，获得研究区直罗组砂岩稀土元素配分模式（图4.10b）。总体显示稀土总量变化较大，$\sum REE$值平均为$61\times10^{-6}$；$\sum LREE/\sum HREE$值为12.3；$(La/Yb)_N$值平均为7.0；无Eu异常或弱的Eu负异常，少部分为弱正异常。球粒陨石标准化配分型式呈现轻稀土富集、重稀土平坦及中度Eu负异常特征，这与大陆上地壳稀土元素配分型式较为相似（Taylor and Mclennan，1985）。说明其物源主要来自于由长英质组分构成的古老上地壳。其原因在于上地壳中大离子亲石元素的含量相对于原始地幔明显偏高，而上地壳内缺少使重稀土分馏的因素，导致轻稀土富集，重稀土含量均匀；由于元素分异作用使得Eu元素缺失，形成Eu负异常（Mclennan and Taylor，1991）。

此外，本次工作同时开展了直罗组样品与周缘前人所研究的不同时期、不同岩体的稀土元素配分模式（Price et al.，1991；鲁宝龙等，2012；李西得，2014；苗培森等，2017）进行了对比，发现直罗组下段第一种类型的稀土元素配分模式（图4.11a）同盆地西缘的阿拉善古陆的变不等粒石英砂岩和变中细粒石英砂岩较为相似，均表现为轻稀土富集，重稀土亏损，δEu负异常。第二种类型的稀土元素配分模式（图4.11b）同阿拉善古陆的片麻岩和石榴子石浅粒岩较为相似（图4.11c），表现为轻稀土富集型，HREE呈平坦型，δEu呈正异常。所以推测研究区直罗组下段地层物源主要来自西部的阿拉善古陆，源岩岩性主要为片麻岩、石榴子石浅粒岩、变不等粒石英砂岩和变中细粒石英砂岩。

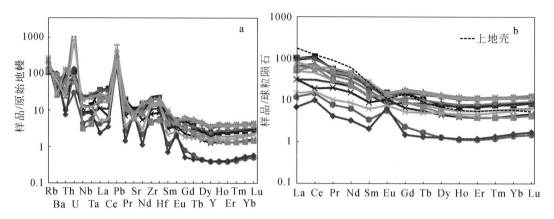

图 4.10　盆地西缘宁东地区直罗组砂岩微量元素 MORB 标准化蛛网图（a）
和稀土元素球粒陨石标准化配分模式（b）

a. 标准化数据根据 Pearce *et al.*，1984；b. 据 Boynton，1984

　　在 Th-Sc-Zr/10 和 La-Th-Sc 图解上，研究区直罗组砂岩的样品主要分布在大陆岛弧区（图 4.12）。这一特征表明研究区直罗组碎屑岩的形成与岛弧关系密切，但可能混有部分活动大陆边缘碎屑。说明研究区直罗组的物源区构造性质为长期处在具有沟–弧–盆系的活动大陆边缘和大陆岛弧的环境。

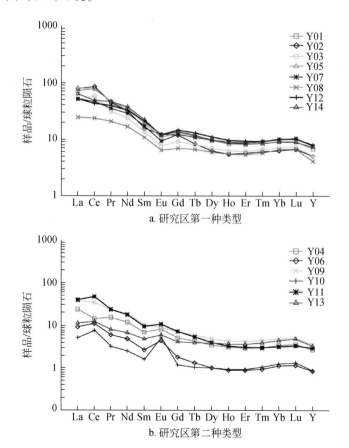

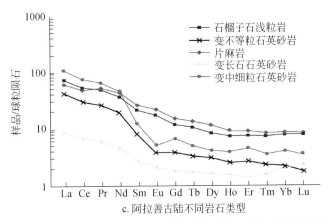

图 4.11　宁东地区直罗组下段及阿拉善古陆不同岩石类型稀土元素球粒陨石标准化配分模式图

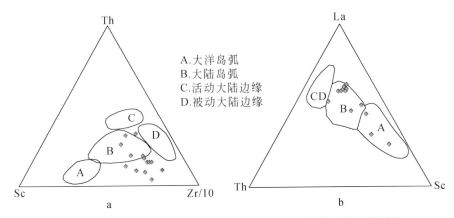

图 4.12　直罗组砂岩 Th-Sc-Zr/10 和 La-Th-Sc 源区构造背景判别图

# 第二节　成矿物质来源

## 一、盆地周缘造山带铀元素分布特征

鄂尔多斯盆地周缘的铀元素分布总体具有南高北低的特征（图 4.13），与盆地内已发现的砂岩铀矿成矿区对应程度似乎不吻合。这是由于盆地现在处在不同气候区的铀不同地球化学行为引起的。说明鄂尔多斯盆地铀矿成矿与沉积物源并非简单的对应关系。而从盆地周边局部高值区的分布特征来看，其与周边造山带内富铀的花岗质岩石分布区则有较好对应关系。

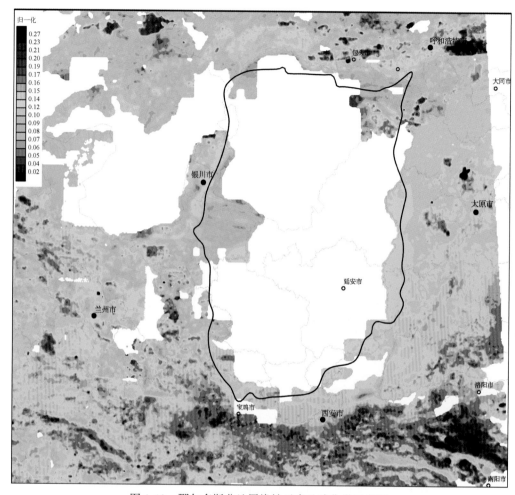

图 4.13 鄂尔多斯盆地周缘铀元素地球化学示意图

## （一）鄂尔多斯盆地北缘

从鄂尔多斯盆地北缘盆外侧地质体和铀元素分布特征分析，此区铀的铀矿物质主要有三种来源：①太古宙早前寒武时期的老花岗侵入体；②晚前寒武期花岗侵入体；③古生代、中生代花岗质岩石（图 4.14）。鄂尔多斯盆地北缘乌拉山、乌梁素海一带放射性异常规模大，含量高，具有向盆地供铀的巨大潜力。尤其是北缘造山带晚古生代 A 型-碱性花岗岩具很高的铀丰度，北缘大桦背岩体铀平均品位 $4.83 \times 10^{-6}$，为中生代以来盆地内铀成矿提供了大量的铀源。

表 4.4 显示，阴山古生代中酸性火成岩体的铀迁移率（$\Delta U$,%）均为负值，表明蚀源区中酸性花岗岩可提供铀源。

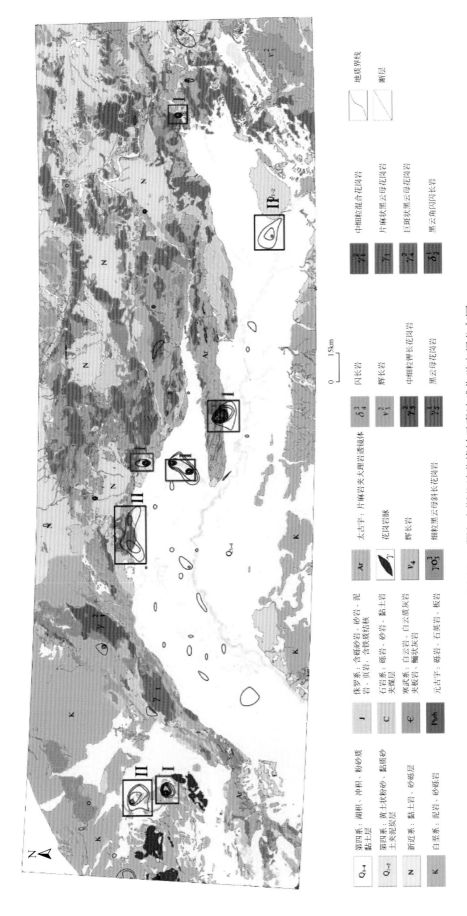

图 4.14 鄂尔多斯盆地北缘铀元素地球化学空间分布图

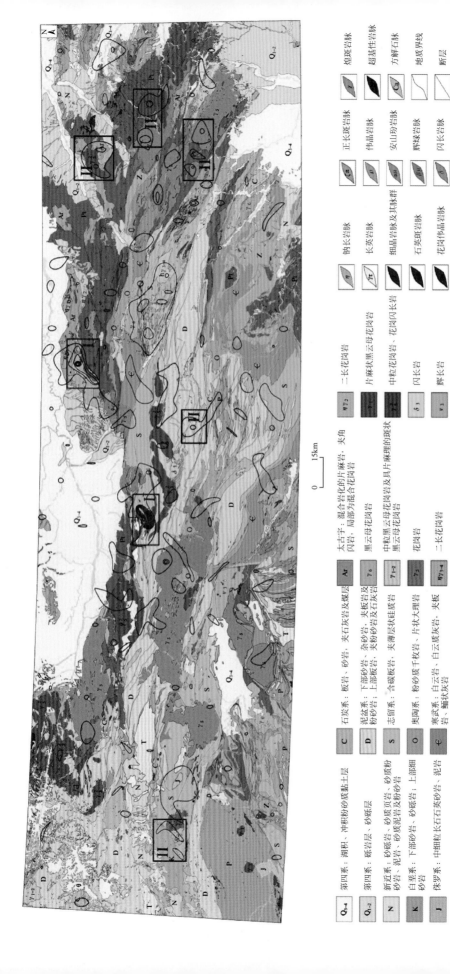

图 4.15 鄂尔多斯盆地南缘铀元素地球化学空间分布图

表 4.4　阴山古生代中酸性火成岩体的铀迁移率（ΔU）

| 样号 | 岩性 | U/$10^{-6}$ | U$_0$/$10^{-6}$ | ΔU/% | 地区 |
|---|---|---|---|---|---|
| YS-6 | 花岗岩 | 0.975 | 9.3614 | −0.13 | 蚀源区 |
| YS-9 | 花岗岩 | 1.77 | 11.36 | −0.84 | |
| 平均 | | 1.37 | 10.36 | −0.91 | |

### （二）鄂尔多斯盆地西缘

盆地西缘的主要物源区主要为阿拉善地块，部分为天山–兴蒙和秦祁昆碰撞带。野外重点对阿拉善地区地表出露的岩石类型进行了调查，发现物源区的岩石主要为碱性花岗岩、花岗闪长岩、闪长岩、混合花岗岩、花岗片麻岩、片岩、板岩、变质砂岩等，岩石类型特征与物源分析的结论基本一致。蚀源区岩石中铀的含量较高，尤以海西期岩浆岩最为典型。能够为盆地内铀矿化的形成提供充足的铀源。

### （三）鄂尔多斯盆地南缘

从鄂尔多斯盆地南缘盆地外侧地质体和铀元素分布特征分析，此区铀的铀矿物质主要有三种来源：①早前寒武纪地层或与花岗岩体接触带；②晚前寒武的花岗侵入体；③古生代和中生代不同时期花岗岩（图4.15）。

鄂尔多斯盆地北缘、西缘和南缘这三个矿集区外侧构造岩浆岩带内不同时期的花岗质岩石，铀元素的含量均较高，含量最高可达 $10×10^{-6}$。同时富铀的花岗岩岩体的内外带可能还有同生成矿作用。

## 二、盆地内沉积地层铀元素分布特征

### （一）鄂尔多斯盆地北部

东胜铀矿田的铀源除来自北部蚀源区外，直罗组本身也是重要铀源之一。为了分析鄂尔多斯盆地东胜铀矿田直罗组同生沉积过程中铀预富集程度，本次工作选择纳岭沟矿床七个钻孔，35 件样品，如表 4.5 所示。依据 U-Pb 体系两阶段模式演化方程（夏毓亮等，2004；夏毓亮和刘汉彬，2005，2015b）：$\mu(^{238}U/^{204}Pb) = [(^{206}Pb/^{204}Pb) - (^{206}Pb/^{204}Pb)_0 - \mu_0(e^{\lambda 8 t 0} - e^{\lambda 8 t})]/(e^{\lambda 8 t} - 1)$，估算东胜铀矿田直罗组同生沉积了巨量铀元素。

直罗组同生沉积铀含量较大，下段下亚段 $13.9×10^{-6} \sim 204.48×10^{-6}$，平均 $53.79×10^{-6}$，下段上亚段 $9.63×10^{-6} \sim 34.69×10^{-6}$，平均 $24.62×10^{-6}$，上段 $11.5×10^{-6} \sim 50.67×10^{-6}$，平均 $31.46×10^{-6}$，下段下亚段 $1.18×10^{-6} \sim 9.56×10^{-6}$，平均 $3.58×10^{-6}$，下段上亚段 $1.84×10^{-6} \sim 13.7×10^{-6}$，平均 $6.11×10^{-6}$，上段 $1.09×10^{-6} \sim 19.9×10^{-6}$，平均 $7.51×10^{-6}$。直罗组各段原始铀富集量远大于现在铀含量（表4.5），铀矿层的预富集量也远远大于非矿层、围岩，甚至达到铀矿体工业品位要求，说明沉积预富集过程中，局部铀矿体可能已初步形成。铀高迁出率是直罗组原始铀迁移的重要特点（表4.5），下段下亚段−98.1%~

−31.24%，平均−88.08%；下段上亚段−94.25%~−30.2%，平均−69.59%；上段−96.84%~−34.6%，平均−71.23%。

含铀层近60%层段存在铀迁出，铀迁出率−90.65%~−15.60%，平均−66.1%，60%层段铀迁入，迁入率15.20%~36.08%。粗略估算，东胜铀矿田区内的东西长130km，南北长40km，厚150m直罗组铀迁出量超过100万吨，巨大的迁出量可为铀成矿提供基础铀源。

表4.5 直罗组砂岩的铀含量及铀迁出率（ΔU）

| 样号 | 深度/m | 岩性 | 现测铀含量（U）/$10^{-6}$ | 估算原始铀含量（$U_0$）/$10^{-6}$ | 铀迁移率（ΔU）/% | 时代 |
|---|---|---|---|---|---|---|
| 15WN5-K4 | 149~156 | 灰绿色细砂岩–含砾中粗砂岩 | 1.06 | 33.56 | −96.84 | $J_2z^2$ |
| 15WTN7-K19 | 136~138 | 灰色+红色相间粗砂岩 | 2.88 | 21.36 | −86.51 | |
| 15WTN7-K17 | 247~249.8 | 红色砂岩 | 19.90 | 40.54 | −50.92 | |
| 15WTN7-K40 | 222.5~223.5 | 绿色砂岩 | 7.29 | 11.15 | −34.60 | |
| 15WTN7-K43 | 241~241.5 | 灰绿色细砂岩，夹灰白色中砂岩 | 6.44 | 50.67 | −87.29 | |
| 平均 | | | 7.51 | 31.46 | −71.23 | |
| 15ZKN16-72-K3 | 306~309 | 灰白色中细砂岩 | 5.39 | 34.69 | −84.46 | $J_2z^{1-2}$ 围岩 |
| 15ZKN16-72-K5 | 310.5~312.5 | 灰色砂岩夹红斑 | 9.73 | 19.72 | −50.65 | |
| 15ZKN16-72-K6 | 315~317 | 灰白色细砂岩 | 1.84 | 31.99 | −94.25 | |
| 15ZKN16-72-K7 | 332.5 | 绿色砂岩 | 2.58 | 26.02 | −90.08 | |
| 15ZKN28-36-K11 | 312 | 绿色砂岩 | 6.72 | 9.63 | −30.20 | |
| 15WN5-K21 | 286.64 | 灰白色砂岩 | 2.80 | 23.12 | −87.89 | |
| 15WN5-K9 | 309 | 绿色中粗砂岩 | 13.70 | 27.19 | −49.62 | |
| 平均 | | | 6.11 | 24.62 | −69.59 | |
| 15WN5-K14 | 359.5 | 灰白色砂岩 | 2.86 | 32.80 | −91.28 | $J_2z^{1-1}$ 围岩 |
| 15WN5-K16 | 369.4~369.9 | 灰白色砂岩 | 1.18 | 62.05 | −98.10 | |
| 15WN5-K20 | 366~369 | 灰白色砂岩 | 3.66 | 71.44 | −94.88 | |
| 15WN5-K25 | 391.5 | 灰白色砂岩 | 3.89 | 23.12 | −87.89 | |
| 15WTN7-K39 | 264.6 | 灰色泥质粉砂岩 | 2.43 | 21.37 | −88.63 | |
| 15WTN7-K49 | 391~393 | 灰白色长石中砂岩 | 1.80 | 44.99 | −96.00 | |
| 15WTN7-K50 | 399 | 灰白色中砂岩 | 2.35 | 28.21 | −91.67 | |
| 15ZKN16-72-K11 | 378 | 灰白色砂岩 | 1.99 | 25.89 | −92.31 | |
| 15ZKN8-46-K1 | 435.3 | 绿色砂岩 | 3.27 | 27.42 | −88.07 | |
| 15ZKN8-46-K2 | 444 | 灰色砂岩 | 4.08 | 43.25 | −90.57 | |
| 15N28-67-K1 | 333 | 灰白色砂岩 | 9.56 | 13.90 | −31.24 | |
| 15N28-67-K5 | 354.5 | 含碳屑黄铁矿灰白色砂岩 | 2.01 | 100.32 | −98.00 | |
| 15N44-131-K40 | 354 | 含碳屑、黄铁矿灰白色砂岩 | 7.46 | 204.48 | −96.35 | |
| 平均 | | | 3.58 | 53.79 | −88.08 | |

续表

| 样号 | 深度/m | 岩性 | 现测铀含量 (U)/10^{-6} | 估算原始铀含量(U_0)/10^{-6} | 铀迁移率 (ΔU)/% | 时代 |
|---|---|---|---|---|---|---|
| 15WN5-K12 | 334 | 灰白色砂岩 | 13.40 | 1.41 | 850.35 | 铀矿层 |
| 15WN5-K17 | 369.9~370.9 | 含碳屑黄铁矿灰绿色砂岩（矿） | 22.50 | 216.21 | -89.59 | |
| 15WN5-K18 | 370.9~372 | 灰白色砂岩（矿） | 79.70 | 268.58 | -70.32 | |
| 15WN5-K19 | 374~375 | 灰白色砂岩（矿） | 30.70 | 122.88 | -75.02 | |
| 15WTN7-K51 | 343.5~344.5 | 含碳屑灰绿色砂岩（矿） | 10.60 | 113.39 | -90.65 | |
| 15WTN7-K52 | 344.5~345.5 | 含碳屑黄铁矿灰白色砂岩（矿） | 395.00 | 468.01 | -15.60 | |
| 15WTN7-K53 | 345.5~346.5 | 灰白色砂岩（矿） | 38.20 | 85.62 | -55.53 | |
| 15WTN7-K55 | 343 | 灰白色中砂岩 | 4.45 | 0.12 | 3553.85 | |
| 15WTN7-K54 | 352.5 | 灰白色中砂岩 | 17.50 | 1.08 | 1522.40 | |
| 平均 | | | 68.01 | 141.92 | | |
| 15N44-131-K41 | 353 | 含碳屑灰白色砂岩（矿） | 4110.00 | 167.36 | 2355.83 | |

### （二）鄂尔多斯盆地南缘

平凉地区沉积体系铀源丰富（任中贤等，2014）。直罗组沉积相及重矿物等的研究得知，盆地东南部直罗组沉积早期为辫状河沉积，中晚期以曲流河沉积为主，店头地区以浅湖相沉积为主，是当时的沉积中心的一部分（赵俊峰等，2006）。这套地层本身铀含量较高。从古水流方向的测定和重矿物特征分析，鄂尔多斯盆地西南部直罗期的沉积物源和铀矿物质主要来自盆地的西北部及西南部（邢秀娟等，2008）。此外，秦岭造山带发育大量的花岗质岩体，可为鄂尔多斯盆地南缘提供大量物源和原始铀源。

# 第三节 小 结

（1）盆地自中新生代以来接受了大量的碎屑物质沉积，形成了几套砂岩泥岩相间的沉积组合。盆地西部和东北部地区砂岩比东南缘地区的砂岩厚度大，从西到东，从西北向东南砂岩厚度逐渐减小，说明盆地的西缘与东北缘为盆地的主要物源区。

（2）盆地内碎屑物质来源丰富，形成年代和成分比较复杂，主要来自周边造山带和附近的基地岩石。成矿物质主要来自由盆地中、后期周边造山带剥蚀沉积的、具有氧化性质的、富铀的花岗质沉积岩层。

（3）盆地外北部造山带是铀元素低值区，南部是高值区；这与目前在盆地北缘已发现了几个大型砂岩铀矿矿床的事实不一致。盆地周缘造山带内铀元素异常与富铀的特殊的花岗质地质体出露位置吻合度好，这些特征表明盆地周边构造岩浆带内的富铀地质体是成矿物质的源，但他只是供给盆地内富铀岩层的源，不是直接向某一特定铀矿床矿物质源。

（4）盆地内得含铀岩系地层的含铀本底值都较高。矿层附近的岩层有大量的铀矿物质迁出。

# 第五章　成矿物质的运移过程

砂岩型铀矿的形成是一个复杂的过程，国内外学者普遍认为沉积成岩过程中具有预富集作用的特点。在经历一定地质过程后，流体将氧化条件下的矿源区岩石内铀矿物质溶出，搬运至还原环境下的砂岩中沉淀成矿。搬运铀矿物质的流体来源主要有两种认识：一是成矿流体主要为表生流体；二是成矿流体为表生同地下深部热液的混合流体。通过大量流体包裹体、蚀变矿物、地球化学分析及地下水模拟等研究，本书认为表生流体中地下潜水的变化是鄂尔多斯盆地砂岩型铀成矿的主导因素。

## 第一节　流体包裹体特征

砂岩铀矿成矿时形成的流体包裹体，是研究成矿流体的直接对象。近年来，流体包裹体的温度、盐度、成分和同位素组成等方面的研究取得了很大的进展。研究流体包裹体可以窥视砂岩型铀矿床形成的热历史（杨晓勇等，2006）。但是由于砂岩型铀矿与热液型矿床相比，包裹体形成温度低、颗粒少而小、寻找难度大、测量成分和同位素困难，测试结果的可靠性还有待斟酌。

## 一、大营铀矿流体包裹体特征

从大营铀矿床的含矿砂岩样品中的硅质胶结物和石英颗粒次生加大边发现了流体包裹体，石英颗粒次生加大边中的为气液两相型两类流体包裹体（图5.1）。胶结物中为含气液低的单一类型包裹体（图5.2），气液两相包裹体在室温下，气液占比为5%~10%；包裹体大小为5~10μm，多数小于7μm，其形态多呈长条形、次圆状零星随机产出。

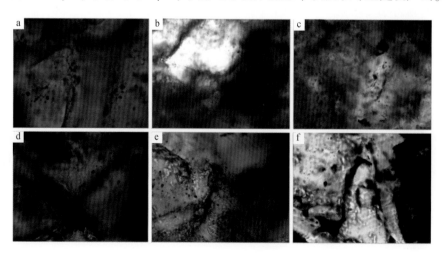

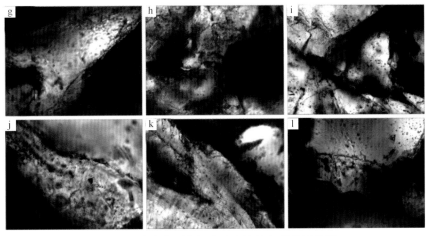

图5.1 砂岩中石英加大边中流体包裹体显微照

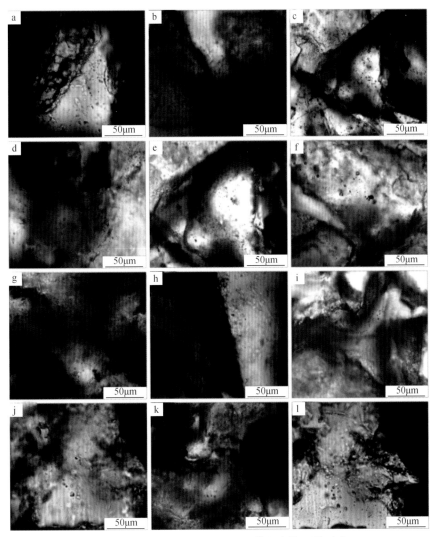

图5.2 砂岩中硅质胶结物中流体包裹体显微照片

对大营铀矿的同一矿层不同位置在不同钻孔中取样进行了包裹体分析。

1. 过渡带位置

冷冻过程中，石英碎屑颗粒次生加大边及硅质胶结物中的原生气液两相包裹体一般在 $-40℃$ 以下完全冻结。包裹体以最终均一至液相方式为主，硅质胶结物中包裹体的均一温度变化范围为 $76.4 \sim 127.3℃$，峰值介于 $100 \sim 110℃$（图 5.3a）。

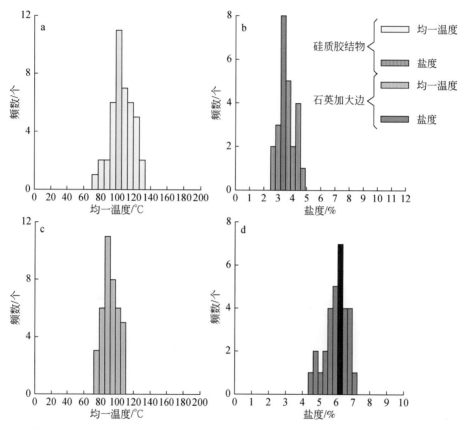

图 5.3　VZK5 硅质胶结物和石英加大边气液两相流体包裹体温度和盐度直方图

a. 砂岩中硅质胶结物中流体包裹体的均一温度直方图；b. 砂岩中硅质胶结物中流体包裹体的盐度直方图；
c. 砂岩中石英加大边中流体包裹体的均一温度直方图；d. 砂岩中石英加大边中流体包裹体的盐度直方图

升温过程中，测得硅质胶结物中包裹体冰点温度变化范围为 $-2.8 \sim -1.5℃$，对应流体盐度为 $2.6\% \sim 4.6\%$（NaCl 质量分数，下同）（图 5.3b），峰值介于 $3.0\% \sim 3.5\%$；石英碎屑颗粒次生加大边中包裹体的均一温度变化范围为 $80.2 \sim 113.5℃$，峰值介于 $85 \sim 90℃$（图 5.3c）；石英碎屑颗粒次生加大边中包裹体冰点温度变化范围为 $-5.6 \sim -3.5℃$，对应流体盐度为 $5.7\% \sim 8.7\%$（图 5.3d），峰值约为 $7.5\%$。

2. 盆缘带位置（氧化带 UZK20）

冷冻过程中，石英碎屑颗粒次生加大边及硅质胶结物中的原生气液两相包裹一般在 $-40℃$ 以下完全冻结。包裹体以最终均一至液相方式为主，硅质胶结物中包裹体的均一温度变化范围为 77~113℃，峰值介于 85~90℃（图 5.4a）。

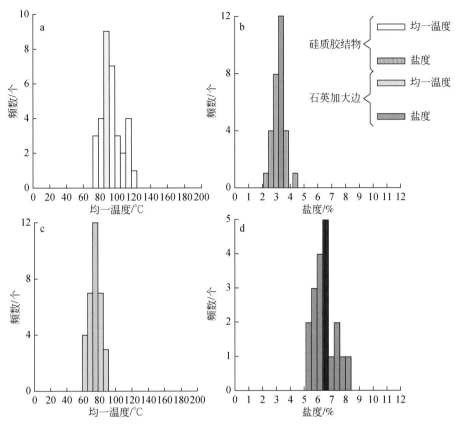

图 5.4　UZK20 硅质胶结物和石英加大边气液两相流体包裹体温度和盐度直方图

a. 砂岩中硅质胶结物中流体包裹体的均一温度直方图；b. 砂岩中硅质胶结物中流体包裹体的盐度直方图；
c. 砂岩中石英加大边中流体包裹体的均一温度直方图；d. 砂岩中石英加大边中流体包裹体的盐度直方图

升温过程中，测得硅质胶结物中包裹体冰点温度变化范围为 −2.5~−1.2℃，对应流体盐度为 2.1%~4.2%（图 5.4b），峰值介于 3.0%~3.5%；石英碎屑颗粒次生加大边中包裹体的均一温度变化范围为 64.5~90℃，峰值介于 75~80℃（图 5.4c）；石英碎屑颗粒次生加大边中包裹体冰点温度变化范围为 −5.2~−3.2℃，对应流体盐度为 5.3%~8.1%（图 5.4d），峰值介于 6.5%。

3. 盆中带位置（还原带 UZK5）

冷冻过程中，石英碎屑颗粒次生加大边及硅质胶结物中的原生气液两相包裹一般在 −40℃以下完全冻结。包裹体以最终均一至液相方式为主，硅质胶结物中包裹体的均一温度变化范围为 84.2~125.5℃，峰值位于 115℃左右（图 5.5a）。

升温过程中，测得硅质胶结物中包裹体冰点温度变化范围为 −2.5~−1.2℃，对应流体盐度为 2.1%~4.2%（图 5.5b），峰值介于 3.0%~3.5%。石英碎屑颗粒次生加大边中包裹体的均一温度变化范围为 85.5~117℃，峰值位于 100℃左右（图 5.5c）。石英碎屑颗粒次生加大边中包裹体冰点温度变化范围为 −5.2~−2.7℃，对应流体盐度为 4.5%~8.1%

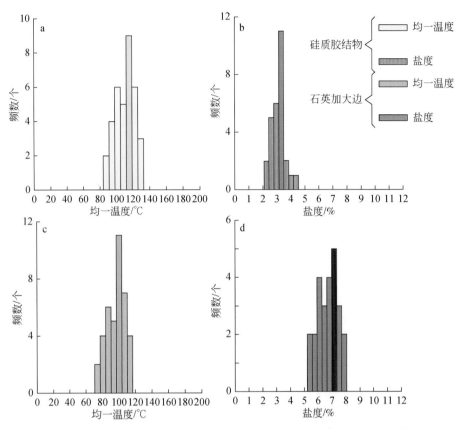

图 5.5　UZK5 硅质胶结物和石英加大边气液两相流体包裹体温度和盐度直方图

a. 砂岩中硅质胶结物中流体包裹体的均一温度直方图；b. 砂岩中硅质胶结物中流体包裹体的盐度直方图；

c. 砂岩中石英加大边中流体包裹体的均一温度直方图；d. 砂岩中石英加大边中流体包裹体的盐度直方图

（图 5.5d），峰值介于 7% ~ 7.5%。

系统的流体包裹体岩相学研究表明，石英碎屑颗粒次生加大边中发育的流体包裹体类型单一，以气液两相为主，表明成矿流体为均匀流体体系。流体包裹体显微测温结果显示，氧化带（UZK20 和 UZK7）气液两相包裹体均一温度变化范围为 62.5 ~ 90℃，盐度变化范围为 4.9% ~ 8.1%；还原带（UZK5 和 ZKD2017）气液两相包裹体均一温度变化范围为 75 ~ 117℃，盐度变化范围为 4.5% ~ 8.1%；成矿带（VZK5 和 VZK29）气液两相包裹体均一温度变化范围为 75.5 ~ 117℃，盐度变化范围为 4.2% ~ 8.7%。显示成岩期流体为一类低温、低盐度 $NaCl-H_2O$ 体系热液。

砂岩碎屑颗粒间的硅质胶结物中发育的包裹体，在盆中带位置（还原带 UZK5 和 ZKD2017）气液两相包裹体均一温度变化范围为 84.2 ~ 128.9℃，盐度变化范围为 1.9% ~ 4.2%；过渡位置（成矿带 VZK5 和 VZK29）气液两相包裹体均一温度介于两者之间，变化范围为 76.4 ~ 127.3℃，盐度较其他两带略有升高，变化范围为 2.2% ~ 4.6%。总体而言，成矿期流体为一类低温、低盐度 $NaCl-H_2O$ 体系热液。

鄂尔多斯盆地大营砂岩型铀矿床的成岩期流体为石英次生加大边中的流体包裹体，成矿期流体为硅质胶结物中的流体包裹体（此类包裹体周边发现了矿化）。成岩期流体均一温度峰值范围为95℃左右，成矿期流体均一温度在105℃左右，数值略高于成岩流体温度峰值；成岩期流体盐度介于6.5%~7%，数值略高于成矿期流体盐度，成矿期流体盐度介于3.5%左右（图5.6）。

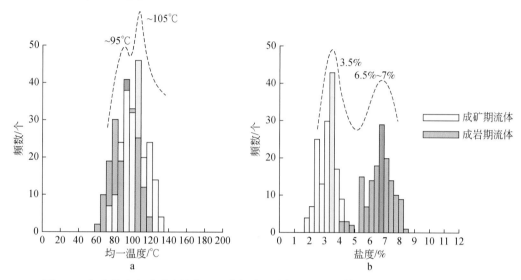

图5.6    大营铀矿床硅质胶结物和石英加大边中气液两相流体包裹体温度和盐度直方图

## 二、塔然高勒地区铀矿流体包裹体特征

塔然高勒地区直罗组砂岩中的流体包裹体，在部分砂岩粒间孔隙中发现含油气特征，显示蓝色、黄色、黄褐色荧光。发现一期油气包裹体，丰度GOI为1%±~4%±。丰度较高的样品普遍充填方解石胶结物，呈褐色、深褐色的液烃包裹体占80%~90%，呈深灰色的气烃包裹体占10%~20%。显微镜下观察和显微荧光分析显示，东胜地区直罗组含矿砂岩中的包裹体主要是盐水包裹体和烃类包裹体。盐水包裹体以气液两相包裹体为主，少数为单相液态包裹体。包裹体颜色与宿主矿物石英的颜色相似，单偏光镜下为无色透明。烃类包裹体一般与盐水包裹体共生，可分为液态烃包裹体、气液烃包裹体及气态烃包裹体三类（图5.7）。不同产状分布的烃类包裹体在单偏光镜下及荧光照射下的颜色略有区别。流体包裹体赋存矿物产状有粒间方解石胶结物、粒间方解石胶结物微裂隙面、石英颗粒表面、石英颗粒微裂隙面、切穿石英颗粒微裂隙面等几种（图5.8、图5.9）。油气包裹体主要发育于粒间方解石胶结物充填期间及充填期后，以方解石胶结物充填期后为主。

在一定层位中，流体包裹体的均一温度代表了捕获时期地层的温度。与盐水包裹体同期的烃类包裹体的均一温度低于捕获温度，也低于同期捕获的盐水包裹体均一温度。本次测温选取了与烃类包裹体共生的盐水包裹体，测定的温度代表了不同成岩演化阶段地层的古地温。烃类包裹体的伴生盐水包裹体是指与烃包裹体同期形成的盐水包裹体，也就是同一个包裹体组合内的烃包裹体和盐水包裹体，判断依据有二：一是在同一个愈合微裂隙中的烃包裹体和盐水包裹体；二是同期次自生矿物中捕获的烃包裹体与盐水包裹体。

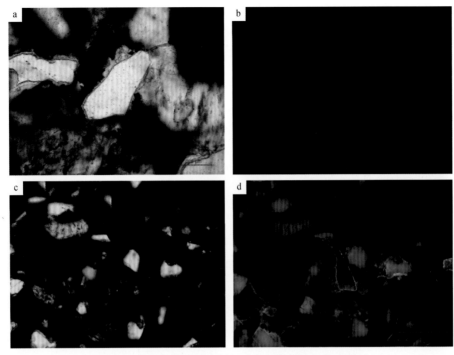

图 5.7　塔然高勒地区直罗组砂岩包裹体油气荧光显示

a，b. 单偏光和 UV 激发荧光照片（UZK33 钻孔），砂岩粒间孔隙中含油气，显示蓝色、黄色、黄褐色荧光；

c，d. 单偏光和 UV 激发荧光照片（UZK13 钻孔），砂岩粒间孔隙中显示黄色、黄褐色、褐色荧光

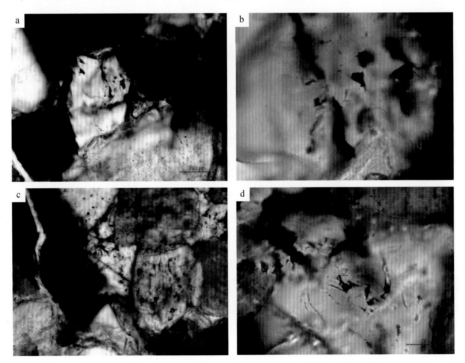

图 5.8　塔然高勒地区直罗组砂岩方解石中流体包裹体特征

a，b. 粒间方解石胶结物中成群分布，呈淡褐色的含烃盐水包裹体与呈褐色、深褐色的液烃包裹体；

c，d. 粒间方解石胶结物中成群分布，呈透明无色、淡褐色的含烃盐水包裹体与呈深灰色的气烃包裹体

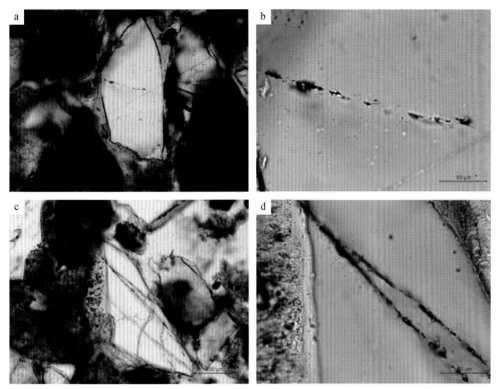

图 5.9　塔然高勒地区直罗组砂岩沿切穿石英颗粒微裂隙成带状分布的流体包裹体特征

a. 呈透明无色、淡褐色的含烃盐水包裹体；b. 呈褐色、深褐色的液烃包裹体；

c. 呈透明无色、淡褐色的含烃盐水包裹体；d. 呈深灰色的气烃包裹体

　　测得塔然高勒地区直罗组砂岩包裹体均一温度反映三期包裹体（图 5.10，表 5.1）：第一期包裹体（温度低于 85℃），反映了未成熟烃类流体特征。第二期包裹体均一温度约为 100~115℃，发育于粒间方解石胶结物充填期间，发育丰度较高（GOI 为 4%±），在粒间方解石胶结物中具有成群分布、均匀密集分布的特点，其中，液烃包裹体占 90%、气烃包裹体占 10%；第三期包裹体均一温度约为 120~130℃，发育于粒间方解石胶结物充填期后，发育丰度较低（GOI 为 1%±）。包裹体为沿切穿石英颗粒微裂隙成带状分布，主要为呈褐色、深褐色的液烃包裹体，分布在石英微裂缝中包裹体的均一温度分布范围较大，说明了微裂缝中的包裹体是各个不同时期捕获的包裹体的集合体。

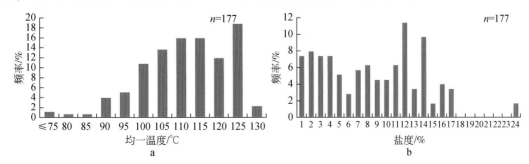

图 5.10　塔然高勒地区直罗组砂岩中流体包裹体均一温度与盐度

鄂尔多斯盆地东北部地区包裹体均一温度普遍高于赋矿地层最大埋深时的古地温60~75℃，反映该区曾发生过热异常事件。根据盆地热演化条件判断该热事件发生于晚侏罗世—白垩纪。

表5.1　塔然高勒地区直罗组砂岩中流体包裹体均一温度

| 样品数量 | 岩性 | 分析类型 | 宿主矿物 | | | |
|---|---|---|---|---|---|---|
| | | | 石英颗粒微裂隙面 | 切穿石英颗粒微裂隙面 | 粒间方解石胶结物 | 粒间方解石胶结物微裂隙面 |
| 23件样品177个测点 | 细砂岩、中砂岩 | 包裹体均一温度/℃ | 112 | 105 | 113 | 113 |
| | | 盐度/% | 8.8 | 6.8 | 9.3 | 8.6 |

# 三、纳岭沟铀矿流体包裹体特征

纳岭沟铀矿床砂岩中流体包裹体主要有两种赋存形式，即：①包裹体成群或成带状分布在方解石胶结物内，呈透明无色的纯液相盐水包裹体；②包裹体成线或带状分布于切穿石英碎屑的成岩期后微裂隙（缝）内，呈透明无色的纯液相盐水包裹体及呈无色、灰色的富液相盐水包裹体。

考虑到石英碎屑微裂隙中的包裹体并不能单一的代表成岩后改造流体的性质，因此本次研究选用方解石胶结物中包裹体的均一温度。纳岭沟铀矿床含矿层砂岩中流体包裹体均一温度变化在62~133℃变化，平均为92.3℃，主要集中在70~80℃与100~120℃两段；均一温度呈现出一个弱峰值和两个强峰值：弱峰值为80℃，一个强峰值为100℃，另一个强峰值为110~115℃（图5.11）。

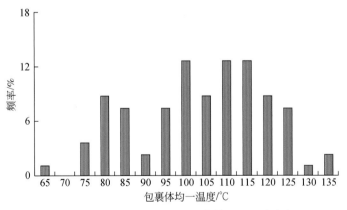

图5.11　方解石胶结物中捕获包裹体均一温度直方图

包裹体盐度跨度较大，在0.35%~22.44%，平均为9.2%，集中在2%~4%、14%~16%、22%~24%三段；包裹体密度相对稳定，在0.95~1.16g/cm³变化，平均为1.03g/cm³，主要集中于0.95~1.16g/cm³与1.06~1.10g/cm³。

此外，前人大量的流体包裹体均一温度数据，值得关注。林潼等（2007）针对本区开展的包裹体特征研究表明，包裹体成分以大量 $CO_2$、烃类气体（$CH_4$）和还原性气体（$H_2S$ 和 $H_2$）为主，包裹体均一温度出现 140~150℃和 160~190℃两个强峰值。肖新建等（2004）发现本区铀矿石中有锐钛矿-铀石-钛铀矿-黄铁矿的矿物组合现象，锐钛矿及钛铀矿均为热成因矿物；包裹体均一温度研究发现有两个明显的温度区间：90~100℃与 140~150℃。樊爱萍等（2006）开展的包裹体研究表明，包裹体均一温度有两个高温区间：110~120℃和 155~160℃。杨晓勇等（2006）研究认为，直罗组砂岩至少经历过两期热流体活动，成矿流体温度有两个峰值，高温段为 140~180℃，低温段为 100~120℃。李荣西等（2006）研究认为，东胜铀矿流体包裹体均一温度呈现两个峰值，一个温度为 120~130℃，另外一个为 150~160℃，其中以高温峰值为主。张龙等（2015）研究结果表明，本区包裹体均一温度峰值为 120~130℃、140~150℃和 160~180℃。

前人（赵孟为，1996；任战利，1994）研究成果认为，鄂尔多斯盆地中—下侏罗统最大埋深时的古地温为 60~75℃。说明直罗组下段正常埋藏所能达到的正常温度应该在 70℃左右，而纳岭沟铀矿床包裹体均一温度皆高于 70℃说明该区至少存在两期次的中-低温热流体活动。

纳岭沟矿区流体主要以大气降水为主，存在岩浆水与盆地卤水的混合（图 5.12）。考虑到纳岭沟以北石头沟地区存在来源于富集地幔的玄武岩，并且玄武岩中发育大量的石英、方解石脉与杏仁体，说明玄武岩喷发后可能形成后期与玄武岩有关的热液。此外，岩浆岩喷发使地层中各种形式的水和盐分释放从而形成盆地卤水，同时也促使有机质演化形成有机酸及 $CH_4$ 等有机还原性流体。碳酸盐胶结物 $\delta^{13}C_{PDB}$ 为 -20.7‰~ -3.2‰，平均值为 -11.2‰，说明碳酸盐胶结物来源广泛，表生、深成都有。本区奥陶系碳酸盐岩广泛存在，存在岩浆后期热液与盆地卤水、有机还原性流体的混合的条件。

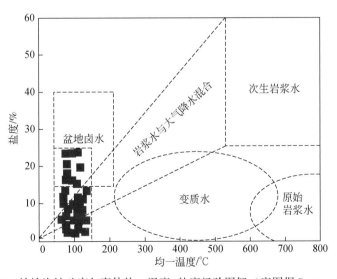

图 5.12　纳岭沟铀矿床包裹体均一温度-盐度经验图解（底图据 Beane，1983）

总之，纳岭沟成矿流体主要以大气降水为主，存在岩浆后期热液与盆地卤水、有机还原性流体的混合，具有中-低温、盐度跨度大、中等密度及多期叠加等特点。

## 四、东胜铀矿流体包裹体特征

在杭锦旗-东胜铀矿化带碳酸盐化"钙化木"状砂岩的方解石，后生亮晶方解石（胶结物），部分石英裂隙三种岩石中，吴柏林等（2015，2016）获得了盐水、烃类流体和三相包裹体。其中，盐水包裹体有单相和气液两相，气液两相包裹体在室温下气液比为8%~25%，包裹体粒径主要在 $2 \sim 5 \mu m$，呈椭圆状和棱角状，串珠分布，无荧光-弱荧光环，主要为次生包裹体。烃类包裹体多呈褐色或灰褐色，在紫外光激发下发浅蓝色荧光，蓝光激发下呈浅黄绿色荧光，主要为较轻的烃类组分。三相包裹体外部为无色透明的液态，内部含气泡，中间为灰色和褐色的烃类成分。

对包裹体内气相组分的激光拉曼分析显示，包裹体中气相成分主要为 $CO_2$、$N_2$、$CH_4$、$H_2$、$H_2S$ 等。对各类后生蚀变流体包裹体的温度测试，结合前人在东胜铀矿区的成果，获得流体温度数据的两个峰值：分别为 $45 \sim 60 ℃$ 和 $130 \sim 170 ℃$。根据不同蚀变阶段的对比发现，含矿层矿石碳酸盐化亮晶方解石胶结物及"钙化木"中方解石晶体包体的均一温度测试结果，均表明包裹体温度较高，在 $130 \sim 170 ℃$（图5.13、图5.14），超过了地层最大埋深的古地温温度范围 $60 \sim 75 ℃$，表明地层经历过后期低温热液流体的改造，也反映了东胜铀矿区具有晚期低温热液流体作用的特征。而正常沉积中原生灰色砂岩和红色氧化砂岩次生包裹体的均一温度集中在 $45 \sim 65 ℃$（图5.14），温度较低，受埋深古地温控制，代表了前期古层间氧化带型铀矿形成时的流体环境。

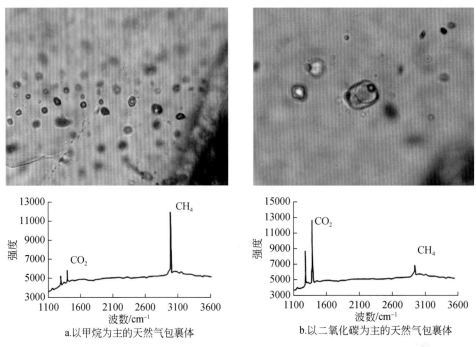

a.以甲烷为主的天然气包裹体　　　　　　b.以二氧化碳为主的天然气包裹体

图5.13　东胜铀矿床天然气包裹体特征与成分

东胜铀矿区方解石脉天然气包裹体测温结果表明，下部古生界逸散来源天然气温度范围为 90～160℃，主要集中于 130～150℃，具有较高的温度。这种具有较高温度的下部天然气耗散进入直罗组时，是否使常温地下水加温后为低温的气-水热液混合流体提供热源，值得进一步研究。总之，研究区后生流体包裹体均一温度特征表明，该地区存在两期不同温度的流体活动，45～60℃ 的常温流体活动主要是大气降水导致铀的迁移，形成正常的砂岩型铀矿。后期还存在温度为 140～180℃ 的低温热液流体活动，代表了油气耗散作用下的热液流体活动，是后生成岩蚀变与铀叠加富集的主要流体活动。

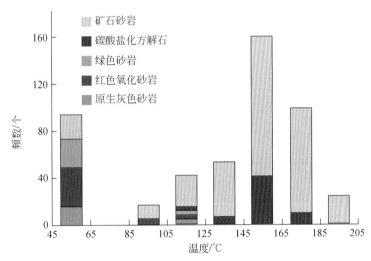

图 5.14　东胜-杭锦旗铀矿不同蚀变带包裹体均一温度分带（据吴柏林等，2016）

针对鄂尔多斯东北部东胜神山沟直罗组"钙化木"中方解石晶体和矿石中与铀矿化关系密切的后生亮晶方解石胶结物的包裹体进行了 H、O 同位素测试。测试在中国地质科学院矿产资源研究所进行，δD 试测方法采用爆裂法收集流体包裹体中的水，高温气化后在金属锌炉中反应生成 $H_2$，然后用质谱仪测试。首先是测定方解石矿物的 $\delta^{18}O$，然后根据包裹体中方解石-水的 O 同位素平衡分馏方程与均一温度计算和换算成流体的 $\delta^{18}O$。温度是根据不同样品各自取包裹体均一温度的平均值，单位转换为 K。共测试 10 个样品，后生方解石胶结物中 δD 的范围为 −54.1‰～ −0.7‰，$\delta^{18}O$ 范围在 −0.15‰～30.99‰。"钙化木"中方解石晶体 δD 在 −115‰～ −79‰，平均值为 −90.6‰，落在大气降水范围内，表明成矿作用的流体水主要来自大气降水（图 5.15）。铀矿区方解石中包裹体的 H、O 同位素组成数据点虽然落在大气雨水线附近，但自下向上数据差别较大，即一系列样品的 $\delta^{18}O$ 基本不变，而 δD 则从低值向高值变化，这一现象实际上是 H 同位素的"漂移"。这可能是受水-岩作用影响而使 H、O 同位素偏离雨水线，如 Alberta 盆地和 Callfomla 盆地中大气水的演化过程中均存在这种偏移特征。研究区出现该现象的原因，可能是由气-水混合流体中天然气 C、H 化合物中大量的含 H 组分对水的 H 同位素混染作用所致，这是天然气参与了铀成矿作用的证据之一。

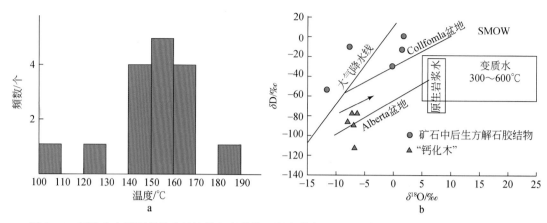

图 5.15　钙化木方解石晶体中的流体包裹体均一温度分布（a）及铀矿区方解石中包裹体的 H、O
同位素组成（b）（据吴柏林等，2016）

　　综上所述，流体包裹体的 H、O 同位素组成表明，铀矿化区的成矿流体来源主要为大气降水。结合东胜矿床已有的研究成果认为，早期成矿是常温（45～60℃）富氧富铀的大气降水作用形成铀矿富集。后期阶段，由于油气耗散作用形成的低温热液流体（140～180℃）作用，导致铀的进一步富集叠加、保存和定位，同时产生众多与油气耗散作用有关的后生蚀变，如砂岩的绿色化、白色化、碳酸盐化等，这种后期油气流体参与的作用反映在流体包裹体的 H、O 同位素分布上，表现出一定的 H 同位素的"漂移"特征（图 5.15）。

## 五、黄陵铀矿流体包裹体特征

　　鄂尔多斯盆地东南部黄陵地区直罗组含矿砂岩部分粒间孔隙中充填包裹体显示明显的荧光显示，显示强浅蓝色、浅蓝绿色的荧光代表轻质油，暗褐色的荧光代表沥青（图5.16）。含铀岩系包裹体统计表明，呈褐色、深褐色的液烃（富沥青）包裹体约占 60%～80%，气液烃包裹体约占 10%～30%，呈深灰色的气烃包裹体占 10% 左右。砂岩部分石英颗粒发育加大边（个别发育多期加大）。包裹体可划分为两个期次：第一期次发育于石英颗粒加大早期，丰度 GOI 为 1%～8%，包裹体沿石英加大边内侧发育，呈带状分布，均为呈褐色、深褐色的液烃包裹体或富沥青包裹体；第二期次发育于石英颗粒加大期后，丰度 GOI 为 4%～6%，包裹体沿切穿多个石英颗粒成岩期后微裂隙，呈带状分布。

　　第一期沿石英加大边内侧发育的包裹体均一温度集中在 105～114℃，盐度为23.18%。第二期发育于石英颗粒加大期后的包裹体均一温度分布较广泛，在 72～140℃ 区间，包裹体均一温度分别集中于 75～80℃、90～105℃、110～120℃ 和 140℃ 四个温度段（图 5.17）。75～80℃ 区间内的流体包裹体均一温度应指示了直罗组下段正常埋藏时的温度。集中分布的 110～120℃ 和 140℃ 远高于直罗组下段最大沉积埋藏时期正常地热增温所达到的最高温度，为后期热液活动的反映。包裹体盐度分布跨度范围较广，0.53%～23.18%，平均值为 14.1%，盐度主要集中于 4%、18% 和 24% 三个区段（图 5.18）。

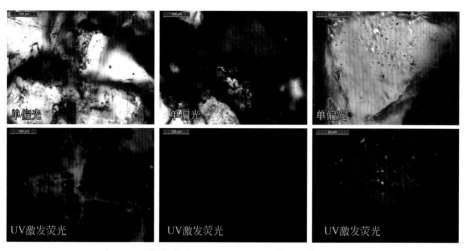

图 5.16　黄陵店头地区含矿砂岩流体包裹体显微特征

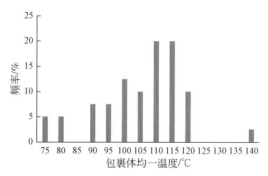

图 5.17　黄陵店头地区直罗组下段含矿砂岩包裹体均一温度频率

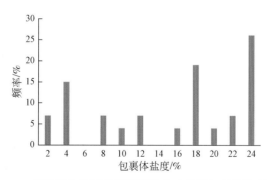

图 5.18　黄陵店头地区直罗组下段含矿砂岩包裹体盐度频率

　　这种古流体含盐度和焦坪地区相似，均远高于地表流体盐度和现今海水的盐度。与包裹体温度相结合，说明店头-焦坪地区直罗组砂岩铀成矿过程中热活动的存在。

# 第二节　成矿蚀变矿物特征

表生流体作用形成的矿床，成矿作用过程中形成的黏土蚀变矿物，是捕捉成矿作用信息的最好的研究矿物。正确区分成岩、成矿作用形成的蚀变黏土矿物，是较困难但却是非常必要的工作。本节内容是在第二章第五节的基础上，以鄂尔多斯盆地北部典型砂岩型铀矿床为对象，进一步探讨蚀变矿物与铀成矿的联系。

## 一、塔然高勒地区铀矿床蚀变矿物特征

根据鄂尔多斯盆地北部塔然高勒地区岩心编录和测井资料，结合获取的岩心光谱扫描数据，对塔然高勒地区钻孔编制了地质-光谱综合柱状图，选择典型钻孔编制了 NW-SE、SW-NE 向高岭石、蒙脱石、绿泥石、伊利石、碳酸盐、$Fe^{3+}$ 蚀变矿物剖面图（图5.19）。

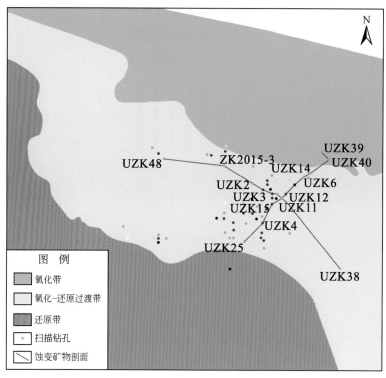

图5.19　塔然高勒地区钻孔蚀变矿物剖面位置图

### （一）$Fe^{3+}$ 分布规律

自 SW 至 NE，直罗组中 $Fe^{3+}$ 含量明显降低；垂向上，直罗组上段中 $Fe^{3+}$ 高于下段，南部钻孔中灰绿色砂岩中 $Fe^{3+}$ 同样具有较高的含量，反映了南部地区保留的氧化作用程度强于北部地区的特征（图5.20）。自 NW 至 SE，直罗组中 $Fe^{3+}$ 含量变化不明；垂向上，直罗

组上段中 $Fe^{3+}$ 同样高于下段（图 5.21）。无论是在 SW-NE 向还是 NW-SE 向的剖面，$Fe^{3+}$ 的含量高低变化均随海拔高低起伏的特征，没有明显的尖灭现象。

## （二）碳酸盐分布规律

直罗组中方解石含量在 SW-NE 剖面上无明显变化。从垂向上看，直罗组上段和直罗组下段矿段附近地层中方解石含量较高，矿段附近方解石含量升高，反映了铀成矿过程中方解石具有局部富集现象（图 5.22）。NW-SE 向剖面同样反映出直罗组上段方解石含量高于下段。矿段方解石局部富集的现象，由盆地边缘向中心部位略有降低的趋势（图 5.23）。

## （三）高岭石分布规律

剖面 SW-NE 和 NW-SE 方向，直罗组中高岭石含量升高。垂向上，直罗组上段、直罗组下段底部含量高于下段中上部。分析认为，延安组煤层产生的酸性气体对直罗组下段底部砂岩产生还原作用，导致由南向北所有钻孔中高岭石含量均较高。南部钻孔中，直罗组上段泥岩含量较高，黏土矿物总量高于下段，北部钻孔中泥岩含量低，垂向渗透性较好，酸性流体对直罗组上、下段作用均较强，导致高岭石整体含量较高。高岭石变化规律反映了酸性流体对直罗组的蚀变作用（图 5.24、图 5.25）。

## （四）蒙脱石分布规律

从剖面 SW-NE 和 NW-SE 方向来看，直罗组中蒙脱石含量呈升高趋势；在垂向上，直罗组下段中蒙脱石含量高于上段，部分钻孔中矿段附近含量最高，反映了蒙脱石与铀矿物共生关系紧密，说明碱性流体在铀成矿过程中发生过作用，导致碎屑颗粒、黏土矿物蒙脱石化（图 5.26、图 5.27）。

## （五）绿泥石分布规律

直罗组中绿泥石含量沿着 SW-NE 方向明显升高；从垂向上看，直罗组下段中绿泥石含量高于上段，且由下部向上部逐渐变低，矿段附近含量最低。NW-SE 方向，直罗组中绿泥石含量略有降低；垂向上看，直罗组下段中绿泥石含量同样具有高于上段的特点。反映了绿泥石化由底部向顶部蚀变作用强度逐渐降低的特征（图 5.28、图 5.29）。

## （六）伊利石分布规律

伊利石含量整体较为稳定，无明显变化，反映流体作用效果不佳，与铀成矿过程关系不密切（图 5.30、图 5.31）。

总之，矿床黏土矿物具有较好指示作用。通过对塔然高勒地区南北部钻孔剖面蚀变矿物的对比分析，发现研究区南部（偏盆地中部）直罗组 $Fe^{3+}$ 含量较高，北部（偏盆缘）钻孔 $Fe^{3+}$ 含量相对低，中部矿化孔和工业孔含量居中，其中工业孔又低于矿化孔（图 5.20）。这与前人认为研究区应该具有从南向北还原性逐渐减弱的特点恰恰相反。高岭石在含矿层处的含量对比也显示为含矿层南高北低（图 5.24），伊利石为南低北高（图 5.30）的特征。这种与以往不同的"反分带"特征，说明了砂体颜色改变的不仅仅和油气有关，影响因素是非常复杂的。

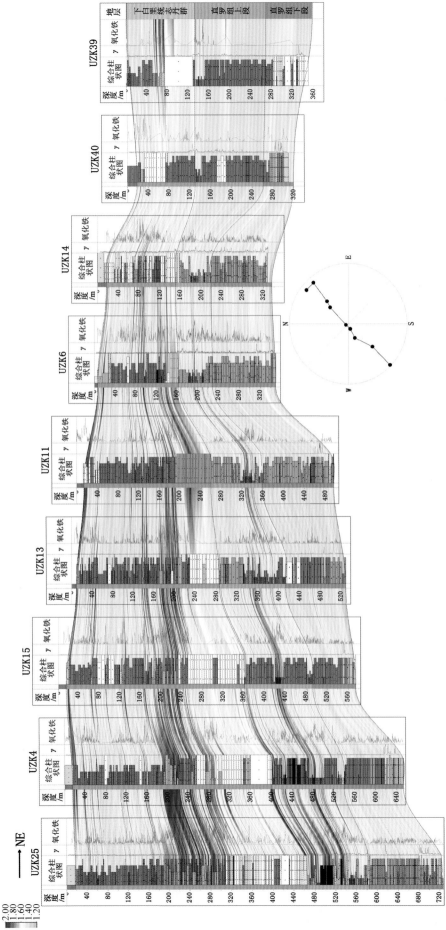

图5.20 塔然高勒地区SW-NE向钻孔中Fe³⁺联井剖面

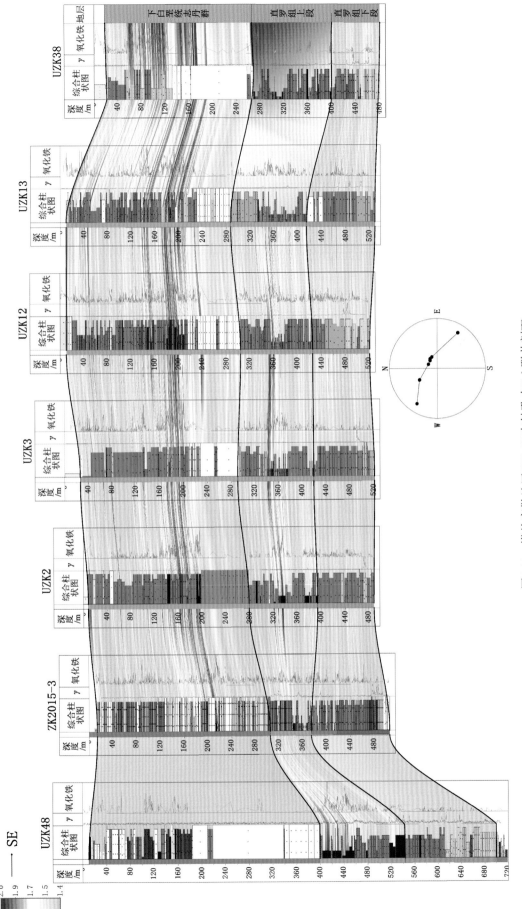

图5.21 塔然高勒地区NW–SE向钻孔中Fe³⁺联井剖面

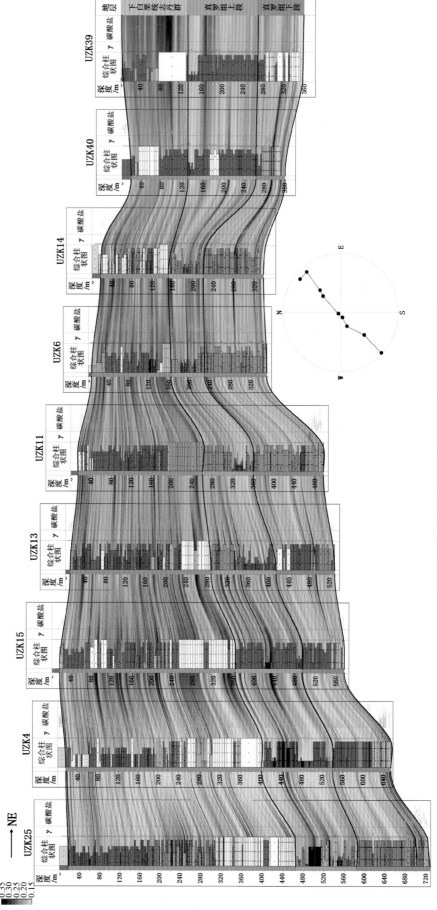

图5.22 塔然高勒地区SW-NE向钻孔中方解石联孔剖面

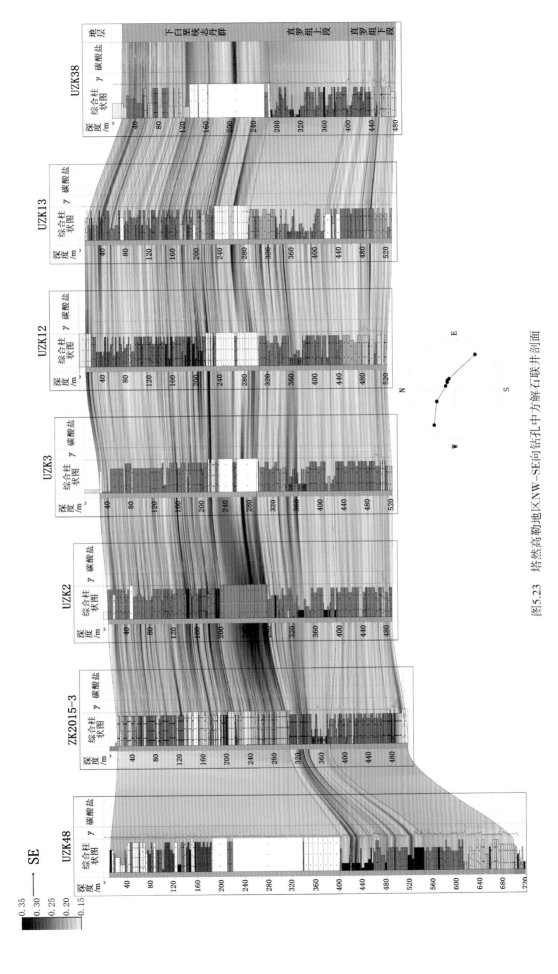

图5.23 塔然高勒地区NW–SE向钻孔中方解石联井剖面

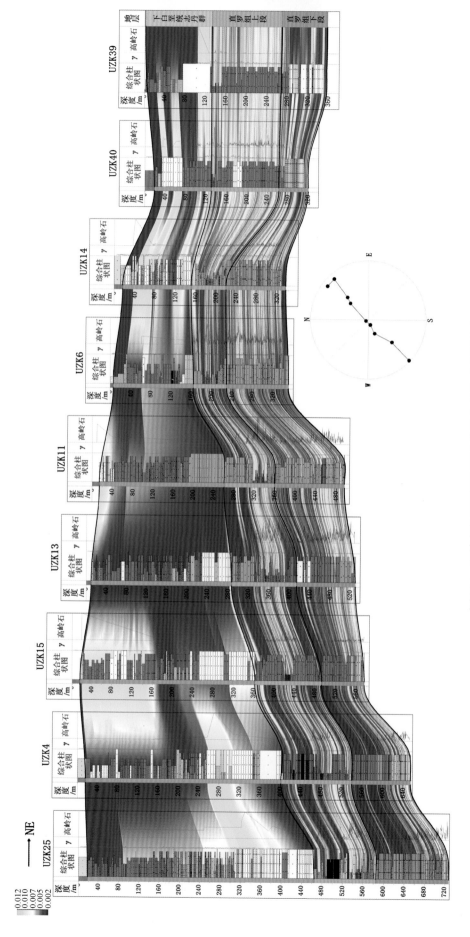

图5.24 塔然高勒地区SW-NE向钻孔中高岭石联井剖面

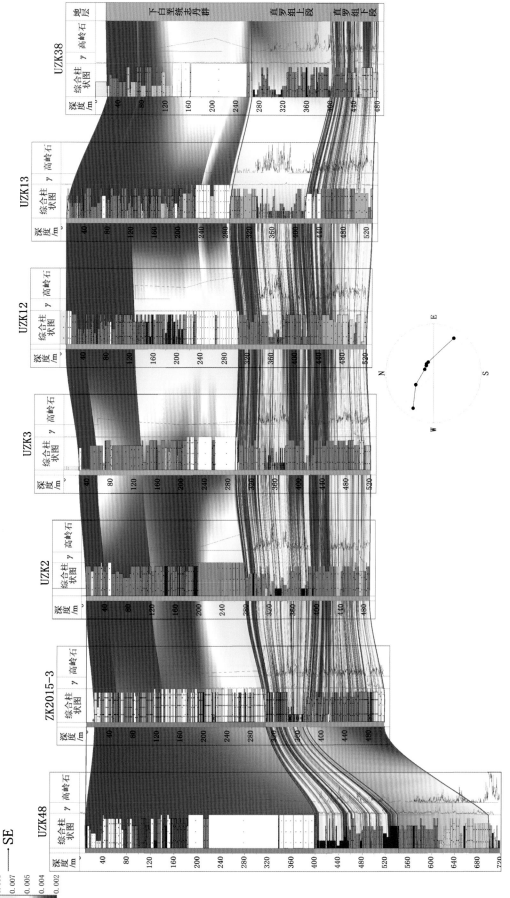

图5.25 塔然高勒地区NW–SE向钻孔中高岭石联井剖面

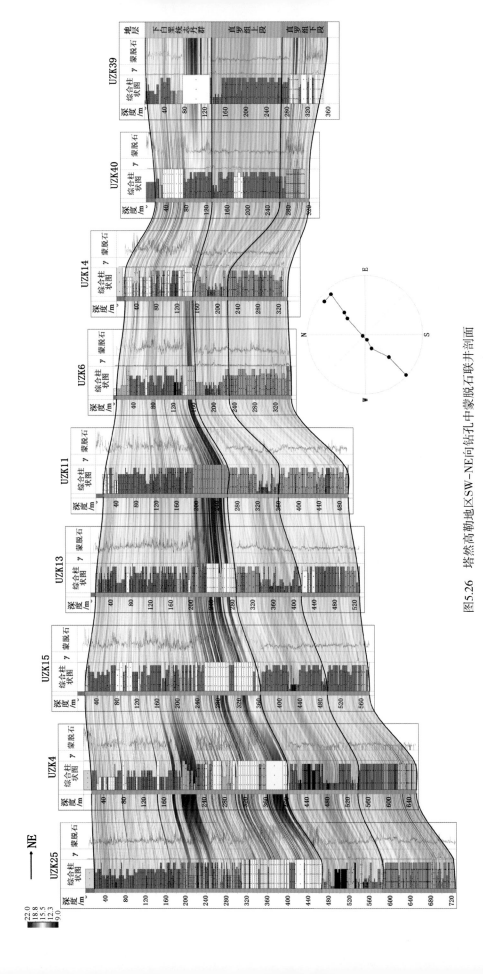

图5.26 塔然高勒地区SW-NE向钻孔中蒙脱石联井剖面

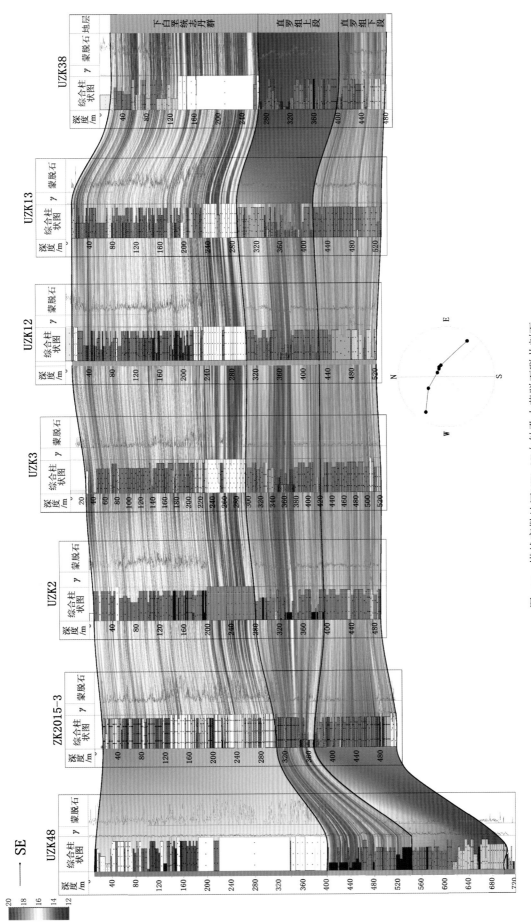

图5.27 塔然高勒地区NW–SE向钻孔中蒙脱石联井剖面

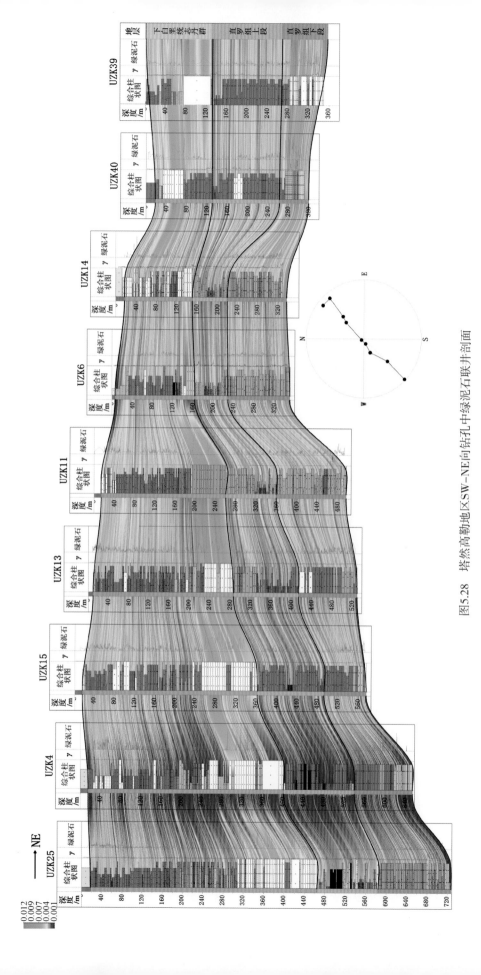

图5.28　塔然高勒地区SW-NE向钻孔中绿泥石联井剖面

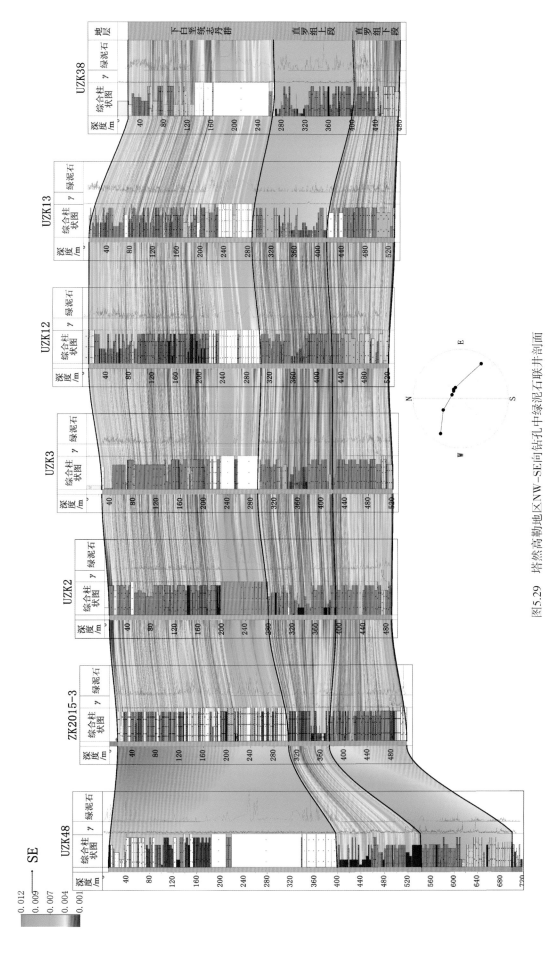

图5.29 塔然高勒地区NW-SE向钻孔中绿泥石联井剖面

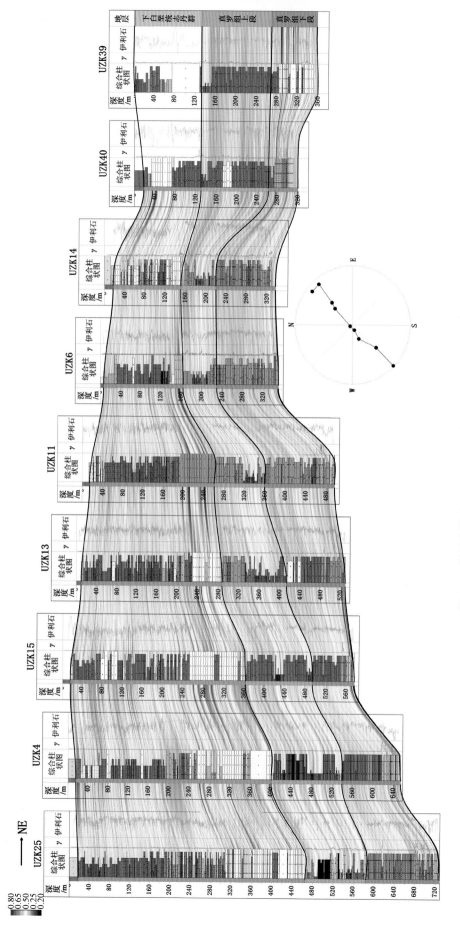

图5.30 塔然高勒地区SW—NE向钻孔中伊利石联井剖面

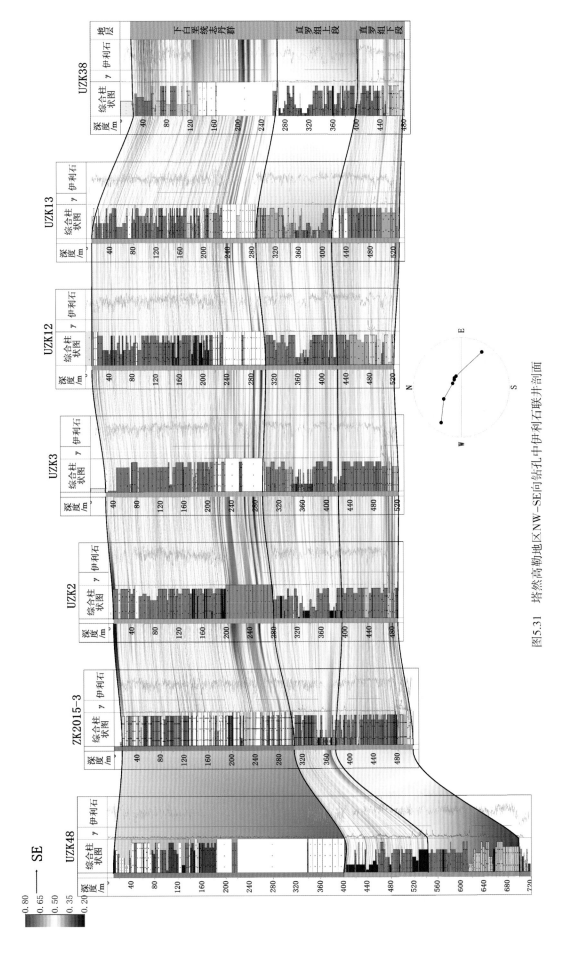

图5.31 塔然高勒地区NW-SE向钻孔中伊利石联井剖面

## 二、纳岭沟矿床黏土矿物分布特征

通过显微镜鉴定，盆地北部纳岭沟地区的直罗组砂岩中共识别出了蒙皂石、高岭石、绿泥石和伊利石四种黏土矿物（表 5.2），与前人在相邻皂火壕、大营地区分析结果基本相同（易超等，2014；孙超，2016）。

纳岭沟铀矿区直罗组砂岩的主要黏土矿物蒙皂石总体含量很高，占黏土总量约 36%~78%，平均含量 57.04%。在铀矿石带含矿砂岩中纳岭沟铀矿区直罗组的蒙脱石含量为 36%~74%，平均含量为 53.75%，略低于砂岩围岩中蒙皂石含量。蒙脱石是由长石或中酸性火成岩岩屑在碱性条件下形成的，在酸性条件下不稳定，扫描电镜下多呈弯曲褶皱片状或花朵状集合体分布在碎屑颗粒的表面或者孔隙中（图 2.38）。

高岭石含量通常仅次于蒙皂石，在矿区直罗组砂岩中相对含量占 8%~35%，平均含量 19.04%，常与蒙皂石、绿泥石等其他黏土矿物相伴生。铀矿含矿砂岩中高岭石含量为 12%~35%，平均含量为 21.69%，高于砂岩围岩中高岭石含量。在扫描电镜下，单个晶体多呈似六方片状，集合体主要呈叠片状、蠕虫状存在于碎屑颗粒之间及颗粒表面，且多为自生形成。高岭石一般为氧化成因，通常由长石风化或流体作用形成，在酸性条件下较为稳定。

绿泥石是一种常见的富含 Fe、Mg 的黏土矿物，在矿区直罗组砂岩中含量占 6%~23%，平均含量 14.29%，常与蒙皂石等其他黏土矿物相伴生。铀矿含矿砂岩中绿泥石相对含量为 7%~23%，平均含量为 14.5%，与砂岩围岩中绿泥石含量相差不大。其形成大多由黑云母蚀变或高岭石转化而来，与流体作用关系密切。在扫描电镜下，绿泥石往往呈较平直的叶片状、玫瑰花状集合体附着在颗粒表面和裂隙中，或呈针叶状绿泥石薄膜覆盖于颗粒表面。

伊利石在矿区直罗组砂岩中含量较低，相对含量占 5%~18%，平均含量 9.64%，在矿石及围岩中差别不大。常由蒙皂石或高岭石在一定的地质条件下转换而来（Merriman，2005；苗卫良等，2013），多形成于富钾环境中。在碎屑岩地层中普遍存在蒙皂石、高岭石向伊利石转化（黄思静等，2009），在成岩过程中多自发形成。在扫描电镜下，伊利石多呈微弯曲片状，亦见其以薄膜状包裹在碎屑颗粒表面。

镜下绿色砂岩中碎屑颗粒边部常见绿泥石等黏土膜，绿色隐晶状，呈孔隙衬里，厚度不均（不足 $10\mu m$），还见有黑云母发生绿泥石化和孔隙充填绿泥石。同时扫描电镜下观察碎屑颗粒表面普遍发育有呈蜂窝状、叶片状、玫瑰花状的蒙皂石、绿泥石等黏土矿物。

将纳岭沟矿床全岩分析数据及黏土相对含量数据按砂岩不同的颜色及含矿性进行分类整理，分析纳岭沟矿区直罗组砂岩成分特征及其与铀矿化关系（表 5.3），发现纳岭沟矿区含矿砂岩与不含矿砂岩在石英碎屑含量上没有明显差别，但长石含量及黏土矿物含量有较为明显的变化（图 5.32），其表现特征为：①含矿砂岩与不含矿砂岩围岩在钾长石含量上明显减少，斜长石含量也存在一定程度的降低；②含矿的灰色、灰白色砂岩，黏土含量比不含矿的砂岩围岩有所升高。③含矿砂岩中蒙皂石含量较不含矿砂岩围岩明显减少，而高岭石含量明显增加，绿泥石和伊利石相对含量没有明显变化（图 5.32）。

对纳岭沟矿区砂岩中黏土含量数据进行线性回归分析，结果显示，蒙皂石含量与高岭石含量具有较强的负相关性，相关系数 $R^2$ 值为 0.8564。蒙皂石含量与绿泥石含量也具有较强的负相关性，相关系数 $R^2$ 值为 0.728。图 5.33 表明蒙皂石与高岭石、蒙皂石与绿泥石之间存在较为明显的转化关系。蒙皂石与伊利石的相关系数 $R^2$ 值为 0.2462，表明蒙皂石与伊利石之间的相关性较差，两种矿物之间可能存在少量的蒙皂石向伊利石转化。而伊利石与高岭石的相关系数 $R^2$ 值为 0.108，暗示伊利石与高岭石之间的相关性极差。而高岭石含量与绿泥石含量具有一定的正相关性，相关系数 $R^2$ 值为 0.4561。

表 5.2　纳岭沟矿区直罗组砂岩全岩组分及黏土矿物含量分析结果表（%）

| 编号 | 蒙皂石（S） | 伊利石（Ill） | 高岭石（Kao） | 绿泥石（Chl） | 石英 | 钾长石 | 斜长石 | 黏土矿物 | 方解石 | 岩性 |
|---|---|---|---|---|---|---|---|---|---|---|
| 15nzk001 | 64 | 7 | 13 | 16 | 44.6 | 20.7 | 14 | 20.7 | — | 灰绿色粗砂岩 |
| 15nzk003 | 60 | 9 | 19 | 12 | 45.3 | 17.5 | 15 | 22.2 | — | 灰绿色粗砂岩 |
| 15nzk011 | 73 | 7 | 10 | 10 | 49.5 | 14.3 | 16.8 | 19.4 | — | 灰绿色粗砂岩 |
| 15nzk013 | 50 | 9 | 25 | 16 | 57 | 12.4 | 16.4 | 14.2 | — | 灰色粗砂岩 |
| 15nzk014 | 48 | 9 | 21 | 22 | 49.1 | 13.3 | 16.6 | 21 | — | 浅绿色粗砂岩 |
| 15nzk016 | 78 | 8 | 8 | 6 | 51.5 | 11.2 | 13.6 | 23.7 | — | 绿色中砂岩 |
| 15nzk018 | 36 | 18 | 25 | 21 | 52.9 | 13.1 | 17.5 | 16.5 | — | 浅灰色粗砂岩 |
| 15nzk022 | 68 | 7 | 14 | 11 | 41 | 15.6 | 17.6 | 25.8 | — | 绿色中砂岩 |
| 15nzk023 | 67 | 12 | 12 | 9 | 48.7 | 13.6 | 16.9 | 20.8 | — | 灰色中砂岩 |
| 15nzk026 | 57 | 7 | 17 | 19 | 43 | 21.6 | 14.9 | 20.5 | — | 绿色粗砂岩 |
| 15nzk029 | 69 | 5 | 11 | 15 | 48 | 12 | 12.2 | 27.8 | — | 绿色中砂岩 |
| 15nzk024 | 67 | 11 | 11 | 11 | 42.4 | 22.1 | 16.7 | 18.8 | — | 灰色中砂岩 |
| 15nzk002 | 71 | 9 | 13 | 7 | 47.3 | 14.1 | 14.1 | 24.5 | — | 灰绿色粗砂岩，含矿 |
| 15nzk004 | 55 | 11 | 22 | 12 | 43.2 | 18.3 | 17.2 | 21.3 | — | 灰绿色粗砂岩，含矿 |
| 15nzk032 | 63 | 13 | 16 | 8 | 52.6 | 11.8 | 15.7 | 19.9 | — | 灰白色粗砂岩，含矿 |
| 15nzk005 | 49 | 11 | 26 | 14 | 37.7 | 16.1 | 17.1 | 29.1 | — | 灰白色粗砂岩，含矿、碳屑 |
| 15nzk006 | 53 | 10 | 25 | 12 | 51.8 | 13 | 12.1 | 18.6 | 4.5 | 灰白色粗砂岩，含矿 |
| 15nzk007 | 39 | 12 | 29 | 20 | 47.5 | 11.4 | 17 | 19.3 | 4.8 | 灰绿色中砂岩，含矿 |
| 15nzk009 | 39 | 14 | 24 | 23 | 49.1 | 11.7 | 17.1 | 22.1 | — | 灰白色粗砂岩，含矿 |
| 15nzk010 | 36 | 7 | 35 | 22 | 47.3 | 9.3 | 13.4 | 30 | — | 绿灰色泥质粗砂岩，含矿 |
| 15nzk012 | 57 | 10 | 18 | 15 | 47.1 | 14.4 | 16.2 | 16.2 | 6.1 | 灰色粗砂岩，含矿、碳质 |
| 15nzk015 | 45 | 8 | 24 | 23 | 41.5 | 17.9 | 19.8 | 20.8 | — | 绿色、灰色中粗砂岩，含矿 |
| 15nzk020 | 54 | 11 | 19 | 16 | 51.9 | 9.4 | 12.4 | 26.3 | — | 绿色中砂岩，含矿 |
| 15nzk021 | 51 | 12 | 22 | 15 | 49.4 | 8.6 | 16.4 | 22.3 | 3.3 | 灰色粗砂岩，含矿 |
| 15nzk031 | 61 | 9 | 19 | 11 | 51.1 | 10.7 | 14.8 | 23.4 | — | 灰白色中砂岩，含矿 |

| 编号 | 蒙皂石（S） | 伊利石（Ill） | 高岭石（Kao） | 绿泥石（Chl） | 石英 | 钾长石 | 斜长石 | 黏土矿物 | 方解石 | 岩性 |
|---|---|---|---|---|---|---|---|---|---|---|
| 15nzk027 | 57 | 8 | 20 | 15 | 54.1 | 13.2 | 14.5 | 18.2 | — | 绿色中粗砂岩，含矿 |
| 15nzk028 | 56 | 9 | 23 | 12 | 48.9 | 17.7 | 10.8 | 21.5 | 1.1 | 灰色粗砂岩，含矿、碳屑、黄铁矿 |
| 15nzk030 | 74 | 7 | 12 | 7 | 47.6 | 11.6 | 9.9 | 30.9 | — | 绿色细砂岩，含矿 |
| 平均值 | 57.0 | 9.6 | 19.0 | 14.3 | 47.9 | 14.12 | 15.2 | 22.0 | | |

**表5.3 纳岭沟矿区全岩 X-衍射分析及黏土相对含量分析统计表 （%）**

| 砂岩类型 | 石英 | 钾长石 | 斜长石 | 方解石 | 黏土矿物 | 蒙皂石（S） | 伊利石（Ill） | 高岭石（Kao） | 绿泥石（Chl） |
|---|---|---|---|---|---|---|---|---|---|
| 灰绿色砂岩 | 46.50 | 15.78 | 15.09 | 0.00 | 22.64 | 64.63 | 7.38 | 14.13 | 13.88 |
| 灰色砂岩 | 50.25 | 15.30 | 16.88 | 0.00 | 17.58 | 55.00 | 12.50 | 18.25 | 14.25 |
| 含矿砂岩 | 48.01 | 13.08 | 14.91 | 1.24 | 22.78 | 53.75 | 10.06 | 21.69 | 14.50 |

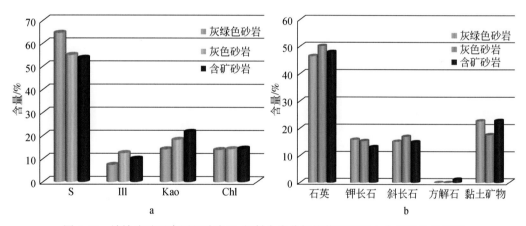

图 5.32 纳岭沟矿区直罗组砂岩 X-衍射全岩分析柱状图及黏土含量对比柱状图

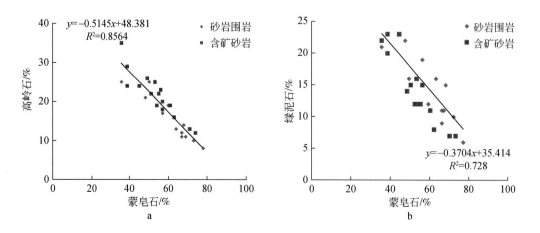

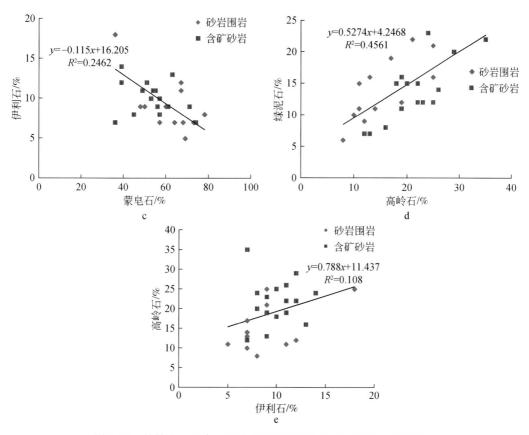

图 5.33　纳岭沟矿区直罗组砂岩黏土矿物含量回归关系及相关系数

# 第三节　典型矿床岩石地球化学特征

沉积盆地中，来自物源区母岩碎屑物经历风化、搬运及成岩等一系列物理、化学过程，碎屑物中稳定的碎屑成分在沉积岩中相对富集，而不稳定成分遭受破坏改造。在成铀过程中，含氧–含铀的地下水在含矿层中不断运移，与围岩发生水–岩反应，元素也随之迁入与迁出。

## 一、鄂尔多斯盆地北缘岩石地球化学特征

### （一）常量元素地球化学特征

鄂尔多斯盆地北缘直罗组岩石，常量元素的特征是 $SiO_2$ 含量较高，为 $60.67\% \sim 74.1\%$，平均 $67.39\%$；$Fe_2O_3$ 为 $0.66\% \sim 6.59\%$，平均 $3.63\%$；$FeO$ 含量为 $0.83\% \sim 5.69\%$，平均 $3.26\%$；$Al_2O_3$ 为 $11.65\% \sim 19.92\%$，平均 $15.79\%$；$CaO$ 为 $0.80\% \sim 3.09\%$，平均 $1.95\%$；$MgO$ 含量为 $0.87\% \sim 2.08\%$，平均 $1.48\%$；$K_2O$ 含量介于 $2.76\% \sim 3.63\%$，平均 $3.20\%$；$Na_2O$ 含量 $1.68\% \sim 2.34\%$，平均 $2.01\%$；$TiO_2$ 为 $0.3\% \sim 1\%$，平均 $0.65\%$；

$P_2O_5$ 含量介于 0.07% ~ 0.16%，平均 0.12%；$TFe_2O_3$ 为 2.15% ~ 7.16%，平均 4.65%；$Fe^{3+}/Fe^{2+}$ 介于 0.7 ~ 2.31，平均 1.5；MnO 含量为 0.03% ~ 0.14%，平均 0.85%。这种岩石地球化学特征表面，直罗组源岩形成于大陆边缘环境。

　　鄂尔多斯盆地北缘直罗组的砂岩中 $SiO_2$ 占主导地位，$SiO_2$ 含量与 MnO、FeO、CaO 和 MnO 呈较显著的负相关性，尤其与 MnO、CaO 呈显著的负相关性；$SiO_2$ 含量与 $Al_2O_3$、MgO、$K_2O$ 及 $Na_2O$ 呈微弱的正相关性（图 5.34）。

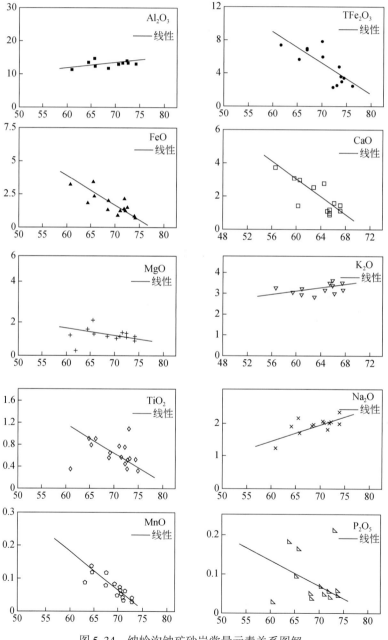

图 5.34　纳岭沟铀矿砂岩常量元素关系图解

横坐标为 $SiO_2$，单位 %；纵坐标为其他元素，单位 $10^{-2}$

砂岩中 $Al_2O_3$ 的含量变化不大，含量较高、值均大于11%，比一般正常的岩屑砂岩的 8.1% 和长石砂岩 8.7% 含量要高，显示岩石黏土矿物含量较高。于 Al 元素来说，在黏土矿物之间相互转化或长石在发生水解过程中，没有明显的带入或带出。MnO、$P_2O_5$ 等一般是较稳定成分，在不同环境中变化不大。$SiO_2$ 与 U 呈明显的负相关性（图 5.34），而 $SiO_2$ 与 MnO 在呈负相关性，且与 CaO 的存在较好的负相关性，说明在碳酸盐矿物形成过程中带入较多的 Mn 离子，参与成矿。

### （二）稀土、微量元素地球化学特征

利用纳岭沟铀矿床的含矿砂岩及围岩的稀土、微量等地球化学数据，可以分析研究砂岩型铀矿的物源、流体成矿作用痕迹及变化规律。

稀土元素分析 $(La/Yb)_N = 8.59 \sim 25.89$，远远大于1，曲线为右倾型，表明轻重稀土元素分异作用明显，LREE 高度富集；$\delta Eu$ 值表现为负异常，Ce 异常不明显。球粒陨石标准化配分曲线表现为向右倾，与北美页岩标准化配分曲线表现曲线形态基本保持一致，可见 Eu 呈弱负异常，与上地壳稀土模式相似，表明其物源来自于上地壳（图 5.35）。

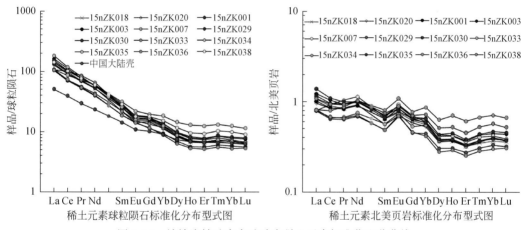

图 5.35　纳岭沟铀矿床含矿砂岩稀土元素标准化配分曲线
标准化利用球粒陨石（McDonough，1989）和北美页岩（Haskin，1984）

纳岭沟铀矿床含矿砂岩及围岩微量元素与中国沉积岩元素丰度值进行对比研究表明，围岩主要富集 Pb、Mo、Ba、Ga、U 元素，亏损 Cs、Th、Cu、Ni、Co、Rb、Sc、Bi、Ta、Zr、Hf、Y 元素等。其中 U 富集系数大都大于1，说明区内砂岩整体上 U 含量较高。含矿砂岩主要富集 Pb、Ba、Mo、V、Ga、U、Y 元素，其中 U 富集程度比围岩高，最高达 2099.5。铀矿石相对亏损 Cu、Ni、Co、Rb、Cs、Th、Sc、Bi、Ta、Zr、Hf 等元素。也就是说含矿层除 Y 富集外，与围岩的亏损元素基本一致。

蛛网图曲线显示含矿砂岩、围岩的模式特征基本一致，均呈"M"式，显示出它们具有相同的物源。但元素相对富集与亏损的程度不一，成矿主岩的微量元素发生迁移，其含量和组成重新分配，可能被后期含矿流体改造所致（图 5.36）。

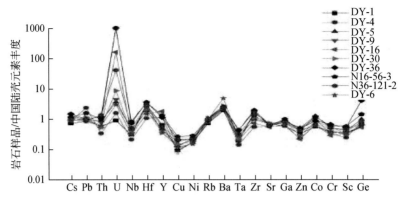

图 5.36　纳岭沟铀矿床含矿砂岩及围岩微量元素标准化蛛网图（据罗晶晶等，2017）

中国沉积岩标准数据引自黎彤，1994

纳岭沟矿区内铀的五种伴生元素 Sc、Mo、Se、V、Re，有 Mo、Re、Se 三种的浓度值大于地壳克拉值，Mo、Re 元素有潜在的利用价值，Se 的最大含量达到综合利用品位。

### （三）同位素地球化学特征

纳岭沟、大营铀矿床不同颜色含矿砂岩中方解石 C—O 同位素样品投点，主要落在沉积有机物的脱羧基作用和有机质氧化作用区间（图 5.37），反映直罗组下段砂岩中碳酸盐矿物中的 C 主要来自沉积有机物的氧化及其脱羧基作用，表明铀矿化的形成过程中有来自于有机质热演化所释放出的烃类流体参与其中。

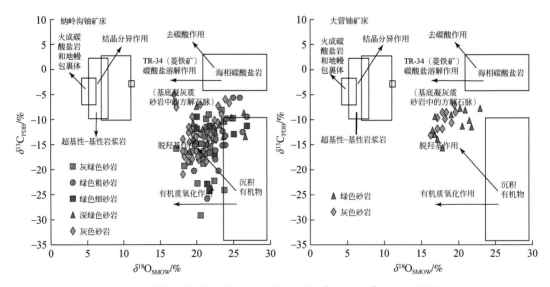

图 5.37　鄂尔多斯盆地岩矿石和碳酸盐脉 $\delta^{18}O_{SMOW}$–$\delta^{13}C_{PDB}$ 组成特征

另外，东胜地区 14 件钙质砂岩测试结果分析表明，方解石 $\delta^{13}C_{PDB}$ 为 –15.7‰ ~ –1.6‰，平均 –9.08‰，$\delta^{18}O_{PDB}$ 为 –15.6‰ ~ –10‰，平均 –12.4‰。与方解石平衡的水相

氧同位素组成变化范围较宽，为-7.66‰~9.71‰，推测较轻的同位素组成具有封存大气降水的特征，而较重同位素组成则反映成岩成矿过程中深部富含油气低温热流体的加入。同样在碳酸盐矿物 $\delta^{13}C_{PDB}$-$\delta^{18}O_{SMOW}$ 图解（图5.38）上投影点落在与有机质有关的碳酸盐区和成岩碳酸盐区内，说明碳的来源可能有沉积岩自身有机物、煤成气和深部油气三种物质。初步解释认为直罗组砂岩中普遍含有丰富的有机质，此部分有机质通过沉积成岩作用，导致氧化、降解和脱羧基作用，生成 $CO_2$，与介质水中 $Ca^{2+}$ 相互作用，生成 $CaCO_3$ 沉淀。东胜地区直罗组之下为延安组煤系地层，其产生的煤成气有可能沿构造或岩石裂隙上升到含矿砂岩层中。鄂尔多斯盆地上古生界富含油气，深部油气氧化产生的 $CO_2$ 也可能沿各种构造裂隙上升到含矿砂岩层中，包裹体中石油烃具有生物降解的证据（李宏涛等，2007）。大量的研究也表明，盆地北部古生界油气具有向上朝侏罗纪地层运移的普遍现象（冯乔等，2006；杨晓勇等，2007）。

综合分析认为，东胜地区直罗组砂岩中方解石是地表水和深部油气共同作用的结果。早期有机酸促使长石类骨架颗粒溶蚀，形成石英颗粒次生加大边，并伴随着自生高岭石沉淀；后期随着大量烃类注入砂岩中，成岩成矿环境由酸性向碱性转变，还原性增强，介质水中的 $CO_2$ 与 $Ca^{2+}$ 及 $Fe^{2+}$ 结合形成含铁为特征的方解石，沉淀在原生粒间孔隙和各类次生溶蚀孔隙中。整个过程都伴随有铀元素的运移和沉淀，东胜铀矿床是地表水和深部油气混合作用形成的。

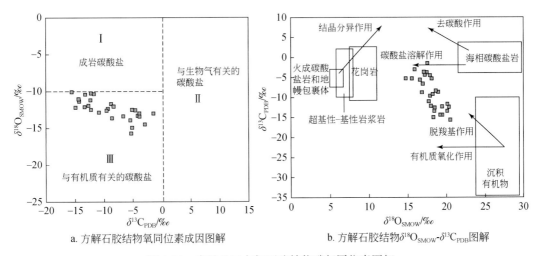

a. 方解石胶结物氧同位素成因图解　　　　　b. 方解石胶结物 $\delta^{18}O_{SMOW}$-$\delta^{13}C_{PDB}$ 图解

图5.38　东胜地区方解石胶结物碳氧同位素图解

对直罗组铀矿层各个地段及其围岩12件含黄铁矿砂岩、黄铁矿结核样品中，挑选沿层理呈结核状分布的黄铁矿单矿物，进行 $\delta^{34}S$ 分析，详见表5.4和图5.39。黄铁矿 $\delta^{34}S_{CDT}$ = -34.1‰~-21‰，平均值-27.46‰，除样品15ZKN8-67-k7的 $\delta^{34}S_{CDT}$ = -7.3‰，其余样品 $\delta^{34}S_{CDT}$ 平均-29.3‰，变化范围较小。表明整个矿床黄铁矿成因相似，形成环境还原性较强。

表 5.4　铀矿体及围岩黄铁矿 $\delta^{34}S$ 同位素特征

| 样号 | 样品描述 | 深度/m | $^{34}S/‰$ |
|---|---|---|---|
| 15ZKN28-36-K13 | 黄铁矿 | 329 | −24.7 |
| N72-111-K16 | 灰色中粗砂岩 | 374 | −25.4 |
| 15N44-131-K14 | 灰色中粗粒杂砂岩 | 373 | −31.4 |
| 15WN5-K11 | 灰白色砂岩 | 330 | −33.8 |
| 15WTN7-K52 | 铀矿化灰白色砂岩 | 345 | −34.1 |
| 15ZKN31-44-K24 | 黄铁矿 | 549 | −33 |
| 15ZKN31-12-K4 | 含泥砾粗砂岩 | 486 | −31.4 |
| 15ZKN16-72-14 | 灰绿色粉砂岩 | 410 | −32.9 |
| 15ZKN8-46-k3 | 灰色砂岩 | 439 | −30.4 |
| 15ZKN8-67-k7 | 铀矿化灰白色砂岩 | 360 | −7.3 |
| 15nZKN028 | 铀矿化灰色粗砂岩 | 431 | −24.1 |
| 15nZKN049 | 铀矿化灰绿色中粒长石砂岩 | 476 | −21 |

在无机还原反应过程中，S 同位素的分馏是由于 S—O 键被打破的速率差异造成的，$^{32}S$—O 比 $^{34}S$—O 键更容易被打断，使得无机还原形成的硫化物中富集更多的 $^{32}S$。而在微生物的还原过程中，硫酸盐还原菌对硫酸盐的还原作用对 S 同位素的分馏起着进一步的催化作用，导致细菌催化作用下形成的硫化物中的 $^{32}S$ 富集明显超过原始硫酸盐。此外，前人研究结果表明无机成因的 $\delta^{34}S$ 同位素下限为−17‰，细菌还原成因黄铁矿 $\delta^{34}S$ 值为−44.7‰~−42.4‰。而本次黄铁矿 $\delta^{34}S$ 值较低，远低已知无机硫同位素的下限−17‰，低于东胜皂火壕铀矿床黄铁矿 $\delta^{34}S_{CDT}$ = −19.8‰~−11.2‰（李宏涛等，2007），以及直罗组黄铁矿 $\delta^{34}S$ 值−35.967‰~26.97‰（吴柏林，2005），明显富集 $^{32}S$。光学显微镜鉴定结果表明本区见草莓状黄铁矿，且与铀石关系紧密，说明铀成矿与细菌或生物的作用有关（Raiswell，1988）。

针对本区另一典型铀矿床皂火壕铀矿床的研究结果，也认为直罗组砂岩中的黄铁矿为生物成因（Cai et al.，2007）。经推断，纳岭沟铀矿床矿体及邻近围岩黄铁矿硫同位素总体比较"轻"，相对富集 $^{32}S$，表明成矿阶段在微生物的作用下发生了脱硫酸作用。地下水中

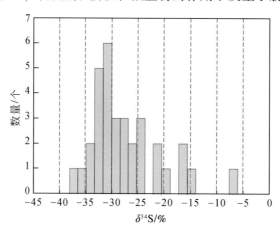

图 5.39　鄂尔多斯盆地北部纳岭沟铀矿床含矿层黄铁矿 S 同位素特征

硫酸盐在微生物作用下发生还原时，$^{32}SO_4^{2-}$优先被还原成$H_2^{32}S$。由于富含$^{32}S$的"轻"$H_2^{32}S$的生成，处于还原环境的Fe主要以$Fe^{2+}$形式存在于地下水中，溶解在地下水中的$Fe^{2+}$与$H_2S$发生反应生成黄铁矿，从而使含矿层中硫同位素发生分馏作用，造成$\delta^{34}S$负值。综合前人成果及本次分析结果，纳岭沟铀矿床直罗组砂岩中黄铁矿的形成应主要是生物作用的结果。

## 二、鄂尔多斯盆地西缘岩石地球化学特征

采用X衍射荧光光谱（XRF）和等离子体质谱仪（ICP-MS）对鄂尔多斯盆地西缘宁东地区中侏罗统直罗组下段砂岩和泥岩样品的主、微量元素及稀土元素含量进行测试分析，旨在对其沉积古环境进行恢复，并对其源区构造背景、源岩属性等特征进行综合研究。

通过前文Sr/Cu值及化学蚀变指数（CIA）综合分析，认为研究区直罗组下段沉积古气候为半干旱–半湿润气候。研究区直罗组下段样品的化学蚀变指数（CIA）为37.3～77.9，平均58.7（表5.5）。其中七个样品的CIA小于60，指示初级风化强度，反映了较干旱的古气候特征；另外七个样品的CIA为60～80，指示中等风化强度，反映出温暖湿润的古气候特征。整体上反映出鄂尔多斯盆地西缘直罗组下段沉积古气候为半干旱–半湿润气候。

Sr/Cu值也是判断古气候的良好指标（Tribovillard et al., 2006）。Sr/Cu值为1.3～5.0指示温湿气候，Sr/Cu值大于5.0则指示干旱气候（陈骏等，2001；叶荷等，2010）。研究区直罗组下段样品的Sr/Cu值为2.98～53.83，部分样品的Sr/Cu值小于5.0，指示温湿气候；部分样品的Sr/Cu值大于5.0，指示了干旱气候。整体上也可以反映出研究区直罗组下段沉积古气候为半干旱–半湿润气候。

表5.5　宁东地区直罗组常量、微量和稀土元素含量表

| 样品号 | 主量元素质量分数/% | | | | | | | | | | | | | | | CIA |
| | $SiO_2$ | $Al_2O_3$ | $Fe_2O_3$ | FeO | CaO | MgO | $K_2O$ | $Na_2O$ | $TiO_2$ | $P_2O_5$ | MnO | 灼失 | $H_2O+$ | $H_2O-$ | $CO_2$ | |
|---|---|---|---|---|---|---|---|---|---|---|---|---|---|---|---|---|
| Y01 | 62.17 | 17.90 | 3.49 | 2.92 | 0.62 | 2.14 | 2.61 | 1.60 | 0.91 | 0.04 | 0.06 | 5.22 | 1.74 | 1.58 | 0.02 | 73.00 |
| Y02 | 58.88 | 10.76 | 1.14 | 1.38 | 11.17 | 0.89 | 2.26 | 2.34 | 0.52 | 0.07 | 0.51 | 9.92 | 2.40 | 0.40 | 7.32 | 37.30 |
| Y03 | 56.44 | 20.20 | 6.55 | 2.33 | 0.45 | 2.45 | 2.88 | 1.17 | 0.99 | 0.07 | 0.07 | 6.16 | 2.08 | 2.26 | 0.03 | 77.11 |
| Y04 | 77.26 | 11.17 | 0.95 | 0.84 | 1.25 | 0.84 | 2.76 | 2.38 | 0.31 | 0.05 | 0.03 | 2.07 | 0.71 | 0.93 | 0.34 | 55.83 |
| Y05 | 56.31 | 20.86 | 4.86 | 3.53 | 0.35 | 2.33 | 3.05 | 1.06 | 0.93 | 0.05 | 0.04 | 6.24 | 2.07 | 1.91 | 0.02 | 77.96 |
| Y06 | 86.50 | 7.34 | 0.16 | 0.39 | 0.54 | 0.15 | 2.50 | 1.32 | 0.10 | 0.02 | 0.01 | 0.92 | 0.29 | 0.18 | 0.26 | 55.42 |
| Y07 | 60.04 | 18.29 | 3.36 | 3.80 | 0.91 | 2.37 | 2.91 | 1.61 | 0.92 | 0.14 | 0.05 | 5.18 | 2.74 | 1.44 | 0.22 | 71.51 |
| Y08 | 62.77 | 17.56 | 2.80 | 3.78 | 0.72 | 1.72 | 2.70 | 1.56 | 0.92 | 0.08 | 0.05 | 4.94 | 2.67 | 0.95 | 0.17 | 72.22 |
| Y09 | 60.06 | 12.36 | 10.35 | 1.45 | 2.05 | 0.79 | 2.41 | 2.33 | 0.50 | 0.07 | 0.05 | 7.41 | 3.48 | 0.34 | 0.80 | 57.51 |
| Y10 | 78.97 | 10.65 | 1.05 | 0.44 | 1.07 | 0.33 | 3.20 | 1.83 | 0.31 | 0.04 | 0.05 | 2.05 | 0.70 | 0.25 | 0.39 | 56.53 |
| Y11 | 76.68 | 7.04 | 0.86 | 0.29 | 5.45 | 0.23 | 2.86 | 1.43 | 0.09 | 0.02 | 0.05 | 4.97 | 1.01 | 0.28 | 3.64 | 38.09 |
| Y12 | 61.14 | 18.06 | 2.81 | 3.72 | 1.00 | 1.72 | 2.65 | 1.52 | 0.92 | 0.05 | 0.07 | 5.94 | 2.95 | 1.58 | 0.16 | 72.35 |

续表

| 样品号 | 主量元素质量分数/% | | | | | | | | | | | | | | | CIA |
|---|---|---|---|---|---|---|---|---|---|---|---|---|---|---|---|---|
| | $SiO_2$ | $Al_2O_3$ | $Fe_2O_3$ | FeO | CaO | MgO | $K_2O$ | $Na_2O$ | $TiO_2$ | $P_2O_5$ | MnO | 灼失 | $H_2O+$ | $H_2O-$ | $CO_2$ | |
| Y13 | 73.13 | 12.20 | 2.21 | 0.24 | 2.30 | 0.54 | 3.00 | 1.45 | 0.45 | 0.03 | 0.03 | 4.39 | 2.45 | 0.61 | 0.97 | 58.95 |
| Y14 | 52.29 | 16.48 | 4.57 | 7.63 | 1.66 | 1.74 | 2.43 | 0.56 | 0.80 | 0.15 | 0.38 | 10.46 | 4.48 | 1.92 | 0.81 | 74.75 |

| 样品号 | 微量元素含量/$10^{-6}$ | | | | | | | | | | | | | | | Sr/Cu | Sr/Ba | U/Th | V/Cr | Ni/Co | V/(V+Ni) |
|---|---|---|---|---|---|---|---|---|---|---|---|---|---|---|---|---|---|---|---|---|---|
| | Cu | Pb | Zn | Cr | Ni | Co | Rb | Cs | Sr | Ba | V | Sc | Zr | U | Th | | | | | | |
| Y01 | 26.6 | 20.0 | 99.6 | 58.5 | 25.9 | 15.9 | 118 | 4.25 | 149 | 268 | 110 | 8.14 | 226 | 2.2 | 7.08 | 5.60 | 0.56 | 0.31 | 1.88 | 1.63 | 0.81 |
| Y02 | 10.4 | 13.2 | 42.2 | 32.5 | 16.4 | 11.6 | 70 | 2.52 | 222 | 566 | 60 | 8.68 | 164 | 2.28 | 5.84 | 21.35 | 0.39 | 0.39 | 1.86 | 1.41 | 0.79 |
| Y03 | 30.5 | 20.3 | 121 | 69.6 | 34.7 | 20.7 | 146 | 3.97 | 158 | 183 | 122 | 5.91 | 162 | 1.51 | 5.81 | 5.18 | 0.86 | 0.26 | 1.75 | 1.68 | 0.78 |
| Y04 | 4.2 | 13.4 | 24.4 | 18.1 | 7.4 | 5.8 | 82 | 1.36 | 225 | 573 | 30 | 5.6 | 87 | 1.55 | 2 | 53.83 | 0.39 | 0.74 | 1.65 | 1.27 | 0.8 |
| Y05 | 40.9 | 25.5 | 119 | 76.8 | 39.5 | 20.9 | 151 | 7 | 122 | 347 | 128 | 8.73 | 141 | 2.36 | 9.98 | 2.98 | 0.35 | 0.24 | 1.67 | 1.89 | 0.76 |
| Y06 | 20.1 | 11.1 | 6.8 | 5.7 | 3.9 | 2.9 | 74 | 1.35 | 134 | 549 | 12 | 2.75 | 56 | 0.63 | 0.87 | 6.67 | 0.24 | 0.72 | 2.10 | 1.33 | 0.75 |
| Y07 | 33.6 | 16.0 | 86.2 | 64.4 | 31.3 | 16.0 | 123 | 2.3 | 144 | 220 | 110 | 5.85 | 214 | 1.44 | 4.84 | 4.29 | 0.65 | 0.3 | 1.71 | 1.96 | 0.78 |
| Y08 | 24.2 | 17.5 | 85.1 | 57.0 | 25.5 | 13.8 | 122 | 2.04 | 143 | 173 | 92 | 5.36 | 261 | 1.27 | 3.36 | 5.91 | 0.83 | 0.38 | 1.61 | 1.85 | 0.78 |
| Y09 | 16.3 | 43.1 | 23 | 27.3 | 24.7 | 22.5 | 78 | 1.84 | 195 | 475 | 30 | 4.75 | 144 | 1.6 | 3.3 | 11.96 | 0.41 | 0.48 | 1.09 | 1.10 | 0.55 |
| Y10 | 4.7 | 13.2 | 25.3 | 19.6 | 6.0 | 5.4 | 89 | 1.65 | 175 | 693 | 34 | 4.03 | 120 | 2.83 | 0.64 | 37.55 | 0.25 | 4.42 | 1.72 | 1.11 | 0.85 |
| Y11 | 27.1 | 18.4 | 1.7 | 7.9 | 8.7 | 6.2 | 73 | 1.46 | 129 | 628 | 10 | 4.45 | 52 | 55.8 | 2.83 | 4.76 | 0.21 | 19.72 | 1.31 | 1.40 | 0.54 |
| Y12 | 29.2 | 13.9 | 40.6 | 59.8 | 21.4 | 9.0 | 135 | 3.19 | 179 | 216 | 108 | 6.88 | 226 | 1.24 | 5.06 | 6.13 | 0.83 | 0.25 | 1.81 | 2.38 | 0.83 |
| Y13 | 9.8 | 15.8 | 18.5 | 30.0 | 13.4 | 10.8 | 104 | 2.74 | 148 | 449 | 48 | 5.73 | 148 | 17.2 | 1.89 | 15.15 | 0.33 | 9.1 | 1.60 | 1.24 | 0.78 |
| Y14 | 23.5 | 15.0 | 45.8 | 62.0 | 22.5 | 10.0 | 171 | 6.61 | 135 | 188 | 110 | 6.49 | 171 | 1.68 | 11.3 | 5.74 | 0.72 | 0.15 | 1.77 | 2.25 | 0.83 |

| 样品号 | 稀土元素质量分数/$10^{-6}$ | | | | | | | | | | | | | | | | | | $\delta Eu$ | $\delta Ce$ |
|---|---|---|---|---|---|---|---|---|---|---|---|---|---|---|---|---|---|---|---|---|
| | La | Ce | Pr | Nd | Sm | Eu | Gd | Tb | Dy | Ho | Er | Tm | Yb | Lu | Y | $\Sigma REE$ | $\Sigma LREE$ | $\Sigma HREE$ | | |
| Y01 | 22.5 | 64.0 | 5.6 | 21.2 | 4.0 | 0.88 | 3.6 | 0.57 | 3.13 | 0.61 | 1.75 | 0.28 | 1.95 | 0.30 | 14.6 | 130.3 | 118.1 | 12.2 | 0.88 | 1.38 |
| Y02 | 24.6 | 69.2 | 5.4 | 19.2 | 3.1 | 0.90 | 3.1 | 0.40 | 2.04 | 0.40 | 1.22 | 0.20 | 1.34 | 0.22 | 10.8 | 131.4 | 122.4 | 8.9 | 0.67 | 1.41 |
| Y03 | 16.0 | 47.3 | 3.8 | 14.4 | 2.7 | 0.57 | 2.4 | 0.39 | 2.27 | 0.46 | 1.33 | 0.22 | 1.52 | 0.24 | 10.9 | 93.6 | 84.8 | 8.8 | 1.36 | 0.73 |
| Y04 | 7.7 | 12.0 | 1.9 | 7.4 | 1.4 | 0.62 | 1.4 | 0.21 | 1.15 | 0.23 | 0.64 | 0.10 | 0.74 | 0.12 | 5.8 | 35.5 | 31.0 | 4.6 | 0.67 | 1.18 |
| Y05 | 25.5 | 61.5 | 5.7 | 21.0 | 3.8 | 0.80 | 3.5 | 0.55 | 3.22 | 0.67 | 1.93 | 0.31 | 2.09 | 0.33 | 16.5 | 130.9 | 118.3 | 12.6 | 1.96 | 1.45 |
| Y06 | 2.9 | 9.2 | 0.8 | 3.0 | 0.5 | 0.33 | 0.5 | 0.06 | 0.33 | 0.07 | 0.19 | 0.03 | 0.24 | 0.04 | 1.8 | 18.1 | 16.7 | 1.4 | 0.63 | 1.07 |
| Y07 | 16.0 | 37.6 | 4.3 | 17.4 | 3.4 | 0.69 | 3.2 | 0.52 | 3.16 | 0.64 | 1.84 | 0.30 | 2.12 | 0.34 | 16.4 | 91.5 | 79.4 | 12.1 | 0.73 | 1.04 |
| Y08 | 7.6 | 19.2 | 2.6 | 10.2 | 2.1 | 0.48 | 1.8 | 0.32 | 1.95 | 0.40 | 1.15 | 0.19 | 1.41 | 0.22 | 8.8 | 49.7 | 42.2 | 7.5 | 1.03 | 1.13 |
| Y09 | 12.1 | 28.9 | 3.0 | 11.5 | 2.1 | 0.68 | 1.9 | 0.29 | 1.62 | 0.32 | 0.93 | 0.15 | 1.07 | 0.17 | 7.8 | 64.7 | 58.2 | 6.5 | 3.74 | 1.81 |
| Y10 | 1.6 | 6.3 | 0.4 | 1.5 | 0.3 | 0.39 | 0.5 | 0.05 | 0.33 | 0.07 | 0.20 | 0.04 | 0.27 | 0.04 | 1.9 | 11.9 | 10.6 | 1.3 | 1.28 | 1.49 |
| Y11 | 12.6 | 39.1 | 2.9 | 10.9 | 1.9 | 0.80 | 1.9 | 0.26 | 1.31 | 0.24 | 0.66 | 0.10 | 0.68 | 0.11 | 6.3 | 73.5 | 68.2 | 5.3 | 0.68 | 0.94 |
| Y12 | 16.1 | 34.7 | 4.8 | 19.6 | 4.1 | 0.89 | 3.8 | 0.62 | 3.58 | 0.70 | 1.98 | 0.30 | 2.14 | 0.33 | 17.0 | 93.7 | 80.2 | 13.5 | 1.34 | 1.28 |
| Y13 | 3.6 | 10.2 | 1.0 | 4.1 | 1.0 | 0.45 | 1.1 | 0.19 | 1.27 | 0.27 | 0.78 | 0.13 | 0.95 | 0.16 | 7.1 | 25.2 | 20.3 | 4.9 | 0.65 | 0.88 |
| Y14 | 19.7 | 39.2 | 5.7 | 22.5 | 4.4 | 0.87 | 3.6 | 0.56 | 3.18 | 0.63 | 1.77 | 0.28 | 1.91 | 0.29 | 15.6 | 104.5 | 92.3 | 12.2 | 0.88 | 1.38 |

U/Th、V/Cr、Ni/Co 和 V/(V+Ni) 值等判别指标，可以综合指示出该区直罗组下段沉积古水体为富氧的氧化环境。Sr 含量和 Sr/Ba 值反映出研究区直罗组下段的沉积古水体为淡水环境。研究区直罗组下段 U/Th 值介于 0.15~19.72，平均 2.68。由于直罗组下段铀矿富集的原因，造成个别样品 U/Th 值较大，对沉积环水体氧化还原环境指标形成一定干扰。但是除去三个含矿砂岩样品外，其余 11 个样品的 U/Th 值均<0.75，反映出富氧的古水体环境。V/Cr 值为 1.09~2.10，平均为 1.68，除去 1 个样品 V/Cr 值为 2.1 以外，其余样品的 V/Cr 值均小于 2，也指示了富氧的古水体环境。Ni/Co 值为 1.1~2.3，均远小于 5，平均 1.61，同样指示了富氧的古水体环境。V/(V+Ni) 值为 0.54~0.85，平均 0.75，反映出富氧–次富氧的古水体环境。通过以上 U/Th、V/Cr、Ni/Co 和 V/(V+Ni) 值的分析，可以综合反映出直罗组下段沉积古水体为较为富氧的氧化环境。

本次工作还重点对鄂尔多斯盆地西缘铀矿石中铝、钾、钠、铁、锰、钛、磷及铀的共生、伴生元素特征进行了分析。

### 1. Al、Si 元素地球化学特征

铝在地球化学分带中的含量有一定的差别，在强氧化带中含量最高值为 10.38%，在矿石带中含量为 9.11%，在其他带内含量 7.66%~7.98%。铝在氧化带中富集可能与带内岩石发生强烈的黏土化蚀变有关。$SiO_2$ 在矿石带中的含量为 58.80%，明显低于在其他带中 74.30%~79.04% 的含量，这主要与成矿过程中因素迁移有关。

### 2. K、Na、Ca、Mg 元素地球化学特征

K、Na 元素地球化学性质比较活跃，在地下水的长期淋滤下被带出，导致在矿石带中的含量降低。Ca、Mg 等碱土金属，因为在矿石带中发生了强烈的碳酸盐化，在矿石带中的含量增加了 1 倍以上。可能与铀酰碳酸盐离子破坏产生 $CO_2$ 等气体导致 $Ca^{2+}$ 和 $Mg^{2+}$ 沉淀，生成方解石和白云石有关。

### 3. Fe、Mn、Ti 元素地球化学特征

三元素在含矿层中发生了富集。Mn 富集较为明显，可能是矿石带中 pH 改变导致了 Mn 元素的富集。Fe 的富集可能与 $Fe^{2+}$ 与 $S^{2-}$ 结合生成黄铁矿（$FeS_2$）有关，黄铁矿（$FeS_2$）氧化导致 $Fe^{3+}$ 的富集。Ti 的富集则与矿石带内富含有机质有关，腐殖酸使钛（Ti）沉淀，并与铀（U）共生。

### 4. P 元素地球化学特征

在矿石带明显的富集，含量达 2.88%，比其他带中富集了 50 多倍，可能与有机质含量高、生物成矿及磷酸铀酰离子在矿石带沉淀有关。

综合上述资料及前人研究成果，鄂尔多斯盆地内三个地区，东北缘直罗组砂岩的 $SiO_2$ 含量相对最低，平均含量为 64.83%，东南缘的 $SiO_2$ 含量相对最高，平均含量为 71.63%。

将砂岩样品投到砂岩岩石地球化学分类图上，不同地区代表的岩石类型不一致，东南缘黄陵地区的主要为长石砂岩，东北缘地区的主要为长石岩屑砂岩、岩屑砂岩，西缘宁东地区则为杂砂岩和岩屑砂岩（图 5.40），其砂岩类型基本反映了近物源特征。

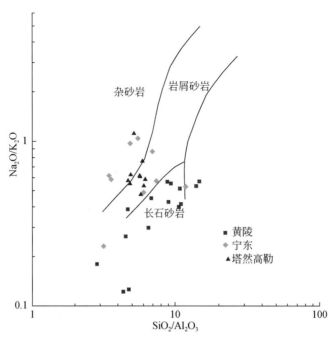

图 5.40　鄂尔多斯盆地直罗组碎屑岩类型判别（底图据 Pettijohn，1973）

　　分析数据显示 Co、Ni、Cr、V 等镁铁质元素与大陆上地壳平均含量相近（Rudnik and Gao，2003）。在 MORB 标准化微量元素蜘蛛网图（图 5.41）中，岩石相对富集 K、Rb 大离子亲石元素，Zr、Hf 高场强元素，亏损 Nb、Ta、P、Ti 等典型的不活动元素。

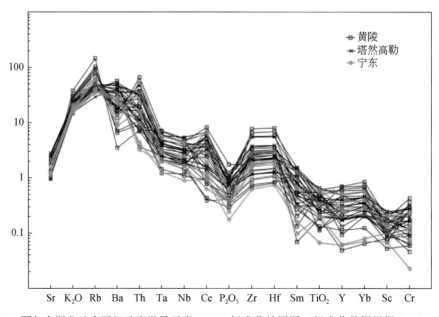

图 5.41　鄂尔多斯盆地直罗组砂岩微量元素 MORB 标准化蛛网图（标准化数据根据 Pearce，1983）

鄂尔多斯盆地三个地区的砂岩稀土总量变化较大，东北缘 $\sum$REE 值为 $36.49 \times 10^{-6} \sim$ $154.71 \times 10^{-6}$，平均为 $95 \times 10^{-6}$；$\sum$LREE/$\sum$HREE 值为 $7.5 \sim 12.6$，平均为 10.82；（La/Yb)$_N$ 值为 $6.5 \sim 17.9$，平均为 12.3；大部分样品无明显的 Ce 异常。而西缘和东南缘的 $\sum$REE 值及 $\sum$LREE/$\sum$HREE 值相对偏低，分别为 61、63；（La/Yb)$_N$ 值平均分别为 7.0、5.5；无 Eu 异常或弱的 Eu 负异常，少部分为弱正异常（图 5.38）。尽管三个地区的样品 REE 绝对含量变化较大，但球粒陨石标准化配分型式基本一致，均呈现轻稀土富集、重稀土平坦及中度 Eu 负异常特征，这与大陆上地壳稀土元素配分型式较为相似（Taylor and McLennan，1985）。

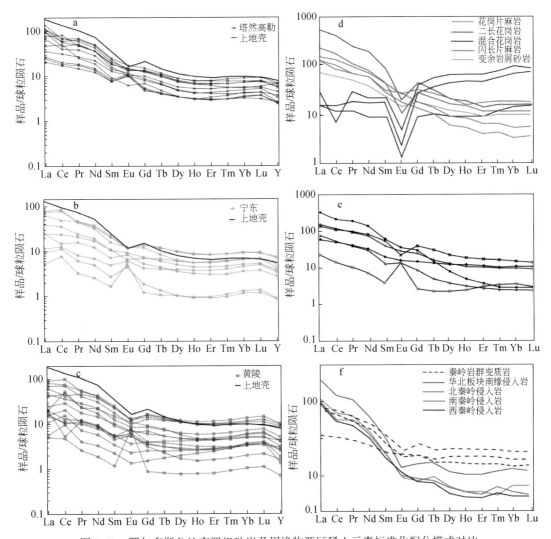

图 5.42　鄂尔多斯盆地直罗组砂岩及周缘物源区稀土元素标准化配分模式对比

a. 东北缘塔然高勒地区球粒陨石标准化；b. 西缘宁东地区球粒陨石标准化；c. 东南缘黄陵地区球粒陨石标准化；
d. 阴山、吕梁山地区太古宙结晶基底样品（陈全红等；2012）；e. 阿拉善地区变质岩和花岗岩样品；f. 秦岭造山带秦岭岩群变质岩样品（时毓等，2009）和各岩区侵入岩样品（周文戈等，1999）

　　另外，本次与周边源区如北部阴山地区、东部吕梁山地区、西部阿拉善、南部秦岭地区变质岩和岩浆岩的稀土元素球粒陨石标准化配分型式进行了对比（图5.42）。从图5.42中可以发现，北缘阴山地区的太古宙及元古宙变质岩（花岗片麻岩、闪长片麻岩、角闪斜长片麻岩等）表现出轻稀土元素（LREE）富集，除混合花岗岩外，其他岩石重稀土元素（HREE）相对亏损（图5.42d）；阿拉善地区基底岩石具有轻稀土富集的特征，具铕（Eu）的正异常、负异常或无异常，配分曲线为明显的右倾型（图5.42e）；秦岭地区变质岩配分曲线表现为轻微负异常的右倾型，但重稀土相对平缓；而侵入岩配分曲线表现为明显的右倾型。综合表明盆地北部、西部直罗组与阴山地区太古宙的花岗片麻岩、闪长片麻岩、二长花岗岩等岩石具有亲源性；与鄂尔多斯盆地西缘直罗组砂岩稀土分析配分模式比较一致，盆地西缘侏罗系的稀土配分曲线也为轻稀土富集的右倾型（图5.42f），从另一方面表明物源可能来自盆地西侧的阿拉善地区。秦岭地区的变质岩配分曲线与黄陵地区较为相似，而侵入岩配分曲线与东南缘直罗组相差较大，作为物源区的贡献较小。

　　在物源区方程判别图上（图5.43），鄂尔多斯盆地三个地区直罗组砂岩样品主要落在长英质火成物源区和中性岩火成物源区，其中前者代表了物源来自属于成熟的大陆地区，后者代表了砂岩中火山碎屑主要是安山岩，属于成熟和不成熟的大陆边缘岩浆弧。西缘宁东地区部分样品落于镁铁质火成物源区。另外东北缘塔然高勒地区部分样品落于石英岩沉积物源区。

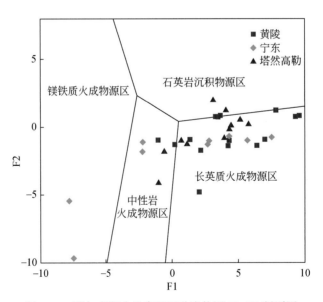

图5.43　鄂尔多斯盆地直罗组砂岩物源F1–F2判别图

　　三个地区直罗组砂岩$K_2O$含量均比较高，东北缘、西缘、东南缘的岩石$\omega_{K_2O}/\omega_{Na_2O}$平均值分别为1.5、1.5、3.0，接近甚至高于被动大陆边缘砂岩的约1.60，反映大量成熟组分的加入。通过镜下观察发现砂岩中的伊利石黏土矿物较少，因此推测砂岩的高钾含量主要源自碎屑颗粒而非后生矿物的贡献，这间接反映了源区的高钾性质，尤其是东南缘黄陵地区早中二叠世长期受被动大陆边缘物源影响，具有高$SiO_2$，低$Na_2O$的特征，这与太古宙—元古宙的太华群、秦岭群、宽坪群等岩系的高 $SiO_2$ 含量，$K_2O/Na_2O>1$ 的特征一致。

　　Floyd 通过对苏格兰西北部古元古代变质沉积岩地球化学特征研究，提出利用 La/Th-Hf 判别图解对不同构造环境沉积物源进行判别（Floyd and Rowbotham，1986）。在 La/Th-Hf 图解上（图5.44），大多数样品落在长英质与基性岩混合区，反映其来源于火山弧物质和大陆上地壳长英质物质为主的混合物源区。说明其原始物质应来自上地壳，以长英质岩石为主，并混合有含长石较高的中性岩浆岩。

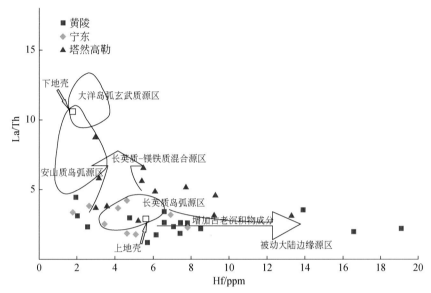

图5.44　鄂尔多斯盆地直罗组砂岩 La/Th-Hf 源区环境判别图
（据 Taylor and McLennan，1985；Floyd and Rowbotham，1986）

# 第四节　成矿实验研究

　　表生流体成矿作用是砂岩型铀矿的主要成矿机制，研究地下流体特征及水中铀的存在形式具有重要指示意义。为进一步模拟或反演古地下水特征和成矿过程，本次工作有针对性地进行了流体成矿实验研究。

## 一、地下水化学特征

　　鄂尔多斯盆地主要选择了纳岭沟铀矿进行了系统地下水样品采集、测试（图5.45），并收集了核工业二〇八大队的 WN1～WN6 水文地质钻孔在不同抽水时间的水化学分析资料和两个第四系潜水（民井）的水化学数据。水化学分析表明矿区内水化学类型多为 $SO_4 \cdot O$ 化学分析型，矿化度多为 0.91～4.6g/L，平均值 1.35g/L，水中铀含量 $0.1 \times 10^{-6}$～$55.0 \times 10^{-6}$g/L。地下水中铀与钍明显相关。第四系水化学类型一般为 $HCO_3 \cdot SO_4$-Na 型，矿化度为 0.96～1.07g/L，与铀矿区地下水层间水相差不大，水中铀含量为 $1.14 \times 10^{-6}$～$12.63 \times 10^{-6}$g/L。

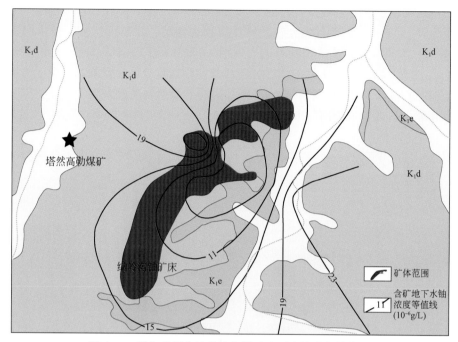

图 5.45　鄂尔多斯盆地纳岭沟铀矿地下水铀浓度等值线

地下水化学成分所做的 Piper 三线图（图 5.46）及水文地质钻井资料表明，铀矿床区地下水与浅层第四系地下水存在明显区别。矿区地下水主要位于非碳酸盐碱大于 50% 区，而矿区第四系地下水主要位于无-对阴阳离子大于 50% 区。表明矿区地下水由浅层地下水入渗时，与围岩发生了渗溶作用，使地下水化学成分发生了变化。Na 与 Cl 关系图显示，矿区地下水主要来源于地下水从补给区潜水到排泄区的入渗溶滤作用的演化结果。

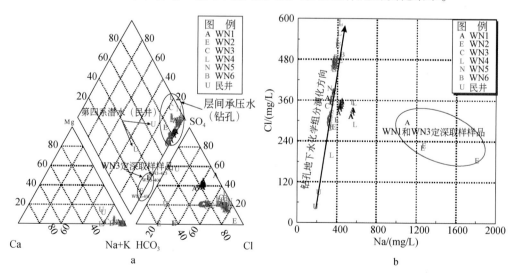

图 5.46　鄂尔多斯盆地纳岭沟铀矿地下水水化学图

a. Piper 三线图；b. 地下水 Na 与 Cl 关系图

地下水的吉布斯图可以反映出纳岭沟不同含水层表现出明显的水-岩作用差异。在地下水的浅层区主要发生矿物的溶解作用；而在地下水的深层矿区地下水，矿物沉积作用比较明显（图5.47）。较浅层的第四系和白垩系地下水中 $Cl^-/(Cl^- +HCO_3^-)$ 值与溶解固体总量（total dissolved solid，TDS）相对较低（第四系浅层水样），具有岩石风化-溶滤作用下形成的地下水典型特征。在含矿区的地下水与岩石相互作用时间较长，随着径流途中地下水中盐分的积累，具有不同溶解度的矿物成分依次达到饱和而不断发生沉淀作用。由于碳酸盐类矿物在水中的溶解度小于岩盐，因此，从浅层的地下水到深层地下水，随着水-岩作用的进行，$HCO_3^-$ 在阴离子中所占比例逐渐减小而 $Cl^-$ 所占比例逐渐增大，地下水中总溶解固体含量也逐渐增大，说明在含矿含水层中的地下水矿物的沉积作用逐渐明显。由于地表水未封闭，具有蒸发区地下水的水化学性质，因此位于吉布斯图中的排泄区范围内。

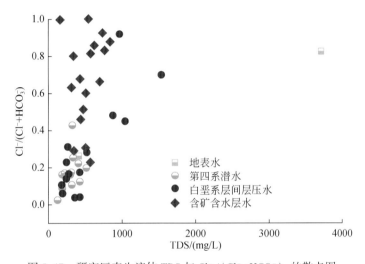

图5.47　研究区表生流体 TDS 与 $Cl^-/(Cl^- +HCO_3^-)$ 的散点图

纳岭沟铀矿床地下水中的氢、氧稳定同位素组成明显更负于东胜铀矿床的石英包裹体氢氧同位素，其中 $\delta D$ 值为 $-90.5‰\sim -76.5‰$（平均值为 $-85.7‰$），$\delta^{18}O$ 为 $-10.3‰\sim -8.5‰$（平均值为 $-9.58‰$）。$\delta D-\delta^{18}O$ 投影图（图5.48）显示，矿区地下水氢氧同位素组成在全球大气降水线的右下方，明显偏离全球降水线 GMWL（Graig，1961）。该矿床相邻的东胜浅层地下水同位素特征与该区地下水同位素特征相似，基本落在该线的附近，表明该区地下水主要来源于大气降水的补给。本次研究发现图中东胜铀矿床石英流体包裹体氢氧同位素点正好投在纳岭沟铀矿床地下水附近，纳岭沟铀矿床地下水与东胜铀矿床石英流体包裹体具有相同的大气降水来源。

## 二、铀成矿流体水文地球化学边界条件

铀在水中的迁移与沉淀状态直接关系到铀是否能够成矿。对于具有一定化学成分的含铀地下水，在什么水文地球化学环境（pH、Eh 条件）水中铀发生迁移，又在什么环境水中铀发生沉淀？这些问题的是铀成矿水文地球化学条件所要研究的主要内容。根据所取得

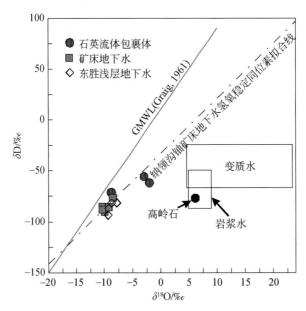

图 5.48　纳岭沟铀矿床层间地下水与东胜铀矿床包裹体、大气降水氢氧稳定同位素的关系

的水化学资料,运用地球化学模式来研究与铀成矿关系密切相关的流体的饱和指数和反应条件指数特征。本次工作将探讨盆地北部纳岭沟铀矿床铀成矿水文地球化学(pH、Eh)边界条件。归纳起来,主要从以下几个方面研究:不同 pH 条件下地下水沥青铀矿饱和指数;不同 Eh 条件下地下水沥青铀矿饱和指数;不同温度条件下地下水沥青铀矿饱和指数。

　　纳岭沟砂岩水沥青铀矿饱和指数与 pH 的关系如图 5.49a 所示。可以看出:不同 pH 模拟分析表明,随着 pH 的上升,沥青铀矿饱和指数先升后下降,且 pH 越大,SI 下降速率越快,表明在较酸条件或较碱性条件下较难以形成铀矿床,地下水可以形成铀矿物沉淀的主要 pH 边界范围在 2.5 ~ 10。当矿区砂岩地下水环境发生变化时,其 pH 在该期间(如 WN4、WN5 在 pH 小于 10,WN3 和 WN2 在 pH 小于 8,WN6 在 pH 小于 7 时)时,地下水中铀有可能发生沉淀成矿作用。综合各点分析,总体上 pH 在 5 ~ 7 时,地下水流体中铀最有可能发生沉淀而形成铀矿。在成矿过程中由于 pH 降低、降温等因素,可以导致铀的活性降低,沥青铀矿饱和指数增大,可导致铀的沉淀成矿。

　　沥青铀矿的饱和指数与 Eh 值的关系见图 5.49b,氧化还原电位 Eh 值对铀矿的沉淀也起着较大的控制作用。当 Eh 值小于 -260mV 时,纳岭沟矿区沥青铀矿可从水中沉淀;当 Eh 值大于 120mV 时,纳岭沟地下水中不能发生铀沉淀。柳益群等(2006)研究包裹体捕获压力求得榆林气田的天然气运移方向,其研究表明天然气为由南向 NE 方向运移,在矿区中形成还原性地下水流体成矿环境。另外,含矿层中厌氧含硫细菌作用下 $SO_4^{2-}$ 还原为 $S^{2-}$,可导致局部的还原地球化学垒,Eh 降低,也可能是使铀在局部范围内沉淀的因素之一。

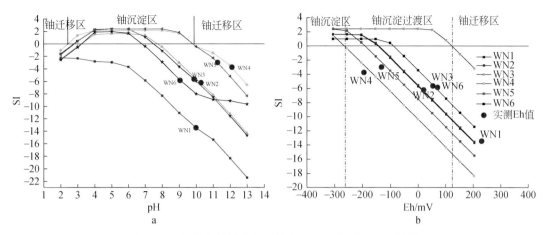

图 5.49 纳岭沟地下水沥青铀矿 pH-SI 和 Eh-SI 关系图

　　沥青铀矿的饱和指数与温度的关系见图 5.50，地下水中沥青铀矿饱和指数随着地下水温度的降低，饱和指数增大。表明随着成矿过程中的降温，沥青铀矿具有沉淀成矿的趋势。模拟表明含矿含水层中饱和指数曲线拐点位置在温度 175℃。超过 175℃时，多数样品饱和指数随温度升高快速降低；低于 175℃时，饱和指数随温度升高下降较慢。只有 WN6 例外。和大多数金属矿产一样，流体温度是影响成矿物质沉淀的重要因素。

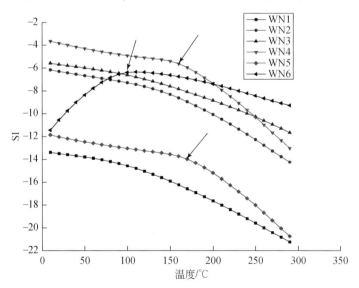

图 5.50 含矿层间地下水沥青铀矿 SI 与地下水温度的关系

# 三、水中铀的存在形式

　　元素在水中的存在形式是水文地球化学研究的重要内容，对其组分的迁移、沉淀有着重要意义。首先，铀在地下水化学组分的存在形式是复杂的，不只是以简单的六大离子形式存在，还包括了许多复杂的络合离子，这对认识地下水环境的演化有重要意义。例如，

天然水中铀就以 $UO_2(CO_3)_3^{4-}$、$UO_2(HPO_4)_2^{2-}$、$UO_2(CO_3)_2^{2-}$、$UO_2CO_3^-$、$UO_2(OH)_n^{2-n}$、$UO_2F_n^{2-n}$等形式存在，而各种络合离子的稳定常数是不一致的，在不同水环境中所占比例也不尽相同。其次，U 的存在形式对组分迁移转化过程有重要影响。如果只以组分总量来表示地下水化学组成，六大离子都是以离子的形式存在于地下水中。如果考虑了组分的存在形式，那么地下水组分除了以单一离子和络阴离子的形式存在之外，还有带电和不带电的络合组分形式，这些组分的存在大大加强了元素在地下水中的迁移能力。如铀在水中以 $UO_2(CO_3)_3^{4-}$为主的存在形式时会大大提高其迁移能力。根据水化学成分分析数据，运用地球化学模式计算得到纳岭沟层间水中铀存在形式（表 5.6）。结果表明，纳岭沟铀矿床地下水中铀存在形式以 $UO_2(OH)_3^-$和 $UO_2(CO_3)_3^{4-}$为主，两者之和 90%。铀的这种存在形式主要因为碳酸铀酰和 $UO_2(OH)_3^-$在水中稳定常数大。同时，也说明矿床地下水中铀具有较强的迁移能力，对铀成矿十分有利。

**表 5.6　纳岭沟铀矿地下水中铀的存在形式**

| 水样号 | pH | Eh/mV | 铀存在形式/% | | | | |
|---|---|---|---|---|---|---|---|
| | | | $UO_2(CO_3)_3^{4-}$ | $UO_2(OH)_3^-$ | $UO_2(CO_3)_2^{2-}$ | $UO_2(OH)_2$ | $UO_2(OH)_4^{2-}$ |
| WN1 | 9.98 | 230 | 92.47 | 6.20 | 0.86 | 0.46 | 0.00 |
| WN2 | 10.28 | 20 | 36.32 | 60.99 | 0.41 | 2.25 | 0.03 |
| WN3 | 9.86 | 53 | 66.58 | 29.05 | 1.52 | 2.84 | 0.00 |
| WN4 | 12.11 | −195 | 0.00 | 96.94 | 0.00 | 0.05 | 3.01 |
| WN5 | 11.26 | −133 | 3.53 | 95.67 | 0.01 | 0.37 | 0.42 |
| WN6 | 9.04 | 70 | 91.51 | 2.05 | 5.13 | 1.30 | 0.00 |

# 第五节　小　　结

（1）塔然高勒铀矿床、大营铀矿、纳岭沟铀矿、东胜铀矿区及黄陵矿区的包裹体总体包含盐水包裹体和烃类包裹体，以气液两相包裹体为主，少数为单相液态包裹体。流体主要以大气降水为主，岩石硅质交接物中流体的均一温度主要为 90~110℃，盐度主要为 2.5~5.5。通过流体包裹体分析表明，含矿层流体中可见卤水和有机还原性流体。

（2）塔然高勒地区含矿砂岩中的蚀变矿物主要有高岭石、蒙脱石、绿泥石、伊利石、碳酸盐、$Fe^{3+}$蚀变矿物；不含矿砂岩的钾长石含量、黏土含量上及蒙皂石含量比含矿砂岩及围岩明显减少，绿泥石和伊利石相对含量没有明显变化。可以分为成岩和成矿两期蚀变矿物，矿层内高岭石等蚀变矿物含量较高。含矿成蚀变矿物产出与以往学者的认识具有"反分带"现象。

（3）含矿砂岩为富硅、富铝的岩石，但铀与硅含量呈弱负相关关系。含矿层富集 Pb、Ba、Mo、V、Ga、Y 等元素。砂岩铀矿与轻稀土的关系密切。

（4）铀成矿模拟实验表明，沥青质铀矿的 pH 为 2.5~10 时沉淀，大于 10 时迁移；Eh 值在−260~120 时沉淀，大于 120 时迁移。

# 第六章 成矿物质沉淀方式

砂岩型铀矿含铀矿物以颗粒很小的隐晶质形式产出，即在样品尺度上见不到含铀矿物。鄂尔多斯盆地砂岩型铀矿的铀矿物总体以铀石为主，沥青质铀矿次之；但在盆地西南部国家湾及彭阳–红河地区以沥青质铀矿为主。这些铀矿物的赋存通常与碳屑、黄铁矿、钛铁矿、碳酸岩等矿物共生或伴生。此外，铀矿物沉淀富集在氧化还原界面附近。因此，碳质碎屑、油气、生物标志化合物、腐殖酸等还原性介质对铀的沉淀作用研究对于铀成矿作用具有重要意义。

## 第一节 铀的赋存状态

### 一、含铀矿物的赋存状态

#### （一）盆地东北部纳岭沟铀矿床

砂岩型铀矿矿石薄片鉴定、电子探针、能谱及扫描电镜等测试结果表明，纳岭沟铀矿床中铀矿物主要为铀石。铀石中 $UO_2$ 含量为 55.27%~77.23%，平均 64.64% 左右；$SiO_2$ 含量为 12.08%~21.61%，平均 18.86% 左右。有少量的 CaO（1.9%~4.3%）、$Y_2O_3$（2%~6.5%），个别矿物还含有少量 $TiO_2$（1%~3.4%）。铀石呈不规则状分散于碳屑、长石、石英、黄铁矿、黑云母及钛铁矿等矿物的周缘与矿物裂隙中。扫描电镜下可见铀石呈薄片状叠合。另外也可见铀矿物产于碎屑颗粒中（图6.1）。

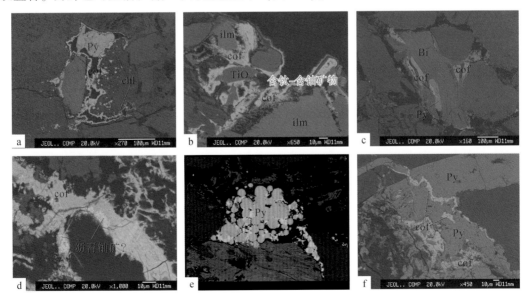

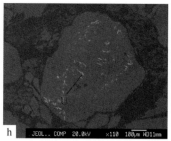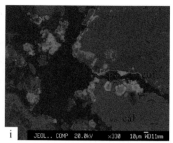

图6.1　纳岭沟含铀砂岩中铀矿物赋存状态

a. 铀石沿颗粒边缘的黏土矿物分布；b. 铀石与蚀变钛铁矿、锐钛矿或白钛石（TiO₂）密切共生；c. 铀石产于蚀变黑云母解理缝中，部分与黄铁矿共生；d. 较亮的沥青铀矿（？）被铀石包裹于核部；e. 铀石围绕草莓状黄铁矿生长；f. 细脉状铀石充填黄铁矿裂隙；g. 榍石下部完整，而上部较破碎含铀；h. 岩屑中也含有一定量铀；i. 胶粒状黄铁矿边部生长一圈铀石，局部还可见一层黄铁矿分布在最外层，最后被方解石充填胶结。Bi. 黑云母；Cal. 方解石；cof. 铀石；Py. 黄铁矿；Im. 钛铁矿；Sph. 闪锌矿

　　纳岭沟铀矿区偶见较少的沥青铀矿。背散射图像显示沥青铀矿与铀石密切共生，且被包裹于核部，因沥青铀矿反射率较高，表现为颜色相对更亮（图6.1），成分上 UO₂ 含量 85.35%~87.47%，SiO₂ 含量较低，3.91%~4.74%，还有4%左右的 CaO，不含 Y 或 Y 元素检测不出，初步认为可能是原矿物残留。

　　少量电子探针数据显示铀矿物中 Ti 含量较高，因铀石与锐钛矿或白钛石、钛铁矿等矿物密切伴生，亦可能因钛铁矿、白钛石等含钛矿物蚀变后结构不稳定，吸附 U 或类质同象 U，从而形成含铀含钛矿物。

　　此外，还发现一例疑似铀钍石矿物，其 SiO₂ 含量为21.08%，UO₂ 含量为24.61%，CaO 含量为2.59%，Al₂O₃ 含量为1.18%，Y₂O₃ 含量为1.28%，TiO₂ 含量为0.2%，ZrO₂ 含量为0.85%，ThO₂ 含量为39.67%。电子探针背散射表明其原矿物应为榍石，下部完整上部较破碎，破碎部位可能因吸附 U 或类质同象等原因而含铀。可见一些铀矿物产于长石、岩屑等碎屑颗粒中间（图6.1），个别颗粒完好未破碎。

　　背散射图像发现黑云母解理缝中生长有大小不一的铀石、黄铁矿或两者的共生体，且界线清晰。铀石以分散微细粒状或透镜状集合体充填于解理缝空洞中（图6.2）。黑云母在水解、绿泥石化过程中膨胀疏松，具有较强的吸附能力，同时析出大量的 Fe²⁺，为铀还原沉淀营造一个良好的微还原环境。

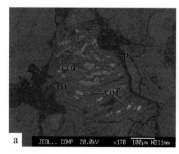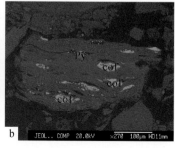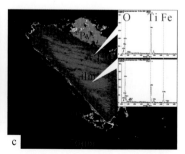

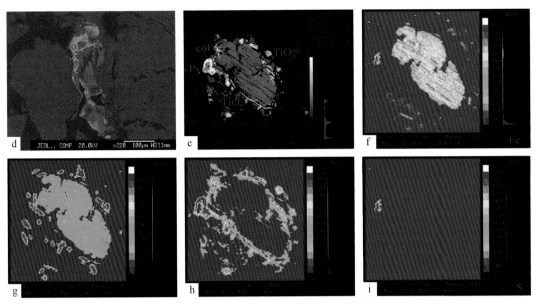

图 6.2　纳岭沟矿区黑云母及蚀变钛铁矿与铀的赋存关系

a、b. 铀石呈粒状、微细粒状产于蚀变黑云母解理缝中，部分与黄铁矿共生；c. 铀石呈毛刺状产于蚀变钛铁矿核部；d. 含铀蚀变钛铁矿从核部到边缘，Fe 含量逐渐减少，Ti 元素比例先逐渐增加，而 U 仅在边缘处从零逐渐增加；e. 核部为蚀变钛铁矿，Ti 元素分布均匀而 Fe 不均匀且边缘处较低，外围包裹一圈铀石，且与外围锐钛矿半生、黄铁矿密切共生；f ~ i. 为 e 的 Fe、Ti、U、S 元素的能谱面扫描照片

## （二）　鄂尔多斯盆地西南部红河–彭阳铀矿床

根据电子探针分析结果（表 6.1），结合扫描电镜下矿物结构和形态观察发现，彭阳铀矿床的铀矿物主要为沥青铀矿，其次为含钛铀矿物，另有少量的铀石。

电子探针分析发现了大量的沥青铀矿，为该区最多见的铀矿物类型。其成分理论上主要为 $UO_2$，但通常由不同比例的 $UO_2$ 和 $UO_3$ 构成，并含有少量的硅、钙、稀土和水。沥青铀矿的 $UO_2$ 含量为 59.44% ~ 86.10%（平均为 75.42%），$SiO_2$ 含量为 0 ~ 10.10%（平均为 2.20%），CaO 含量占 2.61% ~ 6.36%（平均为 4.43%），另有少量的 $K_2O$、$Na_2O$、FeO、$TiO_2$、$P_2O_5$、$ZrO_2$ 等。

彭阳铀矿区亦发现一些含钛铀矿物，总体 $UO_2$ 含量较高，为 50.36% ~ 76.19%（平均 65.84%），$TiO_2$ 含量 8.31% ~ 35.01%（平均 20.14%）。个别探针点数据中 Ti 含量较高，如 T16-7-3 号点，可能因电子探针点位太靠近与铀矿物密切共生的锐钛矿或白钛石等矿物所致，或因钛铁矿、白钛石等含钛矿物蚀变后结构不稳定，吸附 U 或类质同象替换 U，从而形成含铀含钛矿物（陈路路等，2017）。

本次工作还发现铀矿物中有少量铀石，$UO_2$ 含量为 56.98% ~ 63.89%（平均为 60.43%），$SiO_2$ 含量为 16.51% ~ 22.55%（平均为 19.53%），CaO 含量占 1.99% ~ 3.01%（平均为 2.50%），另有少量的 $Na_2O$、FeO、$TiO_2$、$ZrO_2$ 等。

表 6.1 红河－彭阳铀矿床铀矿物电子探针定量分析结果表（%）

| 样号 | Na₂O | MgO | As₂O₃ | Al₂O₃ | SiO₂ | Y₂O₃ | P₂O₅ | ZrO₂ | PbO₂ | ThO₂ | UO₂ | K₂O | CaO | TiO₂ | La₂O₃ | Ce₂O₃ | V₂O₅ | Cr₂O₃ | MnO | TFeO | 总计 | 铀矿物 |
|---|---|---|---|---|---|---|---|---|---|---|---|---|---|---|---|---|---|---|---|---|---|---|
| T13.2.1 | 0.36 | 0.72 | 0.21 | 3.73 | 10.10 | 0.03 | 1.76 | 1.99 | / | 0.11 | 65.72 | 0.81 | 4.88 | 2.70 | / | 0.01 | 0.04 | 0.04 | 0.09 | 1.54 | 94.82 | 沥青铀矿 |
| T13.2.17 | 0.20 | 0.04 | 1.41 | 0.19 | 2.51 | 0.05 | 0.39 | 2.49 | / | 0.07 | 59.44 | 0.29 | 2.61 | 0.96 | 0.01 | 0.07 | / | 0.11 | 0.08 | 15.72 | 86.62 | 沥青铀矿 |
| T13.2.18 | 0.39 | 0.08 | 0.62 | 0.36 | 3.47 | / | 0.45 | 2.88 | 0.07 | / | 85.26 | 0.39 | 3.44 | 0.29 | / | / | 0.01 | 0.10 | 0.06 | 1.55 | 99.39 | 沥青铀矿 |
| T13.2.19 | 0.38 | 0.03 | 0.93 | 0.35 | 2.78 | 0.08 | 0.36 | 1.57 | / | / | 72.82 | 0.42 | 4.00 | 0.63 | / | 0.18 | / | 0.08 | 0.13 | 7.06 | 91.80 | 沥青铀矿 |
| T13.2.5 | 0.23 | 0.06 | 0.49 | 0.24 | 3.23 | 0.06 | 0.21 | 1.68 | 0.09 | 0.03 | 79.53 | 0.24 | 2.89 | 1.63 | / | 0.11 | 0.02 | 0.06 | 0.16 | 1.95 | 92.90 | 沥青铀矿 |
| T13.2.21 | 0.27 | 0.05 | 0.93 | 0.10 | 2.36 | 0.08 | 0.45 | 0.68 | / | / | 78.37 | 0.25 | 3.55 | 0.06 | 0.06 | 0.09 | 0.11 | 0.08 | 0.20 | 7.10 | 94.78 | 沥青铀矿 |
| T13.2.22 | 0.18 | 0.08 | 0.62 | 0.33 | 3.78 | 0.02 | 0.45 | 2.65 | / | 0.08 | 81.40 | 0.35 | 3.30 | 1.13 | / | 0.01 | 0.01 | 0.04 | 0.04 | 0.64 | 95.11 | 沥青铀矿 |
| T13.2.24 | 0.19 | 0.01 | 0.53 | 0.14 | 1.76 | 0.10 | 0.34 | 1.40 | 0.15 | / | 85.17 | 0.26 | 3.66 | 0.36 | 0.02 | 0.05 | 0.06 | 0.09 | 0.14 | 2.64 | 97.06 | 沥青铀矿 |
| T13.2.10 | 0.19 | 0.05 | 0.96 | 0.21 | 2.86 | 0.04 | 0.53 | 3.72 | / | / | 71.96 | 0.28 | 3.86 | 1.61 | 0.03 | 0.02 | / | 0.11 | 0.09 | 8.48 | 94.99 | 沥青铀矿 |
| T13.2.11 | 0.28 | 0.28 | 0.40 | 0.54 | 3.69 | 0.03 | 0.49 | 3.76 | 0.07 | 0.13 | 65.66 | 0.23 | 6.36 | 3.03 | / | 0.11 | 0.06 | 0.03 | 0.14 | 1.34 | 86.63 | 沥青铀矿 |
| T13.2.12 | 0.52 | 0.16 | 0.40 | 0.31 | 9.10 | / | 0.28 | 2.87 | / | 0.07 | 65.38 | 0.27 | 4.06 | 1.92 | / | / | 0.06 | 0.08 | 0.17 | 1.21 | 86.83 | 沥青铀矿 |
| T13.2.13 | 0.28 | 0.03 | 0.80 | 0.16 | 2.42 | 0.04 | 0.46 | 0.72 | 0.06 | 0.04 | 84.15 | 0.30 | 3.83 | 0.08 | / | 0.03 | 0.05 | 0.05 | 0.17 | 0.85 | 94.52 | 沥青铀矿 |
| T13.2.14 | 0.42 | 0.12 | 0.41 | 1.02 | 4.60 | 0.04 | 0.28 | 2.70 | 0.05 | 0.04 | 78.49 | 0.61 | 3.70 | 2.09 | / | 0.09 | 0.04 | 0.29 | 0.16 | 0.81 | 95.96 | 沥青铀矿 |
| T13.2.15 | 0.20 | 0.12 | 1.03 | 0.26 | 3.14 | / | 0.40 | 3.83 | 0.17 | 0.18 | 62.43 | 0.16 | 3.98 | 1.91 | / | 0.11 | 0.13 | 0.10 | 0.10 | 12.74 | 90.99 | 沥青铀矿 |
| T13.2.16 | 0.21 | 0.03 | 0.60 | 0.18 | 1.84 | 0.10 | 0.25 | / | 0.09 | / | 86.11 | 0.14 | 4.87 | 0.15 | / | 0.08 | 0.03 | 0.04 | 0.15 | 1.98 | 96.82 | 沥青铀矿 |
| T15-7-1 | 0.30 | 0.11 | 0.25 | 0.05 | 1.17 | 0.06 | 0.38 | 0.09 | 0.06 | / | 81.96 | 0.26 | 3.65 | 0.84 | 0.04 | 0.21 | 0.04 | 0.10 | 0.04 | 0.52 | 90.10 | 沥青铀矿 |
| T15-7-2 | 0.31 | 0.08 | 0.23 | 0.08 | 1.04 | / | 0.50 | 0.04 | 0.26 | / | 83.28 | 0.28 | 3.75 | 0.91 | 0.04 | 0.16 | / | 0.08 | 0.05 | 0.52 | 91.59 | 沥青铀矿 |
| T15-7-5 | 0.52 | 0.11 | 0.14 | 0.07 | 0.96 | / | 0.38 | 0.05 | 0.15 | / | 76.14 | 0.24 | 3.59 | 2.21 | 0.04 | 0.23 | 0.01 | 0.11 | 0.01 | 0.59 | 85.56 | 沥青铀矿 |
| T16-7-2 | 0.48 | 1.27 | 0.36 | 1.94 | 3.24 | 0.03 | 0.37 | 0.15 | 0.16 | / | 64.66 | 0.31 | 2.26 | 18.89 | / | 0.20 | 1.19 | 0.19 | 0.08 | 1.11 | 96.88 | 含钛铀矿物 |
| T16-7-3 | 0.28 | 0.08 | 0.10 | 1.29 | 3.28 | 0.01 | 0.14 | 0.31 | / | / | 23.62 | 1.66 | 1.08 | 60.16 | / | 0.25 | 0.92 | 0.11 | 0.05 | 0.90 | 94.26 | 含钛铀矿物 |
| 15-ZK7-13 | 0.15 | / | 0.13 | 1.46 | / | 0.05 | 0.30 | 0.31 | / | / | 50.36 | 0.81 | 3.94 | 35.01 | / | / | 0.16 | 0.05 | 0.09 | 0.83 | 93.65 | 含钛铀矿物 |
| 15-ZK7-14 | 0.03 | / | 0.29 | 0.53 | / | / | 0.16 | / | 0.06 | / | 74.87 | 0.47 | 4.69 | 9.90 | / | 0.55 | 0.07 | 0.29 | 0.12 | 2.14 | 94.23 | 含钛铀矿物 |
| T13.2.2 | 0.34 | 0.07 | 0.30 | 0.23 | 22.55 | 0.02 | 0.14 | 1.66 | 0.07 | 0.07 | 56.98 | 0.18 | 1.99 | 2.46 | 0.04 | 0.05 | 0.05 | 0.07 | 0.12 | 1.52 | 88.91 | 铀石 |
| T13.2.3 | 0.78 | 0.46 | 0.30 | 1.35 | 16.51 | 0.01 | 0.70 | 1.86 | 0.06 | 0.14 | 63.89 | 0.40 | 3.01 | 2.21 | 0.05 | 0.05 | 0.05 | 0.07 | 0.14 | 1.01 | 93.05 | 铀石 |

彭阳铀矿区的上述几种矿物，均为砂岩型铀矿床较为常见的矿物类型，如沥青铀矿和铀石。另有含钛铀矿物这一未明确归类的矿物。含钛铀矿物这一名称在前人的文献中多有提及（张鑫等，2015；陈路路等，2017；聂逢君等，2018；谢惠丽等，2019），根据矿床成因判断其应该不是高温矿物钛铀矿，因其矿物颗粒大多较小（<2μm），矿物种类需进一步的工作确定，不排除其为纳米级沥青铀矿和锐钛矿混合物的可能性。

在显微镜下岩相学观察的基础上，选取合适的区域开展高分辨率扫描电镜加能谱半定量分析，获得样品高清晰的扫描电镜及背散射照片（图6.3）。根据大量薄片探针片的镜下观察发现，铀矿物空间产出位置通常在砂岩碎屑颗粒之间的孔隙中，以矿物形式铀或吸附形式铀，占矿石铀总量的80%以上。砂岩碎屑填隙部位疏松多孔，是含铀成矿流体运移的主要通道，也是铀沉淀成矿的良好储存空间（闵茂中等，2006）。综合镜下观察及鉴定结果，彭阳铀矿区洛河组中铀矿物的赋存形式及形态主要有以下几种（图6.3）：

（1）铀矿物与石英等碎屑颗粒伴生。如图6.3a所示，沥青铀矿或含钛铀矿物呈星点状集合体形态分布于碎屑颗粒石英边缘或裂隙中，矿物颗粒较为细小，分布不均匀。

（2）铀矿物与锐钛矿伴生。以沥青铀矿或含钛铀矿物的形式呈团块状或星点状与锐钛矿（或白钛石）共生（图6.3b、c），这与鄂尔多斯盆地北缘东胜地区纳岭沟矿床、塔然高勒地区具有一定的相似性（王贵等，2017；陈路路等，2017，2018），部分铀矿物颗粒可见围绕着锐钛矿周缘产出，可能与其吸附作用有关。

（3）铀矿物与细小的磷灰石（胶磷矿）伴生。呈星点状与极细小的磷灰石（胶磷矿）共生（图6.3d、e），以沥青铀矿为主。一些学者研究发现，磷灰石（胶磷矿）在铀富集过程中有重要作用，如英国约克郡南部上石炭统黑色页岩中的细晶磷灰石伴生有很高含量的铀（Fisher and Wignall，2001；Fisher et al.，2003），鄂尔多斯盆地上三叠统延长组长7段烃源岩中铀也主要赋存于胶磷矿中（秦艳等，2009）。

（4）局部可见沥青铀矿与黄铁矿共生（图6.3f），呈不规则块状。由于FeS₂矿物相能在周围形成还原性的微环境，使铀在黄铁矿周边以沥青铀矿、铀石等矿物或分散吸附形式富集（闵茂中等，2006）。这种情况在河流相砂岩型铀矿中十分普遍。部分黄铁矿可能是与铀矿物一起经历了氧化还原作用而形成的产物。

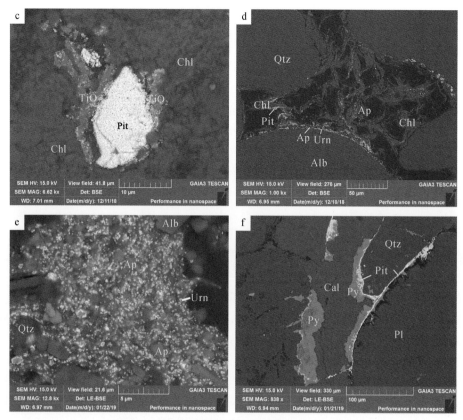

图6.3　彭阳铀矿的铀矿物背散射（BSE）照片

a. 石英颗粒边缘的沥青铀矿；b、c. 星点状铀矿物如沥青铀矿围绕锐钛矿产出；d、e. 星点状铀矿物与磷灰石相伴生；
f. 与黄铁矿密切伴生的细脉状沥青铀矿。Qtz. 石英；Alb. 钠长石；Pl. 斜长石；TiO₂. 钛氧化物类（如锐钛矿）；Pit. 沥
青铀矿；Urn. 铀矿物；Ap. 磷灰石（胶磷矿）；Cal. 方解石；Py. 黄铁矿；Chl. 绿泥石

（5）铀矿物与绿泥石等黏土矿物伴生（图6.3c）。黏土矿物蒙皂石、高岭石、绿泥石等对铀的吸附作用较为常见，目前已有较多的研究证明其与铀成矿存在一定的相关关系。但洛河组砂岩中黏土矿物含量总体较低，其对铀的吸附作用还有待于进一步的研究。

综上所述，彭阳铀矿区洛河组中的铀矿物大多以星点状、浸染状和星点状集合体为特征，且通常产出于砂岩碎屑颗粒之间的孔隙中。矿物组合主要有沥青铀矿、铀石+石英、沥青铀矿/含钛铀矿物+锐钛矿、沥青铀矿+黄铁矿、磷灰石+沥青铀矿、黏土矿物+沥青铀矿等。对这些矿物的共、伴生和世代关系还需要进一步研究。

# 二、黄铁矿矿物特征

铀矿伴生的黄铁矿以多种形态产出，按照黄铁矿的产出状态与岩石结构构造形态特征，在岩心尺度观察可分为块状、结核状、条带状、浸染状黄铁矿，在镜下主要为胶状、浸染状、草莓状、裂隙充填和它形黄铁矿，岩心和镜下黄铁矿产状存在对应关系。

## （一）黄铁矿的矿物特征

块状和结核状黄铁矿最为常见，主要分布在灰色砂岩、粉砂岩中，常与煤屑等有机质伴生。浸染状黄铁矿主要赋存在粗砂岩中，分布于颗粒之间，不见黄铁矿晶形，主要起胶结物的作用。镜下的胶状、浸染状、草莓状、裂隙充填和它形黄铁矿，从形成期次及与铀成矿的关系来看，可划分为三期，第一期为成岩期黄铁矿，包括莓球状黄铁矿、粒状黄铁矿；第二期为流体改造黄铁矿，主要为碎屑颗粒间呈胶状黄铁矿或以自形黄铁矿状态分散；第三期为蚀变黄铁矿，主要特征是与黑云母共生，其 Fe 的来源主要是黑云母发生蚀变析出，其又有两种形态，一是呈自形-半自形，二是呈胶状（图6.4）。

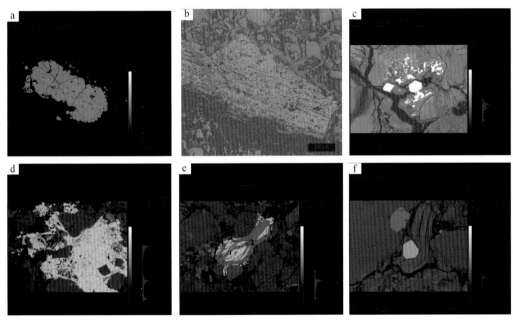

图6.4　直罗组砂岩中黄铁矿显微照片

a. 莓球状黄铁矿；b. 星点状黄铁矿；c. 菱形、六边形黄铁矿；d. 碎屑颗粒间胶状黄铁矿；
e. 云母解理缝中胶状黄铁矿；f. 云母解理缝中半自形黄铁矿

黄铁矿作为强还原介质，部分学者认为其中的 $Fe^{2+}$ 是产生 $U^{6+}$ 还原沉淀的关键（陈祖伊和郭庆银，2007；刘杰等，2013）。而黄铁矿中的负价硫（$S_2^{2-}$）同样具有一定的还原性，与 $Fe^{2+}$ 一起在营造微区还原环境和直接还原六价铀的过程中起到重要作用。

$$UO_2^{2+}+Fe^{2+}+SiO_2+3H_2O \rightarrow USiO_4+Fe(OH)_3+3H^+$$

$$[UO_2(CO_3)_3]^{4-}+2Fe^{2+}+SiO_2+3H_2O \rightarrow USiO_4+2Fe(OH)_3+3CO_2$$

另外，还见有球状磁铁矿、硒铁矿等矿物，其中球状磁铁矿散布于绿泥石和方解石中，方解石贯入绿泥石。硒铁矿多充填在颗粒孔隙或裂隙中，并且与黄铁矿及其他硒的矿物共生。前人的研究结果表明只有极少数的砂岩型铀矿发现有少量的硒铅矿、硒铁矿等硒的独立矿物。该研究区硒铁矿的发现表明本区可能经历过中低温热液作用的改造。铀矿层中铀含量高的样品中，往往有黄铁矿伴生（或与煤屑、黄铁矿共生），铀含量高的可达到1000cps以上。铀矿的形成与黄铁矿有一定的关系，而黄铁矿的形成与煤的演化有一定的联系。

野外观察发现黄铁矿主要分布于直罗组下段灰色含矿砂体中，以块状和结核状黄铁矿

图6.5　鄂尔多斯盆地北部延安组及直罗组内黄铁矿的形态特征

a. 延安组煤层裂隙内发育两期细脉状黄铁矿；b. 延安组灰色砂岩内球状黄铁矿；c. 直罗组灰色砂岩内团块状黄铁矿周边发育褐色环带；d. 直罗组黄铁矿团块内发育红色碳酸盐胶结的砂岩；e. 直罗组灰色砂岩内发育板状黄铁矿；f. 直罗组灰白色砂岩发育浸染状黄铁矿，后期被碳酸盐胶结；g. 直罗组灰绿色砂岩内发育星点状黄铁矿，具有金属光泽；h. 直罗组底部砾岩内黄铁矿胶结，后期被碳酸盐胶结；i. 直罗组灰白色砂岩内碳屑、沥青质有机质边缘发育条带状黄铁矿；j. 直罗组灰白色砂岩内发育黄铁矿和碳屑集合体，被碳酸盐胶结；k. 直罗组褐色砂岩内发育褐色黄铁矿和断层，断层上盘表现为绿色；l. 直罗组绿色泥质粉砂岩断层表面发育片状黄铁矿

最为常见（图6.5），常与煤屑等有机质伴生，多呈透镜体状。结核中黄铁矿含量高。条带状黄铁矿根据条带的形态可以分为水平条带状、斜条带状黄铁矿，水平状黄铁矿主要分布在砂岩之中，厚0.8cm左右，长4~5cm；斜条带状黄铁矿在砂岩、泥岩中均有分布，与有机质关系密切，常沿煤屑边缘分布；浸染状黄铁矿主要赋存在粗砂岩中，分布于颗粒之间，不见黄铁矿晶形，主要起胶结物的作用。

### （二）黄铁矿硫同位素特征

前文第五章第三节已经针对大营、纳岭沟铀矿床直罗组矿层砂岩和非矿砂岩的黄铁矿硫同位素进行了分析。其中$\delta^{34}$S为–35.967‰~–21‰，平均值为–27.5‰，变化范围不大；比生物成因的$\delta^{34}$S（–15‰）值低（Lovley et al., 1996；Fallick et al., 2001）（表5.4）。这种含矿层砂岩黄铁矿硫同位素总体比较"轻"，相对富集$^{32}$S的现象，可能是成矿阶段在微生物的作用下发生了脱硫酸作用。通常地下水中硫酸盐在微生物作用下还原时，$^{32}$SO$_3^{2-}$优先被还原生成"轻"的H$_2^{32}$S，而后还原环境条件下的Fe$^{2+}$，与溶解在地下水中H$_2$S生成的黄铁矿，使含矿层中硫同位素发生分馏作用，造成$\delta^{34}$S降低。

镜下可见草莓状黄铁矿（图6.6）。由于草莓状黄铁矿被认为是在细菌或生物的作用

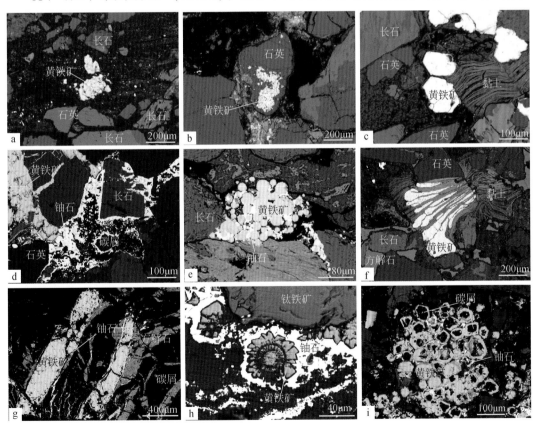

图6.6　黄铁矿微观特征

a. 以独立碎屑颗粒存在的黄铁矿；b. 碎屑颗粒内发育的黄铁矿；c. 自形程度完好的黄铁矿；d. 黄铁矿胶结碎屑颗粒；
e. 草莓状黄铁矿；f. 云母类解理内发育的黄铁矿；g. 条带状黄铁矿；h. 花瓣状黄铁矿；i. 与生物相关的黄铁矿

下，通过有机质球粒的交代或充填作用而形成的（Raiswell and Canfield，1996），推测草莓状沥青铀矿也是该类细菌作用的产物，这是微生物直接参与铀成矿的佐证（闵茂中等，2003）。同时，还发育有与生物碎屑胞腔密切相关的铀矿物（图6.7），该类铀矿物可能为砂岩中的有机质在含氧地下水及微生物作用下可转化为有溶蚀作用的有机酸，致使生物碎屑胞腔酸解形成溶蚀孔，从而为铀沉淀提供储集空间。

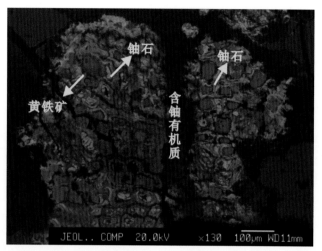

图6.7　生物胞腔溶蚀孔洞中黄铁矿和铀石（据陈超等，2016）

### （三）黄铁矿微区原位同位素分析

本区黄铁矿微区原位同位素分析实验所采集的样品大多数是高伽马异常的矿石样品（表6.2），其同位素特征对示踪成矿作用过程具有重要意义。在测试前，首先在镜下识别哪些黄铁矿与铀矿物没有共存关系，哪些胶状和草莓状黄铁矿是后生阶段的产物，哪些是铀矿物与黄铁矿之间界限不清晰混合生长。基于黄铁矿生成先后次序的区分，初步判别同成矿期黄铁矿特征。而后对各期次的黄铁矿进行同位素测试。

1. 黄铁矿硫同位素测试结果

成矿期黄铁矿为块状和胶状，硫同位素多数为负值；成岩期黄铁矿为块状和环带状为主，硫同位素分馏范围大，有较大的负值、也有较大的正值。相对来说，成岩期黄铁矿硫同位素没有确定的规律（表6.3，图6.8、图6.9）。

2. 黄铁矿的铅同位素测试结果

黄铁矿微区原位铅同位素测试，出现了差异明显的三组数据；即$^{206}$Pb/$^{204}$Pb值，一批样品值为332～666，一批为91～131，另一批为9～65（表6.4）。其中$^{206}$Pb/$^{204}$Pb值为332～666的黄铁矿可能为成矿期黄铁矿，即此类黄铁矿为成矿含铀物的共生矿物。

**表 6.2　盆地北部砂岩铀矿微区原位同位素样品位置与性质**

| 编号 | 钻孔号 | 样品号 | 采样位置 | 深度/m | 岩性描述 |
|---|---|---|---|---|---|
| 1 | ZKD208-23 | ZKD208-23-1 | 大营矿床 | 626.25 | 浅灰绿色中砂岩，致密，钙质胶结，高矿化砂岩，62ppm |
| 2 | ZKN8-29 | ZKN8-29-1 | 纳岭沟矿床 | 375.59 | 浅灰绿色中砂岩，次疏松，含有大量碳质碎屑，高矿化，100ppm |
| 3 | ZKD95-16 | ZKD95-16-1 | 大营矿床 | 606 | 浅灰绿色中砂岩，致密，钙质胶结，含透镜状碳质条带，52ppm |
| 4 | ZKD0-31 | D0-31-6 | | 615 | 棕红色中砂岩，致密，钙质胶结，滴酸有气泡 |
| 5 | ZKD32-63 | D32-63-2 | 大营矿床 | 645.51 | 浅灰绿色细砂岩，含有透镜状碳质条带，黄铁矿结核 |
| 6 | ZKD32-15 | D32-15-4 | | 689.3 | 浅灰绿色细砂岩，含有大量碳质碎屑，致密，20ppm |
| 7 | ZKD127-55 | D127-55-7 | | 670.08 | 浅灰绿色中砂岩致密钙质胶结 |
| 8 | | D127-55-8 | 大营矿床 | 612.21 | 灰白色细砂岩致密，钙质胶结 |
| 9 | T159-15 | T159-15-1 | | 671.56 | 浅灰绿色粉砂岩，含有大量碳质碎屑，15ppm |
| 10 | ZKN0-25 | N0-25-1 | | 414.65 | 浅灰绿色细砂岩，次疏松含有碳质碎屑 |
| 11 | | N0-25-5 | | 415.75 | 灰白色中砂岩，致密，钙质胶结，顶部有黄铁矿结核 |
| 12 | N22-44-1 | N22-44.1.2 | 纳岭沟矿床 | 380.4 | 浅绿色中砂岩，次疏松含有透镜状碳质条带，25ppm |
| 13 | ZKN8-31 | ZKN8-31-1 | | 376.4 | 绿色砂岩，疏松，高矿化，96ppm |
| 14 | ZKN0-54 | ZKN0-54-1 | | 473.5 | 灰白色粗砂岩，次疏松，含有透镜状碳质条带20ppm |
| 15 | ZKD112-47 | ZKD112-47-2 | 大营矿床 | 581.34 | 灰白色粗砂岩、钙质胶结、含碳屑黄铁矿结核、遇酸起泡，1000cps |
| 16 | ZKD96-31 | ZKD96-31-1 | 大营矿床 | 669.46 | 浅灰绿色粗砂岩、含碳屑黄铁矿结核，700cps |
| 17 | ZKN23-24 | ZKN23-24-1 | 纳岭沟矿床 | 454.41 | 灰绿色中砂岩，含矿段，518cps |
| 18 | ZKD112-96 | ZKD112-96 | 大营矿床 | 727.91 | 灰白色粉砂岩，含黄铁矿结核，碳质碎屑，致密，矿化样200cps |
| 19 | ZKN16-56 | ZKN16-56-1 | 纳岭沟矿床 | 410.31 | 灰白色粗砂岩，含黄铁矿结核 |
| 20 | ZKD176-47 | ZKD176-47-1 | 大营矿床 | 628.15 | 浅灰绿色细砂岩，含黄铁矿结核，遇酸起泡，矿化样 |

**表 6.3　同阶段和产状的黄铁矿微区原位硫同位素测试结果**

| 序号 | 成岩期黄铁矿样号 | 成矿期黄铁矿样号 | $\delta^{34}S$ | 黄铁矿产状 | 矿区 |
|---|---|---|---|---|---|
| 1 | | ZKD96-31-1 | -24.4 | 与铀矿共生草莓状黄铁矿 | |
| 2 | | ZKD96-31-5 | -7 | 与铀矿共生胶状黄铁矿 | |
| 3 | | ZKD96-31-7 | -8.3 | 与铀矿共生块状黄铁矿 | |
| 4 | | ZKD96-31-9 | -10.8 | 与铀矿共生胶状黄铁矿 | 大营矿区 |
| 5 | | ZKD96-31-9-1 | -23.8 | 与铀矿共生胶状黄铁矿 | |
| 6 | ZKD112-47-3 | | 13.3 | 与铀矿共生环带状黄铁矿 | |
| 7 | | ZKD112-47-5 | -16.9 | 与铀矿共生胶状黄铁矿 | |
| 8 | ZKD112-47-6 | | 1.7 | 与铀矿共生环带状黄铁矿 | |

续表

| 序号 | 成岩期黄铁矿样号 | 成矿期黄铁矿样号 | $\delta^{34}S$ | 黄铁矿产状 | 矿区 |
|---|---|---|---|---|---|
| 9 | ZKD112-47-10 | | 15.8 | 与铀矿共生环带状黄铁矿 | 大营矿区 |
| 10 | ZKD112-47-16 | | 31 | 与铀矿共生环带状黄铁矿 | |
| 11 | ZKD112-47-18 | | 22.3 | 与铀矿共生环带状黄铁矿 | |
| 12 | ZKD112-47-20 | | 16.4 | 与铀矿共生环带状黄铁矿 | |
| 13 | ZKD112-47-20A | | 13.9 | 与铀矿共生环带状黄铁矿 | |
| 14 | ZKD112-47-20B | | 17.5 | 与铀矿共生环带状黄铁矿 | |
| 15 | ZKD112-47-20C | | 17.2 | 与铀矿共生环带状黄铁矿 | |
| 16 | ZKD112-47-20C1 | | 19.2 | 与铀矿共生环带状黄铁矿 | |
| 17 | ZKD112-47-20D | | 19.1 | 与铀矿共生环带状黄铁矿 | |
| 18 | ZKD176-47-3 | | 3.3 | 与铀矿共生块状黄铁矿 | |
| 19 | ZKD112-96-1 | | 59.9 | 胶状黄铁矿 | |
| 20 | ZKD112-96-2 | | 32.4 | 胶状黄铁矿 | |
| 21 | ZKN16-56.1.1 | | 55.1 | 与铀矿共生块状黄铁矿 | 纳岭沟矿区 |
| 22 | ZKN16-56.1.2 | | 57.3 | 与铀矿共生块状黄铁矿 | |
| 23 | ZKN16-56.1.3 | | 0.3 | 块状黄铁矿 | |
| 24 | ZKN16-56.1.4 | | −37.5 | 块状黄铁矿 | |
| 25 | ZKN16-56.1.5 | | −38.1 | 块状黄铁矿 | |
| 26 | ZKN16-56.1.6 | | −39.9 | 块状黄铁矿 | |
| 27 | | ZKN8-29-1-2 | −39.3 | 胶状黄铁矿 | |
| 28 | | ZKN8-29-1-3 | −47.2 | 胶状黄铁矿 | |
| 29 | | ZKN8-29-1-4 | −25.7 | 胶状黄铁矿 | |
| 30 | | ZKN8-29-1-5 | −25 | 胶状黄铁矿 | |

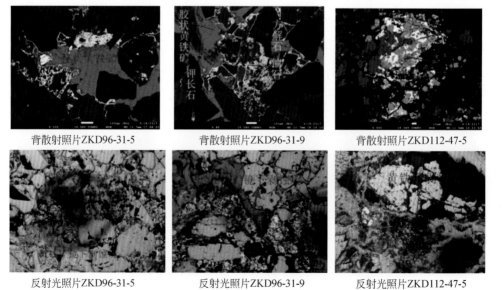

背散射照片ZKD96-31-5　　　　背散射照片ZKD96-31-9　　　　背散射照片ZKD112-47-5

反射光照片ZKD96-31-5　　　　反射光照片ZKD96-31-9　　　　反射光照片ZKD112-47-5

图6.8　成矿期黄铁矿及其微区原位硫同位素测试点（剥蚀坑）照片

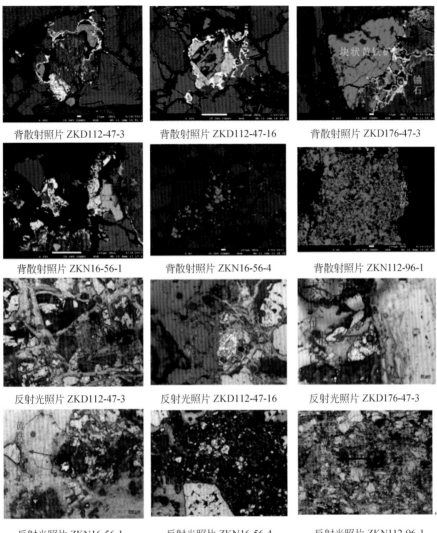

图 6.9 成岩期黄铁矿及其微区原位硫同位素测试点（剥蚀坑）照片

表 6.4 不同阶段和产状的黄铁矿微区原位铅同位素测试结果

| 黄铁矿样号 | $^{208}Pb/^{204}Pb$ | SE | $^{207}Pb/^{204}Pb$ | SE | $^{206}Pb/^{204}Pb$ | SE | $^{208}Pb/^{206}Pb$ | SE | $^{207}Pb/^{206}Pb$ | SE | Pb Beam |
|---|---|---|---|---|---|---|---|---|---|---|---|
| ZKN8-29-1-4 | 37.805 | 0.182 | 67.338 | 0.391 | 340.192 | 2.040 | 0.1096 | 0.0001 | 0.1978 | 0.0001 | 0.7 |
| ZKN8-29-1-4 | 37.952 | 0.258 | 67.907 | 0.706 | 332.673 | 3.620 | 0.1135 | 0.0007 | 0.2046 | 0.0002 | 0.5 |
| ZKN112-96-1 | 37.751 | 0.004 | 15.446 | 0.001 | 19.474 | 0.010 | 1.9396 | 0.0010 | 0.7935 | 0.0004 | 17.9 |
| ZKN112-96-2 | 37.779 | 0.003 | 15.451 | 0.001 | 19.591 | 0.006 | 1.9283 | 0.0005 | 0.7886 | 0.0002 | 13.5 |
| ZKN112-96-3 | 37.679 | 0.002 | 15.433 | 0.001 | 19.055 | 0.005 | 1.9775 | 0.0005 | 0.8100 | 0.0002 | 16.4 |
| ZKN16-56.1.1 | 37.885 | 0.022 | 86.323 | 0.083 | 461.575 | 0.403 | 0.0821 | 0.0001 | 0.1869 | 0.0000 | 8.1 |
| ZKD176-47 | 37.704 | 0.021 | 23.880 | 0.096 | 131.677 | 1.480 | 0.2884 | 0.0033 | 0.1828 | 0.0014 | 3.0 |
| ZKD176-47-2 | 37.870 | 0.008 | 20.966 | 0.031 | 91.288 | 0.400 | 0.4162 | 0.0018 | 0.2301 | 0.0007 | 6.1 |

| 黄铁矿样号 | $^{208}Pb/^{204}Pb$ | SE | $^{207}Pb/^{204}Pb$ | SE | $^{206}Pb/^{204}Pb$ | SE | $^{208}Pb/^{206}Pb$ | SE | $^{207}Pb/^{206}Pb$ | SE | Pb Beam |
|---|---|---|---|---|---|---|---|---|---|---|---|
| ZKD176-47-3 | 37.874 | 0.007 | 19.091 | 0.049 | 65.672 | 0.615 | 0.5851 | 0.0055 | 0.2938 | 0.0020 | 6.6 |
| ZKD176-47-4 | 37.777 | 0.056 | 16.560 | 0.026 | 33.419 | 0.173 | 1.1314 | 0.0062 | 0.4952 | 0.0023 | 0.5 |
| ZKB112-47-1 | 37.925 | 0.051 | 86.698 | 0.497 | 666.826 | 3.720 | 0.0569 | 0.0003 | 0.1307 | 0.0003 | 8.8 |
| ZKB112-47-2 | 38.097 | 0.022 | 81.762 | 0.765 | 651.463 | 7.400 | 0.0593 | 0.0009 | 0.1260 | 0.0003 | 17.2· |
| ZKD96-31-1 | 38.005 | 0.009 | 19.760 | 0.046 | 57.778 | 0.375 | 0.6621 | 0.0041 | 0.3435 | 0.0014 | 4.4 |
| ZKD96-31-2 | 37.808 | 0.005 | 18.342 | 0.027 | 49.948 | 0.297 | 0.7569 | 0.0045 | 0.3673 | 0.0016 | 8.8 |
| ZKD96-31-5 | 37.956 | 0.033 | 16.174 | 0.018 | 26.071 | 0.123 | 1.4563 | 0.0064 | 0.6213 | 0.0024 | 0.7 |
| ZKD96-31-9 | 37.551 | 0.111 | 18.343 | 0.088 | 46.393 | 0.770 | 0.8180 | 0.0123 | 0.3990 | 0.0046 | 0.3 |

**3. 黄铁矿硫同位素特征对硫源的指示**

为了能够确定黄铁矿中硫的来源，根据矿区的地质背景情况，采集了含矿层直罗组中分散的有机质煤屑和延安组顶部的煤层和煤线样品、盆地原油样品（延长组和延安组原油），分别测定其中硫的同位素组成，与矿石中该类黄铁矿硫同位素及上古生界煤层中的有机硫同位素等分别进行了对比研究（图6.10）。

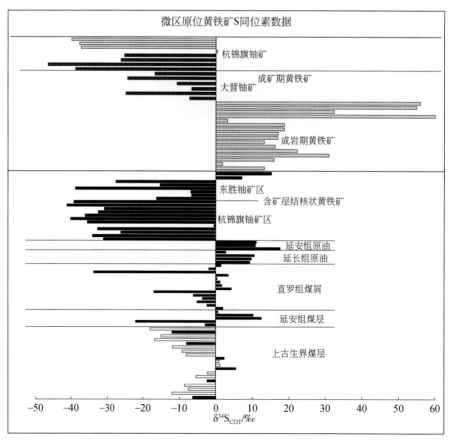

图6.10　成矿期黄铁矿、原油与不同来源煤的硫同位素组成对比图

彩色柱为矿石中微区原位方法所测；红色为成矿期、黄色为成岩期黄铁矿硫同位素数据

上古生界煤层样品为上古生界煤系烃源岩，采自乌达矿区 9 号煤层剖面，由下而上共 13 个分层煤样。为太原组的中上部层位，属海陆过渡相沉积环境。侏罗纪的煤系主要包括延安组的煤层、直罗组的煤层（含矿层中的煤屑）。其中延安组煤层分布范围广，厚度大，分布有多套煤层。直罗组矿石中也富含煤屑，并与铀的富集呈明显的正相关性。所测东胜铀矿侏罗系煤层与煤屑的硫同位素组成中 $\delta^{34}S$ 为 12.5‰ 和 −33.8‰，平均为 −3.0‰，正负值区间均有分布，说明它们可能提供了一部分硫源。值得注意的是硫同位素数据与上古生界煤系烃源岩的硫同位素相比，数据区间和特征较为相似（图 6.10），是否说明硫源主要来自上古生界煤系烃源岩产生的煤成气？

对东胜铀矿的研究中发现了铀石化的微生物化石，是形成黄铁矿的 SRB 细菌。在对含油次生包裹体色谱研究过程中，检测出了 25-降藿烷系列，这是生物降解油的标志性产物。说明包裹体中的油气已经被生物降解。厌氧微生物的新陈代谢过程，将耗散天然气形成的凝析油氧化分解成二氧化碳和部分硫化氢气体。该 $H_2S$ 为矿化期的黄铁矿形成提供了硫源。

通过对黄铁矿中硫同位素分析、镜下草莓状黄铁矿及生物碎屑胞腔中存在的铀矿物的观察，发现在铀成矿过程中有微生物的参与。微生物和有机质对 $U^{6+}$ 的还原沉淀主要通过 $H_2S$、$H_2$ 等还原性气体实现的。这种生物还原成因的 $H_2S$，造成缺氧的还原环境，同时使环境的 pH 下降，$H_2S$ 与溶解的金属离子反应生成黄铁矿等低价硫化物，$U^{6+}$ 在这种酸性还原条件下还原为 $UO_2$ 沉淀，从而造成黄铁矿与铀矿伴生的现象。

$$2Fe_2O_3 \cdot H_2O + 6H_2S \rightarrow FeS + Fe_3O_4 + S + 8H_2O$$

$$FeS + H_2S \rightarrow FeS_2$$

$$U^{6+} + H_2S \rightarrow S + UO_2 \downarrow + 2H^+$$

延安组和延长组中几个主要的储油层中原油的硫同位素 $\delta^{34}S$ 组成均为正值，除了极值分别为 2.8‰ 和 17.6‰ 之外，其余主要在 10‰ 左右，平均为 10.3‰，与黄铁矿的硫同位素组成相差较大，不可能存在继承关系。

# 三、钛铁矿蚀变特征

## （一）钛铁氧化物与铀矿物产出关系

中国北方盆地内典型砂岩型铀矿床含矿砂岩中均发育不同程度的钛铁氧化物及其蚀变产物，其中部分蚀变钛铁氧化物与铀矿化关系密切。研究发现，与铀矿物相关的钛铁氧化物主要为钛铁矿的蚀变产物，主要以蚀变的钛铁矿、锐钛矿、褐铁矿等形式存在，含钛铀矿物并不是"钛铀矿"，而是锐钛矿与铀矿物的混合物。铀矿物多围绕蚀变钛铁矿及其蚀变产物呈环带状分布，从核部到边缘，Fe 元素含量逐渐降低，铀含量仅在矿物边缘处逐渐增加。钛铁矿−白钛石（$TiO_2$）、锐钛矿−含钛含铀矿物−铀石的矿物组合顺序递变，呈环带状产出，显示这类铀矿物的沉淀富集与钛铁氧化物的蚀变作用密切相关。分析认为，钛铁矿蚀变过程实际上是一个离子相互竞争扩散的反应过程，即 $Fe^{2+}$ 离子向钛铁矿的表面扩散，$O^{2-}$ 离子向钛铁矿的内部扩散。其中锐钛矿作为催化剂，在铀衰变产生射线及能量的作用下，锐钛矿产生电子空穴对，产生的电子与被吸附在颗粒表面的 $U^{6+}$ 发生作用，从而将含矿溶液中的六价铀还原成四价铀，形成铀的沉淀富集，锐钛矿对铀的沉淀富集主要起到催化作用。钛铁矿蚀变对于铀的富集成矿作用可分为两个阶段（图 6.11）：即钛铁矿蚀变吸附富集阶段和锐钛矿催化还原成矿阶段，吸附富集阶段铀的放射性衰变为后期锐钛矿催化及铀还原成矿提供了能量（丁波等，2020）。

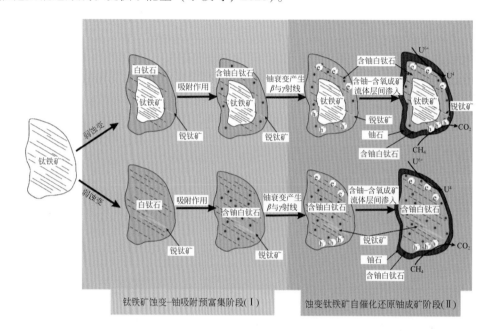

图 6.11　砂岩型铀矿含矿砂岩中钛铁矿蚀变及对铀沉淀富集的机理

在煤系地层的铀成矿作用过程中，因生物作用、煤成气等还原性流体的介入，主要是 $H_2S$，在钛铁矿外缘形成不规则的黄铁矿，且含少量铀矿物，在层间水作用下，Fe-Ti 氧化物蚀变形成白钛石或似白钛石。另外，在含矿层的氧化还原过渡带部位，部分 $U^{4+}$ 以细分散状氧化物形式存在于海绵状多孔的 Fe-Ti 氧化物中，而另一部分 $U^{4+}$ 则以化学吸附形式存在于钛酸盐中，从而在电子显微镜下可观察到铀呈近似于钛铀矿的胶状析出物形式存在。铀矿物多呈亮灰色胶状物分布于碎屑颗粒与填隙物之间，主要与钛铁矿、锐钛矿、黄铁矿或有机质相伴生，且较常见的是含钛铀矿物与钛铁矿相伴生。这也是造成部分学者认为蒙其古尔存在"钛铀矿"的原因之一。

扫描电子显微镜下，纳岭沟铀矿床直罗组含矿砂岩中的铀矿物主要为呈短柱状、晶簇状、球粒状的铀石，单个铀矿物颗粒平均小于 5μm。铀矿物主要以附着、围绕的形式产出于黄铁矿、黏土矿物、黑云母、锐钛矿、植物炭屑及方解石的周围。

鄂尔多斯盆地北部砂岩型铀矿含矿层砂岩中多见钛铁矿、锐钛矿及少量黄铁矿。显微镜及电子探针揭示发现，在纳岭沟铀矿床直罗组下段岩矿石中含有较多的钛铁矿颗粒，基本不见磁铁矿或含钛磁铁矿，钛铁矿多遭受不同程度的蚀变，中心部位仍部分保留为钛铁矿，其边缘部位铁含量明显降低，甚至不含铁，表现为明显的白钛石化（板钛矿、锐钛矿及少量赤铁矿的混合物）。蚀变强烈时，没有钛铁矿残留而形成锐钛矿晶簇，白钛石或锐钛矿周边多有铀矿物环绕产出（图6.12、图6.13）。锐钛矿中及其外围分布有不同程度的铀，铀矿物以亮灰色胶状物的形式围绕钛铁矿产出，且含有部分钛。整体呈现明显的钛铁矿-含铀锐钛矿-含钛铀矿物组成的蚀变环带，反映铀矿物与Ti-Fe氧化物具有紧密的空间关系，与前人认为该区含钛铀矿物为钛铀矿的观点存在明显的偏差。

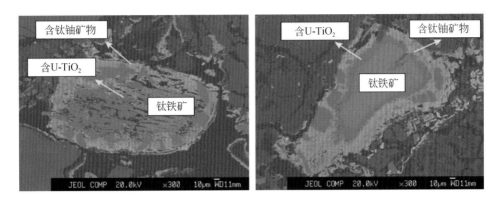

图6.12 鄂尔多斯盆地北部纳岭沟矿床含钛铀石围绕锐钛矿并与钛铁矿共伴生

钻孔 ZKN8-23，384.2m，灰色中细砂岩

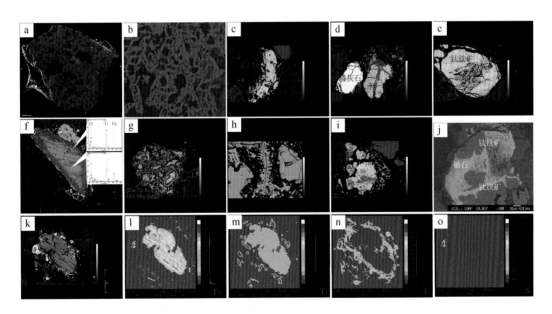

图6.13 含钛矿物蚀变特征及其与铀赋存关系

电子探针及能谱分析结果显示，与钛铁矿蚀变矿物或锐钛矿共生关系密切的铀矿物集合体与前者呈似环状分布（图6.14），含钛铀矿物围绕钛铁矿残核产出。

钛铁矿遭受不同程度的蚀变，其边缘多蚀变为锐钛矿，并含有少量的铀矿物，亮灰色的铀矿物以胶状形式或呈短柱状环绕锐钛矿产出。该矿物组合由内而外依次为：钛铁矿（测点6），其外围为锐钛矿（测点4、5、9），再外部为锐钛矿与铀矿物的混合物（测点8），最外围主要为铀矿物（测点1、2、3、7），部分样品外围还见有黄铁矿。铀矿物的$UO_2$含

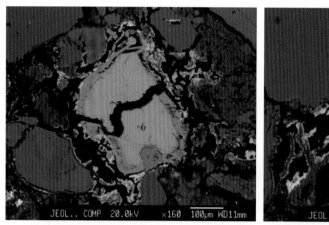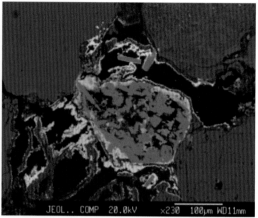

图 6.14　纳岭沟铀矿床铀矿石电子探针背散射影像（数字代表测点）

量为 0.13%~70.32%，$SiO_2$ 含量为 0.37%~18.22%，且 $UO_2$ 含量与 $SiO_2$ 含量呈消长关系。CaO 含量为 0.09%~2.21%，FeO 含量为 0.10%~45.71%，$TiO_2$ 含量为 0.34%~97.61%（图 6.15），可初步认定该铀矿物为铀石。

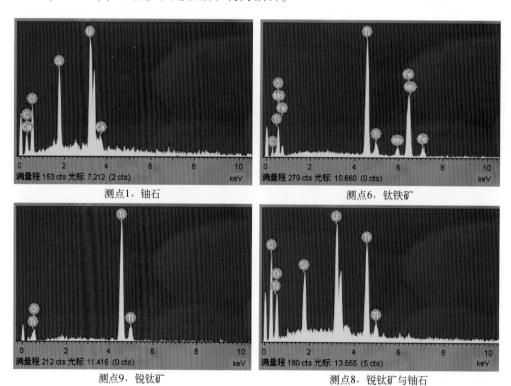

图 6.15　纳岭沟矿床铀矿石电子探针测点能谱图

**（二）钛铁氧化物蚀变对于铀的富集机理**

研究认为钛铁矿蚀变作用过程实际上是一个 $Fe^{2+}$ 与 $O^{2-}$ 离子相互竞争扩散的反应过程，即 $Fe^{2+}$ 离子向钛铁矿的表面扩散，$O^{2-}$ 离子向钛铁矿的内部扩散，其中锐钛矿作为催化剂参与铀的富集沉淀。钛铁矿蚀变对于铀的富集成矿作用可分为两个阶段；即钛铁矿蚀变吸附富集阶段和锐钛矿催化还原成矿阶段。

1. 钛铁矿氧化蚀变分子动力学机制

在前人研究认识的基础上，团队成员通过扫描电镜与电子探针分析等方法重点对鄂尔多斯盆地北缘砂岩型铀矿含矿砂岩中 Fe-Ti 氧化物和铀矿物的空间关系及其作用机制开展了深入研究，探讨了 Fe-Ti 氧化物蚀变机制及对铀富集机理、作用方式及其在砂岩型铀矿成矿过程中的作用。

根据目前岩矿鉴定观察结果中钛铁矿的蚀变程度，含矿砂岩中钛铁矿蚀变大体可分为两种情况：

（1）弱蚀变：钛铁矿-白钛石或含铀白钛石-锐钛矿的形成环带矿物组合，中心部位为未蚀变或弱蚀变的钛铁矿，往外铁含量明显降低，甚至不含铁，蚀变为白钛石或含铀白钛石，边缘可见少量结晶良好的锐钛矿。

（2）强蚀变：没有钛铁矿残留，而形成白钛石或锐钛矿晶簇，多有铀石环绕产出，可出现白钛石-锐钛矿、含铀白钛石-锐钛矿-铀石与锐钛矿-铀石等环带矿物组合。

此外，还可见少量的草莓状黄铁矿产于蚀变钛铁矿周围。草莓状黄铁矿一般认为是沉积成岩早期硫酸盐还原菌作用的产物，为含矿砂岩中钛铁矿氧化蚀变过程沉积成岩早期阶段的氧化-还原过渡环境中形成，具体为钛铁矿弱蚀变阶段与 $H_2S$ 还原反应的产物，反应过程如下：

$$FeTiO_3+H_2O+O^{2+} \rightarrow TiO_2(锐钛矿)+Fe_2O_3+OH^-$$

$$Fe_2O_3+H_2S \rightarrow FeS_2(草莓状黄铁矿)+H_2O+H^+$$

$$(Fe \cdot Mg)TiO_2+H_2S \rightarrow FeS_2(草莓状黄铁矿)+TiO_2(锐钛矿)+H^++Mg^{2+}$$

张溦波等（2013）开展了攀枝花钛铁矿 $60 \sim 1000℃$ 焙烧实验，认为钛铁矿的氧化反应实际上是一个 $Fe^{2+}$ 与 $O^{2-}$ 离子相互竞争扩散的反应机制，即 $Fe^{2+}$ 离子向钛铁矿的表面扩散，$O^{2-}$ 离子向钛铁矿的内部扩散。另据郑大中等（2003）对于钛迁移的研究结果，钛铁矿在氧逸度更大的氧化环境，高温时（$>750℃$）形成金红石、铁板钛矿，较低温度时（$<150℃$）则形成锐钛矿或金红石、赤铁矿。

$$4FeTiO_3+O_2 \rightarrow 2TiO_2+2FeTiO_3(高温环境，>750℃)$$

$$4FeTiO_3+O_2 \rightarrow 4TiO_2+2Fe_2O_3(低温环境，<150℃)$$

在实际地质环境中，考虑到地质作用的长期性和渐进性，由钛铁矿蚀变生成锐钛矿或金红石的温度可以大大降低。

同理，在砂岩型铀成矿作用过程中（低温环境，多小于100℃），砂岩中钛铁矿碎屑在层间含氧-含铀水的渗入改造作用下，由于钛铁矿颗粒表面处于富氧环境，所以反应初期 $Fe^{2+}$ 离子的向外扩散速度要比 $O^{2-}$ 离子向内部的扩散速度快。后期钛铁矿的内部则相对致密，其颗粒的内部处于贫氧环境，$O^{2-}$离子的扩散速度相比$Fe^{2+}$离子的要快，两者存在着与氧分压浓度相关的竞争关系。

2. 光催化还原作用

由$TiO_2$电化学原理可知，具有低还原电极电势物质对中的还原态物质，可还原具有高还原电极电势物质对中的氧化态物质。由此，对于水溶液中的某种金属离子，只要其还原电位比$TiO_2$光催化剂的导带电位更正，该离子就可获得导带上受光激发电子而被还原（Prairie *et al.*，1993）。研究表明，$TiO_2$相对于饱和甘汞电极的导带电位为$-0.4eV$（Amadelli *et al.*，1991），而溶液中铀酰的还原电极电势为$-0.57eV$，因此$TiO_2$的光生电子可以将含铀溶液中铀酰离子中的$U^{+6}$还原成$U^{+4}$。相关研究已成功应用于实验室条件下$TiO_2$光催化还原法处理放射性含铀废水研究。在能量足够的光激发下，$TiO_2$产生光生电子–空穴对，光生电子与被吸附在颗粒表面的$U^{+6}$离子发生反应，将$U^{+6}$离子还原为$U^{+4}$，而$U^{+4}$可能会以氧化物或者氢氧化物的形式沉积在$TiO_2$表面（Amadelli *et al.*，1991；张丽华，2013；Latta *et al.*，2013；郭亚丹等，2016）。上述$TiO_2$光催化还原放射性含铀溶液中铀酰离子的过程为阐述砂岩型铀矿床中钛铁矿蚀变对铀的富集机理研究提供了新的证据和思路。

综上，含矿砂岩中钛铁氧化物作用下铀的沉淀富集过程如下：钛铁矿蚀变–铀吸附预富集阶段主要发生在沉积阶段，钛铁矿处于弱氧化环境中。当蚀变较弱时，钛铁矿边缘蚀变形成白钛石，当蚀变较强时，钛铁矿完全蚀变成白钛石–锐钛矿。早期形成的白钛石因其比表面积加大能够吸附一定剂量的铀而形成含铀锐钛矿–白钛石，即铀的吸附预富集作用阶段。在后生表生流体改造过程中，伴随铀的衰变所产生的射线及能量引发锐钛矿–白钛石产生电子空穴对，将成矿溶液中的六价铀还原成四价铀，铀矿物沉淀富集，完成锐钛矿–白钛石催化还原成矿阶段，形成钛铁矿—锐钛矿–白钛石—含铀锐钛矿–白钛石—含钛铀石这一环带结构。此后，含矿层整体经历了低温热流体的活动，早期形成的白钛石发生重结晶，形成结晶完好的锐钛矿，可作为指示该区含矿层经历低温热液改造作用的一种标型矿物。这一研究成果明确了钛铁矿类矿物与成矿的含铀矿物为伴生关系。

# 四、碳酸岩矿物特征

以盆地东北部东胜地区为例，方解石是直罗组含铀砂岩中重要的胶结物，同时碳酸盐化与铀成矿作用关系密切。通过方解石胶结物矿物学分析，方解石类型以含铁方解石为主，其次为铁方解石。岩心中可见红色钙质砂岩中发育碳酸盐细脉，灰色细砂岩中的植物炭屑内部发育网格状方解石细脉（图6.16）。这些特征均显示后期流体作用的改造。碳酸盐化大体可分为三期，第一期形成泥晶方解石，方解石晶粒直径仅几微米；第二期形成粗晶方解石，方解石晶粒直径为$0.5\sim2mm$或更大，亮度较差，具有较明显的重结晶的痕迹，方解石常交代杂基并部分交代碎屑颗粒；第三期碳酸盐化是区内最晚期的碳酸盐化，呈方解石细脉或微脉产出，可见两组或三组极完全解理，多见交代碎屑颗粒。

图 6.16 直罗组砂岩碳酸盐显微照片

a. 植物炭屑内部发育网格状方解石细脉；b. 泥晶方解石，正交偏光，10×10；c. 粗晶方解石，正交偏光，10×10；
d. 粗晶方解石交代长石颗粒边缘，正交偏光，10×10；e. 亮晶方解石，正交偏光，10×20；
f. 方解石切穿石英颗粒，强烈的碳酸盐化作用

野外岩心观察可见钙质砂岩中呈微细脉状充填碳屑孔隙，如图 6.17a、b 所示。钙质胶结中见有宽约 6mm 的方解石细脉切穿砾石及黄铁矿胶结物（图 6.17c），局部地段岩心中见宽 1~2cm 结晶较好的方解石脉体（图 6.17d），根据穿插关系说明方解石细脉形成于黄铁矿胶结之后。

## 五、其他矿物

铀含矿层中石英和钾长石碎屑颗粒多具有次生加大现象。通常可见石英的一级加大边，部分可见二级、三级加大边，有些加大边比较完整，部分有被溶蚀和交代的现象。硅质胶结强烈造成砂岩孔渗较低，岩石胶结致密（邢秀娟等，2008）。蚀变矿物绿泥石、蒙脱石、伊利石、高岭石比较普遍，前面章节已有介绍不再赘述。

纳岭沟含铀砂岩重砂及背散射研究中见有大量金属矿物，主要有黄铁矿、黄铜矿、闪锌矿、方铅矿、硒铅矿、金红石、钛铁矿、锐钛矿、白钛石等。硒铅矿同东胜铀矿床中硒铅矿相似，呈自形晶状，被认为是在缺硫的强还原环境下的产物。上述金属硫化物、硒化物矿物颗粒细小，一般小于 0.2mm，结晶较差。按照矿物的包裹、穿插关系，黄铁矿、方铅矿及闪锌矿形成较早，黄铜矿形成略晚，它们均可沿裂隙穿插交代碎屑物。其中黄铁矿与铀矿物关系较为密切。白钛石又因蚀变程度不同分为电磁和无磁两部分，铀的赋存状态与该类矿物密切相关。背散射图像显示铀石呈毛刺状或微细柱状围绕金红石、锐钛矿或白钛石（$TiO_2$）生长，钛铁矿见有蚀变痕迹，其矿物结构遭到破坏，矿物边缘常被铀石包

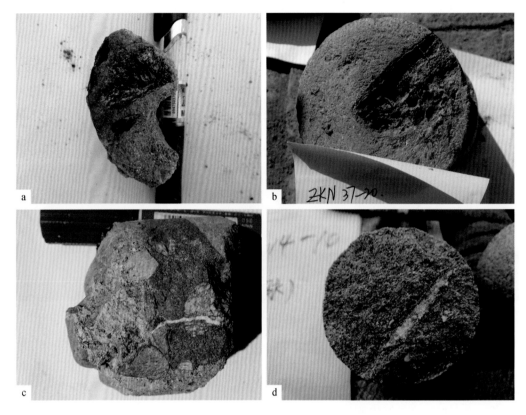

图 6.17　纳岭沟铀矿层中黄铁矿化与碳酸盐化特征

a. 灰色砂岩, 黄铁矿呈细脉状填充碎屑裂隙, N12-62; b. 灰绿色钙质粗砂岩, 黄铁矿和方解石呈细脉状穿插填充碎屑裂隙, N37-20; c. 钙质砾岩见局部黄铁矿胶结, 且后期钙质细脉又切穿砾石及黄铁矿胶结物, N28-52; d. 红色钙质粗砂岩中见结晶较好的方解石脉

裹, 个别见钛铁矿边部完整, 中间严重蚀变且大量铀石发育的现象。

　　另外, 砂岩体中可见团块状或顺层石膏脉体, 通过岩心光谱扫描发现, 砂体中也普遍存在石膏胶结现象。石膏可能在后期流体作用下发生了重结晶作用, 使颗粒变粗大。

# 第二节　铀矿沉淀化学特征

## 一、铀矿赋存的化学状态

　　铀元素化学性质很活泼, 所以自然界没有游离的金属铀。由于铀元素原子结构具有外三层不饱和的电子层, 这三层内的电子易丢失, 故铀常呈 $3^+$、$4^+$、$5^+$ 和 $6^+$ 四种化合价产出。自然界常见的铀为六价和四价的化合物。

　　从模拟实验角度对鄂尔多斯盆地灰色砂岩内形成的标志矿物、腐殖酸和灰绿色砂岩等, 进行了铀成矿作用条件分析。由于不同的检测方法, 抗干扰的能力不同。为了避免由于不同标志物对测定产生干扰而使实验结论发生偏移，本实验采用示波极谱法和分光光度法分别测量 U(VI) 和 U(IV)，以确保实验结论的可靠性。实验发现黄铁矿、钛铁矿、腐殖酸、甲烷气、氢气对 $U^{6+}$ 有还原现象，并确定了 $Fe^{2+}$ 和 $S^{2-}$ 对 $U^{6+}$ 的还原能力。各还原介质的还原性具体如下：

1. $Fe^{2+}$ 还原性

$Fe^{2+}$ 对 U(VI) 还原作用是大家比较认可的，其化学反应方程式为

$$UO_2^{2+}+2Fe^{2+}+4H^+\rightarrow U^{4+}+2Fe^{3+}+2H_2O$$

$$UO_2^{2+}+Fe^{2+}+3H_2O\rightarrow UO_2+Fe(OH)_3+3H^+$$

$$[UO_2(CO_3)_3]^{4-}+2Fe^{2+}+3H_2O\rightarrow UO_2+2Fe(OH)_3+3CO_2$$

用 $FeSO_4$ 研究 $Fe^{2+}$ 对 U(VI) 的还原行为。采用极谱法进行测量。图 6.18 反映了加入不同量的 $FeSO_4$ 对 U(VI) 的还原的影响。从图 6.18 中可以看出，随着 $Fe^{2+}$ 含量的增加，U(VI) 的含量在减小。

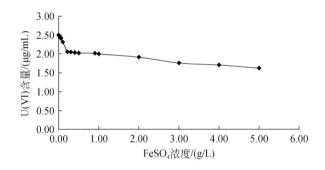

图 6.18　极谱法：$FeSO_4$ 对 U(VI) 含量的影响

采用分光光度法研究了 $Fe^{2+}$ 对 U(IV) 含量的影响。表 6.5 反映了加入不同量的 $FeSO_4$ 对 U(IV) 的含量的影响。从表中可以看出，随着 $FeSO_4$ 量的增加，U(IV) 的数量随之增加，当 $FeSO_4$ 量达到一定量以后，U(IV) 的数量有所下降，并保持平稳。由于采用分光光度法时，铀含量都是 μg/mL 级别，加入少量 $Fe^{2+}$，基本就能够完全还原 U(VI)，但是随着 $Fe^{2+}$ 量的增加，其颜色对分光光度法会产生干扰，造成曲线吸光度下滑，当 $Fe^{2+}$ 量达到一定数量后，干扰保持平稳。结合极谱法的实验结果，$Fe^{2+}$ 量越高，还原效率越高。这说明，$Fe^{2+}$ 对 U(VI) 具有很高的还原效率。这也从分析化学的角度佐证了以往学者们对 $Fe^{2+}$ 还原 U(VI) 的研究结论。

表 6.5　比色法：$FeSO_4$ 对 U(IV) 含量的影响

| $FeSO_4$ 称样量/g | 吸光度/mV | U(IV) 含量/μg |
| --- | --- | --- |
| 0.00 | 0.0107 | 0.00 |
| 0.01 | 0.0276 | 0.38 |
| 0.02 | 0.0275 | 0.45 |
| 0.04 | 0.0274 | 0.48 |

续表

| FeSO$_4$称样量/g | 吸光度/mV | U(IV) 含量/μg |
|---|---|---|
| 0.05 | 0.0253 | 0.65 |
| 0.10 | 0.1478 | 2.57 |
| 0.20 | 0.1336 | 2.35 |
| 0.30 | 0.1346 | 2.34 |
| 0.40 | 0.1376 | 2.42 |
| 0.50 | 0.1131 | 1.84 |
| 0.90 | 0.0765 | 1.33 |
| 1.00 | 0.0862 | 1.52 |
| 2.00 | 0.0709 | 0.98 |
| 3.00 | 0.0635 | 1.03 |

### 2. S$^{2-}$ 的还原性

S$^{2-}$对 U(VI) 具有很强的还原性，其化学反应方程式为

$$UO_2^{2+}+S^{2-}\rightarrow UO_2+S$$
$$UO_2^{2+}+3S^{2-}+2Fe^{2+}\rightarrow UO_2+Fe_2S_3$$

为了避免硫化物对检测的干扰，实验过程中选用了硫化锌在酸性介质中进行示波极谱法实验和分光光度法实验来验证 S$^{2-}$对 U(VI) 是否有还原作用。通过实验，根据极谱实验数据绘制曲线图，由图 6.19 可以看出，随着硫化物量的增加，U(VI) 的含量有略微减少。

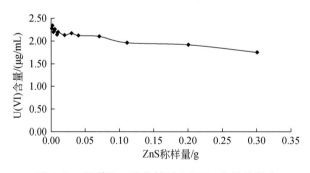

图 6.19　极谱法：硫化锌对 U(VI) 含量的影响

而根据表 6.6 比色的实验值可以看出随着硫化物量的增加，U(IV) 的含量有略微增加，基本肯定是 S$^{2-}$对 U(VI) 的还原性。

**表 6.6　比色法：硫化锌对 U(IV) 含量的影响**

| ZnS 称样量/g | 吸光度/mV | U(IV) 含量/μg |
|---|---|---|
| 0.0160 | 0.1212 | 2.67 |
| 0.0260 | 0.1202 | 2.64 |

| ZnS 称样量/g | 吸光度/mV | U(Ⅳ) 含量/μg |
|---|---|---|
| 0.0470 | 0.1250 | 2.75 |
| 0.0640 | 0.1318 | 2.90 |
| 0.0840 | 0.1390 | 3.06 |
| 0.1000 | 0.1379 | 2.99 |
| 0.2000 | 0.1330 | 2.93 |
| 0.3000 | 0.1347 | 2.96 |

从理论上讲，只有电极电位数值较小的物质的还原态与电极电位数值较大的物质的氧化态之间才能发生氧化还原反应，两者电极电位的差别越大，反应就进行得越完全，以下为 $Fe^{2+}$、$S^{2-}$ 和 $UO_2^{2+}$ 的还原电位。

$Fe^{2+}+2e=Fe$，电极电位 $-0.447$；$2S+2e=S_2^{2-}$，电极电位 $-0.4283$；$UO_2^{2+}+2e=UO_2$，电极电位 $0.221$。

通过 $FeSO_4$、黄铁矿、硫化锌的实验，证明在酸性介质中，黄铁矿对 U(Ⅵ) 有一定的还原性，所产生的 $Fe^{2+}$、$S^{2-}$ 都参与了还原反应。但较之（$Fe^{2+}+2e$）/Fe 的还原电位比（$2S^++2e$）/$S_2^{2-}$ 负值更大，$Fe^{2+}$ 比 $S^{2-}$ 对 U(Ⅵ) 的还原性要强，这与实验结果一致。

3. 黄铁矿和钛铁矿的还原性

在鄂尔多斯盆地砂岩型铀矿矿床中，经常能够发现黄铁矿和钛铁矿的存在。由于亚铁离子和硫离子对 U(Ⅵ) 都具有还原性，从理论上讲，在一定条件下，富含硫离子和亚铁离子的黄铁矿和富含亚铁离子的钛铁矿对 U(Ⅵ) 都应该具有还原性。选用了在 10g 黄铁矿和 10g 钛铁矿中分别加入 20μg 的 U(Ⅵ) 进行浸泡实验，在不同 pH 情况下，测定了黄铁矿、钛铁矿的还原能力（表 6.7）。

表 6.7　黄铁矿、钛铁矿在不同酸度下还原 $U^{4+}$ 的量　　　　（单位：μg）

| | $U^{4+}(pH=1)$ | $U^{4+}(pH=6)$ | $U^{4+}(pH=7)$ |
|---|---|---|---|
| 黄铁矿 | 9.67 | 0.57 | 0 |
| 钛铁矿 | 3.00 | 0.31 | 0 |

酸性条件下，由于硫离子或亚铁离子的析出，能够对 U(Ⅵ) 进行还原，随着 pH 增大，还原作用越来越少，在中性条件下，没有还原作用。

4. 腐殖酸的还原性

腐殖酸分子结构比较复杂，主要是芳环和脂环，环上连有羧基、羟基、羰基、醌基、甲氧基等官能团。其特定的性能和结构使得腐殖酸能与金属离子有交换、吸附、络合、螯合等作用。加入不同量的腐殖酸，根据极谱法测 U(Ⅵ) 的含量，绘制影响曲线。从图 6.20 看，随着腐殖酸量的增加，U(Ⅵ) 含量随之下降。

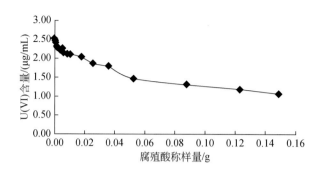

图 6.20　极谱法：腐殖酸对 U(VI) 含量的影响

比色法实验数据表明，腐殖酸对 U(VI) 的还原性直接影响较弱，对比腐殖酸极谱法的实验结果，加入腐殖酸后，U(VI) 降低很快，U(IV) 增加很慢，分析认为极谱法谱峰下降的原因可能是腐殖酸的吸附性能所致（表 6.8）。

表 6.8　比色法：腐殖酸对 U(IV) 的影响

| 腐殖酸称样量/g | 吸光度/mV | U(IV) 含量/μg |
| --- | --- | --- |
| 0.001 | 0.0260 | 0.48 |
| 0.002 | 0.0278 | 0.52 |
| 0.003 | 0.0276 | 0.51 |
| 0.004 | 0.0285 | 0.53 |
| 0.005 | 0.0288 | 0.53 |
| 0.010 | 0.0291 | 0.54 |
| 0.020 | 0.0299 | 0.55 |
| 0.030 | 0.0300 | 0.56 |
| 0.040 | 0.0315 | 0.58 |
| 0.060 | 0.0311 | 0.58 |

### 5. 氢气和甲烷的还原性

在石油气中，甲烷是主要成分，氢气也是其成分之一。将甲烷和氢气分别通入装有 5μg/mL 的 U(VI) 标准溶液中，溶液 pH 分别为 pH=1、pH=6、pH=7，通气时间为 10min、30min 和 60min，然后，进行极谱法和比色法测定。结果都没有 U(VI) 的降低，也没有产生 U(IV)。这说明在常温常压条件下，氢气和甲烷都不与 U(VI) 发生反应。

氢气与 U(VI) 需要在 800~900℃ 条件下才能反应，反应式如下：

$$UO_3 + H_2 \rightarrow UO_2 + H_2O$$

甲烷在 U(VI) 的还原过程中，可以用如下方程式表示：

$$SO_4^{2-} + CH_4 \rightarrow H_2S + CO_3^{2-} + H_2O$$

由于甲烷气与硫酸根反应会生成还原能力极强的硫化氢，在此还原条件下，还原剂使围岩中的氧化铁还原成黄铁矿。

综上所述，鄂尔多斯盆地北部铀矿的还原过程中 $Fe^{2+}$ 和 $S_2^{2-}$ 起到了非常重要的作用，而亚铁离子和硫离子的来源主要为灰绿色砂岩和甲烷与硫酸根的反应。在砂岩型铀矿形成过程中，还原环境下铀相对难迁移，有利于铀矿床的形成。$Fe^{2+}$ 和 $S_2^{2-}$ 在铀还原过程中起到的决定性作用。

## 二、矿层内铀矿物质赋存的方式

按照铀元素的化学性质，在氧化的红色、黄色砂岩中应该主要的是六价铀的化合物，灰–黑色还原的砂岩内主要是四价铀的化合物。事实上，鄂尔多斯盆地北缘铀矿的富集层主要为较还原的灰色砂岩层，且灰色砂岩层内的六价铀和四价铀的含量相当。由于还原态的灰色含铀砂岩层富含有机质和含泥量较高，大量的六价铀因被吸附而沉淀。

在鄂尔多斯地区已经发现的铀矿多位于灰绿色与灰色砂岩界面的灰色砂岩中。分析结果也证明了与成矿相关的灰色砂岩具有比其他岩性更强的还原性，有利于铀矿床的形成。亚铁离子的来源主要为灰绿色砂岩，这与实验结果是相符的。

在鄂尔多斯盆地北部层间地下水主要以中性或偏碱性为主，在此条件下，黄铁矿等无法产生 $S_2^{2-}$，而亲硫离子的细菌和微生物往往生存于酸性条件下，即使黄铁矿能够产生部分 $S_2^{2-}$，与巨量灰绿色砂岩所产生的亚铁离子相比，由黄铁矿产生的 $S_2^{2-}$ 在铀的还原过程中也起不到决定性作用。

# 第三节　含铀岩系有机质特征

## 一、碳质（煤）碎屑特征

### （一）鄂尔多斯盆地煤层发育基本特征

鄂尔多斯盆地侏罗纪含煤岩系以延安组为主要含煤层段，含煤层数多达 28 层，分为五个煤组，每个煤组有一主要可采煤层（分别为 1-2 煤、2-2 煤、3-1 煤、4-2 煤、5-2 煤）。显微煤岩类型主要以微惰煤为主，含较多富镜质组的微镜惰煤（图 6.21；黄文辉等，2010）。

镜质组以结构镜质体、均质镜质体、基质镜质体最为常见，惰性组中丝质体、半丝质体、粗粒体常见。从表 6.9 可以看出，鄂尔多斯盆地各个矿区中煤岩显微组分中镜质组约占 60%，惰质组约占 30%，壳质组含量极少。鄂尔多斯盆地直罗组铀储层中碳质碎屑中镜质组含量在 95% 以上，其次含有少量的惰质组，不含壳质组。镜质组平均含量煤层低于砂岩碳质碎屑，惰性组的平均含量煤层高于砂岩碳质碎屑。从显微煤岩类型看，煤层以微镜惰煤为主，少量微惰镜煤、微镜煤；碳质碎屑绝大部分为微镜煤。

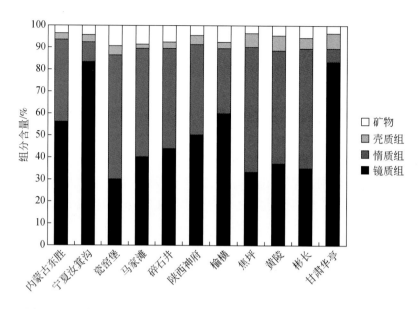

图6.21　鄂尔多斯盆地侏罗系各矿区显微煤岩类型（据黄文辉等，2010）

表6.9　延安组典型煤层与直罗组碳质碎屑显微组分对比

| | 镜质组/% | 惰质组/% | 壳质组/% | 宏观煤岩学特征 | 显微煤岩类型 |
|---|---|---|---|---|---|
| 延安组 3-1 煤层 | 65.6 | 31.5 | 0.9 | 半亮煤、半暗煤为主，少量光亮煤和暗淡煤 | 微镜惰煤为主，少量微镜煤、微惰镜煤 |
| 直罗组碳质碎屑 | 99.5 | 0.5 | 0 | 镜煤条带为主，次为植物炭屑 | 主要是微镜煤 |

通过对比直罗组碳质碎屑样品与下伏延安组煤层显微组分含量（表6.9）可以发现，镜质组含量都占据显微组分的绝大部分，都基本不含壳质组，显示两者具有某种成因联系，直罗组碳质碎屑可能来源于下伏延安组煤层。

在鄂尔多斯盆地北缘这些不同类型煤质组成的碳质（煤）屑，常顺层或者倾斜呈细条状产于灰色铀储层砂岩中。条带厚度均匀，厚度一般为1mm至1~2cm，长短不一，并且常与黄铁矿伴生，偶见灰色或者灰绿色泥砾（图6.22）。

在镜下碳质碎屑的微观形态可分为三大类型，即条带（细脉）型、复合型、分散型。条带（细脉）型碳质碎屑主要产于灰色中砂岩、粗砂岩中，部分钙质胶结。不透明，单偏光及正交偏光镜下呈深褐色至灰色、黑色，反射光下无光泽，黑色或者褐色。碳质碎屑集中分布在石英、长石颗粒的孔隙中，呈条带、细脉型。碳屑大小 1mm×5mm ~ 10mm×50mm，为丝炭化物质组成，形态多为两端尖灭的细脉状。其中，细脉型有机碳（褐煤）大致顺层理或斜层理展布。

分散状碳质碎屑是铀储层内部砂岩胶结物中呈分散状态的一种碳质碎屑，该类碳质碎屑粒度小，主要分布在灰色（灰绿色）细砂岩和中砂岩中，部分分布于灰色、绿色粗砂岩中。在钙质胶结的砂岩中，可见碳质碎屑集中分布，这可能是钙质胶结的结果。钙质胶结使岩石致密，使得其中的碳质碎屑不易被氧化。而其他部分的碳质碎屑没有受到保护而被

图 6.22　鄂尔多斯盆地直罗组铀储层内条带状、不等厚状碳质碎屑宏观产状

a. ZKS563-47，619.00m，$J_2z^{1-2}$，产于灰白色钙质粗砂岩中，不等厚状镜煤条带，钙质胶结；b. ZKS0-31，798.09m，$J_2z^{1-1}$，产于灰白色钙质粗砂岩中，不等厚状镜煤条带，见泥砾；c. ZKB84-37，711.45m，$J_2z^{1-1}$，产于灰色粗砂岩中，不等厚状镜煤条带；d. ZKD32-63，687.15m，$J_2z^{1-1}$，产于灰色粗砂岩中，不等厚状镜煤条带，钙质胶结；e. ZKT63-0，634.80m，$J_2z^{1-1}$，产于灰色含砾粗砂岩中，不等厚状镜煤条带，厚 1~2cm，同时可见等厚状镜煤条带，厚 1~5mm

氧化。这种类型样品中碳质碎屑含量（TOC）通常很低。

复合型碳质碎屑主要产于灰色中砂岩、粗砂岩中。反射光下无光泽，黑色或者褐色，单偏光及正交偏光镜下不透明，呈深褐色至灰色、黑色。碳质碎屑集中呈短细条状和粉尘状分布在岩石颗粒的孔隙中，与填隙物胶结在一起。短细条状碳屑大小 1mm×5mm~2mm×50mm，为丝炭化物质组成，大致顺层理或斜层理展布。粉尘状碳屑呈土状分散分布。该类型碳质碎屑同时具备条带型和分散型碳质碎屑镜下特征（图 6.23）。

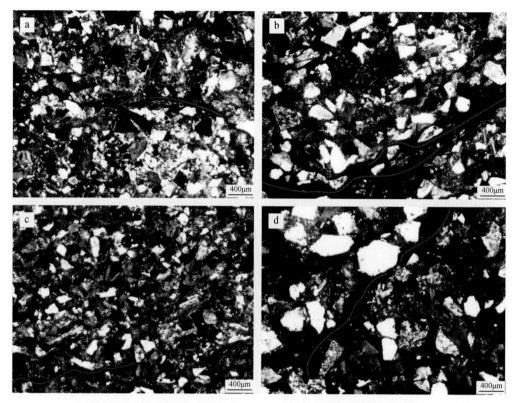

图 6.23　鄂尔多斯盆地直罗组铀储层内部复合型碳质碎屑微观特征

a. ZKD176-47, 607m, $J_2z^{1-2}$, 灰色中砂岩, 镜下鉴定为灰色含细脉状有机碳中粗粒长石砂岩; b. ZKD288-16, 657.30m, $J_2z^{1-2}$, 灰色中细砂岩, 镜下鉴定为灰色含有机碳中粗粒长石砂岩; c. ZKT31-63, 540.2m, $J_2z^{1-2}$, 灰色细砂岩, 镜下鉴定为灰绿色含有机碳中细粒岩屑质长石砂岩; d. ZKT79-7, 576.30m, $J_2z^{1-1}$, 灰色粗砂岩, 镜下鉴定为灰色含有机碳中粗粒长石砂岩

### (二) 碳质 (煤) 及其成熟度 ($R_o$ 值) 和铀成矿的关系

#### 1. $R_o$ 测试结果及变质程度判别

经过系统测试, 鄂尔多斯盆地北部 ZKB84-37 井中侏罗统煤岩样品镜质组测试结果如表 6.10 所示。根据我国煤阶类型的划分标准, 总体来看 ZKB84-37 井 $R_o$ 介于 0.261% 到 0.514% 之间, 平均值为 0.376%, 绝大部分样品变质程度属于低阶煤中的褐煤。如果用烃源岩成熟度划分标准来衡量, 则该井中侏罗统有机质处于未成熟热演化阶段。

表 6.10　ZKB84-37 井样品 $R_o$ 测试结果

| 样品编号 | 层位 | 岩性描述 | $R_{max}$ 平均值/% | 标准偏差 |
|---|---|---|---|---|
| ZKB84-37-1 | 直罗组中段 | 深灰色碳质泥岩中植物炭屑 | 0.32 | 0.033 |
| ZKB84-37-2 | 直罗组下段上亚段 | 煤层 | 0.414 | 0.021 |
| ZKB84-37-3 | | 深灰色碳质泥岩中植物炭屑 | 0.261 | 0.049 |

续表

| 样品编号 | 层位 | 岩性描述 | $R_{max}$平均值/% | 标准偏差 |
|---|---|---|---|---|
| ZKB84-37-4 | 直罗组下段下亚段 | 深灰色碳质泥岩中植物炭屑 | 0.299 | 0.037 |
| ZKB84-37-5 | | 灰色粗砂岩镜煤条带、植物炭屑 | 0.289 | 0.021 |
| ZKB84-37-6 | | 灰色粗砂岩中镜煤条带 | 0.341 | 0.03 |
| ZKB84-37-7 | | 灰色粗砂岩中镜煤条带 | 0.32 | 0.03 |
| ZKB84-37-8 | | 灰色粗砂岩中植物炭屑 | 0.271 | 0.032 |
| ZKB84-37-9 | 延安组第五成因地层单元 | 深灰色碳质泥岩中植物炭屑 | 0.359 | 0.049 |
| ZKB84-37-10 | | 煤层 | 0.343 | 0.032 |
| ZKB84-37-11 | | 灰色中砂岩中植物炭屑 | 0.427 | 0.04 |
| ZKB84-37-12 | | 深灰色碳质泥岩、见大量碳质碎屑和植物炭屑 | 0.36 | 0.025 |
| ZKB84-37-13 | | 煤层 | 0.407 | 0.037 |
| ZKB84-37-14 | | 煤层 | 0.362 | 0.069 |
| ZKB84-37-15 | | 煤层 | 0.365 | 0.035 |
| ZKB84-37-16 | | 煤层 | 0.361 | 0.03 |
| ZKB84-37-17 | | 煤层 | 0.384 | 0.082 |
| ZKB84-37-18 | 延安组第四成因地层单元 | 灰色泥质粉砂岩、见大量植物炭屑 | 0.359 | 0.065 |
| ZKB84-37-19 | | 深灰色粉砂质泥岩、见大量植物炭屑 | 0.261 | 0.031 |
| ZKB84-37-20 | | 煤层 | 0.55 | 0.085 |
| ZKB84-37-21 | | 煤层 | 0.408 | 0.062 |
| ZKB84-37-22 | | 灰色粗砂岩、镜煤条带 | 0.416 | 0.044 |
| ZKB84-37-23 | | 煤层 | 0.442 | 0.032 |
| ZKB84-37-24 | | 灰色细砂岩植物炭屑、黄铁矿 | 0.37 | 0.027 |
| ZKB84-37-25 | | 浅灰色中砂岩、少量镜煤条带 | 0.359 | 0.035 |
| ZKB84-37-26 | | 灰色粗砂岩、镜煤条带 | 0.346 | 0.024 |
| ZKB84-37-27 | 延安组第三成因地层单元 | 煤层 | 0.349 | 0.055 |
| ZKB84-37-28 | | 煤层 | 0.489 | 0.075 |
| ZKB84-37-29 | | 煤层 | 0.493 | 0.112 |
| ZKB84-37-30 | | 煤层 | 0.506 | 0.027 |
| ZKB84-37-31 | | 煤层 | 0.323 | 0.134 |
| ZKB84-37-32 | 延安组第二成因地层单元 | 煤层 | 0.325 | 0.024 |
| ZKB84-37-33 | | 煤层 | 0.439 | 0.092 |
| ZKB84-37-34 | | 煤层 | 0.466 | 0.037 |
| ZKB84-37-35 | | 灰色粗砂岩见镜煤条带 | 0.308 | 0.026 |
| ZKB84-37-36 | | 灰色粗砂岩见镜煤条带 | 0.34 | 0.026 |
| ZKB84-37-37 | | 灰色粗砂岩可见大量镜煤条带 | 0.319 | 0.038 |
| ZKB84-37-38 | | 煤层 | 0.443 | 0.027 |

续表

| 样品编号 | 层位 | 岩性描述 | $R_{max}$平均值/% | 标准偏差 |
|---|---|---|---|---|
| ZKB84-37-39 | 延安组第二成因地层单元 | 煤层 | 0.414 | 0.056 |
| ZKB84-37-40 | | 煤层 | 0.514 | 0.143 |
| ZKB84-37-41 | | 煤层 | 0.428 | 0.024 |
| ZKB84-37-42 | | 煤层 | 0.372 | 0.056 |
| ZKB84-37-43 | | 煤层 | 0.389 | 0.036 |
| ZKB84-37-44 | | 煤层 | 0.339 | 0.024 |
| ZKB84-37-45 | | 灰色中砂岩见大量镜煤条带 | 0.285 | 0.028 |
| ZKB84-37-46 | | 灰色细砂岩植物炭屑 | 0.324 | 0.035 |
| ZKB84-37-47 | | 灰色粗砂岩见少量镜煤条带 | 0.289 | 0.026 |
| ZKB84-37-48 | | 灰白色含砾粗砂岩见少量植物炭屑 | 0.31 | 0.036 |
| ZKB84-37-49 | | 灰色粗砂岩见大量镜煤条带 | 0.302 | 0.026 |
| ZKB84-37-50 | 延安组第一成因地层单元 | 煤层 | 0.408 | 0.117 |
| ZKB84-37-51 | | 煤层 | 0.417 | 0.026 |
| ZKB84-37-52 | | 煤层 | 0.4 | 0.101 |
| ZKB84-37-53 | | 煤层 | 0.456 | 0.098 |
| ZKB84-37-54 | | 灰色粉砂质泥岩、植物炭屑 | 0.396 | 0.127 |
| ZKB84-37-55 | | 灰色泥质粉砂岩植物炭屑、镜煤条带 | 0.373 | 0.031 |
| ZKB84-37-56 | | 灰色含砾粗砂岩、植物炭屑 | 0.384 | 0.029 |
| ZKB84-37-57 | | 灰绿色粗砂岩、植物炭屑 | 0.417 | 0.049 |

**2. $R_o$变化规律及不同类型样品 $R_o$ 系统差分析**

通过统计发现，ZKB84-37 井延安组 $R_o$ 略大于直罗组 $R_o$，总体符合地温梯度对有机质影响的普遍规律（图 6.24）。

但是通过对相同层位不同类型有机质 $R_o$ 的比较，发现 ZKB84-37 号钻孔煤层样品 $R_o$ 与碳质碎屑样品 $R_o$ 具有明显差别（图 6.24）。煤层样品 $R_o$ 均值为 0.414%，碳质碎屑样品 $R_o$ 均值为 0.336%。总体上，赋存在砂岩中的碳质碎屑 $R_o$ 值明显低于埋深相近的煤层样品，通常低 0.027%~0.117%，平均低 0.112%。这可能预示着相同的有机质在成岩过程中泥炭（煤层）的成岩环境与（铀储层）砂岩的成岩环境略有所不同。这一认识突破以往在该区只关注煤质有机质的量的变化，而忽视了碳质碎屑由于变质程度相对低所具有的其他物理化学性质。所以铀储层中 $R_o$ 相对低的碳质碎屑对铀成矿具有重要意义。

同一深度，煤层样品与砂岩碳质碎屑样品 $R_o$ 存在的系统差值，说明两者在成岩过程中煤层与砂岩碳质碎屑的成岩环境存在差异，也就是说泥炭（煤层）的成岩环境不同于砂岩的成岩环境。推测其原因可能与煤层和砂岩的物理性质不同所导致，砂岩由于存在多孔介质不易于热量聚集致使 $R_o$ 偏低，而煤层孔隙度、渗透率较差不易于热量散失，使得 $R_o$ 总体偏高。

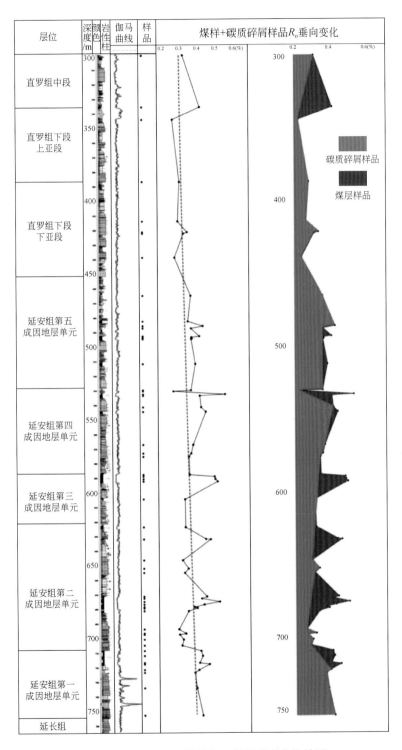

图 6.24　ZKB84-37 号钻孔 $R_o$ 随深度变化统计图

**（三）铀储层中有机质碎屑的含量与其距离下伏煤层的远近呈负相关**

铀储层中碳质碎屑的分布与冲刷面有关，往往以滞留沉积物的形式出现。野外露头上可以观察到直罗组铀储层底部或其内部冲刷面（图 6.25a），在冲刷面底部可见大量的有机质碎屑、泥砾及砂岩集合体等，多数有机质碎屑呈条带状，分布具有一定的定向性，沿冲刷面往上，有机质碎屑的含量和粒径呈减小的趋势（图 6.25b）。岩心上也可以观察到直罗组铀储层中有机质碎屑的分布与沉积冲刷面有关，这些有机质碎屑呈条带状或扁豆状顺层分布。

图 6.25　鄂尔多斯盆地东北部神山沟地区直罗组铀储层中冲刷面附近的有机质碎屑
a. 直罗组与延安组呈侵蚀接触，在冲刷面附近可见大量有机质碎屑，顺层分布；b. 直罗组铀储层中冲刷面附近的
有机质碎屑、泥砾及砂岩集合体等；c. 不同级别冲刷面之上均可见碳质碎屑

岩心和野外露头观察发现，鄂尔多斯盆地东北部直罗组铀储层中有机质碎屑含量与下伏延安组煤层的距离呈明显的负相关关系。随着有机质碎屑距离下伏延安组煤层越远，其含量由 32.42% 变为 12.86%、8.73%、5.46%，直到 1.65%，呈现逐渐降低的趋势。与此同时，有机质碎屑颗粒的粒径也随着距离延安组煤层越远而呈变小的趋势（图 6.26）。

铀储层中有机质碎屑的粒径是无机碎屑颗粒粒径的十倍以上，反映了泥炭沉积物的密度远小于无机碎屑颗粒的密度，是沉积过程中发生了重力分异作用的结果。

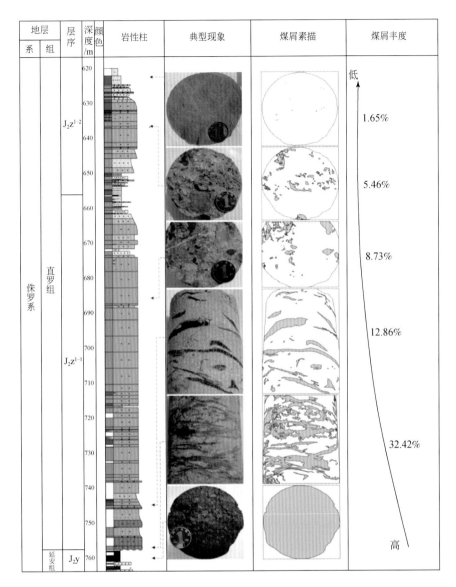

图 6.26　鄂尔多斯盆地东北部 ZKD2014-3 井有机质碎屑垂向变化规律

通过岩心观察可以看出，有机质碎屑往往以炭化植物碎屑或镜煤化碎屑颗粒与无机碎屑颗粒伴生。这种现象常见于灰色砂岩中，其无机碎屑颗粒分选中等–较好，有机质碎屑有被磨圆的痕迹。表明有机质碎屑与无机碎屑颗粒可能是同时沉积，且是经过一定距离的搬运。有机质碎屑颗粒大小往往比无机碎屑颗粒大一个数量级。

### （四）铀储层中有机碳含量（TOC）与铀成矿的关系

研究表明，影响鄂尔多斯盆地北部大营、纳岭沟铀矿铀储层砂体中有机碳变化的最关键地质因素是碳质碎屑丰度，而铀储层中有机碳与铀成矿的关系本质是碳质碎屑与铀成矿的关系。因此，鄂尔多斯盆地北部碳质碎屑与铀成矿关系密切。

### 1. 铀储层有机碳空间分布规律

为研究有机碳在铀储层内部的分布规律，选取了鄂尔多斯盆地北部多个钻孔和连井剖面进行分析。垂向上，直罗组下段下亚段砂岩中有机碳含量明显高于上覆的直罗组下段上亚段和直罗组上段砂岩。其中，在矿化砂岩中有机碳含量较高，氧化砂岩中含量较低，原生砂岩中有机碳含量介于二者之间（图6.27、图6.28）。有机碳在垂向上的分布与铀矿化具有较好的对应关系，在伽马曲线测量值较高的部位，即在铀成矿有利的层位，有机碳含量高于其他层位。平面上，呈不规则条带状、星点状展布，其中直罗组下段下亚段有机碳的分布范围和含量明显高于直罗组下段上亚段。各分带特征与氧化还原分带中的有机碳含量具有良好的对应关系（图6.29、图6.30）。

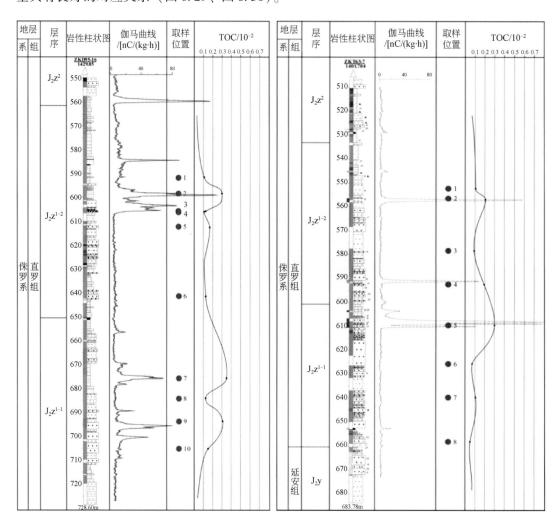

图6.27　鄂尔多斯盆地北部钻孔中有机碳含量垂向变化图（左：ZKD95-16；右：ZKT63-7）

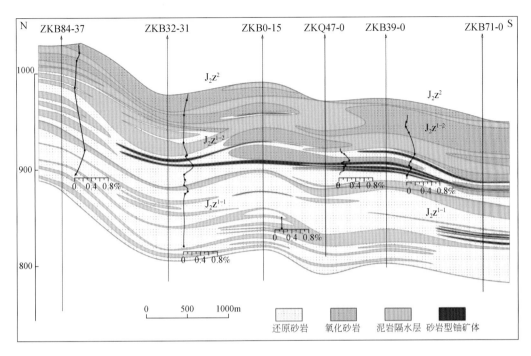

图 6.28　鄂尔多斯盆地北部铀储层岩石地球化学连井剖面上有机碳含量变化特征

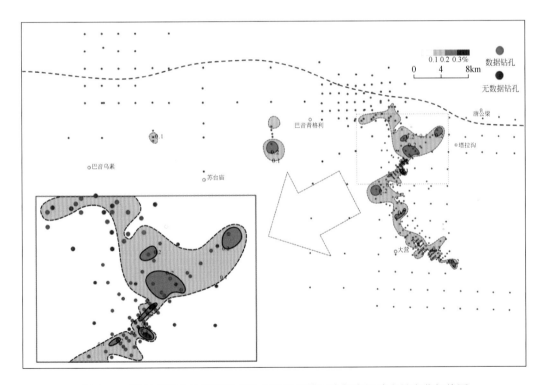

图 6.29　鄂尔多斯盆地直罗组下段上亚段铀储层内部有机碳含量变化规律图

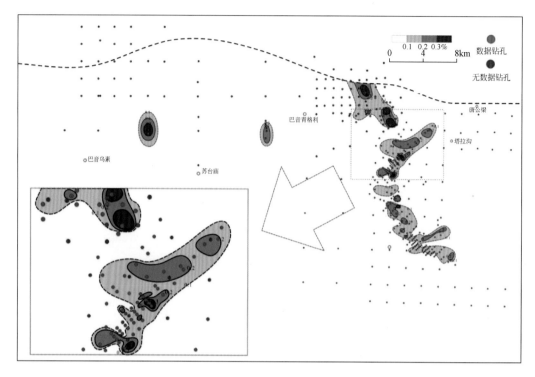

图 6.30　鄂尔多斯盆地直罗组下段下亚段铀储层内部有机碳含量变化规律图

　　鄂尔多斯盆地北部直罗组下段下亚段、上亚段比较，有机碳含量与铀矿化叠合关系具有更好的对应性。但相较下亚段其发育的区域有所变小。在大营地区直罗组下段上亚段铀矿化信息主要分布在有机碳含量 0.1%~0.3%，工业钻孔主要分布在有机碳含量大于 0.3% 的区域，矿化钻孔主要分布在 0.2%~0.3% 区域，异常则分布在 0.1%~0.2% 区域。大营铀储层中有机碳对铀矿化的关系见图 6.31。

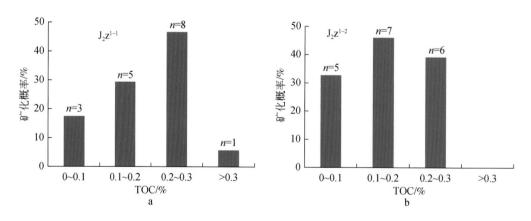

图 6.31　大营铀储层内部有机碳含量（TOC）与铀矿化概率直方图

a. $J_2z^{1-1}$ 中有机碳含量（TOC）与铀矿矿化概率关系；b. $J_2z^{1-2}$ 有机碳含量（TOC）与铀矿矿化概率关系

### 2. 沉积和成岩有机碳分布规律

从沉积作用角度来看，区域水动力条件较弱、沉积物粒度偏细的沉积环境（如决口三角洲平原与分流间湾等）中碳质碎屑等更容易被保留下来，造成其有机碳含量较高。从成岩作用角度来看，氧化作用对碳质碎屑有消耗。此外，钙质成岩作用与铀矿化作用的发生具有同步耦合性。综合来看，铀储层中碳质碎屑的含量直接影响有机碳的分布。

为了排除后期氧化还原程度不同的影响，只选取铀储层内部灰色砂岩进行研究。对鄂尔多斯盆地北部铀储层内部灰色不同粒度砂岩中有机碳及铀含量进行统计分析（表6.11）。研究显示，有机碳在灰色细、中砂岩中含量最高，变化范围为0.02%~1.23%，平均值为0.175%。在灰色中粗、粗砂岩中含量最低，平均值为0.129%最低为0.01%，最高为0.52%。灰色中砂岩中含量介于两者之间，平均值为0.140%。不同粒度中铀含量也有同样的关系（图6.32）。由此可知，在灰色砂岩中岩石粒度越细，有机碳和铀含量越高，相反粒度越粗，含量越低。

表6.11　铀储层内部灰色不同粒度砂岩中 TOC、U 含量及参数表

| 参数 | 统计量 | 灰色细、中细砂岩 | 灰色中砂岩 | 灰色中粗、粗砂岩 |
|---|---|---|---|---|
| TOC/$10^{-2}$ | 样品个数 | 175 | 202 | 204 |
| | 变化范围 | 0.02~1.23 | 0.01~1.05 | 0.01~0.52 |
| | 平均值 | 0.175 | 0.140 | 0.129 |
| U/$10^{-6}$ | 样品个数 | 108 | 109 | 119 |
| | 变化范围 | 20~4980 | 10~6680 | 10~2280 |
| | 平均值 | 613 | 416 | 290 |

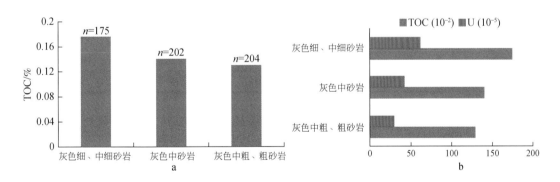

图6.32　不同粒度砂岩中 TOC 对比图（a）及 U、TOC 变化直方图（b）

通过对比大营地区直罗组下段上下亚段沉积体系与有机碳含量的空间配置关系（图6.33），发现沿着水流流向，有机碳含量逐渐变大，并且在决口三角洲平原和分流间湾发育的区域形成高值区，而分流河道等发育的区域有机碳含量较小。决口三角洲平原与分流间湾水动力条件相对较弱，细粒沉积物如动植物碎屑更容易被保留下来，进而发育为砂体中的有机碳。可见沉积体系在一定程度上对有机碳含量有着明显的约束作用。

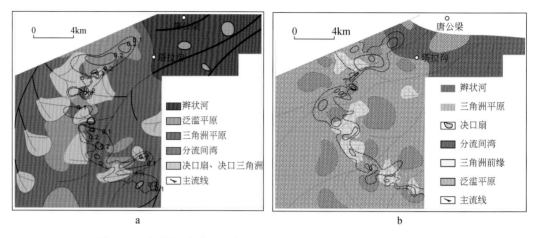

图 6.33　唐公梁–大营地区直罗组下段沉积体系与有机碳含量叠合图

a. 下亚段；b. 上亚段

铀储层内部不同颜色砂岩中有机碳含量对比显示，灰色含矿砂岩中有机碳含量变化较大，在0.01%~1.88%，平均值为0.21%，含量最高；红色砂岩中有机碳含量最低，在0.01%~0.13%，平均为0.07%；绿色砂岩中有机碳含量较红色砂岩偏高，介于0.01%~0.33%，均值为0.15%（表6.12）。

表 6.12　铀储层内部不同颜色砂岩中有机碳、铀含量及参数表

| 参数 | 统计量 | 红色砂岩 | 绿色砂岩 | 灰色含矿砂岩 | 灰色不含矿砂岩 |
|---|---|---|---|---|---|
| $TOC/10^{-2}$ | 样品个数 | 13 | 192 | 146 | 379 |
| | 变化范围 | 0.01~0.13 | 0.01~0.33 | 0.01~1.88 | 0.01~2.65 |
| | 平均值 | 0.07 | 0.15 | 0.21 | 0.18 |
| $U/10^{-6}$ | 样品个数 | 7 | 7 | 263 | 120 |
| | 变化范围 | 10~90 | 10~80 | 100~6680 | 10~90 |
| | 平均值 | 30 | 40 | 510 | 50 |

直罗组下段不同颜色地层与有机碳含量的关系显示（图6.34），围绕氧化–还原过渡带分布着有机碳的高值区，完全氧化带分布的区域有机碳含量很低。

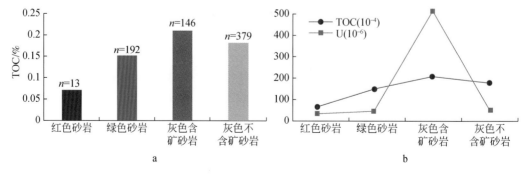

图 6.34　不同颜色砂岩中 TOC 对比图（a）及 TOC、U 含量变化折线图（b）

对直罗组下段中各钻孔氧化砂体厚度与有机碳含量分别进行统计（图6.35、图6.36），可见氧化砂体越薄，其有机碳含量值越高，两者基本呈现出负相关的关系。

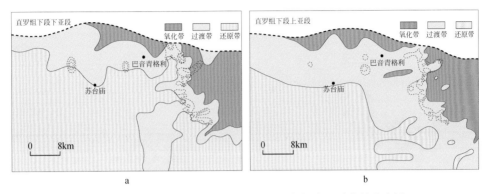

图6.35 直罗组下段氧化还原过渡带展布与有机碳含量叠合图

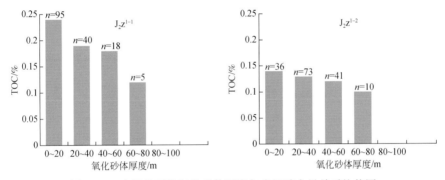

图6.36 直罗组下段氧化砂体厚度与有机碳含量关系柱状图

通过该地区氧化砂体厚度与有机碳含量空间配置关系的研究（图6.37），本次工作发现，氧化砂体越薄，其有机碳含量值越高，两者基本呈现出负相关的关系。有机碳含量高值区分布在氧化砂体薄的区域。

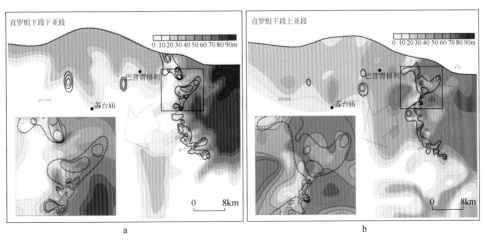

图6.37 直罗组下段氧化砂体厚度与有机碳含量叠合图
a. 下亚段；b. 上亚段

将该区直罗组下段下亚段、上亚段钙质砂岩厚度与对应的有机碳含量作线性关系图（图6.38）。可以看出，有机碳含量与钙质砂岩厚度呈正相关，且相关性较好，相关系数分别为 $R^2 = 0.5659$ 和 $R^2 = 0.5394$。说明在钙质砂岩厚度大的储层中，其有机碳含量也是较高的。

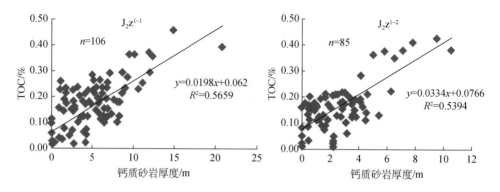

图6.38　直罗组下段钙质砂岩厚度与有机碳含量线性关系图

对比铀储层钙质砂岩厚度与有机碳含量的空间配置关系（图6.39），钙质砂岩在铀储层中呈带状分布，其集中发育区有机碳含量总体较高。钙质砂岩越厚，有机碳含量越高，正相关性明显。

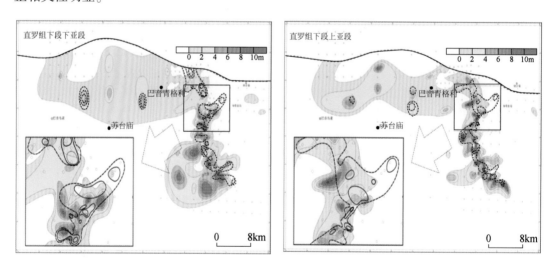

图6.39　研究区直罗组下段钙质砂岩厚度与有机碳含量叠合图

采用工业分析和全硫含量测定的方法，分别对鄂尔多斯盆地北部铀储层中碳质碎屑的水分、挥发分、灰分和硫分进行了分析测试。研究表明，碳质碎屑水分（$M_{ad}$）、挥发分产率（$V_{daf}$）、灰分产率（$A_d$）和全硫含量（$S_t$）的主要变化范围分别为7.95% ~ 16.09%，44.70% ~ 66.54%，4.84% ~ 26.24% 和 0.24% ~ 1.12%，相应地平均值分别为12.43%，53.41%，16.57% 和 0.77%，分析认为研究区内的碳质碎屑具有中高水分、超高挥发分、中低灰分和低硫的煤质特点。水分和挥发分产率总体上随着埋深的增加而减小，灰分和硫分随埋深无明显变化。受铀矿化的影响，水分和挥发分产率明显减小。

　　以钻孔 D112-39 为例，研究发现，$M_{ad}$ 和 $V_{daf}$ 总体上随着埋深的增加而减小，但在铀矿化的部位，$M_{ad}$ 和 $V_{daf}$ 异常偏低，$A_d$ 和 $S_t$ 存在偏高的现象（图 6.40），表明铀矿化与煤质参数之间可能存在一定的关系。

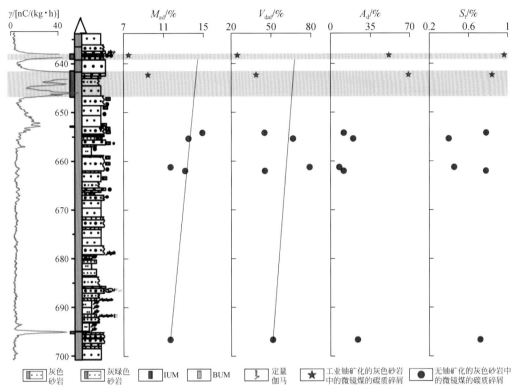

图 6.40　鄂尔多斯盆地北部 D112-39 钻孔煤质参数的单井垂向变化图

IUM. 工业铀矿化；BUM. 边界铀矿化

　　通过对不同铀矿化等级的碳质碎屑进行系统的分析，研究发现受铀矿化的影响，碳质碎屑的 $M_{ad}$ 和 $V_{daf}$ 明显减小，分别为约 4.03% 和 14.63%（图 6.41 ~ 图 6.43）；且 $M_{ad}$ 和 $V_{daf}$ 随着铀含量的增加而减小，随着距离铀矿体距离的增加而增加（图 6.44、图 6.45）。

　　综上，鄂尔多斯盆地含铀岩系内含大量碳质（煤）屑，且其含随着岩石的颜色由红—绿—灰变化逐渐增高。碳质（煤）屑的含量与砂岩钙质含量和铀含量均呈正相关关系。碳质（煤）屑的水分、挥发分与铀含量负相关，而碳质（煤）的灰分和含硫量与铀正相关。

## 二、油气对铀成矿的贡献

　　鄂尔多斯盆地是一个煤炭、石油、天然气、铀矿、盐类等各类矿产同盆共生的盆地（赵军龙等，2006）。众多学者认为盆内油气与砂岩铀矿的形成有密切的关系。鄂尔多斯盆地内油气主要来自下古生界中—上奥陶统（$O_{2-3}$）、上古生界石炭系—二叠系（C—P）、中生界上三叠统（$T_3$）和中生界中侏罗统（$J_2$）四套地层的烃源岩。

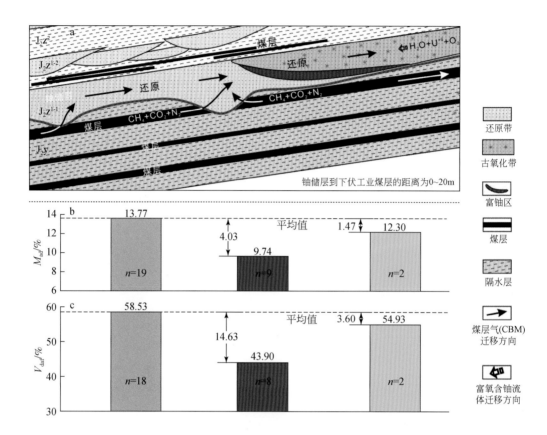

图 6.41　鄂尔多斯盆地北部碳质碎屑煤质参数变化分布图

a. 区域铀成矿模式；b. $M_{ad}$；c. $V_{daf}$

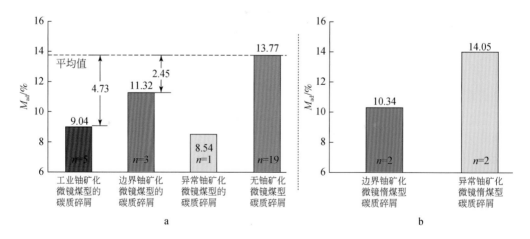

图 6.42　鄂尔多斯盆地北部铀矿化等级与 $M_{ad}$ 关系图

a. 微镜煤型的碳质碎屑；b. 微镜惰煤型的碳质碎屑

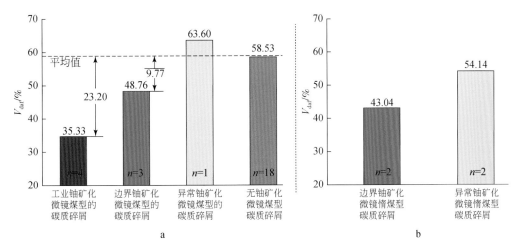

图 6.43 鄂尔多斯盆地北部碳质碎屑铀矿化等级与 $V_{daf}$ 关系图

a. 微镜煤型的碳质碎屑；b. 微镜惰煤型的碳质碎屑

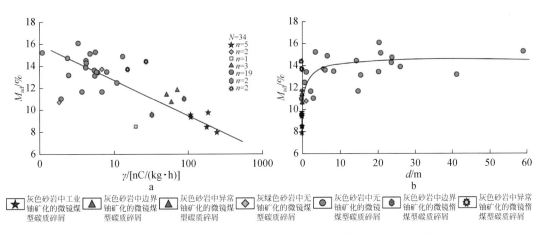

图 6.44 鄂尔多斯盆地北部碳质碎屑 $M_{ad}$ 与定量伽马（a）、距离铀矿化体距离（b）的关系

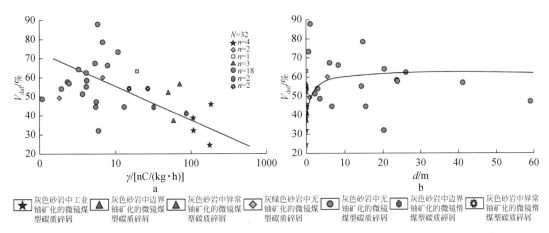

图 6.45 鄂尔多斯盆地北部碳质碎屑 $V_{daf}$ 与定量伽马（a）、距离铀矿化体距离（b）的关系

中—上奥陶统（$O_{2-3}$）的烃源岩为中奥陶统的平凉组及上奥陶统的克里摩里组、桌子山组和乌拉力克组泥岩及碳酸盐岩石组成，其有机碳含量为 0.12%~0.5%。石炭系—二叠系（C—P）的烃源岩由下石炭统本溪组、上石炭统太原组和下二叠统山西组的泥岩、煤层等组成，其有机碳含量为 0.52%~7.9%，平均 2.71%。上三叠统（$T_3$）的烃源岩由延长组的泥岩、油页岩组成，其有机碳含量平均为 1.56%。中侏罗统（$J_2$）的烃源岩由延长组的泥岩、煤层等岩石组成，其有机碳含量平均为 2.32%。鄂尔多斯盆地古生界的烃源岩主要生成天然气，中生界烃源岩主要生成石油。古生界含气层为奥陶系和石炭系—二叠系，主要分布在盆地中北部；中生界的含油层为上三叠统延长组和下侏罗统延安组，主要分布在盆地中部（图 6.46）。

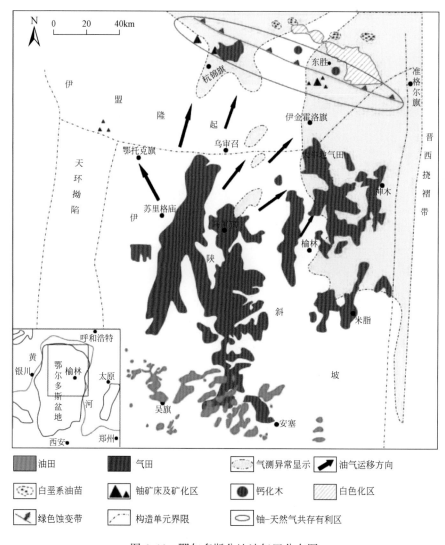

图 6.46　鄂尔多斯盆地油气田分布图

以下以鄂尔多斯盆地北部为例开展油气与铀矿关系的论述：

鄂尔多斯盆地北部油苗的显示层位大多数分布在距白垩系底部60m的层段内，油层厚度一般为2~14m，油苗分布区域的白垩系往往直接覆盖于二叠系之上，而白垩系与侏罗系或三叠系接触处则未见油苗显示。鄂尔多斯盆地白垩系油苗具有挥发性强、油质轻和煤油味的特点，与二叠系石盒子组及石千峰组下部的油砂特征相似，均具有荧光金黄、油质轻淡等特征。鄂尔多斯盆地二叠系原油与河套盆地的原油物理性质相差较大，二者并非同源（表6.13）。此外，鄂尔多斯盆地白垩系油苗和二叠系原油的植烷（Ph）、姥鲛烷（Pr）、降姥鲛烷（$iC_{18}$）的相对含量及Pr/Ph值相似，二者的生物标志化合物参数皆具有Pr含量高、Pr/Ph值大于2及陆生高等有机质优势的特点。这不仅有别于河套盆地古近系、新近系原油生物标志化合物Pr/Ph值小于1、植烷优势的特点，而且与鄂尔多斯盆地中生界原油Pr/Ph接近1、姥植均势的特点也迥然不同（表6.14）。

**表6.13 原油物理性质对比表**（据刘友民，1982）

| 油源 | 比重 | 黏度/(mPa·s) | 凝固点/℃ | 含蜡/% |
|---|---|---|---|---|
| 盆地内二叠系原油 | 0.74~0.77 | 1.30~1.6 | -36~-46 | 1.5 |
| 河套盆地古近系、新近系原油 | 0.9124 | 24.3 | 54 | 20.5 |

**表6.14 各处原油类异戊间二烯烷烃相对含量对比表**（据刘友民，1982；欧光习等，2006）

| 构造位置 | 井号及样点 | 层位 | 样品 | Ph | Pr | iC18 | Pr/Ph |
|---|---|---|---|---|---|---|---|
| 盆地北缘 | 露头 | 白垩系 | 油苗 | 17.69 | 37.53 | 20.64 | 2.12 |
| | 巴则马岱露头 | | 油砂 | 16.78 | 37.83 | 20.33 | 2.25 |
| | 四岔沟露头 | | 油砂 | 19.58 | 41.54 | 22.85 | 2.12 |
| 盆地北缘 | 伊深1井 | 二叠系 | 油砂 | 7.0 | 26.0 | 17.0 | 3.36 |
| | | 盒6 | 油砂 | 13.13 | 34.34 | 23.23 | 2.62 |
| | | 盒2 | 凝析油 | 4.35 | 17.39 | 20.29 | 4.0 |
| 盆地南部马岭油田 | 岭8井 | 延安组 | 原油 | 22.0 | 21.0 | 17.0 | 0.97 |
| 河套盆地 | 临深2井 | 古近系、新近系 | 原油 | 71.0 | 14.0 | 9.0 | 0.2 |
| 鄂尔多斯盆地 | 东胜铀矿区 | | 包裹体 | | | | 0.95~2.62 |

由于鄂尔多斯盆地延安组与直罗组中有机质的镜质组反射率$R_o$基本小于0.5%，平均为0.42%（表6.15），含铀岩系本身几乎不具备成烃条件。研究表明，鄂尔多斯盆地北部含铀砂岩的烃类包裹体多为天然气成因凝析油的次生包裹体，其生物标志化合物参数Pr/Ph值与盆地北部白垩系油苗、上古生界油砂及原油接近（欧光习等，2006；表6.14），而与中生界油气及当地河套盆地古近系、新近系原油相应数据相差甚远。此外，盆地北部下白垩统油气苗与上古生界气源岩、奥陶系及延长组油气层的碳同位素的对比分析表明下白垩统油气苗与上古生界气源层的碳同位素特征相似，进一步证明白垩系油苗与盆地上古生界中的油气同出一源。

表 6.15 鄂尔多斯盆地中生代地层镜质组反射率实测结果

| 编号 | 井号或样号 | 深度/m | 层位 | 镜质组反射率/% |
|------|-----------|--------|------|----------------|
| 1 | ZKA3-15 | 174 | | 0.43 |
| 2 | ZKA24-8 | 116.3 | | 0.33 |
| 3 | ZKA8-7 | 163 | | 0.41 |
| 4 | ZKA223-15 | 130 | | 0.37 |
| 5 | ZKA39-0 | 260 | 延安组 | 0.43 |
| 6 | ZKA183-87 | 170.49 | | 0.45 |
| 7 | ZKA151-39 | 195 | | 0.36 |
| 8 | ZKA183-95 | 151.43 | | 0.36 |
| 9 | ZKA183-79 | 180.64 | | 0.47 |
| 10 | yj01 | 322.8 | | 0.39 |
| 11 | ZKA475-115 | 314.5 | | 0.35 |
| 12 | 4-40 | 254 | | 0.49 |
| 13 | ZK111-8 | 150.5 | | 0.47 |
| 14 | ZK127-47 | 187 | 直罗组 | 0.49 |
| 15 | ZK7-20 | 95 | | 0.50 |
| 16 | ZK7-0 | 123 | | 0.42 |
| 17 | ZK7-23 | 145 | | 0.37 |
| 18 | ZK111-43 | 208 | | 0.38 |

注：编号 1~5 数据引自马艳萍；编号 6~12 数据引自任战利等，2006；编号 13~18 数据来自吴柏林。

在平面上，鄂尔多斯盆地北部上古生界烃类包裹体类型均一温度具有南高北低的特征，表明油气成藏后有大量天然气散失，并向 NE 方向迁移（图 6.47）。根据理想气体状态方程、不同成岩序列包裹体的均一温度和捕获压力等参数，盆地北部天然气相对于聚集成藏期的散失体积量可达 39.7%（冯乔等，2006）。

天然气主要由 $CH_4$、$H_2$、$CO$ 和 $H_2S$ 等组成，这些气体可以直接参与铀酰离子 $UO_2^{2+}$ 化合沉淀成矿的过程。$CH_4$、$H_2$、$CO$、$H_2S$ 与铀元素化合的反应方程式如下：

$$UO_2^{2+} + H_2 = UO_2 + 2H^+$$
$$4UO_2^{2+} + CH_4 + 3H_2O = HCO_3^- + 4UO_2 + 9H^+$$
$$UO_2^{2+} + 2CO + H_2 + H_2O = UO_2 + C + HCO^- + 3H^+$$
$$4UO_2^{2+} + H_2S + 10OH^- = 4UO_2 + SO_4^{2-} + 6H_2O$$

根据热力学原理，这些反应将自发地向右进行。表明天然气中 $CH_4$、$H_2$、$CO$ 和 $H_2S$ 是有效的还原剂。在反应过程中，气相的参加可促使 $UO_2^{2+}$ 还原生成晶质铀矿或沥青铀矿。

鄂尔多斯盆地北部神山沟地区东西长约 18km、南北宽约 6km，面积大于 100km²。该区延长组顶部的白色砂岩与红色砂岩层具有相伴产出的特征（图 6.48），是公认的天然气漂白砂岩的典型地质现象，也是深层天然气参与中侏罗统含铀岩系还原改造的客观事实。

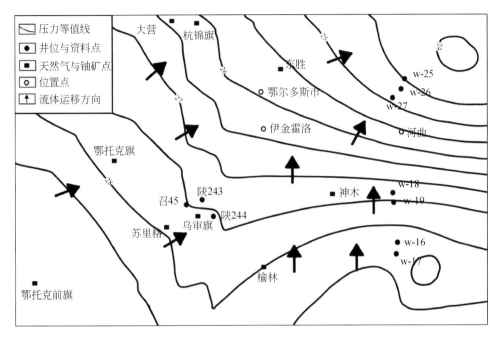

图 6.47　盆地北部石盒子组储层流体包裹体捕获压力分布和天然气运移方向示意图

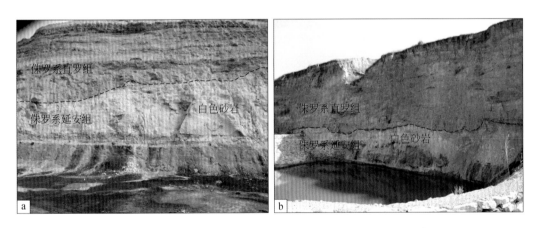

图 6.48　鄂尔多斯盆地北部神山沟地区延安组顶部的漂白现象

在晚侏罗世—白垩纪的构造活动的作用下，鄂尔多斯盆地北部纳岭沟等地区产生大量的构造裂隙，盆地基底之上的沉积盖层产生裂隙及裂隙带，从而为深部油气、煤成气等还原性气体向上涌动提供运移通道，大量的油气流体能够由富油气的盆地中心向外运移。宏观断裂构造和微观裂隙构造等运移通道的存在使得下部丰富的油气得以向上逸失并弥散至含铀矿层位，在含矿层砂岩营造出相对还原封闭地球化学环境体系，在促进铀矿的形成的同时也避免了早期形成的砂岩铀矿床被氧化淋滤破坏，从而更好保存了铀矿床。

总之，鄂尔多斯盆地北部大规模的天然气耗散为铀富集沉淀提供了有利的还原环境。

## 三、生物标志化合物

　　烃源岩中生物标志化合物较为复杂，其中饱和烃生物标志化合物在研究烃源岩地球化学特征中最为常见。这些化合物的相对组成及分布特征取决于烃源岩有机组分的生源母质、沉积环境和成熟度等多种地质和地球化学因素。因此，烃源岩中饱和烃生物标志化合物组合特征可以反映烃源岩中有机质的原始母质、沉积环境及演化程度。沉积环境的氧化还原条件是有机质转化形成油气的重要因素之一，姥鲛烷（Pr）、植烷（Ph）及二者比值是作为判断原始沉积环境的重要依据。Pr/Ph>2 为氧化环境，Pr/Ph=1~2 为弱还原–弱氧化环境，Pr/Ph=0.5~1 为还原环境，Pr/Ph<0.5 为强还原条件。研究区样品中的 Pr/Ph 分布在 0.14~0.59，平均值为 0.31，指示原始沉积环境为强还原环境。

　　在表生条件下烃类很容易遭受微生物的降解作用，但是甾烷、萜烷相对比较稳定，在中等强度的降解中变化不大。鄂尔多斯盆地北部侏罗系直罗组样品中生物标志化合物具有如下特征：正构烷烃分布特征主要呈单峰型，OEP 为 1.12~1.25，因出现不同程度的"基线鼓包"，说明样品存在不同程度的生物降解作用。Pr/Ph 值为 0.14~0.59，指示了一种强还原环境。$\alpha\alpha\alpha20RC_{27}$、$\alpha\alpha\alpha20RC_{28}$、$\alpha\alpha\alpha20RC_{29}$ 甾烷相对含量呈近"V"型或"L"型分布，其中 $\alpha\alpha\alpha20RC_{27}$ 甾烷/$\alpha\alpha\alpha20RC_{29}$ 甾烷含量为 1.05~2.58（表 6.15），物源中藻类生物贡献高于高等植物。$C_{30}$ 重排藿烷/$C_{29}$ Ts 为 0.31~0.47，均含一定量的伽马蜡烷。成熟度参数 $Ts/(Ts+Tm)$ 值约为 0.34~0.53，$C_{29}$ 甾烷 $\alpha\alpha\alpha20S/(20S+20R)$ 值为 0.38~0.48，$C_{29}$ 甾烷 $\beta\beta/(\beta\beta+\alpha\alpha)$ 值为 0.38~0.49。据以上多种生标参数的成熟度判识结果，认为赋矿砂岩中的残留烃类具有混源的特点，即低成熟烃类与成熟烃类相混合。这为铀还原富集成矿提供了有利条件。

　　在大营、纳岭沟采集的四个样品（ZKN23-24-3、WN5G-1、ZKD128-81-12、ZKD144-71-5）中，检测到了规则甾烷、17α-22，29，30 三降藿烷（Tm）和 18α-22，29，30 三降藿烷（Ts）等参数。规则甾烷由 $C_{27}$、$C_{28}$ 和 $C_{29}$ 化合物组成，并且检测到一定数量的 $\gamma$ 蜡烷和升藿烷（图 6.49）。样品检测结果，$C_{27}$ 甾烷>$C_{28}$ 甾烷<$C_{29}$ 甾烷，并且 $C_{27}$ 甾烷>$C_{29}$ 甾烷，呈现"V"型甾烷分布，Tm/Ts 值较大。存在一定的 $\gamma$ 蜡烷是陆源湖相弱还原环境下的腐殖–腐泥型有机质的特征，反映大营和纳岭沟铀矿床有机质母质主要来源可能为陆源湖相氧化–还原环境下的低等和高等植物的混合输入。

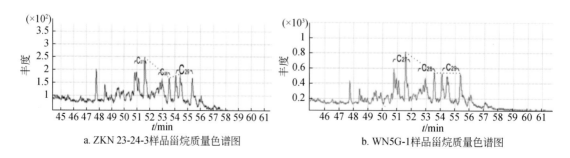

a. ZKN 23-24-3样品甾烷质量色谱图　　　　　　　b. WN5G-1样品甾烷质量色谱图

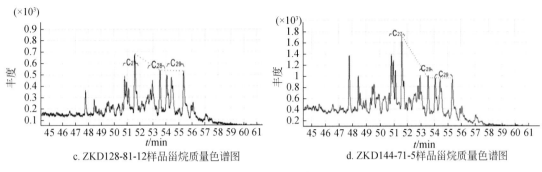

c. ZKD128-81-12样品甾烷质量色谱图　　　　d. ZKD144-71-5样品甾烷质量色谱图

图 6.49　样品甾烷质量色谱图（$m/z$ 217）

a，b. 纳岭沟矿区样品甾烷质量色谱图；c，d. 大营矿区样品甾烷质量色谱图

另外，在选取的鄂尔多斯盆地北部中侏罗统直罗组八个含铀砂岩样品（WTN-8-1、WTN-8-2、ZKD-112-47-7、ZKD-112-47-8、ZKN-23-24-4、ZKN-23-24-7、WN5G-4、ZKB71-01-3）中也发现大量生物标志化合物。

1）WTN-8-1 样品中生物标志化合物特征

该样品中生物标志化合物具有正构烷烃，分布特征呈单峰型，主峰为 Ph，OEP 为 1.18，出现"基线鼓包"，说明存在生物降解作用；Pr/Ph 值为 0.35，表明沉积环境为强还原环境。含 $\beta$ 胡萝卜烷，$\alpha\alpha\alpha$20R$C_{27}$、$\alpha\alpha\alpha$20R$C_{28}$、$\alpha\alpha\alpha$20R$C_{29}$ 甾烷相对含量呈近"L"型分布，其中 $\alpha\alpha\alpha$20R 甾烷 $C_{27}/C_{29}$ 为 2.31，表明其生源中藻类生物贡献较大。$C_{30}$ 重排藿烷/$C_{29}$Ts 为 0.35，Ts<Tm，含一定量的伽马蜡烷。成熟度参数 Ts/（Ts+Tm）值为 0.34，$C_{29}$ 甾烷 $\alpha\alpha\alpha$20S/（20S+20R）值为 0.46，$C_{29}$ 甾烷 $\beta\beta$/（$\beta\beta+\alpha\alpha$）值为 0.38，表明该样品处于成熟阶段（图 6.50）。

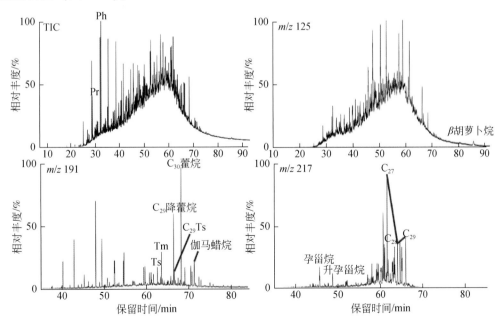

图 6.50　WTN-8-1 样品中生物标志化合物质量色谱图

2）WTN-8-2 样品中生物标志化合物特征

该样品中生物标志化合物正构烷烃分布呈前峰型特征，主峰为 $nC_{19}$，OEP 为 1.12，出现"基线鼓包"，说明存在生物降解作用；Pr/Ph 值为 0.14，表明沉积环境为强还原环境。含 β 胡萝卜烷；$\alpha\alpha\alpha20RC_{27}$、$\alpha\alpha\alpha20RC_{28}$、$\alpha\alpha\alpha20RC_{29}$ 甾烷相对含量呈"L"型分布，其中 $\alpha\alpha\alpha20R$ 甾烷 $C_{27}/C_{29}$ 为 2.58，表明其生源中藻类生物贡献较大；$C_{30}$ 重排藿烷/$C_{29}$ Ts 为 0.31，Ts<Tm，含伽马蜡烷。成熟度参数 Ts/（Ts+Tm）值为 0.37，$C_{29}$ 甾烷 $\alpha\alpha\alpha20S$/（20S+20R）值为 0.48，$C_{29}$ 甾烷 $\beta\beta$/（$\beta\beta+\alpha\alpha$）值为 0.41，表明该样品处于成熟阶段（图 6.51）。

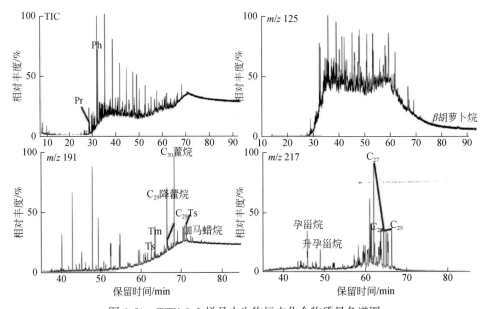

图 6.51　WTN-8-2 样品中生物标志化合物质量色谱图

3）ZKD-112-47-7 样品中生物标志化合物特征

该样品中生物标志化合物正构烷烃分布呈双峰型特征，OEP 为 1.17，出现"基线鼓包"，说明存在生物降解作用；Pr/Ph 值为 0.25，表明沉积环境为强还原环境。不含 β 胡萝卜烷；$\alpha\alpha\alpha20RC_{27}$、$\alpha\alpha\alpha20RC_{28}$、$\alpha\alpha\alpha20RC_{29}$ 甾烷相对含量呈近"V"型分布，其中 $\alpha\alpha\alpha20R$ 甾烷 $C_{27}/C_{29}$ 为 1.55，表明其生源中藻类生物贡献较大；$C_{30}$ 重排藿烷/$C_{29}$ Ts 为 0.33，Ts<Tm，含伽马蜡烷。成熟度参数 Ts/（Ts+Tm）值为 0.43，$C_{29}$ 甾烷 $\alpha\alpha\alpha20S$/（20S+20R）值为 0.38，$C_{29}$ 甾烷 $\beta\beta$/（$\beta\beta+\alpha\alpha$）值为 0.44，表明该样品处于成熟阶段（图 6.52）。

4）ZKD-112-47-8 样品中生物标志化合物特征

该样品中生物标志化合物正构烷烃分布呈单峰型特征，主峰为 $nC_{19}$，OEP 为 1.25，出现"基线鼓包"，说明存在生物降解作用；Pr/Ph 值为 0.14，表明沉积环境为强还原环境。不含 β 胡萝卜烷；$\alpha\alpha\alpha20RC_{27}$、$\alpha\alpha\alpha20RC_{28}$、$\alpha\alpha\alpha20RC_{29}$ 甾烷相对含量呈近"L"型分布，其中 $\alpha\alpha\alpha20R$ 甾烷 $C_{27}/C_{29}$ 为 1.66，表明其生源中藻类生物贡献较大。$C_{30}$ 重排藿烷/$C_{29}$Ts 为 0.34，Ts>Tm，含伽马蜡烷。成熟度参数 Ts/（Ts+Tm）值为 0.53，$C_{29}$ 甾烷 $\alpha\alpha\alpha20S$/（20S+20R）值为 0.43，$C_{29}$ 甾烷 $\beta\beta$/（$\beta\beta+\alpha\alpha$）值为 0.46，表明该样品处于成熟阶段（图 6.53）。

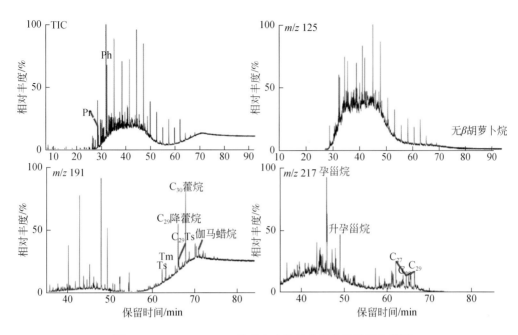

图 6.52　ZKD-112-47-7 样品中生物标志化合物质量色谱图

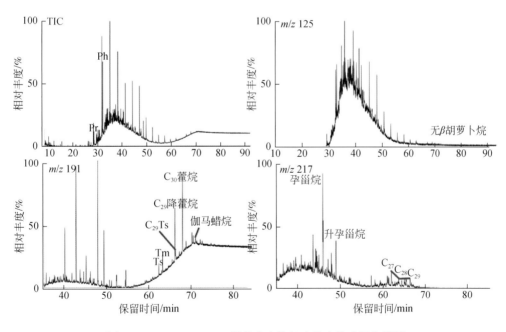

图 6.53　ZKD-112-47-8 样品中生物标志化合物质量色谱图

5）ZKN-23-24-4 样品中生物标志化合物特征

该样品中生物标志化合物正构烷烃分布呈单峰型特征，主峰为 $nC_{23}$，OEP 为 1.16，出现"基线鼓包"，说明存在生物降解作用；Pr/Ph 值为 0.59，表明沉积环境为强还原环境。不含 $\beta$ 胡萝卜烷；$\alpha\alpha\alpha20RC_{27}$、$\alpha\alpha\alpha20RC_{28}$、$\alpha\alpha\alpha20RC_{29}$ 甾烷相对含量呈"L"型分布，其中 $\alpha\alpha\alpha20R$ 甾烷 $C_{27}/C_{29}$ 为 1.44，表明其生源中藻类生物贡献较大；$C_{30}$ 重排藿烷/$C_{29}$ Ts 为 0.33，Ts<Tm，含伽马蜡烷。成熟度参数 Ts/（Ts+Tm）值为 0.46，$C_{29}$ 甾烷 $\alpha\alpha\alpha20S/$（20S+20R）值为 0.38，$C_{29}$ 甾烷 $\beta\beta/(\beta\beta+\alpha\alpha)$ 值为 0.45，表明该样品处于成熟阶段（图 6.54）。

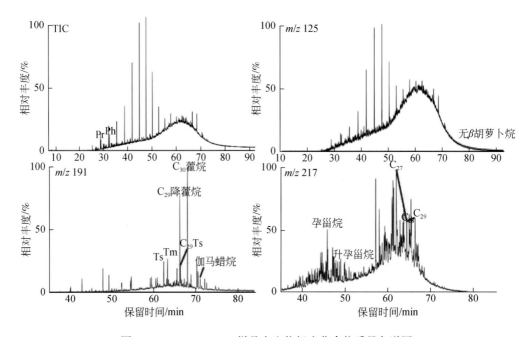

图 6.54　ZKN-23-24-4 样品中生物标志化合物质量色谱图

**6）ZKN-23-24-7 样品中生物标志化合物特征**

该样品中生物标志化合物正构烷烃分布呈单峰型特征，主峰为 $nC_{23}$，OEP 为 1.16，出现"基线鼓包"，说明存在生物降解作用；Pr/Ph 值为 0.40，表明沉积环境为强还原环境。不含 $\beta$ 胡萝卜烷；$\alpha\alpha\alpha20RC_{27}$、$\alpha\alpha\alpha20RC_{28}$、$\alpha\alpha\alpha20RC_{29}$ 甾烷相对含量呈近"L"型分布，其中 $\alpha\alpha\alpha20R$ 甾烷 $C_{27}/C_{29}$ 为 1.60，表明其生源中藻类生物贡献较大。$C_{30}$ 重排藿烷/$C_{29}$ Ts 为 0.31，Ts<Tm，含伽马蜡烷。成熟度参数 Ts/（Ts+Tm）值为 0.47，$C_{29}$ 甾烷 $\alpha\alpha\alpha20S/$（20S+20R）值为 0.38，$C_{29}$ 甾烷 $\beta\beta/(\beta\beta+\alpha\alpha)$ 值为 0.48，表明该样品处于成熟阶段（图 6.55）。

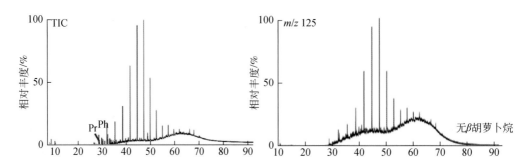

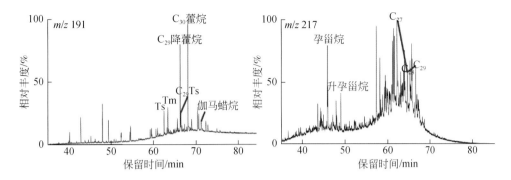

图 6.55　ZKN-23-24-7 样品中生物标志化合物质量色谱图

7）WN5G-4 样品中生物标志化合物特征

该样品中生物标志化合物正构烷烃分布呈单峰型特征，主峰为 $nC_{23}$，OEP 为 1.17，Pr/Ph 值为 0.33，表明沉积环境为强还原环境。不含 $\beta$ 胡萝卜烷；$\alpha\alpha\alpha20RC_{27}$、$\alpha\alpha\alpha20RC_{28}$、$\alpha\alpha\alpha20RC_{29}$ 甾烷相对含量呈近 "V" 型分布，其中 $\alpha\alpha\alpha20R$ 甾烷 $C_{27}/C_{29}$ 为 1.25，表明其生源中藻类生物贡献较大。$C_{30}$ 重排藿烷/$C_{29}$ Ts 为 0.34，Ts<Tm，含伽马蜡烷。成熟度参数 Ts/（Ts+Tm）值为 0.40，$C_{29}$ 甾烷 $\alpha\alpha\alpha20S$/（20S+20R）值为 0.44，$C_{29}$ 甾烷 $\beta\beta$/（$\beta\beta+\alpha\alpha$）值为 0.48，表明该样品处于成熟阶段（图 6.56）。

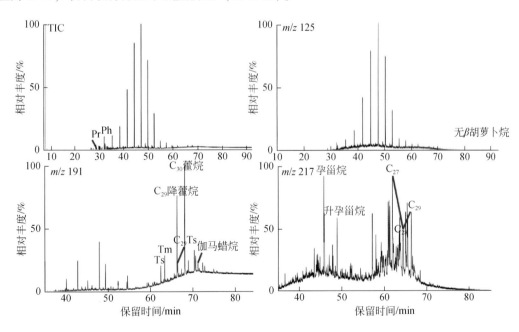

图 6.56　WN5G-4 样品中生物标志化合物质量色谱图

8）ZK1371-01-3 样品中生物标志化合物特征

该样品中生物标志化合物正构烷烃分布呈单峰型特征，主峰为 $nC_{23}$，OEP 为 1.20，出现 "基线鼓包"，说明存在生物降解作用；Pr/Ph 值为 0.25，表明沉积环境为强还原环境。不含 $\beta$ 胡萝卜烷; $\alpha\alpha\alpha20RC_{27}$、$\alpha\alpha\alpha20RC_{28}$、$\alpha\alpha\alpha20RC_{29}$ 甾烷相对含量呈近 "V" 型分布，其中 $\alpha\alpha\alpha20R$ 甾烷 $C_{27}/C_{29}$ 为 1.05，表明其生源中藻类生物的贡献略高于高等植物。$C_{30}$ 重排藿烷/$C_{29}Ts$ 为 0.47，Ts>Tm，含伽马蜡烷。成熟度参数 $Ts/(Ts+Tm)$ 值为 0.51，$C_{29}$ 甾烷 $\alpha\alpha\alpha20S/(20S+20R)$ 值为 0.38，$C_{29}$ 甾烷 $\beta\beta/(\beta\beta+\alpha\alpha)$ 值为 0.49，表明该样品成烃母质处于成熟热演化阶段（图 6.57，表 6.16）。

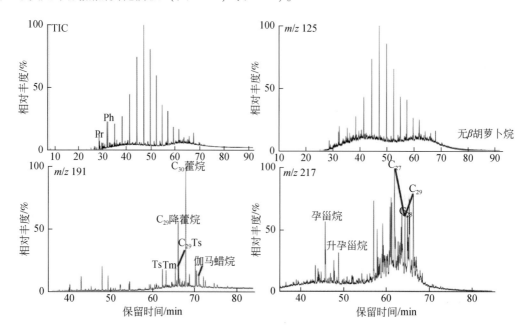

图 6.57　ZK1371-01-3 样品中生物标志化合物质量色谱图

**表 6.16　鄂尔多斯盆地大营、纳岭沟生物标志化合物特征**

| 样品号 | Pr/Ph | Ts/Ts+Tm | $C_{29}$甾烷 $\alpha\alpha\alpha20S$ /(20S+20R) | $C_{29}$甾烷 $\beta\beta$ /($\beta\beta+\alpha\alpha$) | $C_{30}$重排藿烷/$C_{29}Ts$ | $C_{27}/C_{29}$ | OEP |
|---|---|---|---|---|---|---|---|
| W7N-8-1 | 0.35 | 0.34 | 0.46 | 0.38 | 0.35 | 2.31 | 1.18 |
| W7N-8-2 | 0.14 | 0.37 | 0.48 | 0.41 | 0.31 | 2.58 | 1.12 |
| ZKD-112-47-7 | 0.25 | 0.43 | 0.38 | 0.44 | 0.33 | 1.55 | 1.17 |
| ZKD-112-47-8 | 0.14 | 0.53 | 0.43 | 0.46 | 0.36 | 1.66 | 1.25 |
| ZKN-23-24-4 | 0.59 | 0.46 | 0.38 | 0.45 | 0.33 | 1.44 | 1.16 |
| ZKN-112-47-8 | 0.40 | 0.47 | 0.38 | 0.48 | 0.31 | 1.60 | 1.16 |
| WN6G-4 | 0.33 | 0.40 | 0.44 | 0.38 | 0.34 | 1.25 | 1.17 |
| ZK1371-01-3 | 0.25 | 0.51 | 0.38 | 0.49 | 0.47 | 1.05 | 1.20 |

纳岭沟样品中均含有丰富的正构烷烃，正构烷烃的主峰碳分布与原始母质有关，以低碳数为主峰的多为藻类植物，分布在 $C_{15} \sim C_{22}$。以高碳数为主峰的多为高等植物，多分布在 $C_{25} \sim C_{29}$。鄂尔多斯盆地北部直罗组样品中正构烷烃分布特征主要呈单峰型，部分呈双峰型分布。正构烷烃碳数分布在 $nC_{11} \sim nC_{30}$，主峰碳分布 $C_{18} \sim C_{23}$，说明源岩母质主要来

源于低等生物，同时伴有少量高等植物的混入。因出现不同程度的"基线鼓包"（UCM峰），说明存在不同程度的生物降解作用。（$C_{21}+C_{22}$）/（$C_{28}+C_{29}$）值的范围为 1.64~21.52，平均值为 8.39，也反应出母质类型主要为低等水生生物为主。纳岭沟样品中 Pr/$nC_{17}$的分布范围在 0.57~0.88，均值为 0.72，指示源岩形成于海陆过渡环境。Ph/$nC_{18}$值分布范围在 0.72~1.74，均值为 1.71，指示样品遭受了不同程度的生物降解作用。

上述岩石样品的生物标志化合物分析测试结果表明，与鄂尔多斯盆地北部纳岭沟地区直罗组铀成矿关系密切的还原性流体主要为油气。Pr/Ph 平均值为 0.31，指示铀富集成矿环境为强还原环境，有利于 $U^{6+}$转化为 $U^{4+}$而沉淀。

## 四、腐殖酸与铀成矿

对不同蚀变带内砂岩样品进行煤屑中铀含量、腐殖酸含量的测试结果表明，腐殖酸对铀的富集具有明显的控制作用（图 6.58，表 6.17）。

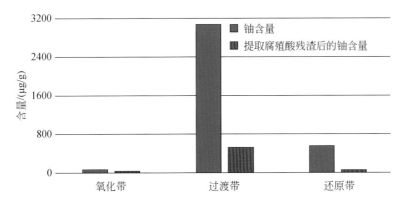

图 6.58　各蚀变带样品铀含量及提取腐殖酸残渣后铀含量对比图

表 6.17　大营、纳岭沟样品中腐殖酸及铀含量测试

| 样品号 | 岩性描述 | 分带性 | 腐殖酸/% | U/（μg/g） | 提取腐殖酸后残渣中的铀/（μg/g） |
|---|---|---|---|---|---|
| D63-16 | 灰白色中砂岩，含有透镜状碳质条带 | 氧化带 | 0.05 | 25.6 | 11.7 |
| D112-96（4） | 棕红色中细砂岩 | | 0.27 | 137.5 | 51.7 |
| D96-31（1） | 浅灰绿色粗砂岩含有碳质碎屑 | | 0.1 | 1231 | 480 |
| D112-47（2） | 灰白色粗砂岩含有碳质碎屑 | | 0.02 | 3933 | 943 |
| D32-63-4 | 灰色中砂岩含有少量的碳质碎屑 | 过渡带 | 0.83 | 5030 | 595 |
| ZKD95-16-1 | 浅灰绿色中砂岩含透镜状碳质条带 | | 5.54 | 5085 | 672 |
| ZKD208-15-1 | 浅灰绿色中砂岩含有透镜状碳质条带 | | 1.13 | 96.2 | 20 |
| ZKD144-71（3） | 浅灰绿色泥质粉砂岩含有碳质碎屑 | | 0.02 | 17.5 | 6.17 |
| ZKD127-55-1 | 灰白色中砂岩，含有碳质条带，黄铁矿结核 | 还原带 | 2.07 | 1127 | 112 |

当样品中的腐殖酸被提取时，大部分的铀也同时被提取，残渣中的铀含量大大降低，并且腐殖酸的含量越大，提取腐殖酸后残渣中的铀含量越小，充分说明了腐殖酸与铀矿化存在密切的关系。腐殖酸在铀的迁移富集过程对铀成矿起着极为重要的作用，铀的迁移主要是以腐殖酸铀酰络合（或螯合）物形式实现的，另外也存在腐殖质对铀的吸附作用。络合和吸附两种作用在铀的迁移过程中是紧密联系在一起的，而不是相互孤立的两种作用。在弱酸或酸性环境中，腐殖质可以吸附铀酰离子，吸附达到一定数量之后，腐殖酸与铀酰离子的络合，形成可溶的腐殖酸铀酰络合物，腐殖酸携带铀酰离子向前迁移，在铀酰离子与腐殖酸发生络合反应时产生的 $H^+$ 使周围地球化学环境保持酸性，酸性的条件又有利于吸附作用的发生，吸附和络合作用在铀的迁移中起到主要作用。

铀在富含腐殖酸的酸性砂岩中，以 $UO_2^{2+}$ 和 $UO_2(OH)^+$ 形式存在，极易被腐殖酸所吸附，腐殖酸结合含铀的不溶腐殖酸盐属于物理变化，腐殖酸的吸附具有对铀的预富集作用。腐殖酸在铀的迁移富集过程中起着重要的作用，同为灰色砂岩段，富矿砂岩和不含矿砂岩相比，绝大多数铀富集与腐殖酸含量有关，腐殖酸与铀伴生概率大于不含矿砂岩，这表明铀的富集过程中存在固体有机质（腐殖酸）时会有更大的富集系数，反映了二者之间可能存在着更深层次的关联。

腐殖酸中羧基官能团与铀络合的化学反应方程式：

$$2R-COOH+UO_2^{2+} \rightarrow RCOO(UO_2)OOCR+2H^+$$

同时，腐殖酸对铀具有还原作用，对砂岩铀矿的形成起着关键作用。天然铀的络合物在运移过程中可能遭到破坏，从而被腐殖酸还原为 $U^{4+}$ 的氧化物而沉淀。腐殖酸具有较强烈的还原作用，甚至在还原剂为黄铁矿存在地方，也是有机质首先将硫酸盐还原成硫化物，$Fe^{3+}$ 还原为 $Fe^{2+}$，从而硫化物进一步与铀发生还原沉淀。铀的还原机制反应式如下：

$$2(RH)+UO_2^{2+} \rightarrow 2R^0+2H^++UO_2 \text{ 或 } 2(RH)+Fe^{3+} \rightarrow 2R^0+Fe^{2+}+H^+$$
$$2Fe^{2+}+UO_2^{2+} \rightarrow UO_2+2Fe^{3+}$$

Fe 元素可看作中间介质参与铀的还原沉淀，最终 $Fe^{3+}$ 被富余的有机质还原为 $Fe^{2+}$ 与硫化物生成黄体矿，从而出现了黄铁矿与铀矿共生的现象。腐殖酸在不同样品中的含量大不相同，在煤层中含量相对较高，其次为含有大量碳质条带砂岩中，较为疏松的中粗砂岩中含量略低，较为致密的细砂岩中含量最低。因此，腐殖酸的含量与砂岩的含煤屑量、粒度、胶结程度有关系密切。

自然界中腐殖酸是高分子量有机化合物，其在芳核和桥键上，随机分布着羧基、羟基、羰基等官能团，这些官能团可以与铀配位形成含铀络合物（图 6.59）。腐殖酸与铀酰之间存在强烈的吸附、络合和还原作用（图 6.60）。处于未成熟–低成熟作用阶段的有机质孔隙度高，比表面积大，具有特别大的吸附和吸收能力，且本身也容易朝腐殖酸方向转化，有利于对铀的吸附络合（向伟东等，2000；李彦恒等，2009）。大营铀矿砂岩中的腐殖酸就属于"未成熟"阶段的腐殖酸。铀成矿过程中起主导作用的是有腐殖酸和富啡酸（孙庆津等，2007）。

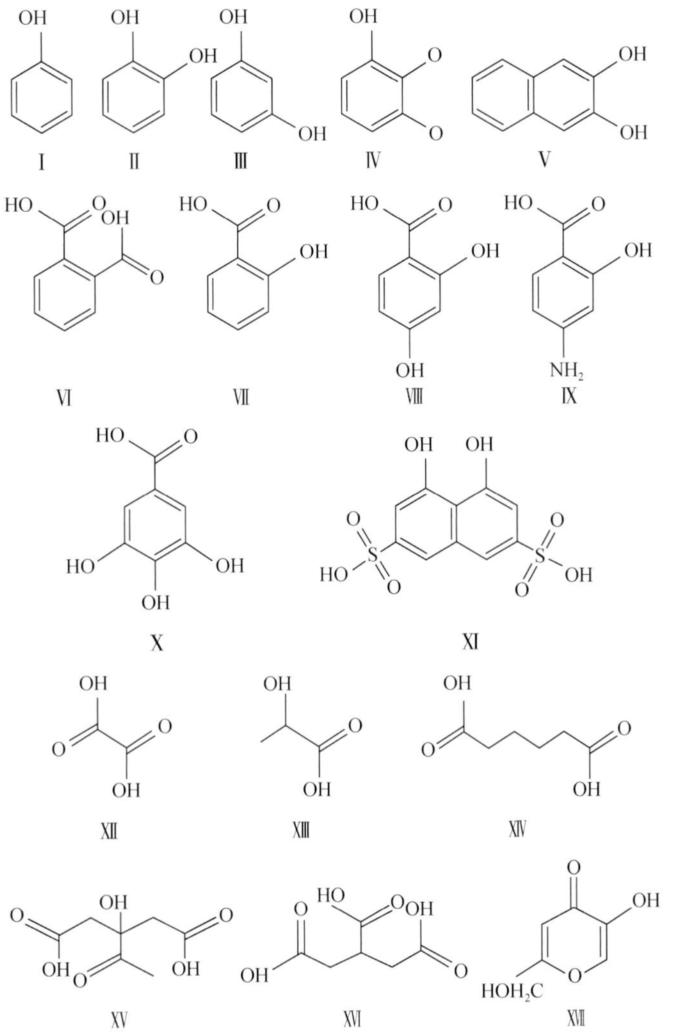

图 6.59 腐殖酸的部分官能团的化学结构式（据孙庆津等，2007）

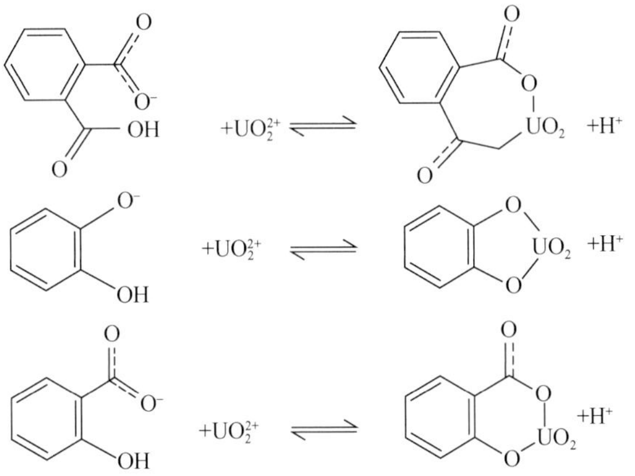

图 6.60 腐殖酸中羧基、羟基与铀的可能配位方式（据孙庆津等，2007）

煤屑有机质和分散有机质的成熟度很低，均处于"未成熟"阶段或者褐煤阶段，有机质活性相对较大，孔隙度高，具有较强的吸附和吸收能力。这类有机质在表生氧化作用下可以形成较为致密的腐殖质大分子，这些大分子能够固定、络合和迁移铀元素，促进铀的富集成矿。

# 第四节　小　　结

（1）鄂尔多斯盆地砂岩型铀矿的铀矿物总体以铀石为主，沥青质铀矿次之。这些铀矿物通常与碳屑、黄铁矿、钛铁矿、碳酸岩等物质和矿物共生或伴生。

（2）在灰色的矿石内铀既有四价铀的化合物以矿物形式产出，又有以六价铀酰离子呈吸附状产出，反映灰色砂岩层具有还原性的同时还富集了许多黏土矿物。

（3）盆地北缘内发育的煤屑、生物标志化合物、油气等特征及腐殖酸与铀成矿实验，表明直罗组铀成矿与有机质关系密切。

# 第七章 构造对成矿的控制

鄂尔多斯盆地砂岩铀矿矿集区（或矿化带）的分布空间受盆地隆起与拗陷基本地质构造格架控制。构造运动控制了盆地的形成演化和基本地质构造格架；构造事件是控制盆地隆升、沉降和变形与铀成矿的关键节点。构造形态、构造样式控制了砂体和铀矿床、矿体的产出。

## 第一节 盆地的演化与重要的构造事件

鄂尔多斯盆地是在太古宙—元古宙结晶基底的基础上，发展而成的多旋回克拉通盆地。古生代时期为陆表海，接受了大量海相及海陆交互相沉积。在中生代初期逐步转变为陆相沉积。中生代以来，区域构造环境发生巨大变化，东部受太平洋板块俯冲远程效应影响，西南部受特提斯洋等诸地块多期次碰撞、拼贴，形成了一个近 NS 展布的陆相沉积盆地。盆地整体地层、构造平缓、沉降稳定。盆地中生界发育三个角度不整合和五个平行不整合（图2.2）。新生代经历了三次重要的构造事件。盆地发育鼎盛时期为中—晚三叠世延长期和早—中侏罗世延安期，早白垩世末盆地消亡，晚白垩世以来为盆地的后期改造时期。

## 一、基本构造格架

中生代，华北板块与蒙古-西伯利亚板块的闭合和拼贴形成了北方以三叠系、侏罗系、白垩系为主的系列陆相沉积盆地（任纪舜，2003），为含铀盆地演化和发展提供了良好的基础。阿尔泰山-雅布洛诺夫南山与天山-阴山构造岩浆岩带之间发育了准噶尔、海拉尔等盆地；天山-阴山与昆仑山-秦岭之间发育了塔里木、柴达木、鄂尔多斯盆地。吐哈和二连盆地均发育于天山-阴山构造带中的局部沉降地带之中。

新生代，中国大陆构造变形东西差异明显（李锦轶等，2014）。东部受太平洋板块 NWW 向欧亚板块俯冲作用影响（葛肖虹等，2014），陆相盆地遭受强烈叠加改造，形成以 NNE 向隆起和盆地相间的格局。新生代早期，中国东部整体表现为构造抬升。松辽盆地、海拉尔盆地内部以构造反转为主要特征。大三江盆地遭受强烈破坏改造，形成一系列中小型残余盆地群。大兴安岭地区表现为全面隆升。渐新世开始东亚大陆边缘张裂解体（吴根耀和矢野孝雄，2007），二连盆地东部、海拉尔盆地、大兴安岭地区开始沉降并接受沉积，东部盆地群发育古近纪断陷盆地。西部地区受印度板块强烈碰撞作用，发生了巨大变形（Molnar and Tapponnier，1975；Tapponnier et al.，1990，2001；莫宣学等，2009；潘桂棠等，2013）。古近纪天山、昆仑山、祁连山、阿尔金山造山带复活抬升，准噶尔、塔里木、柴达木盆地中生代地层发生了较大的变形，并沉积了较为完整的古近纪地层（宋博文等，2014）。新近纪，准噶尔盆地继续接受沉积，下伏古近地层呈角度不整合接触关系，塔里木盆地有海相沉积转向陆内盆地演化阶段（张克信等，2010）。

鄂尔多斯盆地主要由华北克拉通与西伯利亚板块闭合拼贴后的中生代侏罗系—白垩系（J—K）构造域控制，但其成矿作用也受东西两侧古近系（$E_2$—$E_3$）和新近系（$N_1$）构造叠加的影响。充分利用重力和航磁资料，综合主要含矿岩系的发育和分布特征，可以将鄂尔多斯盆地划分成了六个二级构造单元：西缘冲断带、天环拗陷、伊盟隆起、伊陕斜坡、渭北隆起和晋西挠褶带（图3.1）。这六个构造单元对鄂尔多斯盆地内砂岩铀矿的矿集区具有明显的控制作用。

盆地西缘冲断带内发现石槽村铀矿、金家渠铀矿，南端发现国家湾铀矿；伊盟隆起带发现了大营铀矿、塔然高勒铀矿、纳岭沟铀矿、东胜铀矿、皂火壕铀矿；天环拗陷西南端发现了红河-彭阳铀矿；伊陕斜坡南缘与渭北隆起隆起北缘接触带发现了黄陵-店头铀矿等。这些铀矿赋矿层位主要为中生代侏罗系和白垩系。

鄂尔多斯盆地的构造演化特征、基底构造特征解译及区域划分、航磁异常及重力异常特征分析等内容，在《鄂尔多斯盆地砂岩型铀矿成矿地质背景》一书中已经详细介绍，本书主要针对鄂尔多斯盆地构造特征与成矿的关系进行详细讨论。

## 二、地层接触关系与沉积旋回对构造事件的响应

利用地层接触关系与沉积旋回研究鄂尔多斯盆地内的构造事件，前人已经做了许多工作。李向平（2006）提出受特提斯、古亚洲和西太平洋构造域联合与复合作用，鄂尔多斯盆地形成了分阶段多旋回演化。印支旋回在215Ma和195Ma有两次主要的构造事件，燕山旋回在145Ma、120Ma和95Ma发生过三次主要的构造事件。王双明（2016）通过对鄂尔多斯盆地成煤作用与盆地构造演化的讨论认为，中生代以来，早三叠世末期的印支运动造成了三叠系和尚沟组与下伏地层的角度不整合接触；晚三叠世末期，盆地大规模隆升剥蚀，造成了三叠系顶面遭受剥蚀；中侏罗世末，SN向或NNE向不均衡抬升，造成了芬芳河组与下伏地层的角度不整合接触。

在前人研究基础上，这次工作结合野外观测、钻探大数据连井编图、地震数据对比研究等综合研究工作，认为鄂尔多斯盆地中生代时期，主要经历了"三翻五次"八个幕次的构造事件（图2.2、图7.1）。

盆地在三叠纪早期形成了一套含油岩系，在230Ma发生了第一次盆地平稳上升构造事件，形成了平行不整合地层接触关系，此时盆地已转为高水位体系下的氧化环境。三叠纪末203Ma时，在NS向强烈挤压应力场作用下，盆地发生了大规模变形隆升构造事件，沉积地层产状也发生了变化，形成了角度不整合地层接触关系。整个盆地发生沉积间断。这场构造运动过后，盆地又慢慢沉降接受沉积。

侏罗纪早期（195Ma），发生第二次盆地整体隆升构造运动，隆升长达20Ma没接受沉积，形成平行不整合地层接触关系。此次运动使盆地由氧化环境转为还原环境；之后盆地在较稳定的还原条件下，接受了一套含油和含煤岩系沉积。

中侏罗世末（165Ma），盆地发生第三次构造隆升，水退造成沉积间断，同时也使还原条件转变成了氧化条件，结束了煤系地层沉积，开始接受杂色、红色沉积物，为铀矿的

形成创造了条件。

侏罗纪末—白垩纪初（145Ma），盆地主要受 NWW 向挤压应力场作用，表现为大规模变形隆升，形成了角度不整合，之后盆地又沉降接受沉积。

早白垩纪（120Ma），盆地发生第四次整体隆升，形成平行不整合。此时盆地内大部分地区处于氧化条件下的水进沉积体系，使地层内喜干旱的生物转变为喜潮湿生物，而盆地的西南地区却是出现氧化还原、干湿环境交替。

晚白垩世初（95Ma），盆地发育第五次隆升，形成平行不整合。此时盆地处于高水位体系下，地层中含有潮湿环境下生长的生物。这次活动使盆内的表生流体发生了大规模的运动。

白垩纪末（65Ma），在 NE 向和 NWW 向挤压复合应力场作用下，盆地开始了第六次大规模隆升，发生沉积间断，造成了地层角度不整合。此次运动奠定了盆地中生代地层的基本格架，也使盆内表生流体发生了大规模流动。

新生代以来，鄂尔多斯盆地主要受印度板块与欧亚板块碰撞造山挤出作用影响，最直接的表现为西缘的逆冲推覆构造和周缘断陷盆地的发育。在盆地西南缘，沉积体系上表现为古近系寺口子组与白垩系之间的角度不整合（约 65Ma）、新近系甘肃组与古近系清水营组之间的平行不整合（约 22Ma）、第四系与新近系甘肃组之间的角度不整合接触（约2.5Ma）。

## 三、磷灰石的裂变径迹对于构造演化的指示

裂变径迹年代学的分析，能够更加准确的限定构造事件的发生时间。本次工作进一步梳理分析了前人成果，进一步探讨了中生代以来鄂尔多斯盆地构造演化特征。

陈刚等（2007a，2007b）利用锆石和磷灰石裂变径迹（FT）分析方法，探讨了鄂尔多斯盆地中生代构造事件的 FT 年龄分布（图 7.1）。鄂尔多斯盆地中生代以来存在三叠纪

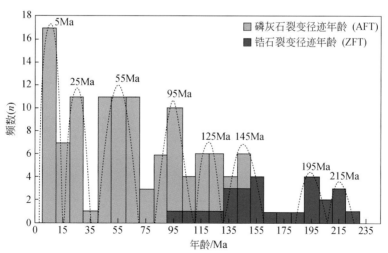

图 7.1 鄂尔多斯盆地锆石、磷灰石裂变径迹及其峰值年龄构造事件

（据孙建博等，2006；陈刚等，2007a 修改）

213~194Ma（峰值为205Ma，下同）、侏罗纪165~141Ma（150Ma）和白垩纪115~113Ma（114Ma）、100~81Ma（90Ma）、66~59Ma（63Ma）五次构造热事件。其中，165~141Ma的构造热事件，主要表现为晚侏罗世至早白垩世鄂尔多斯盆地周缘的逆冲推覆及其造山带前缘的粗碎屑沉积。喜马拉雅期构造事件主要表现为盆地区域的多旋回构造隆升，至少包含55Ma、25Ma和5Ma三个幕次的峰值年龄事件。

西缘不同地区锆石、磷灰石裂变径迹测试结果显示，年龄分布于213~6.5Ma，其中峰值年龄为201.6Ma、148.1Ma、100.6Ma、65.8Ma、7.8Ma，指示了中、新生代西缘主要的构造运动时限（任战利，1995；郑德文等，2005；赵红格等，2007；陈刚，2007；朱昊，2015）。其中，中生代年龄148.1Ma，反映了盆地西缘主构造抬升事件发生于晚侏罗世。裂变径迹年龄表明，六盘山地区最后阶段的隆升发生在8.2~7.2Ma（郑德文等，2005；赵红格等，2007），造就了现在的地质形态。新近纪六盘山地区的隆起，促使其东缘中生代东隆西拗背景下发育的西部拗陷带进一步沉降，并与中部具前陆盆地结构的地区相连。西缘内部构造的分区性及其后期改造和晚期前陆盆地结构的出现和发育，对油气的聚集及后期含铀流体的运移富集具有重要的影响。

鄂尔多斯盆地南部的渭北隆起，受印支期—燕山早期成盆差异升降运动影响，发育了深湖-半深湖相含油页岩与沼泽相含煤沉积建造组合。燕山中晚期的构造热事件，促使油页岩成熟生烃、煤级升高。燕山期—喜马拉雅期的断裂、褶皱构造，为油气和富铀低温油水热液运移和成藏提供了通道和富集成矿（藏）的场所。喜马拉雅期的抬升冷却和南缘断陷作用使得多种能源矿产共存富集，并最终保存定位。渭北隆起的隆升主要分两大阶段，早白垩世晚期以来及新生代始新世—渐新世以来两期抬升冷却事件。渭北隆起磷灰石裂变径迹年龄分析显示（任战利等，2015），早白垩世晚期，渭北隆起冷却年龄频谱峰值集中于110~100Ma；冷却年龄频谱峰值最高为40~30Ma，表明40Ma以来为渭北隆起的主隆升期。热演化史模拟曲线表明渭北隆起在约125~100Ma快速抬升，在100~40Ma为缓慢抬升，自古近纪晚始新世约40Ma以来，特别是5Ma以来发生快速抬升冷却。

本次工作共收集伊盟隆起区锆石和磷灰石裂变径迹测试数据145件（图7.2），梳理出后认为伊盟隆起与贺兰山地区作为统一的整体，共同经历了150~126Ma、110~100Ma、100~75Ma、50~35Ma四次抬升事件。30Ma以来贺兰山快速隆升与鄂尔多斯盆地分离，并伴随银川盆地形成。

贺兰山地区和伊盟隆起东部地区裂变径迹年龄显示，伊盟隆起北部地区150~100Ma为抬升期，具有三个主峰值：分别为143Ma、118Ma、100Ma（图7.3）。而贺兰山地区核密度峰值带宽较大，120~100Ma表现为持续性抬升过程。150~100Ma贺兰山地区及伊盟隆起作为统一的整体，经历了抬升剥蚀；东西部地区显示出微弱的不均衡抬升。

鄂尔多斯盆地早白垩世沉积分布广泛，在西缘形成了厚度较大的沉降带-天环拗陷，盆地整体为稳定构造环境的沉积。100~35Ma的抬升期，伊盟隆起与贺兰山地区裂变径迹峰值年龄一致，共同经历了90Ma、78Ma、63Ma、53Ma、42Ma的五个抬升峰值期。30Ma以来为差异性抬升过程，贺兰山地区经历了两次抬升，裂变径迹峰值分别为25Ma和10Ma，而伊盟隆起内部仅出现18Ma一次抬升期。这表明后期盆地曾经发生了EW方向的隆起与拗陷格局的反转。

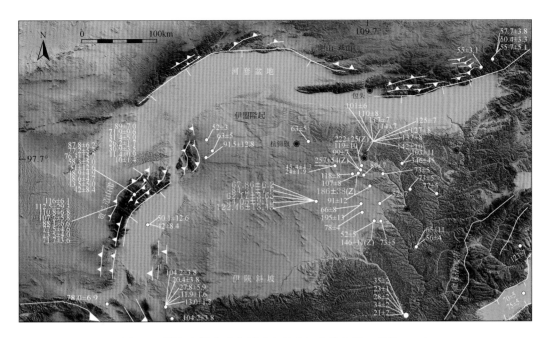

图 7.2 鄂尔多斯盆地北部裂变径迹年龄分布图（单位：Ma）

白色点为前人测试数据，共收集裂变径迹年龄 145 个，数据来源（任战利，1995；任战利和张世焕，1999；刘武生等，2008；丁超等，2011；张家声等，2008；孙少华等，1997；刘建辉等，2010；乔建新，2013；王师迪，2014）、红色点为本次测试数据，共计八件

吕梁山地区磷灰石裂变径迹年龄统计表明（赵俊峰，2007；赵俊峰等，2009，2015；李建星，2015；任星民等，2015），其具有四阶段年龄峰值：138～110Ma、90～70Ma、60～30Ma、25Ma。早白垩世—新生代吕梁山与鄂尔多斯盆地呈同步沉积和抬升过程。上新世以来抬升冷却加速，与鄂尔多斯盆地分离。吕梁山北段、中段年龄较老，中段裂变径迹年龄逐渐变小。推测吕梁山北段、中段受印度洋板块 SW 向俯冲，青藏高原挤压造山远程作用较弱，主要为太平洋板块俯冲作用有关，南段则受到二者的共同作用。

大青山东段快速抬升作用主要发生在 55～50Ma 左右，K-Ar 热年代学显示（吴中海和吴珍汉，2003）晚白垩世以来大青山经历了两期快速隆升：第一期为晚白垩世的整体快速隆升剥蚀，造成的剥蚀量约为 3km，山脉视隆升速率为 0.3mm/a。该期隆升可能与区域性伸展拆离断层活动有关。第二期为始新世以来的快速隆升剥蚀，山脉视隆升速率约为 0.06mm/a，是河套盆地与大青山之间强烈差异升降逐渐形成现今盆山构造格局的重要指示。该期隆升可能与造山带伸展松弛有关。

本次研究，在东胜地区三叠系二马营组（$T_2e$）到下白垩统洛河组（$K_1l$）地表砂岩露头上采集了八件磷灰石裂变径迹测试样品（图 7.4）。测试由中国地质大学（北京）完成，测试方法详见 Galbraith（1981）、Galbraith 和 Laslett（1993）、袁万明等（2001，2007）、Yuan 等（2006）文献。单个样品所测得磷灰石颗粒数均多于 30 粒，并且围限径迹测试条数超过 100 条，数据质量较好（表7.1，图7.5）。

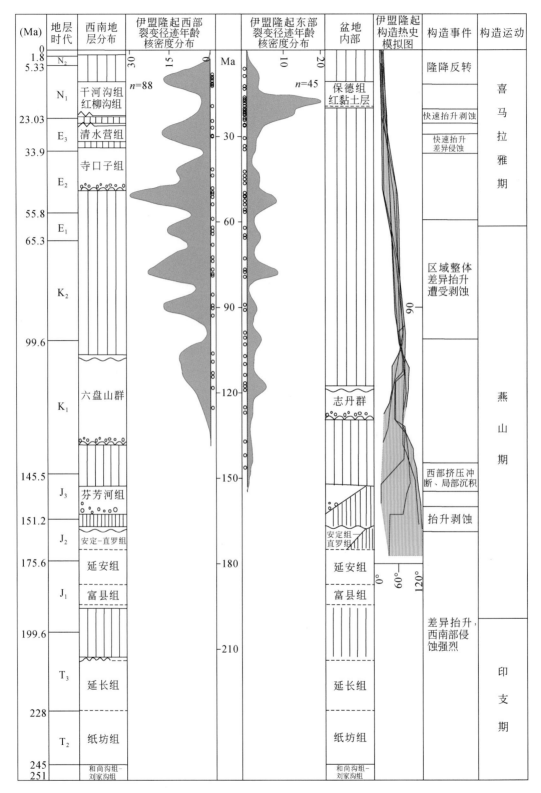

图 7.3 伊盟隆起中新生代主要构造事件期次划分表

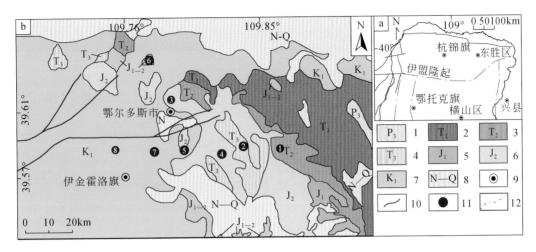

图 7.4 伊盟隆起东胜地区地质构造简图（底图据张云等，2016）

1. 三叠系；2. 下三叠统；3. 中三叠统；4. 上三叠统；5. 下侏罗统；6. 中侏罗统；7. 下白垩统；8. 古近系、新近系—第四系；9. 城市；10. 断层；11. 采样地点；12. 构造分区线

**表 7.1 磷灰石裂变径迹测试结果**

| No. | 样品名称 | 岩性 | 地层年代 /Ma | 颗粒数 | $\rho_s/(10^5/$ cm$^2$) ($N_s$) | $\rho_i/(10^5/$ cm$^2$) ($N_i$) | $\rho_d/(10^5/$ cm$^2$) ($N_d$) | $P$ ($\chi^2$) /% | 中心年龄 /Ma ($\pm1\sigma$) | 年龄 /Ma ($\pm1\sigma$) | $L\pm\sigma/\mu m$ ($N$) |
|---|---|---|---|---|---|---|---|---|---|---|---|
| 1 | $T_2e$-1 | 砂岩 | 237 247.2 | 30 | 4.985 (1593) | 10.038 (3208) | 12.285 (7124) | 15.4 | 125±7 | 124±7 | 12.6±2.6 (104) |
| 2 | $T_3y$-1 | 砂岩 | 201.3 237 | 35 | 2.948 (1001) | 6.17 (2095) | 13.122 (7124) | 79.2 | 127±8 | 127±8 | 12.6±2.2 (105) |
| 3 | $J_2y$-1 | 砂岩 | 161.2 175.6 | 35 | 4.139 (771) | 10.028 (1868) | 16.681 (7124) | 6.7 | 142±10 | 140±9 | 12.7±2.5 (107) |
| 4 | $J_2y$-2 | 砂岩 | 161.2 175.6 | 34 | 2.341 (438) | 6.955 (1301) | 16.053 (7124) | 83.5 | 110±8 | 110±8 | 13.2±1.6 (104) |
| 5 | $J_2z$-1 | 砂岩 | 161.2 175.6 | 34 | 3.915 (1251) | 10.577 (3380) | 15.215 (7124) | 12.0 | 114±7 | 114±6 | 13.0±1.9 (116) |
| 6 | $J_2z$-2 | 砂岩 | 145.5 161.2 | 35 | 2.835 (813) | 6.082 (1744) | 14.378 (7124) | 5.7 | 137±8 | 136±8 | 12.6±2.1 (96) |
| 7 | $K_3l$-1 | 砂岩 | 99.6 145.5 | 35 | 3.345 (936) | 9.126 (2554) | 13.541 (7124) | 93.2 | 101±6 | 101±6 | 12.5±1.2 (110) |
| 8 | $K_1d$-1 | 砂岩 | 99.6 145.5 | 29 | 11.945 (2049) | 26.135 (4483) | 12.703 (7124) | 0.4 | 117±7 | 118±6 | 12.8±1.4 (137) |

注：$N_s$ 为自发 AFT 条数；$\rho_s$ 为自发 AFT 密度；$N_i$ 为诱发 AFT 条数；$\rho_i$ 为诱发 AFT 密度；$P$ ($\chi^2$) 为 $\chi^2$ 检验概率；年龄±1σ 为 AFT 年龄±标准差；$L\pm\sigma$ 为平均 AFT 长度±标准差；$N$ 为封闭 AFT 条数。

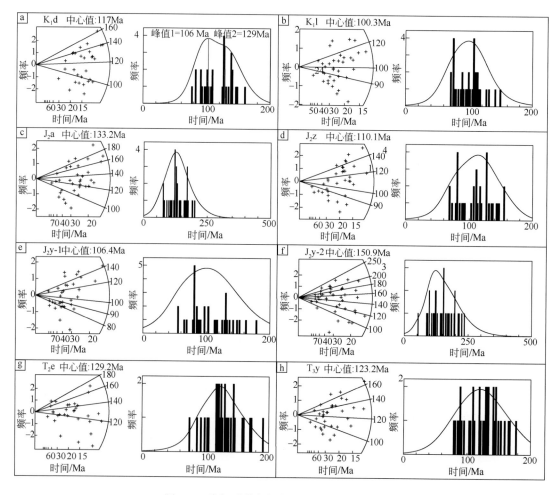

图 7.5　磷灰石裂变径迹雷达图及高斯拟合图

这八件样品中，七件样品的单颗粒磷灰石年龄集中，均通过卡方检测，其 $P(\chi^2)$ 值远大于 5%，样品池年龄与中心年龄一致，代表了最后一次构造热事件年龄（图 7.5）。$K_1d$ 样品未通过卡方检测，其 $P(\chi^2)$ 值远小于 5%，为多期构造事件的混合年龄，雷达图及高斯拟合图中显示，单颗粒年龄最大为 160Ma，主要集中于 106Ma 和 129Ma。该样品存在早期裂变径迹的影响，但早期物源区记录的构造热事件影响相对较小（图 7.5a）。EW 向剖面四件磷灰石样品 $J_2z$-1（4 号样品）、$J_2y$-2（5 号样品）、$K_1l$-1（7 号样品）、$K_1d$-1（8 号样品）自东向西裂变径迹年龄随地层年龄依次减小，114±6Ma 到 101±6Ma 期间明显反映出依次东隆西降的掀斜过程。泊尔江海子断裂以北地区（上盘）$J_2y$-1（6 号样品）、$J_2z$-2（3 号样品）裂变径迹年龄在误差范围内高度一致，分别为 140±9Ma、136±8Ma，泊尔江海子断裂以南（下盘）$T_2e$-1（1 号样品）、$T_3y$-1（2 号样品）裂变径迹年龄分别为 124±7Ma、127±8Ma。140Ma 的构造热事件以 NS 向的差异性抬升过程为特征，泊尔江海子北部地区隆升速率大于南部地区。

八件样品裂变径迹长度介于 12.5±1.9μm 和 13.2±1.6μm 之间，远小于原始径迹长度

（16.3±0.9μm），预示样品均经历了较强的退火作用。径迹长度分布图显示样品均呈宽的单峰型，样品中既存在新生成的径迹，同时又保留老的径迹退火后缩短的特征，与未受热扰动型基岩特征一致。表明样品并没有经历较为复杂的构造-热演化史（Gleadow *et al.*，1986）。

香蕉图显示研究区经历了两次差异抬升过程，第一期差异性抬升过程早期阶段年龄集中在140Ma左右，随着年龄的减少，径迹长度在126Ma出现最大（图7.6）。第一次差异性抬升从140Ma开始，第二次差异性抬升早期年龄从114Ma左右开始，随着年龄减少在101Ma左右径迹长度达到最小。$K_1d$-1样品为混合年龄，记录了101Ma的构造事件。117Ma左右体现为短暂的沉降阶段，同时也是两次构造时间的转折时间。140～126Ma构造抬升事件以NS向差异性抬升为主要特征，114～106Ma构造抬升事件以EW向掀斜为主要特征。

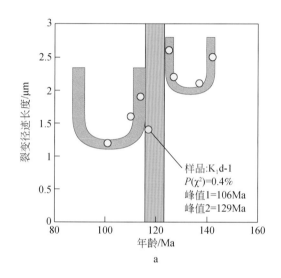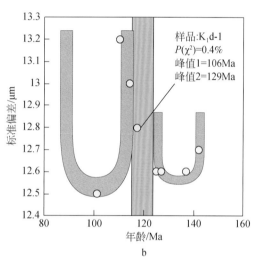

图7.6　磷灰石裂变径迹香蕉图

a. 磷灰石裂变径迹长度（±1σ）-年龄（±1σ）图；b. 标准偏差-年龄（±1σ）图。
香蕉图中每个"U"形代表了一次差异性抬升事件

运用 Hefty1.9.3 软件，采用 Ketcham 多元动力退火模型（Ketcham *et al.*，1999，2000），模拟伊盟隆起早白垩纪以来构造热事件。$K_1d$-1 样品为混合年龄，因此不具备模拟意义。七件模拟样品封闭径迹条数均大于100条，模拟计算次数为10000次，每个样品进行多次模拟。模拟结果采用 K-S 值和年龄 GOF 值评价，当 K-S 和 GOF 均大于0.05时，模拟的曲线被认为是可以接受的；当 K-S 和 GOF 大于等于0.5时，模拟的曲线被认为是好的（Ketcham，2005；袁万明等，2007）。模拟采用的限制条件分别为：现今地表温度20℃，磷灰石部分退火带温度120～70℃，及磷灰石记录的 AFT 年龄（图7.7）。

伊盟隆起东胜地区显示出四个阶段构造抬升作用，分别为：150～126Ma、110～100Ma，100～75Ma，50～35Ma。样品 $T_2e$-1、$T_3y$-1、$J_2y$-1、$J_2z$-2 都经历了150～126Ma的不均衡冷却降温过程，$T_2e$-1、$T_3y$-1 显示为匀速较缓慢抬升至退火带附近，冷却速度为1.5～2.0℃/Ma，$J_2y$-1、$J_2z$-2 显示为快速抬升至退火带上部，冷却速度为3.3～4.1℃/Ma。

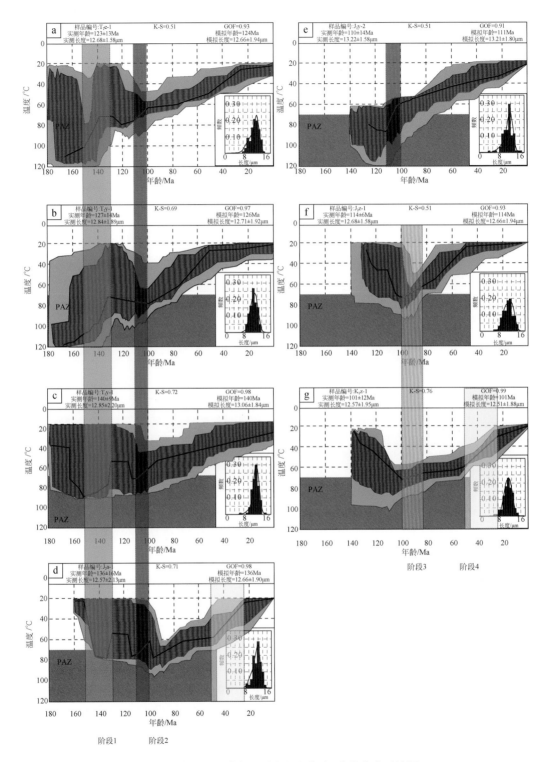

图 7.7　东胜地区磷灰石裂变径迹构造–热演化史反演图

该时期显示为北快南慢的差异性抬升过程。$T_2e$-1、$T_3y$-1、$J_2y$-1、$J_2z$-2、$J_2y$-2 样品均记录到 110~100Ma 的构造事件，冷却速率为 1.5~2.6℃/Ma。$J_2z$-1、$K_1l$-1 样品记录到 100~80Ma 左右的抬升事件，冷却速度约为 1℃/Ma。而 50~35Ma 构造抬升事件仅有 $K_1l$-1 样品记录，冷却速度约为 0.91℃/Ma。整体上看，构造抬升强度呈逐渐减弱的趋势。

# 第二节　成矿的有利构造部位

鄂尔多斯盆地砂岩型铀矿的空间分布及其与构造位置之间关系的研究表明，砂岩型铀矿的形成受盆地构造运动控制，同时也受构造形态和构造部位的控制。

## 一、构造样式

普遍认为，砂岩型铀矿产出的有利构造部位是构造斜坡带。盆地内有利于铀成矿的构造斜坡带，可以划分成三种构造样式：盆缘式、盆内隆缘式和古河谷式（图7.8；Jin et al., 2016）。

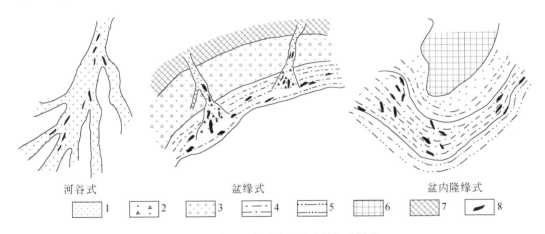

图7.8　中国北方砂岩型铀矿的构造样式

1. 河流相砂体；2. 三角洲相含砾砂体；3. 坡堆积相砂砾岩；4. 湖相砂体；
5. 湖滨相砂体；6. 盆内构造天窗；7. 陆缘；8. 铀矿体

鄂尔多斯是开阔型的大型盆地，产出的砂岩型铀矿主要受盆缘式和盆内隆缘式构造样式控制。盆缘式构造样式有两种成因，一为沉积物顺盆地边缘斜坡沉积，自然形成的斜坡带；二为沉积层形成后盆地受构造挤压作用，造成盆地边缘隆升牵动盆缘地层翘起形成的斜坡带。盆内隆缘带是盆地形成后，受构造挤压在盆地内部形成局部隆起边缘形成的斜坡带。鄂尔多斯盆地北部大营-东胜铀成矿区分布于北缘斜坡带，向 SW 倾伏 3°~10°（图7.9）。

盆内隆缘式是铀矿床的典型构造样式，是大型盆地内部铀成矿的重要控矿因素。如中部金鼎铀矿化带，位于伊陕斜坡带内次级隆起的边缘（图7.10）。这个新认识为鄂尔多斯盆地等大型开阔盆地，在盆内找矿工作提供了理论支撑。

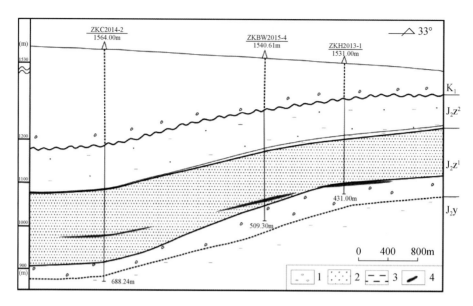

图 7.9　鄂尔多斯盆地北部纳岭沟铀矿床剖面图（据核工业二〇八大队资料编绘）
1. 砾岩；2. 砂岩；3. 泥岩；4. 铀矿体

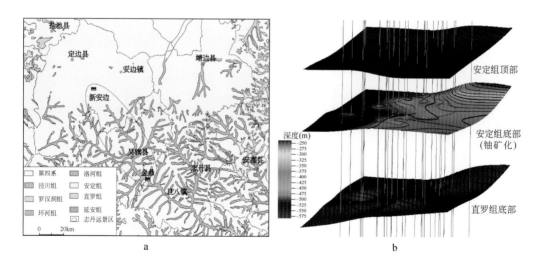

图 7.10　志丹远景区地质略图（a）及金鼎矿化点含铀岩系三维结构图（b）

## 二、断裂构造与矿体的形态

　　以往针对断裂构造直接控制砂岩型铀矿形成的研究工作开展得比较少。这次工作对此进行了一些探索性研究，也发现了许多值得关注的重要问题，但整个研究工作相对其重要性来说还很薄弱。

　　鄂尔多斯盆地内发育 NE、NS 和 NW 等多组断裂构造，这些构造有的切穿了中—新生代构造层，切穿了古生带构造层或盆地基底。断裂构造在盆地的不同地区发育程度也有显著地差异。

### （一）杭锦旗地区

鄂尔多斯盆地北部主要发育三条区域性的大断裂，自东而西分别为泊尔江海子断裂、乌兰吉林庙断裂、三眼井断裂（图 7.11）。这三条断裂在纵向上断开层位较多，平面上延伸较长，走向基本一致，由北向南分段呈阶梯状下降，具有多期发育的特征（聂海宽等，2009；龚婷等，2013；张更信等，2016）。泊尔江海子断裂西段走向主要为近 EW 向，以东则转为 NE 向，中部向南凸出呈弧形展布，发育次级 NW 向断裂，现今为倾向正北的逆断层（祝民强等，2007；赵国玺，2007；郭虎科等，2015）。通过对杭锦旗-东胜地区四条地震剖面的详细解读，泊尔江海子断裂具有正断层、逆断层及底复活断层三种表现形式（图 7.12～图 7.16），共有五期活动特征：

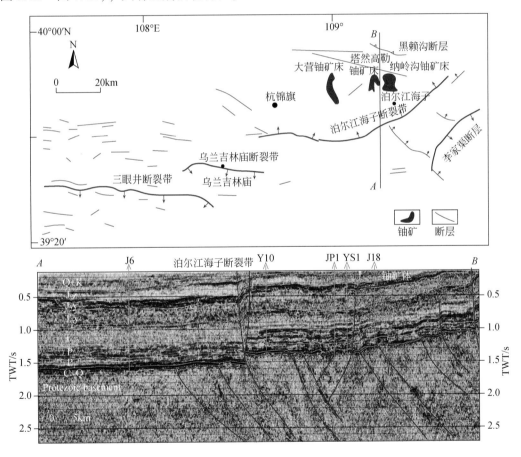

图 7.11　鄂尔多斯盆地北部断层与铀矿关系分布图（据 Yang *et al.*，2013 修改）

TWT. 双程旅行时

（1）第一期断裂活动（晚石炭世末期），以高角度逆断层为主要特征。该期断层切穿石炭系并被下三叠统所覆盖。T5 和 T6 界面显示（图 7.12），泊尔江海子断裂的断距较大，自下往上呈逐渐减小特征。预示晚古生代断层处于持续活动的状态，伊盟隆起南缘呈长时间 NS 向挤压状态。泊尔江海子断层持续活动的同时控制了该时期的沉积演化，导致了断裂两侧上古生界地层平均厚度差异明显。

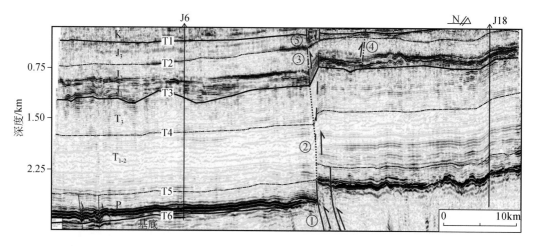

图 7.12　杭锦旗地区 10 号地震解译剖面（地震剖面据 Xu *et al.*，2018）

（2）第二期断裂活动（晚三叠世末期），以先期的正断层再次激活为主要特征，切穿了三叠系并被下侏罗统所覆盖，该期构造运动继承和发展了古生代构造。中–上三叠统地层断距已明显不如晚古生代时期的断距大，构造活动强度有所下降。

（3）第三期构造活动（中侏罗世末期），以逆断层为主要特征，切穿下侏罗统而进入中侏罗统。上侏罗统安定组（$J_3a$）底部 T2 界面并未发生明显的错动，中侏罗统延安组（$J_3y$）底部 T3 界面显示，该期活动对断裂以北地层受牵引作用影响，沿断裂上盘发育了一系列串珠状展布的次级背斜构造带（图 7.13）。并且该期活动也造成中生代地层上隆并使古生代地层断距进一步加大。

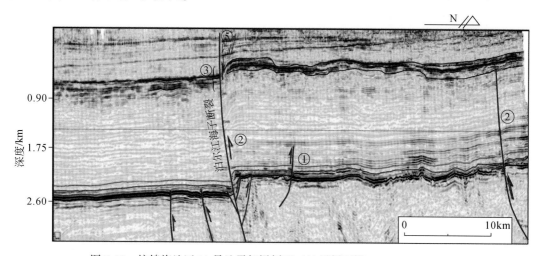

图 7.13　杭锦旗地区 11 号地震解译剖面（地震剖面据 Xu *et al.*，2018）

（4）第四期构造活动（晚侏罗世末期），以逆断层为主要特征，发育于上侏罗统并被下白垩统所覆盖。该期构造活动在晚侏罗世持续活动，控制上侏罗统沉积，致使上侏罗统呈北薄南厚的展布特征。

（5）第五期构造活动（早白垩世中-晚期）以构造反转为主要特征，先期逆断层转换为正断层为，断层切穿上侏罗统而进入下白垩统。早白垩世末期伊盟隆起处于拉张时期，泊尔江海子断层两侧地层在拉张应力下沿先期断层软弱面反向滑动，断距自下向上渐增大，局部地区可见挠曲构造（图 7.14b）。

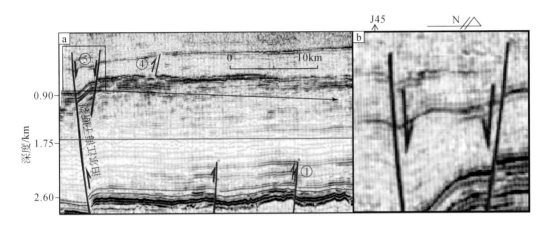

图 7.14　杭锦旗地区 8 号地震解译剖面（地震剖面据 Xu *et al.*, 2018）

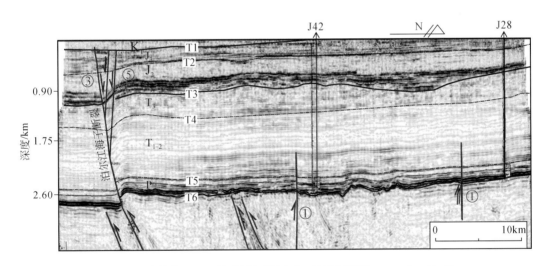

图 7.15　杭锦旗地区 9 号地震解译剖面（地震剖面据 Xu *et al.*, 2018）

## （二）渭北隆起断裂

盆地南缘渭北地区主要发育两组断裂：即淳化—彬县一线之东的 NE 向断裂和其西的 NW 向断裂（图 7.17）。NE 向断裂分布范围广，数量多，既有规模大的主干断裂，也有规模小的次级断裂，是本区断裂的主体，一般倾向东南。NW 向断裂数量少，规模小，较

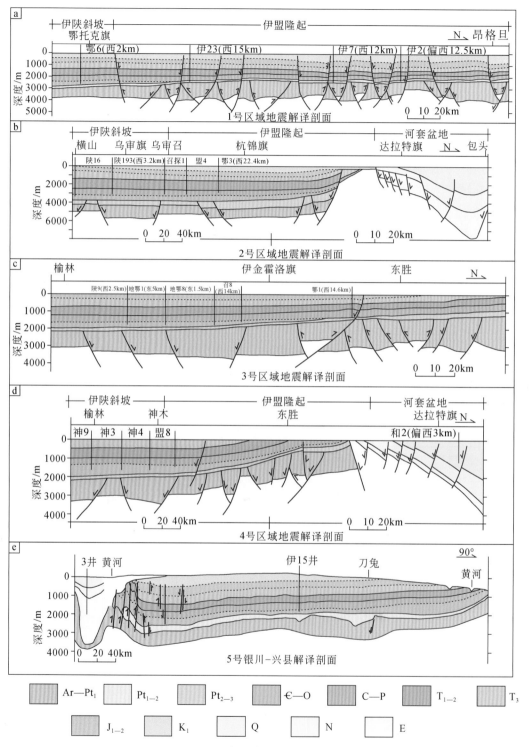

图 7.16　伊盟隆起地震解译剖面

a. 鄂托克旗–昂格旦 NS 向地震解译剖面（1 号剖面）；b. 横山–包头 NS 向地震解译剖面（2 号剖面）；c. 榆林–东胜 EW 向地震解译剖面（3 号剖面）；d. 神木–达拉特旗地震解译剖面（4 号剖面）；e. 银川–兴县 EW 向地震解译剖面（5 号剖面）

NE 向断裂组合简单清晰，倾向 SW。以铜川-白水为界，其往北、向西地面断层减少，以发育逆断层为主，褶皱构造增加，背斜轴向以 NE 向为主；其东南则广泛发育正断层，褶皱构造少，正断层主要展布于渭河断陷北侧的古生界出露区，且多出露于地表，相互切割成破碎的断块。这表明渭北隆起构造变形极不均一，东部较西部剧烈，东南部与西北部差异较大。

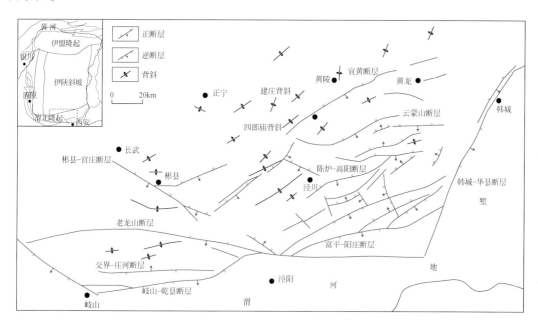

图 7.17　渭北隆起主要断裂分布

### （三）矿体的产状

鄂尔多斯盆地北缘砂岩型铀矿研究程度高，解剖盆地北缘典型矿床矿体的产状，可以揭示断裂构造是控制含矿砂体形成的内在因素。鄂尔多斯盆地北缘大营、塔然高勒、纳岭沟和皂火壕等铀矿床的赋矿层均为中生界中侏罗统下段河流相砂体。这些砂体是产于断裂带控制古低洼地貌的古河道，现今的河道大多数是继承性河道（图 7.18）。

对鄂尔多斯盆地铀矿床内矿体的产状认识并不一致。前人按照苏联学者建立的次造山及层间渗入型成矿模式（别列里曼和熊福清，1995）和美国学者（Harshman and Adams，1980；Adams and Smith，1981；McLemore，2010）卷状成矿模式的观点，多数人认为这些铀矿矿体的产状为"卷状"（李子颖等，2009；刘红旭等，2015；焦养泉等，2018）。这次工作反复研究了钻孔连井剖面，观测了大量岩心与实测剖面，没有发现典型的"卷状矿体"。有些学者认为鄂尔多斯盆地的矿体为"板状"；仅从单一剖面上看矿体是板状，但是若从矿体的三维特征观察，鄂尔都斯盆地北缘砂岩铀矿的矿体是"层间条带状"这种认识的提出，就迫使我们要充分重视控制古河道砂岩形成的断裂构造研究。

鄂尔多斯盆地北缘的河流大都是受隐伏断裂构造控制的，其河道位置自中生代以来，具有明显的继承性。在中生代白垩纪末—新生代古近纪初期，该盆地发生构造返转。河道

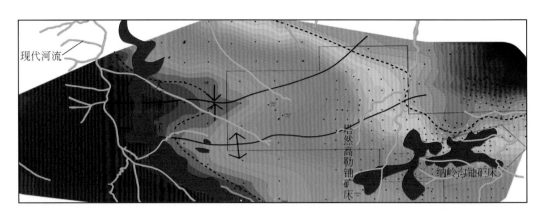

图 7.18　鄂尔多斯盆地北缘铀矿产出与侏罗系直罗组顶板等高线及现代河流的关系图

流向也发生了反流，造成了现今的河流流向与古河流的流向是相反的。盆地构造返转对古河道砂体的产状在盆地中间的隆起区影响较大，而对鄂尔多斯盆地北缘的盆缘区古河道的形态特征影响不大，即对后期的成矿作用空间影响不大。已发现的铀矿床点基本都分布在断裂的两侧及多组断裂交汇部位。另外，成矿区发育的断裂也可以为地下含铀水、天然气还原剂的运移提供了通道，为铀成矿提供了良好的成矿条件（田成等，2007）。

# 第三节　小　　结

（1）通过综合分析鄂尔多斯盆地基本构造格架、沉积旋回、不整合面和低温年代学研究，确定了中生代以来盆地主要经历了"三翻五次"共八次重要的构造运动和新生代的三次构造运动。

（2）盆地内早期的构造运动控制了含铀岩系形成，为铀矿成矿提供了背景条件。晚期的构造活动为盆地沉降水浸容矿、矿物质带出和盆地隆升流体蒸发、矿物质浓度提升与矿物质富集沉淀成矿提供了动力源。

（3）盆地边缘、盆中隆起边缘的构造斜坡带是有利的砂岩型铀矿成矿区。有些区域断裂构造，可能控制了控矿古砂体的形成。

总之，中生代主要的八次构造事件和新生代内的三次构造事件之间主要为盆地沉降期，盆地内发生水浸接受沉积，以潮湿环境为主，同时在盆地形成晚期有大量铀矿物质从红色岩系中被地下潜水溶出，渗透到盆地深部黑色岩系中；当构造事件发生时盆地隆升，盆地转为干旱环境，流体中大量的铀矿物质被灰色岩层吸附或化合析出沉淀成矿。

# 第八章 成矿模型

对于鄂尔多斯盆地内砂岩型铀成矿模型的研究，在苏联学者建立的层间渗透型理论的基础上，前人提出了层间氧化带型模型，并针对大营铀矿床提出了叠合成矿模式等（李子颖等，2009）。基于前期研究成果，我们认为砂岩型铀矿是由于盆地垂向跌宕构造运动引起盆地内潜水流动，溶解岩石中的含铀矿物质流动富集成矿。跌宕运动在不同类型盆地内，引起成矿流体成矿方式是有差异的，因此，应该按照盆地类型来建立砂岩铀矿的成矿模型。

## 第一节 盆地的分类

中国在昆仑—祁连—秦岭—大别山以北，发育了一系列含铀盆地。盆地内铀、煤、油和气等矿产同盆共生。铀矿床以砂岩型矿床为主，资源潜力大，可利用前景好。依据含铀岩系的特征，进行深入研究含铀盆地的类型，对科学地梳理不同类型盆地的铀成藏（矿）机理与成矿富集规律意义重大。

前人以盆地成因背景为基础，从板块构造背景、板块边界类型、地球动力学、基底类型等角度（Dickinson，1974，1976；Bally，1980；Bally et al.，1995；Busby et al.，1995；朱夏，1983；刘和甫，2001），对沉积盆地类型进行了划分，为盆地油气、煤等资源勘探、预测及评价提供了重要的依据。以地球动力学为基础的盆地划分方案（Bally，1980；朱夏，1983；Bally et al.，1995）被广泛应用于石油地质学、煤田地质学中。含油气盆地划分以 John（1984）和 Mann 等（2003）提出的方案为主流，John 等（1984）的九类盆地划分方案为：A 型前渊、大西洋型被动陆缘、克拉通、弧后盆地、裂谷带、剪切带、冲断带、中国型盆地和 B 型前渊；Mann 等（2003）的六类盆地划分方案为：大陆裂谷盆地、被动大陆边缘盆地、地体增生岛弧碰撞或浅俯冲盆地、陆–陆碰撞边缘盆地、走滑边缘盆地和俯冲边缘盆地。中国学者在此基础上，从中国盆地类型的厘定为出发点，提出了我国聚煤盆地类型划分方案（任文忠，1992；宋立军和赵靖舟，2009）。以板块边界类型（Dickinson，1974，1976；Ingersoll，1988；Busby et al.，1995）作为含油气盆地和聚煤盆地类型划分的原则，也得到了国内外学者的广泛认可。贾东等（2011）以此为依据，对我国含油气盆地类型进行了划分。此外还有将盆地后期改造作用作为含油气盆地和聚煤盆地类型划分的重要因素（赵靖舟，2002；宋立军和赵靖舟，2009）。

随着研究程度的深入，含油气盆地、聚煤盆地划分方案已趋近成熟。铀矿床空间产出位置与油气田、煤田同盆共生，在成因联系上密切相关。但砂岩型铀矿床产出层位受盆地构造演化影响，与油气、煤炭产出位置均存在差异，且由于砂岩型铀矿床易迁移、成矿物质来源复杂等诸多因素，使得这些盆地划分方案并不完全适用于砂岩型铀矿勘查和成矿理论研究。含铀盆地划分方案研究的滞后限制了对砂岩型铀矿床成矿过程的整体认识，更影响了砂岩型铀矿进一步勘查工作的部署。

本次大规模砂岩型铀矿勘查工作，积累了大量的钻孔资料，并在鄂尔多斯盆地、二连盆地、松辽盆地、准噶尔盆地等取得了一系列重大找矿突破。本次工作在深入对比盆地含铀岩系发育异同性的基础上，总结了不同类型盆地演化特征，并提取了控矿要素。以含铀岩系赋存构造层时代为划分原则，提出了复合盆地、叠合盆地和简单盆地三类含铀盆地；以含铀盆地与构造岩浆岩带空间分布关系为划分原则，将盆地划分为构造岩浆岩带之间的盆地（"准"克拉通型盆地）与构造岩浆岩带内部的盆地（山间型盆地）两型含铀盆地，即含铀盆地的"三类两型"划分方案（图 8.1）。

中生代含铀岩系和新生代含铀岩系是我国砂岩型铀矿床的主要赋矿层位，其分布特征受构造运动影响明显。中生代含铀岩系主要发育于阿尔泰山雅布洛诺夫南山和天山阴山两条纬向构造岩浆岩带两侧，呈近 EW 向产出于我国北方地区。新生代含铀岩系在我国东、西部地区差异明显，我国西部和东部地区大地构造分别受特提斯构造域和太平洋构造域的构造作用影响。

中生代时期华北板块与蒙古西伯利亚板块的闭合和拼贴形成了北方系列三叠系、侏罗系、白垩系为主的陆相沉积盆地（任纪舜，2003），为含铀盆地演化和发展提供了良好的基础。中生代早期，古亚洲洋俯冲消亡，中国整体处于挤压造山的构造背景之下。阿尔泰山雅布洛诺夫南山和天山阴山两条重要的纬向构造岩浆岩带的形成，控制着中国北方盆地的形成与演化，该时期中国西北地区构造格架基本定型，华北陆相盆地稳定发育。自蒙古–鄂霍次克洋早侏罗世—中侏罗世闭合后（Zorin，1999），东北地区构造格架基本稳定。位于阿尔泰山雅布洛诺夫南山与天山阴山构造岩浆岩带之间发育了准噶尔、海拉尔等盆地；天山阴山与昆仑山–秦岭之间发育了塔里木、柴达木、鄂尔多斯盆地。

中国西部受印度洋板块碰撞控制，新生代含铀岩系叠加于准噶尔、柴达木、龙川江等中生代盆地之上，发育形成了 NNW 向展布的新生代含铀岩系。东部地区受太平洋板块 NE 向俯冲影响，新生代含铀岩系发育于海拉尔和二连盆地东部等中生代盆地之上，呈 NE 向分布。因此说鄂尔多斯盆地主要是受古亚洲洋体系控制，同时又受太平洋和特提斯洋体系影响而形成的沉积盆地。

中生界含铀岩系在我国北方系列盆地内普遍发育，呈近 EW 向展布，是北纬 34°~48° 欧亚铀成矿带的中、东段组成部分。由于我国西部、中部、东部盆地所处构造位置不同，盆地演化经历了不同构造事件，造成发育程度的差异，致使不同构造区域内的砂岩型铀矿床赋矿层位不一致。中生界含铀岩系作为我国砂岩型铀矿床的主要产出层位，包含侏罗系和白垩系两期含铀岩系。赋存于侏罗系和白垩系的主要含铀岩系，自西向东，赋矿地层年龄逐渐年轻。我国西部准噶尔等盆地中生界含铀岩系为中—下侏罗统，中部鄂尔多斯等盆地含铀岩系为中侏罗统和下白垩统，东部松辽盆地含铀岩系为上白垩统。

西部伊犁和准噶尔盆地早侏罗世—中侏罗世早期处于弱伸展构造背景。在三叠纪接受沉积，侏罗系为主要含铀岩系。伊犁盆地主要赋矿层自下而上分别为：下侏罗统八道湾组（$J_1b$）、中侏罗统西山窑组（$J_2x$）和头屯河组（$J_2t$）。下侏罗统八道湾组（$J_1b$）是区内重要的含煤岩系，其中八道湾组一段（$J_1b^1$）和三段（$J_1b^3$），以河流相含煤砂岩层为主要特

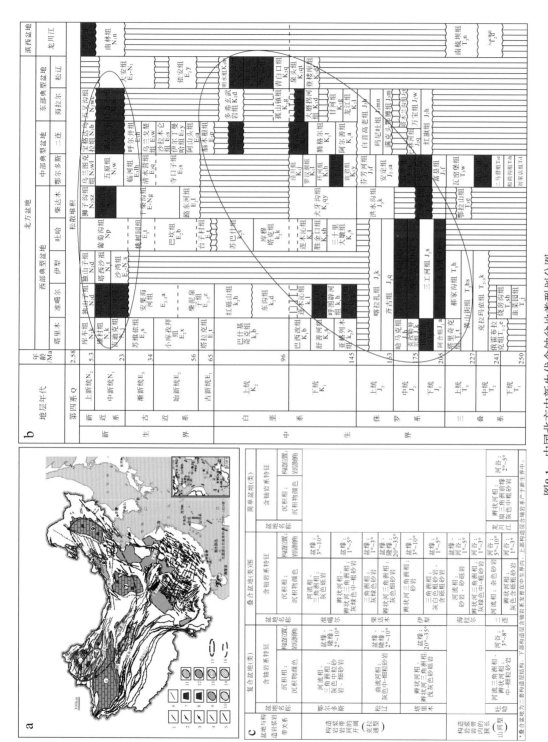

**图8.1　中国北方中新生代含铀盆地类型划分图**

a.中国和邻区大地构造及盆地分布简图（底图据李锦轶等，2014）；①准噶尔盆地；②吐哈盆地；③哈密盆地；④塔里木盆地；⑤柴达木盆地；⑥滇西山间盆地群（龙川江盆地）；⑦鄂尔多斯盆地；⑧二连盆地；⑨松辽盆地；⑩海拉尔盆地；1.逆冲构造；2.正滑或拆离构造；3.剪切或走滑构造；4.背斜褶皱轴；5.中国中新生代变形系统；6.中国古生代变形系统；7.铀矿床；8.铀矿床（赋矿地层为中生代地层）；9.其他盆地；10.叠合盆地；11.简单盆地；12.复合盆地；13.构造岩浆岩带内部盆地；14.构造岩浆岩带岩体内部盆地；15.中生界含铀岩系；16.新生界含铀岩系

*叠合盆地为：1叠构造层结构，下部构造层沉积于中生界时，上部构造层沉积于或发育于中生界时，上部构造层沉积或发育于新生界时。

征，岩性以河流相灰绿色、灰色含砾砂岩、砂岩，夹灰色粉砂岩、泥岩及煤层为主要特征。中侏罗统西山窑组（$J_2x$），为河流–湖泊相沉积，由多个下粗上细的正韵律（砂—泥—煤）组成。可分为上、下两段，上段（$J_2x^2$）上部岩性为灰色、灰绿色砂岩夹泥岩、碳质泥岩、煤层，上段下部岩性为煤层、褐红色泥岩、细–粉砂岩互层为主要特征；下段（$J_2x^1$）上部岩性以灰色泥岩、细–粉砂岩互层为主要特征，下部岩性为灰色细–粉砂互层夹粗砂岩、厚煤层为主要特征。中侏罗统头屯河组下段（$J_2t^1$），岩性以杂色、灰色、黄绿色砾岩、砂岩、泥质粉砂岩为主，砂体厚度较大，夹煤屑。"红色"富氧建造主要为中侏罗统头屯河组上段（$J_2t^2$），岩性为细粒杂色层，由灰、灰绿色与紫红、褐红色砂泥岩互层组成，是一套干旱气候下的河湖相沉积，砂体规模小。准噶尔盆地白垩系含铀岩系自下而上分别为下白垩统清水河组（$K_1q$）、胜金口组（$K_1sh$）。清水河组（$K_1q$）为一套水进式沉积建造，岩性以灰绿色砂岩、泥岩和棕红色、红褐色泥岩条带状互层为主，底部为含角砾砂岩层（也称为角砾岩），含角砾砂岩中的砾石分选性、磨圆度差，砾石成分大多数与下伏基岩的成分相同，属于原地或近源堆积。胜金口组（$K_1sh$）岩性以灰绿色砂岩、泥岩与红色、棕红色、红褐色泥岩条带状互层为主。泥砾发育，可以见到数量较少钙质结核。下部主要是三角洲平原上的分流河道和河道间湾沉积，正向沉积韵律，砂岩层稳定，岩性以细砂岩为主。盆地西缘夏子街一带发育中砂岩、含砾砂岩、砂砾岩等较粗粒的岩石。

中部鄂尔多斯盆地早—中侏罗世处于弱伸张环境下，盆地处于构造稳定演化阶段，印支期碰撞挤压造成的高低不平古地貌被填平沉积，此时为鄂尔多斯盆地演化的全盛时期，盆地范围远大于现今盆地边界（时志强等，2003），沉积相以河湖相、沼泽相为主。中–晚侏罗世受到多向挤压作用，盆地不同地区隆升、剥蚀程度差异较大，盆地呈不均衡演化。早白垩纪盆地处于整体抬升阶段，且盆地西部沉积厚度远大于盆地东部地区。晚白垩世，盆地处于全面隆升状态，晚白垩世地层缺失，鄂尔多斯盆地构造格架基本定型。中生代白垩系和侏罗系均为主要含铀岩系，分别为白垩系环河组（$K_1h$）、洛河组（$K_1lh$）含铀岩系和侏罗系延安组（$J_2y$）、直罗组（$J_2z$）含铀岩系。延安组二—三段（$J_2y^2$—$J_2y^3$）聚煤作用强烈，由多个湖泊三角洲体系单元组成，以细碎屑沉积为主，岩性为深灰色、黑色泥岩、粉砂岩及煤层，其次为灰色砂岩，夹泥灰岩及黑色油页岩。中侏罗统直罗组（$J_2z$）为"红色"富氧沉积建造，整体为河湖相碎屑岩建造，自下而上可以分为两段，各段物源条件一致，但沉积体系差异明显（张康等，2015）。直罗组上段（$J_2z^2$）上部以褐红色、紫色泥岩与细砂岩、粉砂岩互层，下部多发育褐红色厚层中–粗粒砂岩；直罗组下段（$J_2z^1$）发育多个正韵律沉积旋回，岩性主要为灰色、灰绿色、绿色中–粗砂岩、含粒砂岩，以辫状河沉积为主。鄂尔多斯盆地白垩系含铀岩系主要为一套红色富氧沉积建造，早白垩世形成于半干–干热古气候条件下的红色、杂色碎屑岩，以河流相、湖相沉积为主，洛河期至华池–环河期组成一个大的退积沉积旋回，从罗汉洞期至泾川期组成第二个退积沉积旋回。

东部松辽盆地内部沿三条 NNE 向断裂发育数十个断陷盆地，陆缘区伴随强烈的火山活动。登娄库期末期彼此分割的断陷盆地相互连通，形成了统一的湖盆体系，在此基础上沉积了泉头组、青山口组、姚家组、嫩江组一套巨厚的湖相沉积产物。晚白垩世嫩江期末松辽盆地处于挤压构造背景之下，盆地内部表现为整体抬升过程（Cheng et al.，2018），嫩江组顶部发育区域性不整合面，沉积中心向西迁移，明水期末松辽盆地再次经历了强烈的挤压过程，至此松辽盆地构造格架基本定型。自下而上分别为上白垩统姚家组（$K_2y$）、嫩江组（$K_2n$）及四方台组（$K_2s$）。姚家组（$K_2y$）整体以三角洲相为主，可分为两段，上段岩性主要为浅灰色、灰白色和红褐色厚层细砂岩、粉砂岩、含砾粗砂岩，夹紫红色和灰色泥岩、泥质粉砂岩，局部含大量的炭化植物碎屑、黄铁矿结核及深灰色泥岩夹层。下段主要为灰色、灰白色、紫红色、黄褐色细砂岩，夹紫红色、灰色泥岩及粉砂质泥岩，局部钻孔底部见杂色、红褐色及灰色砾岩、砂质砾岩和含砂砾泥岩。上白垩统嫩江组（$K_2n$）以湖相沉积为主，是松辽盆地重要含油含煤岩系。四方台组（$K_2s$）以浅湖滨湖相和河流相为主，上部岩性为紫红色泥岩，中部岩性为灰色细砂岩、粉砂岩与紫红色泥岩互层；下部岩性为砖红色含细砾的砂泥岩夹棕灰色砂岩和泥质粉砂岩。

近年来，随着砂岩型铀矿调查工程的实施，陆续在西部准噶尔、云南龙川江等系列盆地，东部二连、海拉尔盆地新生代地层中发现铀矿床或铀矿点，其分布特征与区域新生代构造线走向一致（图8.1）。

准噶尔盆地在古近纪早期抬升遭受剥蚀，盆地北部剥蚀作用强烈，白垩系残存于北东部地区。古近纪末期，盆地北部地区再次抬升剥蚀，古近系遭受剥蚀。两次抬升事件带来了盆地的翘倾。准噶尔盆地新生界含铀岩系自下而上分别为中新统沙湾组（$N_1s$）、塔西河组（$N_1t$）。沙湾组（$N_1s$）为河湖相沉积，厚度约为83~252m，上部发育稳定的棕红色泥岩、砂质泥岩，下部发育灰色砂砾岩。塔西河组（$N_1t$），为湖相沉积，岩性、岩相较稳定，厚度为296~1564m，上部为灰绿色泥岩、砂质泥岩夹砂岩沉积，下部为灰绿色泥岩，底部发育灰绿色砾岩，其上部发育的"泥包砂"为油气储藏部位。

古近纪柴达木盆地处于隆升剥蚀状态。始新世受印度-欧亚板块碰撞远程效应影响，盆地开始初始拗陷，始新世末期湖盆面积扩大，干柴沟组细碎屑沉积物在全盆地分布。中新世后期盆地抬升并不断萎缩，接受粗碎屑的油砂山组、狮子沟组和七个泉组沉积。柴达木盆地新生代含铀岩系为中新统油砂山组（$N_1y$），主要为滨浅湖相沉积，发育河流相沉积。油砂山组（$N_1y$）垂向上表现为逆粒序层理，上部为棕红色、土黄色砂质泥岩，下部为棕红色、棕褐色泥岩夹灰绿色钙质泥岩及少量砾岩等（周建勋等，2003）。

滇西龙川江盆地内新生代含铀岩系为新近系芒棒组（$N_2m$），为一套陆源碎屑岩夹基性火山岩的地层序列（夏彧等，2018）。其上部为河流-湖泊相沉积，以褐黄色含砾粗砂岩、灰白色粉砂岩、灰色碳质泥岩为主要特征，中部为灰黑色玄武岩，下部主体为冲积扇相，以褐黄色、灰白色砾岩为主要特征，夹煤线。

中国北方的海拉尔盆地新近纪以来进入伸展和构造反转演化阶段。由于古近纪末期的构造抬升作用（蒋鸿亮等，2009），先期沉积的古近纪地层遭受剥蚀，古近纪地层残存于盆地中-西部拗陷之中。新近纪时期，盆地范围较广阔，主要为松散并富含植物根系的灰黑色腐殖土和下部松散的灰色砂砾层组成（陈均亮等，2007）。海拉尔盆地含铀岩系主要为新生代呼查山组（$N_1hc$）（王友志，2009），为河流相沉积产物，在盆地西部铀矿床发育地区与大磨拐河组（$K_1d$）呈角度不整合接触关系（夏毓亮等，2004）。岩性为松散的灰褐色砂岩与灰黄色、红色、灰色泥岩互层，底部发育巨厚层杂色砂砾岩。早白垩世大磨拐河为海拉尔盆地扩张的全盛期（刘红旭等，2004），大磨拐河组（$K_1d$）顶部发育煤层，富含有机质（钟延秋等，2010）。

从盆地类型来看鄂尔多斯盆地的基底比较稳定，成矿构造层也较单一，赋矿地层产状为2°~10°，类似苏联学者提出的"次造山盆地"（别列里曼和熊福清，1995）。但此盆地总体沉积厚度大，又发育了三个赋矿旋回，所以它又有别于"次造山盆地"薄层沉积的特点。而这类盆地是我国含铀盆地的主要类型，资源潜力巨大。

# 第二节　成矿流体的动力源分析

## 一、成矿流体的基本特征

捕捉地质历史时期的成矿过程，必须从成矿流体遗留的足迹特征来识别。笔者认为，矿体产状、成矿期的流体包裹体特征、成矿期蚀变矿物特征和成矿作用带来的水-岩反应的地球化学特征，是研究成矿流体的主要对象。还可以运用模拟实验来认识流体成矿过程。

鄂尔多斯盆地已发现的工业矿体和矿化体，主要产在距离现今地表260~650m和800~1400m两个深度。从砂岩型铀矿形成的模式层序分析，此类矿产主要产在还原条件下的灰色岩层内，而灰色层之上往往发育一套氧化环境的红色岩系，表明砂岩型铀矿形成条件有一定埋深，而不是在地表。

鄂尔多斯盆地大营铀矿成矿砂岩硅质胶结物中包裹体，流体盐度为2.6%~4.6%，峰值为3.0%~3.5%。硅质胶结物中包裹体的冰点温度变化范围为$-2.8$~$-1.5℃$，均一温度为76.4~127.3℃，峰值介于100~110℃。表明成矿流体不是地下深层的高温流体，也不是出露的地表水流体，成矿流体为地下潜水（详见第五章第一节）。

鄂尔多斯盆地北缘在含矿层内成矿岩石的蚀变矿物高岭石含量，由盆地边缘向盆地中部方向逐渐升高，伊利石的含量却逐渐降低，$Fe^{3+}$的含量逐渐升高。这与前人认为盆缘是氧化带、盆中是还原带的认识相反。这种"反分带"特征，说明成矿流体在成矿顺层流动的方向是由下（盆中）向上（盆缘）流动的（详见第五章第二节）。

鄂尔多斯盆地北缘岩石主量元素与微量的元素同位素组合比较稳定，表明地质历史时期曾有过大规模的流体活动，使岩石中的元素同位素发生了有序分异。东胜地区砂岩同位素测试结果分析表明，方解石$\delta^{13}C_{PDB}$为$-9.08‰$左右，$\delta^{18}O_{PDB}$为$-12.4‰$左右。同位素组成具有封存大气降水的特征（详见第五章第三节）。

鄂尔多斯盆地北缘直罗组上段红色岩层，U/Th平均0.3（$n=10$），下段灰色岩层U/Th平均1.26（$n=6$）；即上覆长英质含量高的岩石却比下伏含泥量高岩石的U/T低4~5倍；表明流体曾经在红层中淋滤出大量铀矿物质，输送到灰色岩石中（详见第二章第四节）。

## 二、潜水的自然状态

有一定埋深的表生流体是成矿作用的主要流体，即地下潜水。潜水是指在盆地内第一个稳定隔水层之上具有自由水面的地下水。潜水的补给主要是大气降水、地表水渗补及承压水越层补给。潜水的排泄主要是蒸发或向低洼处流淌。在盆地内潜水的自然状态在一定区域内是比较稳定的。在没有大规模构造运动的情况下，潜水面是近水平的，仅在盆缘或地表水接壤处稍有倾伏。通常情况下盆地内的地下水在剖面上呈近似垂向分带，即由下至上为承压水带、潜水带、包气带（图8.2）。

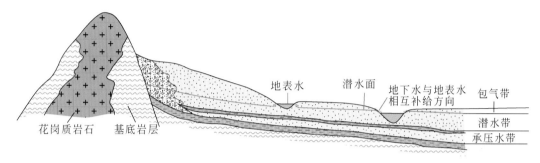

图 8.2　沉积盆地地下水剖面示意图

在盆地内潜水面总体水平产出。山前向上微翘，当遇到高水位地表水时，局部向上（微）翘斜，地表水对地下水进行补给；反之，当遇到低水位地表水时，局部向下（微）倾伏，地下水对地表水进行补给

潜水水平面高程通常比较稳定，受大气降水控制水平面上下波动，丰水期水位高，枯水期水位低。受构造运动和大规模降水或干旱等极端天气影响，水平面波动幅度很大。如在通常情况下，鄂尔多斯盆地东北部公观-铜匠川-沙沙圪台地区，2016 年钻孔中的潜水水平面年平均水位，在盆地边缘和盆地中是相对稳定的，一年内丰水期与枯水期水平面的高低受水的蒸发量和降水量两个主要因素控制（图8.3）。侯光才等（2008）研究表明，鄂尔多斯盆地现在地下水与地表水以垂向交换为主。大气降水补给鄂尔多斯盆地约为 61.5 亿 $m^3/a$，占总补给量的 87.5%；蒸发量约为 41.87 亿 $m^3/a$，地下潜水向地表排泄量约为 19.55 亿 $m^3/a$。显然，在构造运动平稳或没发生极端气候变化的时期，大气降水和蒸发是控制盆地内潜水量的主要因素。

在漫长的地质历史时期，受构造作用和大气降水的影响，潜水面将会发生巨大的上下跌宕起伏波动。潜水面跌宕起伏主要受盆地垂向跌宕构造运动控制。中新生代这种跌宕运动在鄂尔多斯盆地发生过多少次？哪次跌宕构造运动控制了含矿流体流动？成矿作用主要受哪次跌宕构造控制？这些问题应该给予重点关注。

鄂尔多斯盆地中-新生代属于陆相盆地，地下水的渗入主要受控于构造抬升。构造活动控制了古水文地质旋回，进而控制着地下水的渗入。前人将鄂尔多斯盆地三叠纪以来的古水文地质旋回划分为四个（侯光才等，2008），即三叠纪古水文地质旋回、侏罗纪古水文地质旋回、白垩纪—始新世古水文地质旋回和渐新世—现今古水文地质旋回。盆地西缘的水文地质演化与全盆地基本上一致，受盆地构造演化过程中构造抬升作用的控制，具体表现为水文地质时期与构造运动期次的对应性及主要渗入期与区域不整合面发育期相一致（表8.1）。

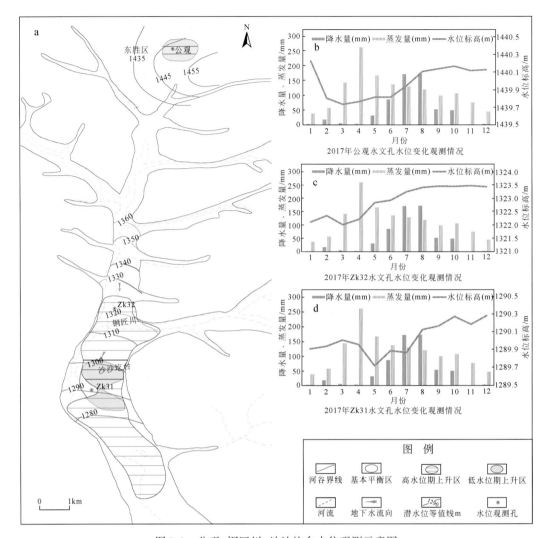

图 8.3　公观–铜匠川–沙沙圪台水位观测示意图

a. 三个水位观测孔的分布示意图；b～d. 公观、Zk32 和 Zk31 观测点 2016 年度每月水位变化曲线

# 三、成矿流体的动力学机制

砂岩型铀矿在形成过程中，含矿流体是如何流动的？流体流动的动力源是什么？含矿物质是如何沉淀的？前人对砂岩铀矿流体的运动机理，主要是以苏联学者提出的层间渗透成矿模型的概念，运用泉水形成的动力学原理来解释砂岩型铀矿形成机理。

众所周知，泉水是承压水。它是在具有特定地表通道的条件下形成的（图 8.4）。为此砂岩铀矿的研究者们，在研究砂岩型铀矿成因时，都在成矿模型图上"画一条断层"用于排泄流体，构成地下水循环体系。

**表8.1 鄂尔多斯盆地西缘古水文地质时期与构造运动关系表**（据侯光才等，2008）

| 地层系统 | | | | 构造运动期次 | | 水文地质时期 | | | |
|---|---|---|---|---|---|---|---|---|---|
| 系 | 统 | 组 | 代号 | 地层及厚度/m | 构造运动 | 序号 | 水文地质时期 | 沉积亚期 | 渗入亚期 |
| 第四系 | 全新统 | / | Q | | 新构造运动 | 4 | 渐新世—现今 | | |
| | 更新统 | 上更新统 | | | | | | | |
| | | 中更新统 | | | | | | | |
| | | 下更新统 | | | | | | | |
| 新近系 | 上新统 | / | $N_2$ | 600 | 喜马拉雅运动 | | | | |
| | 中新统 | / | $N_1$ | | | | | | |
| 古近系 | 渐新统 | / | Ej | 700 | 华北运动 | | | | |
| | 始新统 | / | Es | | | | | | |
| | 古新统 | / | Eg | | | | | | |
| 白垩系 | 上统 | / | KS | | 四川运动 | 3 | 白垩纪—始新世 | | |
| | 下统 | 志丹群 | $K_1zh$ | 233 | | | | | |
| | | | | 101~376 | | | | | |
| | | | | 933 | | | | | |
| | | | | 392 | | | | | |
| | | | | 600 | | | | | |
| 侏罗系 | 上统 | 芬芳河组 | $J_3f$ | 1300 | 燕山运动 | 2 | 侏罗纪 | | |
| | | 安定群 | $J_3a$ | 55~100 | | | | | |
| | 中统 | 直罗组 | $J_2z$ | 300~500 | | | | | |
| | | 延安组 | $J_2y$ | 14~325 | | | | | |
| | 下统 | 富县组 | $J_1f$ | 4~75 | | | | | |
| 三叠系 | 上统 | 延长组 | $T_3y$ | 610~1670 | 印支运动 | 1 | 三叠纪 | | |
| | 中下统 | / | $T_{1-2}$ | 200~400 | | | | | |
| | | | | 124 | | | | | |
| | | | | 380 | | | | | |

中国北方由西向东伊犁、准噶尔、吐哈、鄂尔多斯、二连、松辽及整个欧亚砂岩成矿带的系列盆地都有大量的砂岩铀矿形成，显然在地球这个纬度带上砂岩型铀矿的形成是一种普遍的地质现象，而不是特定地质条件下的产物。中新生代时期这个区域大规模构造运动带来的区域气候变化和潜水的大规模迁移流动是砂岩铀矿流体流动的动力源。

在盆地某一区域内，构造斜坡带的部位，岩层为泥—砂—泥结构。在大规模水进时，泥—砂—泥夹层由于处于半封闭的状态，潜水面低于区域潜水面造成的水位差，在虹吸水

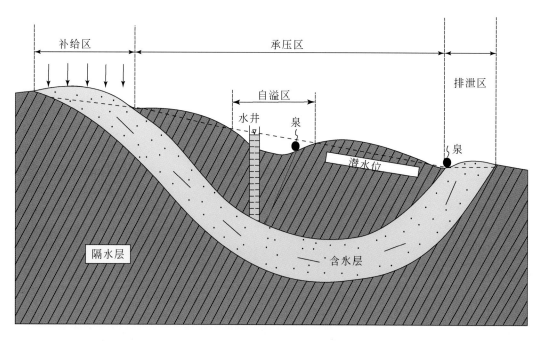

图 8.4　泉水形成原理示意图

动力作用下，含矿流体沿着泥—砂—泥夹层由下向上顺层流动。由于夹层外是处于较开放的氧化条件，夹层内是处于较封闭的还原条件，即夹层恰似潟湖，含矿流体进入后必然产生流体与岩石的物质交换，使部分六价铀还原沉淀和部分六价铀被还原物质吸附成矿。这个成矿过程简称"虹吸潟湖"原理（图 8.5）。当这个地区发生水退时，夹层中的水处于高水位，此时含铀量较低的水被排出。水位高低在一个时期连续跌宕，构造斜坡带泥—砂—泥夹层内就会不断地有铀矿物质被沉淀积累成矿，这个成矿过程简称"脉动循环"成矿机理。

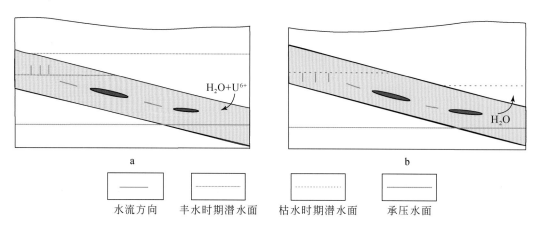

图 8.5　丰水期和枯水期潜水带中水的流动方向及水的波动跌宕与砂岩型铀成矿的关系
a. 潮湿季节；b. 干旱季节

# 第三节　成矿模型

通过对大营、塔然高勒、纳岭沟、皂火壕四个典型矿床进行系统的分析，提取的主要控矿要素为：

1. 构造对成矿的作用分析

主要构造事件形成时间为：95Ma、65Ma 和 20Ma；

控矿的构造样式：盆缘式、盆内隆缘式；

有利成矿的构造位置：构造斜坡带；

控制赋矿砂体的构造：断裂构造；

矿体的形态：层内条带状。

2. 成矿背景分析

赋矿层位的沉积体系域：低水位体系域；

有利成矿的沉积相：河流相、三角洲相；

有利成矿的氧化还原条件：弱的还原环境，红层下的灰色砂层；

有利成矿的砂体厚度：10～40m；

一般矿体厚度：2～5m；

有利成矿的砂岩粒度：中细-中粗粒砂岩。

3. 成矿作用要素分析

赋矿层的物质来源：碎屑来源：比较复杂，盆缘岩体、变质岩系等地质体。

铀矿物质来源：盆内红层碎屑沉积物及盆缘花岗质岩石。

主要含矿流体：地下潜水。

流体的动力来源：潜水面的差异升降。

流体的来源与成分：偏酸性的大气降水，盐度 3.0%～3.5%。

流体的相与温度：气液两相，均已温度为 100～110℃。

流体的运移方式：溶矿阶段：红层岩系内靠重力作用垂直向下渗透；成矿阶段：顺微倾斜泥—砂—泥灰色夹层由下向上近水平流动。

主要成矿矿物：铀石，各别样品见沥青质铀矿。

共、伴生矿物和组分：黄铁矿、煤屑、碳酸盐、钛铁矿等。

主要蚀变矿物：高岭石、蒙脱石、伊利石和绿泥石等。

在深入地分析盆地经历的构造运动与形成的构造特征、成矿形成的背景环境、成矿作用的铀矿物质的源—运—储成矿过程的基础上，笔者提出了周边造山带隆升，使大量富含铀矿物质的花岗质碎屑物质被剥蚀进入盆地，盆地的沉降带来了大规模水进的潜水，溶解了氧化条件下形成的红色花岗质沉积碎屑岩内的铀矿物质，同时地表水溶解周缘造山带内花岗质岩石中的铀矿物质，并将其迁移到有利于成矿的构造斜坡带，通过"虹吸潟湖"原理和"循环脉动"的机制，将铀矿物质以矿物的方式或吸附沉淀-富集于直罗组下段灰色还原砂岩中的成矿模式。这个成矿过程主要是受盆地的跌宕运动控制，称之为跌宕成矿模型（图8.6）。

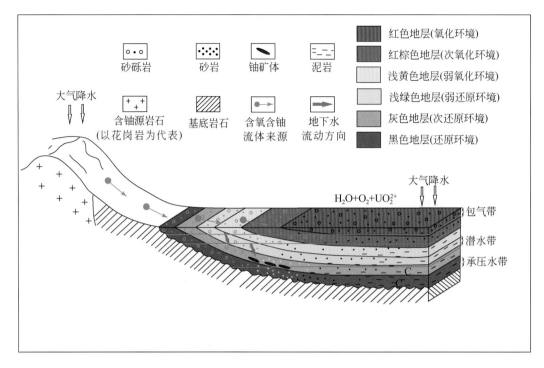

图 8.6　鄂尔多斯盆地北缘砂岩型铀矿跌宕构造成矿模型

# 第四节　砂岩铀矿研究的理论体系

鄂尔多斯盆地砂岩型铀矿成矿规模巨大,已发现一大批大型、超大型铀矿床。深化盆地控矿规律和砂岩铀矿的基础理论研究,建立砂岩铀矿的成矿模型,不仅可以直接指导该盆地的实际找矿工作,还能为开展中国北方陆相盆地砂岩铀矿理论研究寻找到入门钥匙。

全面总结鄂尔多斯盆地砂岩型铀矿研究思路和成果,我们认为砂岩型铀矿研究的理论体系,主要由构造运动、成矿背景、成矿作用、成矿机理、找矿预测等几个重要方面构成(图 8.7)。

实际上,鄂尔多斯盆地的形成演化,控制了砂岩铀矿的形成。中生代盆地形成早期,盆地结束了海相沉积环境变为陆相,地表岩石侵蚀基准面也随之抬高;此时盆地与周边构造岩浆带的高程差别不大,主要接受了大量陆相近源腐殖类还原物质沉积及基底岩石碎屑沉积,形成了一套黑色、灰色岩系,并伴有石油、煤炭等矿产形成(图 8.8a)。中生代中期,盆地经历了几次强烈的构造挤压,周边的构造岩浆带急剧升高,构造岩浆带中大量富含铀矿物质的花岗质岩石被剥蚀成碎屑,沉积到盆地内形成了红色沉积层(图 8.8b)。中生代晚期盆地发生构造反转,形成了盆地内隆起带,为砂岩型铀矿形成创造了斜坡带。中生代末和古近纪末盆地内发生了大规模水浸,溶解了红层内铀矿物质,淋滤渗透到下伏灰色砂岩层成矿(图 8.8b)。

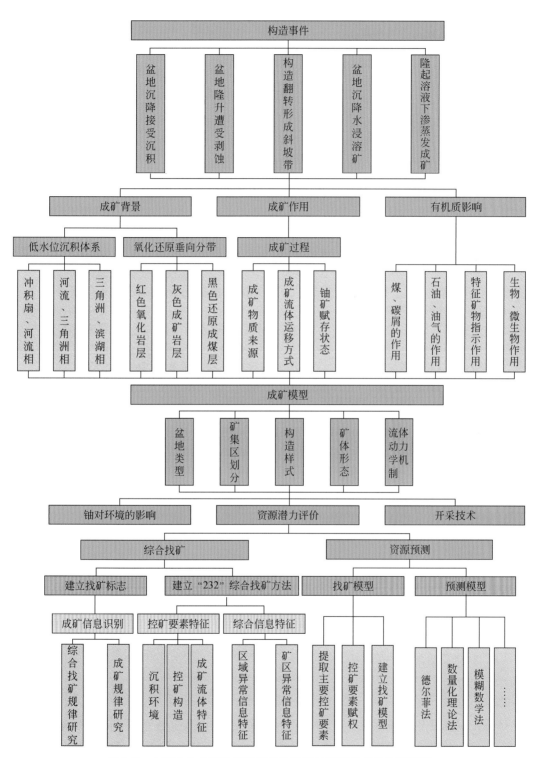

图 8.7 中国北方中新生代陆相盆地砂岩铀研究的理论体系框图

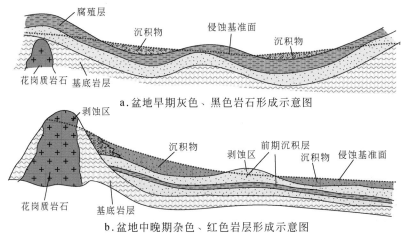

a. 盆地早期灰色、黑色岩石形成示意图

b. 盆地中晚期杂色、红色岩层形成示意图

图 8.8　鄂尔多斯盆地形成演化与铀成矿过程示意图

综上所述，鄂尔多斯盆地具有"大盆地、大砂体、大规模成矿作用成大矿"的特征。既此盆地资源潜力很大，需要深化其理论研究，扩大找矿成果。

# 第五节　小　　结

（1）砂岩型铀矿是由于盆地垂向跌宕构造运动引起盆地内潜水流动，溶解岩石中的含铀矿物质流动富集成矿。跌宕运动在不同类型盆地内，引起成矿流体成矿方式是有差异的，因此，应该按照盆地类型来建立砂岩铀矿的成矿模型。

（2）按照含铀岩系赋存构造层时代为划分原则，中国北方陆相含铀盆地分为复合、叠合和简单三类含铀盆地。按照含铀盆地与构造岩浆岩带空间关系为划分原则，将盆地分为"准"克拉通型、山间型两型含铀盆地。

（3）盆地内的地下水在剖面上呈近似垂向分带，即由下至上为承压水带、潜水带、包气带。笔者认为包气带内水的驱动力主要为重力，水流体一般顺地形坡度倾斜向下渗流，在此水动力条件下形成的矿体多数为卷状；潜水带内水平面主要是垂向运动，此水动力条件下形成的矿体多呈板状产出；承压水带内水是由静压力高的位置向静压力低的位置流动的，一般矿体受断裂构造控制呈锥状产出。鄂尔多斯盆地北缘的砂岩铀矿产于古潜水基准带内，此区控制砂岩铀矿形成流体主要为潜水带内的地下潜水。潜水通常比较稳定，受大气降水控制水平面上下波动，丰水期水位高，枯水期水位低。受构造运动和大规模降水或干旱等极端天气影响，水平面波动和流动幅度很大。

（4）鄂尔多斯盆地北缘在漫长的地质历史时期，受构造作用和大气降水的影响，潜水面将会发生巨大的上下跌宕起伏波动。成矿流体在具备氧化还原等成矿条件构造斜坡带，通过"虹吸潟湖"原理和"循环脉动"机制的成矿模式，为系统建立跌宕成矿模型开辟了研究先例。

本章总结了鄂尔多斯盆地砂岩型铀矿研究思路和中国北方砂岩铀矿的研究成果，提出了砂岩型铀矿研究的理论体系，主要由构造运动、成矿背景、成矿作用、成矿机理、找矿预测等几个重要方面的研究内容构成。这一理论体系的提出，为指导找矿工作和系统地开展中国北方砂岩铀矿理论研究提供了讨论方向。

# 第九章 找矿方法

砂岩型铀矿赋存在盆地的砂岩层中。前人运用地质填图，航空放射性异常检查，水地球化学异常圈定，带钻地质剖面调查等许多方法开展的找矿工作，都取得了很好的找矿效果。对这些工作在此不再赘述。

砂岩型铀矿主要形成于还原环境（Dahlkamp，1993），多以隐伏状矿体产出，钻孔内测井曲线的放射性异常与航空测量发现的异常相比较，指导寻找铀矿的效果更好。近几年来研究分析盆地内已往煤田、油田和地质等行业钻孔的海量资料，建立了一套系统的筛选找矿靶区，圈定成矿远景区，钻探确定矿产地、矿点和矿化点的方法，为国家找到了一大批铀矿床。

## 第一节 找矿靶区筛选模型

长期以来，我国为了寻找煤炭、石油等矿产，在沉积盆地内投入了大量的勘查工作，但是由于行业的分立，这些钻探资料并未开展过系统的整合与二次开发。这次在中国地质调查局的统一部署下，天津地质调查中心收集分析约 20 万口钻孔资料。建立了伊犁、准噶尔、二连、鄂尔多斯、松辽北部等主要含铀盆地铀矿钻孔数据库。摸索出了快速筛选铀异常钻孔模型。

异常钻孔筛选数学模型：

$$\sum_{i=1}^{n} \frac{n \cdot X_i}{d \cdot (x_1 + \cdots + x_i)} > 1$$

式中，$X_i$ 为 $\gamma$ 异常强度值；$d$ 为异常值倍数系数，经验值为 3。

疑似工业异常筛选模型：

$$\sum_{i=1}^{n} \frac{n \cdot X_i}{s \cdot (x_1 + \cdots + x_i)} > 1$$

式中，$s$ 为异常强度系数，经验值为 7。

通俗地理解就是异常是小概率事件，放射性测井异常值，高于背景值的 3 倍为异常，7 倍为疑似工业异常。当然识别异常时还要考虑异常砂体的厚度。

利用异常、特别是疑似工业异常钻孔所在位置，直接圈定找矿靶区。分析相连几个找矿靶区所处的构造单元，划分成矿远景区。

在找矿靶区开展钻探验证工作，发现矿产地、矿点和矿化点。

## 第二节 "232" 找矿方法组合系统

关联成矿远景区，建立适宜本区地质条件的 "232" 找矿方法体系组合系统（图 9.1）。

以盆地为单元，系统地研究成矿环境；以矿集区为单元系统地搜集综合找矿信息；解剖典型矿床提炼控矿要素，扩大矿点或矿产地的找矿成果。

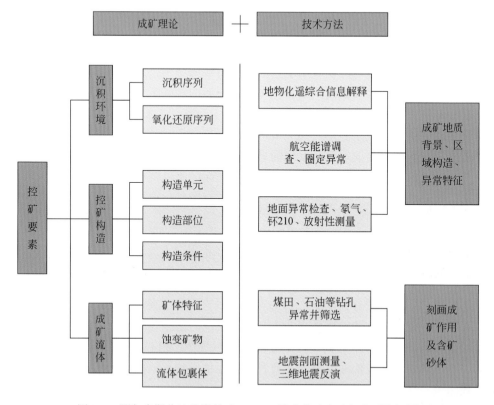

图 9.1　鄂尔多斯盆地砂岩铀矿"232"综合找矿方法组合系统框图

　　例如，鄂尔多斯盆地北缘塔然高勒矿床。第一批钻孔发现工业矿体后，对比研究其与西部的大营铀矿和东部的纳岭沟铀矿，控矿基本沉积环境相同，主要的控矿要素是辫状河相的砂体。赋矿砂体的最佳厚度为 10～40m，砂体的倾伏方向为找矿方向。按照控矿要素分析，利用地震、钻孔资料地层对比和编制找矿目的层砂体顶板等高线线图、钻孔的自然伽马值强度（图9.2）、砂体厚度图（图9.3）等，追索矿体延展情况。该矿产地经钻探证实，资源潜力可达到超大型规模。

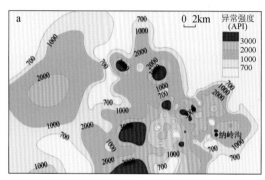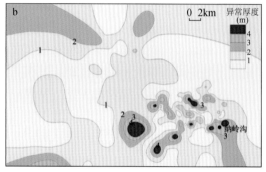

图 9.2　鄂尔多斯盆地东北缘塔然高勒地区放射性异常强度图（a）和异常厚度图（b）

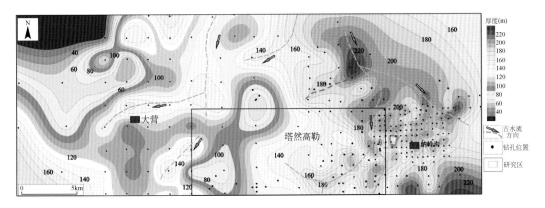

图9.3 鄂尔多斯盆地东北缘塔然高勒地区直罗组下段砂体等厚图

运用大数据是科学的发展方向，这次工作用大数据对煤田、油田勘查资料进行"二次开发"，在找矿工作中可以快速圈定找矿靶区和发现矿产地（图9.4）。在理论研究过程中，运用钻孔大数据，发现了含铀岩系岩石颜色的垂向分带，而不是以往研究者们认为的水平分带。提出了红黑岩系耦合有利成矿，并把这种思想融合进成矿环境、成矿构造样式分析和含铀盆地分类等重要领域，铀成矿理论研究的基石焕然一新。在成矿机制上，建立了跌宕构造成矿模型。中国北方中新生代陆相盆地砂岩铀矿成矿研究的新理论体系。结合数据库建立与开发和大数据理论，为今后的理论研究和的找矿工作积累了丰富系统的素材。

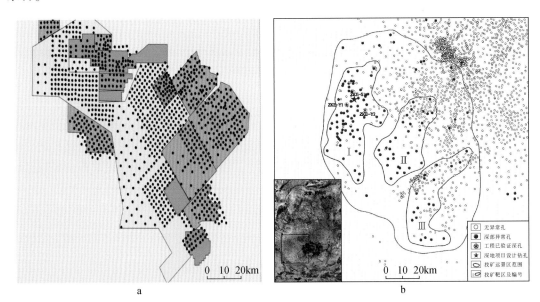

图9.4 煤铀兼探、油铀兼探数据筛查图
a. 鄂尔多斯盆地东北缘钻孔分布图；b. 鄂尔多斯盆地西南部找矿靶区筛选图

# 第三节　小　　结

（1）利用盆地内煤田、油田等勘查钻孔的数据，建立了找矿靶区筛选模型。应用这个模型在鄂尔多斯盆地发现了一批成矿远景区、找矿靶区和矿点、矿化点。

（2）建立了中国北方中新生代陆相盆地砂岩型铀矿"232"找矿方法组合。使用这套方法组合通过钻探地质调查，在盆地的新区新层位发现了塔然高勒、宁东、彭阳、黄陵等多个可成为大型矿床的矿产地。

# 结　　语

从分布特征和产出地层层位分析，世界上的砂岩型铀矿是由全球性的构造运动推动，在区域水进水退、大规模的缺氧与富氧事件交替出现控制下形成的。这方面的系统研究目前还很薄弱，各国对砂岩型铀矿的基本特征和成矿机制的识别和认知水平差别还较大，因此开展全球砂岩铀矿对比研究意义重大。

这次工作开展了富铀矿物微区原位测年研究，由于砂岩型铀矿的富铀矿物颗粒很小，并且是在较开放的体系下形成，测得的年龄数据不多，目前，这项工作仍在攻关。

近十几年来，世界多国加强了铀矿资源的勘查投入和理论研究。2007～2011年，澳大利亚政府实施了"陆上能源安全计划"中的"铀矿系统研究"项目，旨在厘清控制铀成矿系统的整个动态过程，评价澳大利亚铀矿资源潜力，降低发现、勘探新资源的风险。加拿大地质调查局正在实施"针对性科学计划"中的"铀成矿系统"研究项目，目的是厘清控制铀矿体矿化作用和成矿作用的关键因素。美国自1980年以来铀矿调查与研究工作长期处于停滞状态，铀矿资源高度依赖进口，2016年美国重新启动新一轮铀矿调查和研究工作，并进行新的铀成因模型研究及铀矿开采的环境评价工作。2019年，联合国欧洲经济委员会经过多年大讨论，明确提出铀矿资源将是人类可持续发展高度依赖的清洁能源，并将其列为欧洲（至2035年）战略性关键金属矿产（UNECE，2019）。各国对铀这种清洁能源资源的重视，必将开启地质学家们在此领域研究的新思维。

这次工作成果的获得，得到了自然资源部、科学技术部和中国地质调查局的大力支持。在新一轮中国北方砂岩型铀矿调查项目中得到了中国核工业集团、内蒙古自治区煤田地质总局、宁夏回族自治区地质局和核工业勘探院、中国煤田地质总局、内蒙古自治区地质调查院、陕西核工业地质局、甘肃省地质调查院等，及其所属多家单位的支持和协助。研究成果所依托的项目为国家重点基础研究发展计划（973计划）"中国北方巨型砂岩铀成矿带陆相盆地沉积环境与大规模成矿作用"。其间，研究工作得到了成都理工大学、核工业二〇八大队、东华理工大学、中国核科技信息与经济研究院、中国地质大学（武汉）、核工业北京地质研究院、吉林大学、西北大学等科研院校的大力支持和合作。此外，本次工作还得到了毛景文院士、侯增谦院士、成秋明院士、赵振华研究员、丁悌平研究员、马福臣研究员等专家的指导。本书是研究团队集体成果的结晶。目前为止，砂岩型铀矿研究还存在诸多的问题和争议，我们团队将在今后的工作中进一步深入分析，不断补充和完善砂岩型铀成矿理论体系。

# 参 考 文 献

别列里曼,熊福清.1995.水成铀矿床.北京:原子能出版社

曹珂,李祥辉,王成善,王立成,王平康.2010.四川广元地区中侏罗世—早白垩世黏土矿物与古气候.矿物岩石,30(1):41~46

陈超,陈广峰.2012.三维建模技术在区域工程地质勘查中的应用研究.城市地质,7(1):20~25

陈超,刘洪军,侯惠群,韩绍阳,柯丹,白云生,欧光习,李言瑞.2016.鄂尔多斯盆地北部直罗组黄铁矿与砂岩型铀矿化关系研究.地质学报,90(12):3375~3380

陈刚,丁超,徐黎明,章辉若,胡延旭,杨甫,李楠,毛小妮.2012.鄂尔多斯盆地东缘紫金山侵入岩热演化史与隆升过程分析.地球物理学报,55(11):3731~3741

陈刚,李向平,周立发,李书恒,李向东,章辉若.2005.鄂尔多斯盆地构造和多种矿产的偶合成矿特征.地学前缘,12(4):535~541

陈刚,孙建博,周立发,章辉若,李向平,李向东.2007a.鄂尔多斯盆地西南缘中生代构造事件的裂变径迹年龄记录.中国科学(D辑):地球科学,(S1):110~118

陈刚,王志维,白国绢,孙建博,章辉若,李向东.2007b.鄂尔多斯盆地中新生代峰值年龄事件及其沉积–构造响应.中国地质,(3):375~383

陈均亮,吴河勇,朱德丰,林春华,于德顺.2007.海拉尔盆地构造演化及油气勘探前景.地质科学,42(1):147~159

陈骏,汪永进,陈旸,刘连文,季峻峰,鹿化煜.2001.中国黄土地层Rb和Sr地球化学特征及其古季风气候意义.地质学报,(2):259~266

陈路路,陈印,郭虎,冯晓曦,李建国,汤超,赵华雷.2018.鄂尔多斯盆地纳岭沟地区含铀砂岩中含钛类矿物蚀变特征及与铀赋存关系新认识.中国地质,45(2):408~409

陈路路,冯晓曦,司马献章,李建国,郭虎,陈印,赵华雷,汤超,王贵,刘忠仁,李曙光.2017.鄂尔多斯盆地纳岭沟地区铀矿物赋存形式研究及其地质意义.地质与勘探,53(4):632~642

陈全红,李文厚,胡孝林,李克永,庞军刚,郭艳琴.2012.鄂尔多斯盆地晚古生代沉积岩源区构造背景及物源分析.地质学报,86(7):1150~1162

陈晓林,向伟东,李田港,夏毓亮,郑纪伟,庞雅庆.2007.松辽盆地钱家店铀矿床含矿层位的岩相特征及其与铀成矿的关系.铀矿地质,23(6):335~341,355

陈印,冯晓曦,陈路路,金若时,苗培森,司马献章,苗爱生,汤超,王贵,刘忠仁.2017.鄂尔多斯盆地东北部直罗组内碎屑锆石和铀矿物赋存形式简析及其对铀源的指示.中国地质,44(6):1190~1206

陈应军,严加永.2014.澳大利亚三维地质填图进展与实例.地质与勘探,50(5):884~892

陈祖伊,郭庆银.2007.砂岩型铀矿床硫化物还原富集铀的机制.铀矿地质,23(6):321~327

陈祖伊,陈戴生,古抗衡,王亚婧.2010.中国砂岩型铀矿容矿层位、矿化类型和矿化年龄的区域分布规律.铀矿地质,6:321~330

陈祖伊,陈戴生,古抗衡.2011.中国铀矿床研究评价(第3卷):砂岩型铀矿床.北京:中国核工业地质局,核工业北京地质研究院

陈祖伊,张邻素,陈树崑,郭葆墀,陈伟鹤,王正邦.1983.华南断块运动-陆相红层发育期与区域铀矿化.地质学报,(3):84~93

程绍平,邓起东,杨桂枝,任殿卫.2000.内蒙古大青山的新生代剥蚀和隆起.地震地质,(1):27~36

崔廷主,马学萍.2010.三维构造建模在复杂断块油藏中的应用——以东濮凹陷马寨油田卫95块油藏为例.
石油与天然气地质,31(2):198~250

邓宏文,钱凯.1993.沉积地球化学与环境分析.兰州:甘肃科学技术出版社

邓军,王庆飞,高帮飞,黄定华,杨立强,徐浩,周应华.2005.鄂尔多斯盆地演化与多种能源矿产分布.现代地
质,19(4):538~545

邓胜徽,王思恩,杨振宇,卢远征,李鑫,胡清月,安纯志,席党鹏,万晓樵.2015.新疆准噶尔盆地中—晚侏罗
世多重地层研究.地球学报,36(5):559~574

丁波,刘红旭,张宾,李平,易超,王贵.2020.鄂尔多斯盆地北缘砂岩型铀矿含矿砂岩中钛铁矿蚀变及其聚铀
过程探讨.地质论评,66(2):467~474

丁超,陈刚,李振华,毛小妮,杨甫.2011.鄂尔多斯盆地东北部构造热演化史的磷灰石裂变径迹分析.现代地
质,25(3):581~588,616

丁万烈.2003.绿色蚀变带的地球化学性质及其找矿意义探讨.铀矿地质,19(5):277~282

董国安,杨怀仁,杨宏仪,刘敦一,张建新,万渝生,曾建元.2007.祁连地块前寒武纪基底锆石SHRIMPU-Pb
年代学及其地质意义.科学通报,52(13):1572~1585

董树文,张岳桥,龙长兴,杨振宇,季强,王涛,胡建民,陈宣华.2007.中国侏罗纪构造变革与燕山运动新诠
释.地质学报,81(11):1449~1461

樊爱萍,杨仁超,冯乔,黄道军.2006.鄂尔多斯盆地上古生界流体包裹体特征及研究.山东科技大学学报(自
然科学版),(2):20~22,26

冯乔,张小莉,王云鹏,樊爱萍,柳益群.2006.鄂尔多斯盆地北部上古生界油气运聚特征及其铀成矿意义.地
质学报,80(5):748~752

冯晓曦,金若时,司马献章,李建国,赵华雷,陈印,陈路路,汤超,奥琼,王心华.2017.鄂尔多斯盆地东胜铀矿
田铀源示踪及其地质意义.中国地质,44(5):993~1005

冯晓曦,滕雪明,何友宇.2019.初步探讨鄂尔多斯盆地东胜铀矿田成矿作用研究若干问题.地质调查与研
究,42(2):96~103

冯增昭,王英华.1994.中国沉积学.北京:石油工业出版社

付勇,魏帅超,金若时,李建国,奥琼.2016.我国砂岩型铀矿分带特征研究现状及存在问题.地质学报,
90(12):3519~3544

傅培刚,宋之光,胡修棉,王成善.2008.藏南白垩系黑-红层沉积岩有机质组成分布特征.地质学报,
92(1):85~91

甘克文.1990.东海大陆架区的构造和油气前景.台湾石油通讯,3(1):7~11

高瑞祺,赵传本,乔秀云等.1999.松辽盆地白垩纪石油地层孢粉学.北京:地质出版社

高允,孙艳,赵芝,李建康,何晗晗,杨岳清.2017.内蒙古武川县赵井沟铌钽多金属矿床白云母$^{40}Ar$-$^{39}Ar$同位
素年龄及地质意义.岩矿测试,36(5):551~558

葛肖虹,刘俊来,任收麦,袁四化.2014.中国东部中—新生代大陆构造的形成与演化.中国地质,41(1):
19~38

耿元生,王新社,沈其韩,吴春明.2002.阿拉善地区新元古代晋宁期变形花岗岩的发现及其地质意义.岩石
矿物学杂志,21(4):412~420

龚婷,杨明慧,丁超,周进,屈晓艳.2013.杭锦旗地区上古生界输导体系及成藏模式.见:中国石油学会.第六
届油气成藏机理与油气资源评价国际学术研讨会论文集:23~34

郭虎科,焦养泉,苗爱生,王贵,王小龙,程铁红.2015.鄂尔多斯盆地NE部纳岭沟铀矿床成矿作用特征及成
矿模式.铀矿地质,31:283~292

郭进京,赵凤清,李怀坤.1999.中祁连东段晋宁期碰撞型花岗岩及其地质意义.地球学报,1:10～15

郭庆银.2010.鄂尔多斯盆地西缘构造演化与砂岩型铀矿成矿作用.北京:中国地质大学(北京)

郭庆银,李子颖,于金水,李晓翠.2010.鄂尔多斯盆地西缘中新生代构造演化与铀成矿作用.铀矿地质,26(3):137～144

郭亚丹,江海鸿,卜显忠,付显婷,高柏,马文杰.2016.锐钛矿型 $TiO_2$ 的低温制备及其光催化还原六价铀活性研究.陶瓷学报,37(3):283～288

郭永春,谢强,文江泉.2007.我国红层分布特征及主要工程地质问题.水文地质工程地质,(6):67～71

何自新.2003.鄂尔多斯盆地演化与油气.北京:石油工业出版社

侯光才,张茂省,刘方等.2008.鄂尔多斯盆地地下水勘查研究.北京:地质出版社

侯惠群,李言瑞,刘洪军,韩绍阳,王贵,白云生,吴迪,吴柏林.2016.鄂尔多斯盆地北部直罗组有机质特征及与铀成矿关系.地质学报,90(12):3367～3374

胡见义,方朝亮,王红军,吴因为,周家尧,窦立荣.2014.中国石油地质与成藏文集.北京:石油工业出版社:124～125

黄岗,周锡强,王正权.2009.鄂尔多斯盆地东南部中侏罗统延安组物源分析.矿物岩石地球化学通报,28(3):252～258

黄广文,潘家永,张占峰,黄广楠,张涛,廖志权,杜后发.2017.应用电子探针研究蒙其古尔铀矿床含矿砂岩岩石学特征及铀矿物分布规律.岩矿测试,36(2):196～207

黄清华,黄福堂,侯启军.1999.松辽盆地晚中生代生物演化与环境变化.石油勘探与开发,(4):1～4,9

黄思静,黄可可,冯文立,佟宏鹏,刘丽红,张雪花.2009.成岩过程中长石、高岭石、伊利石之间的物质交换与次生孔隙的形成:来自鄂尔多斯盆地上古生界和川西凹陷三叠系须家河组的研究.地球化学,38(5):498～506

黄文辉,敖卫华,翁成敏,肖秀玲,刘大锰,唐修义,陈萍,赵志根,万欢,Finkelman B.2010.鄂尔多斯盆地侏罗纪煤的煤岩特征及成因分析.现代地质,24(6):1186～1197

季强,陈文,王五力,金小赤,张建平,柳永清,张宏,姚培毅,姬书安,袁崇喜,张彦,尤海鲁.2004.中国辽西中生代热河生物群.北京:地质出版社

贾东,武龙,闫兵,李海滨,李一泉,王毛毛.2011.全球大型油气田的盆地类型与分布规律.高校地质学报,17(2):170～184

贾恒,李保侠,荆国强.2012.鄂尔多斯盆地西缘惠安堡地区构造地质及铀成矿特征.铀矿地质,28(3):22～25,60

贾恒,刘坤鹏,李保侠,于宏伟,殷龙飞,王凯.2015.惠安堡地区铀矿中铀的存在形式及共生矿物组合特征.铀矿地质,31(4):432～437,452

贾小乐,何登发,童晓光,王兆明.2011.全球大油气田分布特征.中国石油勘探,16(3):1～7

蒋鸿亮,陈均亮,李红英.2009.海拉尔-塔木察格断陷盆地大型三角洲形成机制.大庆石油地质与开发,28(5):44～48

焦养泉,陈安平,王敏芳,吴立群,原海涛,扬琴,张承泽,徐志成.2005.鄂尔多斯盆地地东北部直罗组底部砂体成因分析——砂岩型铀矿床预测的空间定位基础.沉积学报,23(3):371～379

焦养泉,吴立群,彭云彪,荣辉,季东民,苗爱生,里宏亮.2015.中国北方古亚洲构造域中沉积型铀矿形成发育的沉积-构造背景综合分析.地学前缘,22(1):189～205

焦养泉,吴立群,荣辉,彭云彪,万军伟,苗爱.2012.铀储层结构与成矿流场研究:揭示东胜砂岩型铀矿床成矿机理的一把钥匙.地质科技情报,31(5):94～104

焦养泉,吴立群,荣辉,张凡,乐亮,陶振鹏,孙钰函.2018a.铀储层地质建模:揭示成矿机理和应对"剩余铀"的地质基础.地球科学,43(10):3568～3583

焦养泉,吴立群,荣辉.2018b.砂岩型铀矿的双重还原介质模型及其联合控矿机理:兼论大营和钱家店铀矿床.地球科学,43(2):459~474

焦养泉,吴立群,杨生科,吕新彪,杨琴,王正海,王敏芳.2006.铀储层沉积学:砂岩型铀矿勘查与开发的基础.北京:地质出版社

金若时,覃志安.2013.中国北方含煤盆地砂岩型铀矿找矿模式层序研究.地质调查与研究,36(2):81~84

金若时等.2019.鄂尔多斯盆地砂岩型铀矿成矿地质背景.北京:科学出版社

金若时,程银行,李建国,司马献章,苗培森,王少轶,奥琼,里宏亮,李艳锋,张天福.2017.中国北方晚中生代陆相盆地红-黑岩系耦合产出对砂岩型铀矿成矿环境的制约.中国地质,44(2):205~223

金若时,程银行,杨君,奥琼,李建国,李艳锋,周小希.2016.准噶尔盆地侏罗纪含铀岩系的层序划分与对比.地质学报,90(12):3293~3309

金章东.2011.湖泊沉积物的矿物组成、成因、环境指示及研究进展.地球科学与环境学报,33(1):34~44

雷开宇,刘池洋,张龙,吴柏林,王建强,寸小妮,孙莉.2017.鄂尔多斯盆地北部中生代中晚期地层碎屑锆石U-Pb 定年与物源示踪.地质学报,91(7):1522~1541

黎彤.1994.中国陆壳及其沉积层和上陆壳的化学元素丰度.地球化学,(2):140~145

李宏涛,蔡春芳,罗晓容,孙希勇.2007.内蒙古东胜地区中侏罗统砂岩沉积物源的地球化学证据.地质科学,42(2):353~361

李建国,金若时,张博,苗培森,杨凯,里宏亮,魏佳林,奥琼,曹民强,张红亮,朱强.2018.松辽盆地西南部上白垩统姚家组原生黏土矿物组合特征及其找铀意义.地球学报,39(3):48~58

李建星.2015.吕梁山新生代隆升的裂变径迹证据及其隆升机制探讨.中国地质,(4):960~972

李锦轶,张进,刘建峰,曲军峰,李亚萍,孙桂华,王励嘉,张晓卫.2014.中国大陆主要变形系统.地学前缘,21(3):226~245

李青元,贾慧玲,王宝龙,董前林,宋博辇,魏新永.2016.三维地质建模的用途、现状、存在问题与建议.中国煤炭地质,27(11):74~78

李荣西,赫英,李金保,李继宏,李鑫.2006.东胜铀矿流体包裹体同位素组成与成矿流体来源研究.地质学报,(5):753~760

李胜祥,陈戴生,蔡煜琦.2001.砂岩型铀矿床分类探讨.铀矿地质,17(5):285~297

李胜祥,韩效忠,蔡煜琦,黄净白,蔡根庆.2006.天山造山带山间盆地砂岩型铀矿成矿模式及找矿方向探讨.矿床地质,25(增刊):241~244

李盛富,张蕴.2004.砂岩型铀矿床中铀矿物的形成机理.铀矿地质,20(2):81~90

李思田,程守田,杨士恭,黄其胜,解习农,焦养泉,卢宗盛,赵根榕.1990.鄂尔多斯盆地东北部层序地层及沉积体系.北京:地质出版社

李西得,高贺伟,易超.2015.鄂尔多斯盆地 NE 部纳岭沟铀矿床不同蚀变带绿色砂岩特征.铀矿地质,(S1):267~272

李向平.2006.鄂尔多斯盆地西南缘中生代构造事件及沉积物源环境分析.西安:西北大学

李延河,段超,赵悦,裴浩翔,任顺利.2016.氧化还原障在热液铀矿成矿中的作用.地质学报,90(2):201~218

李彦恒,孙玉壮,赵存良,孟志强.2009.鄂尔多斯盆地东胜地区铀矿化与有机质关系探讨.河北工程大学学报(自然科学版),26(4):67~70

李振宏,董树文,冯胜斌,渠洪杰.2015.鄂尔多斯盆地中—晚侏罗世构造事件的沉积响应.地球学报,36(1):22~30

李智学.2014.鄂尔多斯盆地中南部延安组页岩气成藏规律与潜力评价.北京:中国矿业大学(北京).1~154

李智学,邵龙义,李明培,陈飞.2014.鄂尔多斯盆地黄陵北部延安组页岩气勘探潜力分析.煤田地质与勘探, 42(4):31~35

李子颖,陈安平,方锡珩等.2006.鄂尔多斯盆地东北部砂岩型铀矿成矿机理和叠合成矿模式.矿床地质,25 (增刊):245~248

李子颖,方锡珩,陈安平,欧光习,肖新建,孙晔,刘池洋,王毅.2007.鄂尔多斯盆地北部砂岩型铀矿目标层灰 绿色砂岩成因.中国科学(D辑):地球科学,(S1):139~146

李子颖,方锡珩,陈安平,欧光习,孙晔,张珂,夏毓亮,周文斌,陈法正,李满根,刘忠厚,焦养泉.2009.鄂尔多 斯盆地东北部砂岩型铀矿叠合成矿模式.铀矿地质,2:65~70

梁斌,王全伟,阚泽忠.2006.珙县恐龙化石埋藏地自流井组泥质岩地球化学特征及其对物源区和古风化作 用的指示.矿物岩石,26(3):94~99

林潼,罗静兰,刘小洪,张三.2007.东胜地区直罗组砂岩型铀矿包裹体特征与铀矿成因研究.石油学报, (5):72~78,84

刘池洋,赵红格,桂小军,岳乐平,赵俊峰,王建强.2006.鄂尔多斯盆地演化-改造的时空坐标及其成藏(矿) 响应.地质学报,80(5):617~638

刘池洋,赵红格,王锋,陈洪.2005.鄂尔多斯盆地西缘(部)中生代构造属性.地质学报,79(6):738~747

刘刚,周东升.2007.微量元素分析在判别沉积环境中的应用.石油实验地质,29(3):307~314

刘汉彬,夏毓亮,田时丰.2007.东胜地区砂岩型铀矿成矿年代学和成矿铀源研究.铀矿地质,23(1): 23~29

刘和甫.2001.盆地-山岭耦合体系与地球动力学机制.地球科学:中国地质大学学报,26(6):581~596

刘红旭,郭华,卫三元.2004.查干诺尔盆地构造演化与铀成矿作用关系.铀矿地质,20(6):344~351,357

刘红旭,张晓,丁波,潘澄雨.2015.伊犁盆地南缘砂岩型铀矿成矿模式与找矿方向.铀矿地质,31(增刊1): 198~212

刘建辉,刘福来,丁正江,陈军强,刘平华,施建荣,蔡佳,王舫.2013.乌拉山地区早古元古代花岗质片麻岩的 锆石U-Pb年代学、地球化学及成因.岩石学报,29(2):485~500

刘建辉,张培震,郑德文,万景林,王伟涛.2010.秦岭太白山新生代隆升冷却历史的磷灰石裂变径迹分析.地 球物理学报,53(10):2405~2414

刘建军,李怀渊,陈国胜.2006.利用铀油关系寻找可地浸砂岩型铀矿.铀矿地质,22(1):29~37

刘杰,聂逢君,侯树仁,陈路路,王俊林.2013.中新生代盆地砂岩型铀矿床铀矿物类型及赋存状态.东华理工 大学学报(自然科学版),36(2):107~112

刘武生,秦明宽,漆富成,肖树青,王志明.2008.运用磷灰石裂变径迹分析鄂尔多斯盆地周缘中新生代沉降 隆升史.铀矿地质,(4):221~227,232

刘晓雪,汤超,司马献章,朱强,李光耀,陈印,陈路路.2016.鄂尔多斯盆地东北部砂岩型铀矿常量元素地球 化学特征及地质意义.地质调查与研究,39(3):169~176,183

刘翼飞,聂凤军,江思宏,席忠,张志刚,肖伟,张可,刘勇.2012.内蒙古查干花钼矿区成矿花岗岩地球化学、 年代学及成岩作用.岩石学报,28(2):409~442

刘友民.1982.陕甘宁盆地北缘乌兰格尔地区白垩系油苗成因及意义.石油勘探与开发,(3):39~43

刘正邦,焦养泉,薛春纪,苗爱生,顾浩,吴亚平,荣辉,丁叶.2013.内蒙古东胜地区侏罗系砂岩型铀矿矿体与煤 层某些关联性.地学前沿,20(1):146~153

柳益群,冯乔,杨仁超,樊爱萍,邢秀娟.2006.鄂尔多斯盆地东胜地区砂岩型铀矿成因探讨.地质学报,(5): 761~767,787~788

鲁超,焦养泉,彭云彪,吴立群,苗爱生,荣辉,谢惠丽.2018.大营地区古层间氧化带识别与空间定位预测.中 国地质,45(6):1228~1240

罗晶晶,薛辉.2016.鄂尔多斯盆地东北部东胜地区大营砂岩型铀矿沉积环境与铀矿化分析.延安大学学报(自然科学版),35(3):68~71

罗晶晶,吴柏林,李艳青,庞康,张婉莹,孙斌,程相虎.2017.鄂尔多斯盆地东北部纳岭沟铀矿床元素地球化学特征及其地质意义.铀矿地质,33(2):89~96

罗静兰,刘小洪,张复新,贾恒,李博.2005.鄂尔多斯盆地东胜地区和吐哈盆地十红滩地区含铀砂岩岩石学及成岩作用.石油学报,26(4):39~45

马小雷.2016.鄂尔多斯盆地西南部地球物理场特征与砂岩型铀矿关系.西安:西安石油大学

麦奎因,莱基.2001.前陆盆地和褶皱带.黄忠范等译.北京:石油工业出版社:52~88

毛先成,邹艳红,陈进,赖健清,彭省临,邵拥军,疏志明,吕俊武,吕才玉.2010.危机矿山深部、边部隐伏矿体的三维可视化预测——以安徽铜陵凤凰山矿田为例.地质通报,29(2-3):401~413

苗爱生,焦养泉,常宝成,吴立群,荣辉,刘正邦.2010.鄂尔多斯盆地东北部东胜铀矿床古层间氧化带精细解剖.地质科技情报,29(3):55~61

苗爱生,陆琦,刘惠芳,肖平.2009.鄂尔多斯砂岩型铀矿床古层间氧化带中铀石的产状和形成.地质科技情报,28(4):51~58

苗培森,李建国,汤超,金若时,程银行,赵龙,肖鹏,魏佳林.2017.中国北方中新生代盆地深部砂岩铀矿成矿条件与找矿方向.地质通报,36(10):1830~1840

苗卫良,马海州,张西营,张玉淑,李永寿.2013.云南兰坪-思茅盆地江城勐野井钾盐矿床 SHK4 孔含盐系粘土矿物特征及其成钾环境指示意义.地球学报,34(5):537~546

闵茂中,彭新建,王果,殷建华.2006.我国西北地区层间氧化带砂岩型铀矿床中铀的赋存形式.铀矿地质,22(4):193~201

闵茂中,王汝成,边立曾,张富生,彭新建,王金平,李朋富,尹琳,张光辉.2003.层间氧化带砂岩型铀矿中的生物成矿作用.自然科学进展,(2):54~58

莫宣学,赵志丹,朱弟成,喻学惠,董国臣,周肃.2009.西藏南部印度-亚洲碰撞带岩石圈:岩石学-地球化学约束.地球科学(中国地质大学学报),34(1):17~27

聂逢君,张成勇,姜美珠,严兆彬,张鑫,张进,乔海明,周伟.2018.吐哈盆地西南缘地区砂岩型铀矿含矿目的层沉积相与铀矿化.地球科学,43(10):3584~3602

聂海宽,张金川,薛会,徐波.2009.杭锦旗探区储层致密化与天然气成藏的关系.西安石油大学学报(自然科学版),24(1):1~7,108

欧光习,张建锋,张敏,李林强.2006.鄂尔多斯盆地北部烃类流体及其与砂岩型铀矿化的关系.见:中国地球物理学会.中国地球物理学会第22届年会论文集:503~504

潘桂棠,刘宇平,郑来林,耿全如,王立全,尹福光,李光明,廖忠礼,朱弟成.2013.青藏高原碰撞构造与效应.广州:广东科技出版社

潘志新,彭华.2015.国内外红层分布及其地貌发育的对比研究.地理科学,35(2):1575~1584

庞雅庆,陈晓林,方锡珩,孙晔.2010.松辽盆地钱家店铀矿床层间氧化与铀成矿作用.铀矿地质,26(1):9~16,23.

庞雅庆,向伟东,李田港,陈晓林,夏毓亮.2007.钱家店铀矿床漂白砂岩成因探讨.世界核地质科学,24(3):142~146,171

彭华,潘志新,闫罗彬,Simonson S.2013.国内外红层与丹霞地貌研究述评.地理学报,68(9):1170~1181

彭云彪,陈安平,方锡珩,欧光习,解启来.2007.东胜砂岩型铀矿床中烃类流体与成矿关系研究.地球化学,36(3):267~274

乔建新.2013.伊盟隆起中—新生代构造演化及其油气效应.陕西:西北大学

秦海鹏.2012.北祁连造山带早古生代花岗岩岩石学特征及其与构造演化的关系.北京:中国地质科学院:

9 ~ 27

秦明宽,王正邦,赵瑞全.1998.伊犁盆512铀矿床粘土矿物特征与铀成矿作用.地球科学:中国地质大学学报,23(5):508 ~ 512

秦艳,张文正,彭平安,周振菊.2009.鄂尔多斯盆地延长组长7段富铀烃源岩的铀赋存状态与富集机理.岩石学报,25(10):2469 ~ 2476

权建平,樊太亮,徐高中,李卫红,陈宏斌.2007.中国北方盆地中油气运移对砂岩型铀矿成矿作用讨论.中国地质,34(3):470 ~ 477

权志高.1989.陕西北秦岭铀矿化与红层的关系及找矿意义.地质找矿论丛,4(3):78 ~ 86

任纪舜.2003.新一代中国大地构造图——中国及邻区大地构造图(1:5000000)附简要说明:从全球看中国大地构造.地球学报,24(1):1 ~ 2

任纪舜,陈廷愚,牛宝贵,刘志刚,刘凤仁.1990.中国东部及邻区大陆岩石圈的构造演化与成矿.北京:科学出版社,19(9):98 ~ 101

任文忠.1992.中国含煤沉积盆地分类.煤炭学报,17(3):1 ~ 10

任星民,朱文斌,朱晓青,王玺,罗梦.2015.山西吕梁山地区中—新生代隆升剥露过程:磷灰石裂变径迹证据.地球科学与环境学报,(4):63 ~ 73

任战利.1995.利用磷灰石裂变径迹法研究鄂尔多斯盆地地热史.地球物理学报,(3):339 ~ 349

任战利,张世焕.1999.中国北方沉积盆地热演化史与油气关系研究.见:中国地质学会.第四届全国青年地质工作者学术讨论会论文集:489 ~ 494

任战利,崔军平,郭科,田涛,李浩,王维,杨鹏,曹展鹏.2015.鄂尔多斯盆地渭北隆起抬升期次及过程的裂变径迹分析.科学通报,60(14):1298 ~ 1309

任战利,赵重远,张军,于忠平.1994.鄂尔多斯盆地古地温研究.沉积学报,(1):56 ~ 65

任中贤,申平喜,陈粉玲.2014.鄂尔多斯盆地南缘砂岩型铀矿地质特征及成矿条件分析.世界核地质科学.31(3):20 ~ 24

荣辉,焦养泉,吴立群,季东民,里宏亮,朱强,曹民强,汪小妹,李青春,谢惠丽.2016.松辽盆地南部钱家店铀矿床后生蚀变作用及其对铀成矿的约束.地球科学,41(1):153 ~ 166

邵宏舜,黄第藩.1965.对准噶尔与鄂尔多斯盆地古湖含盐量的初步认识.地质学报,45(3):337 ~ 347

邵燕林,何幼斌,许晓宏.2012.复杂地质特征下的构造建模——以辽河油田曙二区大凌河油层为例.石油天然气学报,34(2):50 ~ 52

时毓,于津海,徐夕生,邱检生,陈立辉.2009.秦岭造山带东段秦岭岩群的年代学和地球化学研究.岩石学报,25(10):2651 ~ 2670

时志强,韩永林,赵俊兴,杨阳,冀小林.2003.鄂尔多斯盆地中南部中侏罗世延安期沉积体系及岩相古地理演化.地球学报,24(1):49 ~ 54

宋博文,徐亚东,梁银平,江尚松,骆满生,季军良,韩芳,韦一,徐增连,姜高磊.2014.中国西部新生代沉积盆地演化.地球科学(中国地质大学学报),39(8):1035 ~ 1051

宋昊,倪师军,侯明才等.2016.新疆伊犁盆地砂岩型铀矿床层间氧化带中粘土矿物特征及与铀矿化关系研究.地质学报,90(12):3352 ~ 3366

宋立军,赵靖舟.2009.中国大陆煤层气盆地双层次类型划分.煤炭科学技术,(10):100 ~ 104

宋明水.2005.东营凹陷南斜坡沙四段沉积环境的地球化学特征.矿物岩石,25(1):67 ~ 73

孙超.2016.鄂尔多斯盆地北部大营铀矿床直罗组下段粘土矿物变化特征探讨.西部资源,(4):88 ~ 92

孙建博,陈刚,章辉若,白国绢,李向东,李向平.2006.鄂尔多斯盆地中新生代构造事件的峰值年龄及其沉积响应.西北地质,(3):91 ~ 96

孙立新,张云,张天福,程银行,李艳峰,马海林,杨才,郭佳成,鲁超,周晓光.2017.鄂尔多斯北部侏罗纪延安

组、直罗组孢粉化石及其古气候意义.地学前缘,24(1):32~51

孙庆津,张维海,张维萍,赵建社,苗建宇,孙卫,刘池洋.2007.有机质在铀成矿过程中作用的实验模拟研究.中国地质,(3):463~469

孙少华,李小明,龚革联,刘顺生.1997.鄂尔多斯盆地构造热事件研究.科学通报,(3):306~309

谭先锋,蒋艳霞,田景春,邹国亮,李航,王伟庆.2015.济阳坳陷古近系孔店组层序界面特征及时空属性.石油实验地质,36(2):136~143

汤超,金若时,谷社峰,李建国,钟延秋,苗培森,司马献章,魏佳林.2018.松辽盆地北部四方台组工业铀矿体的发现及其意义.地质调查与研究,41(1):1~8

汤超,魏佳林,肖鹏,徐增连,曾辉,陈路路,郭虎,赵丽君.2017.松辽盆地北部砂岩型铀矿铀的赋存状态研究.矿产与地质,31(6):1009~1016

滕吉文,刘有山.2013.中国油气页岩分布与存储潜能和前景分析.地球物理学进展,28(3):1083~1108

田成,贾立城,李松,张子敏.2007.鄂尔多斯盆地南部含铀砂岩岩石学特征研究.铀矿地质,(2):71~76

田时丰.2005.松辽盆地钱家店凹陷铀成矿条件分析.特种油气藏,12(5):26~34

涂怀奎.2005.陕西陇县地区砂岩型铀矿特征与地浸条件的初步讨论.化工矿产地质,27(3):24~30

万晓樵,吴怀春,席党鹏,刘美羽,覃祚焕.2017.中国东北地区白垩纪温室时期陆相生物群与气候环境演化.地学前缘,24(1):18~31

王成善,胡修棉.2005.白垩纪世界与大洋红层.地学前缘,12(2):11~21

王飞飞,刘池洋,邱欣卫,郭佩,张少华,程相虎.2017.世界砂岩型铀矿探明资源的分布及特征.地质学报,91(9):2021~2046

王贵,王强,苗爱生,焦养泉,易超,张康.2017.鄂尔多斯盆地纳岭沟铀矿床铀矿物特征与形成机理.矿物学报,37(4):461~468

王惠初,相振群,赵凤清,李惠民,袁桂邦,初航.2012.内蒙古固阳东部碱性侵入岩:年代学、成因与地质意义.岩石学报,28(9):2843~2854

王惠初,袁桂邦,辛后田.2001.内蒙古固阳村空山地区麻粒岩的锆石U-Pb年龄及其对年龄解释的启示.前寒武纪研究进展,24(1):28~34

王梁,王根厚,雷时斌,常春郊,侯万荣,贾丽琼,赵广明,陈海舰.2015.内蒙古乌拉山大桦背岩体成因:地球化学、锆石U-Pb年代学及Sr-Nd-Hf同位素制约.岩石学报,31(7):1977~1994

王龙军,雷华伟,周升沦.2019.鄂尔多斯盆地靖边油田东坑大阳湾区延9油藏主控因素分析.地质与资源,28(4):372~377

王盟,罗静兰,李杪,白雪晶,程辰,闫辽伟.2013.鄂尔多斯盆地东胜地区砂岩型铀矿源区及其构造背景分析——来自碎屑锆石U-Pb年龄及Hf同位素的证据.岩石学报,29(8):2746~2758

王清晨.2009.中亚地区中生代以来的地貌巨变与岩石圈动力学.地质科学,44(3):791~810

王蓉,沈后.1992.孢粉资料定量研究古气候的尝试.石油学报,13(2):191~197

王师迪.2014.六盘山西南缘构造隆升史.陕西:西北大学

王双明.2017.鄂尔多斯盆地叠合演化及构造对成煤作用的控制.地学前缘,24(2):54~63

王双明,李锋莉,佟英梅.1997.鄂尔多斯盆地含煤地层延安组孢粉组合及其地质意义.中国煤田地质,9(1):25~29

王鑫,李玲,余雁,卢永合,屈伟玉,王雪萍.2013.二连盆地乌兰花凹陷古地貌恢复及构造发育史研究.中国石油勘探,18(6):6~68

王友志.海拉尔盆地地浸砂岩铀矿成矿条件分析.2009.科技信息,(29):1008~1152

王正邦.1984.美国砂岩型铀矿床区域地质背景及矿床地质.东北铀矿地质编辑部,29

王正邦.2002.国外地浸砂岩型铀矿地质发展现状与展望.铀矿地质,18(1):9~21

王志龙.1988.中国西北大、中型内陆盆地中的生铀层双层结构及其在盆地找矿中的意义.中国核情报中心,192:1~9

温泉波,郑培玺,刘永江,金巍,和钟铧,梁琛岳,张丽,米晓楠.2011.欧洲大陆含油气盆地基础地质研究.海洋地质前沿,27(12):70~77

吴柏林.2005.中国西北地区中新生代盆地砂岩型铀矿地质与成矿作用.西安:西北大学

吴柏林.2006.世界砂岩型铀矿特征、产铀盆地模式及其演化.西北大学学报(自然科学版),36(6):940~947

吴柏林,魏安军,胡亮,寸小妮,孙莉,罗晶晶,宋子升,张龙,程相虎,张婉莹,王建强,张东东.2016.内蒙古东胜铀矿区后生蚀变的稳定同位素特征及其地质意义.地质通报,35(12):2133~2145

吴柏林,魏安军,刘池洋,宋子升,胡亮,王丹,寸小妮,孙莉,罗晶晶.2015.鄂尔多斯盆地北部延安组白色砂岩形成的稳定同位素示踪及其地质意义.地学前缘,22(3):205~214

吴昌华,孙敏,李惠民,赵国春,夏小平.2006.乌拉山-集宁孔兹岩锆石激光探针等离子质谱(LA-ICP-MS)年龄——孔兹岩沉积时限的年代学研究.岩石学报,22(11):2639~2654

吴冲龙,刘刚.2015."玻璃地球"建设的现状、问题、趋势与对策.地质通报,34(7):1280~1287

吴根耀,矢野孝雄.2007.东亚大陆边缘的构造格架及其中—新生代演化.地质通报,(7):787~800

吴元保,郑永飞.2004.锆石成因矿物学研究及其对U-Pb年龄解释的制约.科学通报,(16):1589~1604

吴兆剑,韩效忠.2016.煤田资料的铀矿二次开发技术及其找矿意义——以二连盆地ZS煤田铀矿点的发现为例.中国地质,43(2):617~627

吴兆剑,韩效忠,易超,祁才吉,惠小朝,王明太.2013.鄂尔多斯盆地东胜地区直罗组砂岩的地球化学特征与物源分析.现代地质,27(3):557~567

吴中海,吴珍汉.2003.大青山晚白垩世以来的隆升历史.地球学报,(3):205~210

夏菲,孟华,聂逢君,严兆彬,张成勇,李满根.2016.鄂尔多斯盆地纳岭沟铀矿床绿泥石特征及地质意义.地质学报,90(12):3473~3482

夏彧,周恳恳,伍皓,陈小炜,张建军,李晋文,孔然.2018.龙川江盆地砂岩型铀矿铀赋存形态研究.四川地质学报,38(2):264~269

夏毓亮.2015.U-Pb同位素示踪砂岩型铀矿的成矿作用.铀矿地质,31(5):497~501

夏毓亮,刘汉彬.2005.鄂尔多斯盆地东胜地区直罗组砂体铀的预富集与铀成矿.世界核地质科学,22(4):187~191

夏毓亮,林锦荣,李子颖,刘汉彬,侯艳先,范光.2004.海拉尔盆地西部砂岩型铀矿成矿年龄研究.铀矿地质,20(3):146~150

夏毓亮,刘汉彬,林锦荣,范光,侯艳先.2003.中国北方主要产铀盆地砂岩铀矿成矿年代学及成矿铀源研究.铀矿地质,19(3):129~136

向伟东,陈肇博,陈祖伊,尹金双.2000.试论有机质与后生砂岩型铀矿成矿作用——以吐哈盆地十红滩地区为例.铀矿地质,(2):65~73,114

向中林,王妍,王润怀,刘玉芳,刘顺喜.2009.基于钻孔数据的矿山三维地质建模及可视化过程研究.地质调查与研究,45(1):75~81

肖鹏,汤超,魏佳林,徐增连,曾辉,刘华健.2018.大庆长垣南端四方台组沉积相特征及其与铀富集的关系.地质调查与研究,41(1):18~23

肖新建.2004.东胜地区砂岩铀矿低温流体成矿作用地球化学研究.北京:核工业北京地质研究院

肖新建,李子颖,陈安平.2004.东胜地区砂岩型铀矿床后生蚀变矿物分带特征初步研究.铀矿地质,20(3):136~140.

谢惠丽,焦养泉,刘章月,李西得,易超,荣辉,万璐璐.2019.鄂尔多斯盆地北部铀矿床铀矿物赋存状态及富

集机理.地球科学,1~15

谢渊,王剑,江新胜,李明辉,谢正温,罗建宁,侯光才,刘方,王永和,张茂省,朱桦,王德潜,孙永明,曹建科. 2005.鄂尔多斯盆地白垩系沙漠相沉积特征及其水文地质意义.沉积学报,23(1):73~83

邢秀娟,柳益群,李卫宏,龚斌利.2008.鄂尔多斯盆地南部店头地区直罗组砂岩成岩演化与铀成矿.地球学报,29(2):179~188

熊国庆,王剑,胡仁发.2008.贵州梵净山地区震旦系微量元素特征及沉积环境.地球学报,29(1):51~60

徐增连,魏佳林,曾辉,里宏亮,李建国,朱强,张博,曹民强.2017.开鲁盆地东北部钱家店凹陷晚白垩世姚家组孢粉组合及其古气候意义.地球科学,42(10):1725~1735

薛春纪,薛伟,康明,涂其军,杨友运.2008.鄂尔多斯盆地流体动力学过程及其砂岩型铀矿化.现代地质,22(1):1~8

薛伟,薛春纪,涂其军,康明,高亚龙.2009.鄂尔多斯盆地东北缘侏罗系铀矿化与有机质的某些关联.地质论评,55(3):361~369

闫义,林舸,李自安.2003.利用锆石形态、成分组成及年龄分析进行沉积物源区示踪的综合研究.大地构造与成矿学,27(2):184~190

杨斌虎,罗静兰,戴亚权,刘小洪,林潼,张三.2006.含铀砂岩中铀与有机质、油气和煤的关系——以鄂尔多斯盆地东胜地区和吐哈盆地十红滩地区为例.西北大学学报(自然科学版),36(6):982~991

杨殿忠,于漫.2005.吐哈盆地粘土矿物特征及其与铀成矿关系.地质找矿论丛,20(3):188~191

杨俊杰,裴锡古.1996.中国天然气地质学.北京:石油工业出版社:3~20

杨奇获,张磊,王涛,史兴俊,张建军,童英,郭磊,耿建珍.2014.内蒙古阿拉善地块北缘沙拉扎山晚石炭世岩体地球化学特征与LA-ICP-MS锆石U-Pb年龄.地质通报,33(6):776~788

杨圣彬,耿新霞,郭庆银,侯贵廷,刘忠宝.2008.鄂尔多斯盆地西缘北段中生代构造演化.地质论评,(3):307~315

杨晓勇,凌明星,赖小东,孙卫,刘池洋.2009.鄂尔多斯盆地东胜-黄龙地区砂岩型铀矿铀矿物赋存状态研究.地质学报,83(8):1167~1177

杨晓勇,凌明星,孙卫,苗建宇,刘池洋.2006.鄂尔多斯盆地砂岩型铀矿流体包裹体特征.石油学报,(6):28~33

杨晓勇,罗贤冬,凌明星.2007.鄂尔多斯盆地含铀砂岩碳酸盐胶结物C—O同位素研究及地质意义.中国科学技术大学学报,(8):979~985

杨兴科,晁会霞,张哲峰,姚卫华,董敏.2010.鄂尔多斯盆地东部紫金山岩体特征与形成的动力学环境–盆地热力–岩浆活动的深部作用典型实例剖析.大地构造与成矿学,34(2):269~281

杨勇,陈世悦,王桂萍,邢宇.2012.准噶尔盆地南缘雀儿沟剖面白垩系地层特征及沉积环境.油气地质与采收率,19(3):34~37

杨友运.2006.鄂尔多斯盆地白垩系沉积建造.石油与天然气地质,27(2):167~171

姚振凯,刘翔.2000.中亚独联体五国铀成矿的大地构造背景.大地构造与成矿学,24(1):1~8

姚振凯,向伟东,张子敏,杨志,刘茂福.2011.中央克兹勒库姆区域构造演化及铀成矿特征.世界核地质科学,28(2):84~88

叶荷,张克信,陈奋宁,陈锐明,徐亚东,季军良.2010.新疆叶城柯克亚8~3.85Ma沉积地层中常量和微量元素分布对气候演化的响应.地质科技情报,29(4):43~50

易超,韩效忠,李西得,张康,陈心路.2014.鄂尔多斯盆地东北部直罗组砂岩岩石学特征与铀矿化关系研究.高校地质学报,20(2):185~197

游伟华,李满根,胡宝群,聂逢君,杨建新,韩国豪.2015.二连盆地巴彦乌拉铀矿床目的层黏土矿物特征及其意义.科学技术与工程,15(36):15~20

俞礽安,司马献章,金若时,苗培森,彭胜龙.2019.鄂尔多斯盆地东北缘发现大型砂岩型铀矿床.中国地质,
　　http://kns.cnki.net/kcms/detail/11.1167.P.20191226.1700.014.html

郁军建,王国灿,徐义贤,郭纪盛,陈旭军,杨维,龚一鸣,陈超,李永涛,晏文博,肖龙.2015.复杂造山带地区
　　三维地质填图中深部地质结构的约束方法——西准噶尔克拉玛依后山地区三维地质填图实践.地球科
　　学:中国地质大学学报,40(3):407~418

喻建,张严,赵会涛,杨孝,侯英东,罗顺社.2019.鄂尔多斯盆地志靖–安塞地区延长组长10储层特征及评
　　价.地质与资源,28(4):364~371

袁万明,杜杨松,杨立强,李胜荣,董金泉.2007.西藏冈底斯带南木林地区构造活动的磷灰石裂变径迹分析.
　　岩石学报,(11):2911~2917

袁万明,王世成,李胜荣,杨志强.2001.西藏冈底斯带构造活动的裂变径迹证据.科学通报,(20):1739~1742

翟明国,彭澎.2007.华北克拉通古元古代构造事件.岩石学报,23(1):2665~2682

张更信,苗爱生,李文辉,郭虎科.2016.泊尔江海子断裂带在砂岩型铀矿成矿中的作用.东华理工大学学报
　　(自然科学版),39(1):15~22

张国伟,董云鹏,赖绍聪,郭安林,孟庆任,刘少峰,程顺有,姚安平,张宗清,裴先治,李三忠.2003.秦岭–大别
　　造山带南缘勉略构造带与勉略蛇绿岩.中国科学(D辑),33:1122~1135

张家声,何自新,费安琪,李天斌,黄雄南.2008.鄂尔多斯西缘北段大型陆缘逆冲推覆体系.地质科学,(2):
　　251~281

张溅波,朱庆山.2013.钛铁矿氧化过程中的离子竞争扩散机制.钢铁钒钛,34(3):1~7

张金带.2016.我国砂岩型铀矿成矿理论的创新和发展.铀矿地质,32(6):321~332

张金带,李子颖,徐高中,彭云彪,王果,李怀渊.2015.我国铀矿勘查的重大进展和突破——进入新世纪以来
　　新发现和探明的铀矿床实例.北京:地质出版社

张康,李子颖,易超,李西得,陈心路,胡立飞.2015.鄂尔多斯盆地NE部直罗组下段砂体物质来源及沉积环
　　境.铀矿地质,31(A1):258~266

张抗.1989.鄂尔多斯断块构造和资源.西安:陕西科学技术出版社

张克信,王国灿,骆满生,季军良,徐亚东,陈锐明,陈奋宁,宋博文,梁银平,张楗钰,杨永锋.2010.青藏高原
　　新生代构造岩相古地理演化及其对构造隆升的响应.地球科学(中国地质大学学报),35(5):697~712

张立平,王东坡.1994.松辽盆地白垩纪古气候特征及其变化机制.岩相古地理,14(1):11~16

张丽华.2013.纳米结构TiO$_2$光催化还原铀酰的研究.衡阳:南华大学

张龙,吴柏林,刘池洋,雷开宇,侯惠群,孙莉,寸小妮,王建强.2016.鄂尔多斯盆地北部砂岩型铀矿直罗组物
　　源分析及其铀成矿意义.地质学报,90(12):3441~3453

张明瑜,郑纪伟,田时丰,夏毓亮,刘汉彬.2005.开鲁坳陷钱家店铀矿床铀的赋存状态及铀矿形成时代研究.
　　铀矿地质,21(4):213~218

张旗,王元龙,金惟俊,李承东.2008.晚中生代的中国东部高原:证据、问题和启示.地质通报,27(9):
　　1404~1428

张淑苓,束秀琴.1983.铀与某些粘土矿物之间关系的初步研究.沉积学报,1(1):129~136

张拴宏,赵越,刘建民,胡健民,宋彪,刘健,吴海.2010.华北地块北缘晚古生代—早中生代岩浆活动期次、特
　　征及构造背景.岩石矿物学杂志,29(6):824~842

张天福,孙立新,张云,程银行,李艳峰,马海林,鲁超,杨才,郭根万.2016.鄂尔多斯盆地北缘侏罗纪延安组、
　　直罗组泥岩微量元素、稀土元素地球化学特征及其古沉积环境意义.地质学报,90(12):3454~3472

张天福,张云,程银行,苗培森,奥琮,金若时,段连峰,段宵龙.2019.利用露头、井震及地球化学综合厘定层
　　序界面——以鄂尔多斯盆地东北缘侏罗系为例.煤田地质与勘探,47(1):40~48

张天福,张云,苗培森,俞礽安,李建国,金若时,孙立新.2018.鄂尔多斯盆地西缘中晚侏罗世地层化学蚀变

指数(CIA)研究及其意义.地质调查与研究,41(4):258~262

张万良.2007.华南红盆与铀矿保存.矿产与地质,21(2):118~121

张维杰,李龙,耿明山.2000.内蒙古固阳地区新太古代侵入岩的岩石特征及时代.地球科学,25(3):221~226

张鑫,聂逢君,张成勇,张虎军,董方升,董亚栋,卢亚运.2015.伊犁盆地蒙其古尔矿床砂岩型铀矿赋存状态研究.科学技术与工程,15(33):18~23

张星蒲.1999.赣杭构造带中生代火山盆地的形成和演化.铀矿地质,15(1):18~23

张岳桥,廖昌珍.2006.晚中生代—新生代构造体制转换与鄂尔多斯盆地改造.中国地质,33(1):28~40

张岳桥,廖昌珍,施炜,张田,郭芳芳.2007.论鄂尔多斯盆地及其周缘侏罗纪变形.地学前缘,14(2):186~196

张云,孙立新,张天福,马海林,鲁超,李艳峰,程银行,杨才,郭佳城,周晓光.2016.鄂尔多斯盆地东北缘煤铀岩系层序地层与煤铀赋存规律研究.地质学报,90(12):3424~3440

张忠义.2005.鄂尔多斯盆地白垩系洛河组—环河华池组沉积特征研究.西安:长安大学

张字龙,范洪海,贺锋,刘鑫扬,李卫红,李亚锋,衣龙升,杨梦佳,贾翠.2018.鄂尔多斯盆地西南缘下白垩统铀成矿条件分析.铀矿地质,34(4):193~200

赵国玺.2007.泊尔江海子断裂带岩性特征及封闭性演化史研究.陕西:西北大学

赵红格,刘池洋,姚亚明,王锋,银燕.2007.鄂尔多斯盆地西缘差异抬升的裂变径迹证据.西北大学学报(自然科学版),(3):470~474

赵宏刚.2005.鄂尔多斯盆地构造热演化与砂岩型铀成矿.铀矿地质,21(5):275~282

赵华雷,陈路路,冯晓曦,李建国,陈印,王贵.2018.鄂尔多斯盆地纳岭沟地区直罗组砂岩粘土矿物特征及初步对比研究.高校地质学报,24(5):3~12

赵靖舟.2002.油气成藏年代学研究进展及发展趋势.地球科学进展,17(3):378~383

赵军龙,谭成仟,刘池阳,李庆春.2006.鄂尔多斯盆地油、气、煤、铀富集特征分析.石油学报,(2):58~63

赵俊峰.2007.鄂尔多斯盆地直罗—安定期原盆恢复.陕西:西北大学

赵俊峰,刘池洋,Mountney N,芦建军,曹冀龙,杨瑶,薛锐.2015.吕梁山隆升时限与演化过程研究.中国科学:地球科学,(10):1427~1438

赵俊峰,刘池洋,王晓梅,马艳萍,黄雷.2009.吕梁山地区中—新生代隆升演化探讨.地质论评,(5):57~66

赵俊峰,刘池洋,喻林.2006.鄂尔多斯盆地沉积、沉降与堆积中心的迁移及其地质意义.见:中国矿物岩石地球化学学会.第九届全国古地理学及沉积学学术会议论文集:63~64

赵孟为.1996.磷灰石裂变径迹分析在恢复盆地沉降抬升史中的应用——以鄂尔多斯盆地为例.地球物理学报,(S1):238~248

赵庆英,刘正宏,吴新伟,陈晓锋.2007.内蒙古大青山地区哈拉合少岩体特征及成因.矿物岩石,27(1):46~51

赵希刚,吴汉宁,韩玲,李卫红,徐高中.2005.改造末期多种能源矿藏(床)同盆共存的多源信息找矿识别标志.地球科学与环境学报,27(2):33~36

赵兴齐,李西得,史清平,刘武生,张字龙,易超,郭强.2016.鄂尔多斯盆地东胜区直罗组砂岩中烃类流体特征与铀成矿关系.地质学报,90(12):3381~3392

赵杏媛.1990.粘土矿物在油气初次运移中作用的探讨.沉积学报,8(2):67~73

赵秀兰,赵传本,关学婷等.1992.利用孢粉资料定量解释我国第三纪古气候.石油学报,13(2):215~225

赵振华.1997.微量元素地球化学原理.北京:科学出版社:76~82

郑大中,郑若锋.2003.钛迁移成矿地球化学模式新探索.化工矿产地质,(1):13~23

郑德文,万景林,张培震等. 2005. 碎屑颗粒裂变径迹热年代学. 地球学报,26(B09):267

钟延秋,徐庆霞,谷社峰. 2010. 航空放射性测量资料在成矿远景预测中的应用——以海拉尔盆地砂岩型铀矿为例. 地质与资源,19(4):319~324

周建勋,徐凤银,胡勇. 2003. 柴达木盆地北缘中、新生代构造变形及其对油气成藏的控制. 石油学报,24(1):19~24

周文戈,宋绵新,张本仁,赵志丹,谢鸿森. 1999. 秦岭造山带碰撞及碰撞后侵入岩地球化学特征. 地质地球化学,(1):27~32

周小希,陈安蜀,邓凡,杨君,王心华. 2016. 北方重要盆地铀矿钻孔数据库设计及实现. 地质调查与研究,39(3):231~236

朱昊. 2015. 鄂尔多斯盆地西缘中南段地质结构及其形成演化. 北京:中国地质大学(北京)

朱良峰,吴信才,刘修国. 2004. 城市三维地质信息系统初探. 地理与地理信息科学,20(5):36~40

朱强,李建国,苗培森,司庆红,赵华雷,肖鹏,张博,陈印,赵博文. 2019. 鄂尔多斯盆地西南部洛河组储层特征和深部铀成矿地质条件. 地球科学与环境学报,41(6):675~690

朱夏. 1983. 含油气盆地研究方向的探讨. 石油实验地质,5(2):116~123

朱欣然,刘立,贾士琚,李睿祺,宫昀迪. 2018. 鄂尔多斯盆地白垩系洛河组风成砂岩地球化学与物源区特征:以靖边县龙洲乡露头为例. 世界地质,37(3):702~711

朱照宇. 1994. 具有0.4Ma准周期的事件群发性与气候-构造旋回刍论——以黄土区为对比区. 地球化学,(1):69~79

祝民强,刘德长,赵英俊. 2007. 鄂尔多斯盆地伊盟隆起区东部微烃渗漏区的遥感识别及其意义. 遥感学报,(6):882~890

Adams S S, Smith R B. 1981. Geology and recognition criteria for sandstone uranium deposits in mixed fluvial-shallow marine sedimentary sequences, south Texas. U S Department of Energy Report, 4(81):145

Algeo T J, Maynard J B. 2004. Trace-element behavior and redox facies in core shales of Upper Pennsylvanian Kansas-type cyclothems. Chemical Geology, 206:289~318

Amadelli R, Maldotti A, Sostero S, Carassiti V. 1991. Photodeposition of uranium oxides onto $TiO_2$ from aqueous uranyl solutions. J Chem Soc Faraday Trans, 87(19):3267~3273

Anđelković M. 1996. Geology of Stara Planina. Tectonics. University of Belgrade, Faculty of Mining and Geology, Belgrade

Archangelsky S, Gamerro J C. 1967. Pollen grains found in coniferous cones from the lower cretaceous of patagonia (Argentina). Review of Palaeobotany & Palynology, 5(1-4):179~182

Bally A W. 1980. Basins and Subsidence-A Summary. Dynamics of Plate Interiors. Washington DC: American Geophysical Union:5~20

Bally A W, Di Croce J, Ysaccis R A, Hung E. 1995. The structural evolution of the East Venezuela Transpressional orogen and its sedimentary basins. Annual GSA Mtg, New Orleans

Boberg W W. 2010. The nature and development of the Wyoming Uranium Province. Economic Geology and the Bulletin of the Society of Economic Geologists Special Publication, 15:653~674

Borshoff J, Faris, I. 1990. Angela and Pamela uranium deposits, In: Hughes F E(ed). Geology of the Mineral Deposits of Australia and Papua New Guinea. Melbourne: The Australasian Institute of Mining and Metallurgy:1139~1142

Boynton W V. 1984. Geochemistey of the rare earth elements: meteorite studies. In: Henderson P(ed). Rare Earth Element Geochemistry. Amsterdam: Elsevier:63~114

Brookins D G. 1980. Geochronologic studies in the Grants mineral belt. New Mexico, Bur Mines Miner Res, Mem

38:52 ~ 58

Brookins D G. 1982. Migration and retention of elements at the Oklo natural reactor. Environmental Geology, 4(3):201 ~ 208

Burger D. 1980. Early Cretaceous(Neocomian)microplankton from the Carpentaria Basin, northern Queensland. Alcheringa:An Australasian Journal of Palaeontology,4(4):263 ~ 279

Busby C J,Ingersoll R V,Burbank D. 1995. Tectonics of sedimentary basins. Nature,376(6542):654

Cai C, Li H, Qin M, Luo X, Wang F, Ou G. 2007. Biogenic and petroleum-related ore-forming processes in dongsheng uranium deposit,NW China. Ore Geology Reviews,32(1-2):262 ~ 274

Cairncross B. 2001. An overview of the Permian(Karoo)coal deposits of southern Africa. Journal of African Earth Sciences,33:529 ~ 562

Calvert S E,Pedersen T D. 1993. Geochemistry of recent oxic and anoxic marine sediments:implications for the geological record. Marine Geology,113:67 ~ 88

Cheng Y H,Li Y,Wang S Y,Li Y F,Ao C,Li J G,Sun L X,Li H L,Zhang T F. 2018a. Late Cretaceous tectono-magmatic event in Songliao Basin, NE China:new insights from mafic dyke geochronology and geochemistry analysis. Geological Journal,53(6):2991 ~ 3008

Cheng Y H,Wang S Y,Li Y,Ao C,Li Y F,Li J G,Li H L,Zhang T F. 2018b. Late Cretaceous-Cenozoic thermo-chronology in the southern Songliao Basin, NE China:new insights from apatite and zircon fission track analysis. Journal of Asian Earth Sciences,160:95 ~ 106

Couch E L. 1971. Calculation of Paleosalinites from boron and clay mineral data. AAPG,55(10):1829 ~ 1837

Courrioux G, Nullans S, Guillen A. 2001. 3D volumetric modelling of Cadomian terranes (Northern Brittany, France):an automatic method using Vorono diagrams. Tectonophysics,331(1-2):181 ~ 196

Cox R,Lowe D R,Cullers R L. 1995. The influence of sediment recycling and basement composition on evolution of mudrock chemistry in the south-westen United States. Geochimica et Cosmochimica Acta,59:2919 ~ 2940

Craig H. Isotopic variations in meteoric waters. Science,1961,133(3465):1702 ~ 1703

Cross A J,Jaireth S,Hore S B,Michaelsen B H,Schofield A. 2010. SHRIMP U-Pb detrital zircon results, Lake Frome region,South Australia. Geoscience Australia Record 2010/46,Geoscience Australia,Canberra

Dahlkamp F J. 1993. Uranium Ore Deposits. Verlag Berlin Heidelberg:Springer

Dahlkamp F J. 2010. Uranium Deposits of the World:USA and Latin America. Verlag Berlin Heidelberg:Springer

Dahlkamp F J. 2016. Uranium Deposits of the World:Europe. Verlag Berlin Heidelberg:Springer

Dale C T,Lopes J R,Abilio S. 1990. Takula oil field and the greater Takula area. Cabinda,Angola. AAPG Bulletin, 74:1515

Davis G A,Zheng Y D,Wang C,Darby B J,Zhang C H,Gehrels G. 2001. Mesozoic tectonic evolution of the Yanshan fold and thrust belt,with emphasis on Hebei and Liaoning Provinces,northern China. Geological Society of America Memoir,194:171 ~ 197

Dickinson K A. 1978. Stratigraphy and depositional environments of uranium host rocks in western Karnes County, Texas. U S Geological Survey Miscellaneous Field Studies Map 1029

Dickinson W R. 1973. Plate tectonics and sedimentation. Tectonics and Sedimentation,22:1 ~ 27

Dickinson W R. 1976. Sedimentary basins developed during evolution of Mesozoic-Cenozoic arc-trench system in western North America. Canadian Journal of Earth Sciences,13(9):1268 ~ 1287

Domnicka U,Cook N J,Bluckb R,Brown C,Ciobanu C L. 2018. Petrography and geochemistry of granitoids from the Samphire Pluton,South Australia:implications for uranium mineralization in overlying sediments. Lithos,300-301:1 ~ 19

Dooley J R, Harshman E N, Roshlot J N. 1974. Uranium-lead ages of the uranium deposits of the gas hills and Shirley Basin. Wyoming. Economic Geology, 69:527~531

Dypvik H. 1984. Geochemical compositions and depositional conditions of Upper Jurassic and Lower Cretaceous Yorkshire clays, England. Geological Magazine, 121(5):489~504

Eargle D H, Dickinson K A, Davis B O. 1975. South Texas uranium deposits. Am Assoc Pet Geol Bull, 59: 766~779

Fairclough M C, Irvine J A, Katona L F, Slimmon W L. 2018. World Distribution of Uranium Deposits, Second Edition. Vienna: International Atomic Energy Agency

Fallick A E, Ashton J H, Boyce A J, Ellam R M, Russell M J. 2001, Bacteria were responsible for the magnitude of the world-class hydrothermal base metal sulfide orebody at Navan, Ireland. Economic Geology, 96:885~890

Finch W I. 1991. Maps showing the distribution of uranium-deposit clusters in the Colorado Plateau uranium province. U S Geological Survey

Fischer R P. 1970. Similarities, differences, and some genetic problems of the Wyoming and Colorado Plateau types of uranium deposits in sandstone. Economic Geology, 65:778~784

Fisher Q J, Wignall P B. 2001. Palaeoenvironmental controls on the uranium distribution in an Upper Carboniferous black shale(Gastrioceras listeri Marine Band) and associated strata, England. Chemical Geology, 175:605~621

Fisher Q J, Cliff R A, Dodson M H. 2003. U-Pb systematics of an Upper Carboniferous black shale from South Yorkshire, U. K. Chemical Geology, 194:331~347

Floyd P A, Rowbotham G. 1986. Chemistry of primary and secondary phases in intraplate basalts and volcaniclastic sediments at DSDP Leg 89 Holes. In: Moberly R, Schlanger S O, et al(eds). Initial Reports of the Deep Sea Drilling Project. Washington DC: U S Govt Printing Office, 89:459~470

Francois R. 1988. The study on the regulation of the concentrations of some trace metals(Rb, Sr, Zn, Cu, V, Cr, Ni, Mn, and Mo) in Saanich inlet sediments, British Columbia, Canada. Marine Geology, 83:285~308

Galbraith R F. 1981. On statistical models for fission track counts. Marine Geology, 13:971~988

Galbraith R F, Laslett G M. 1993. Statistical models for mixed fission track ages. Nucl Tracks Radiat Meas, 21: 459~470

Gallagher K, Brown R. 1997. The onshore record of passive margin evolution. Journal of the Geological Society, 154(3):451~457

Galloway W E, Kaiser W R. 1980. Catahoula Formation of the Texas Coastal Plain: origin, geochemical evolution, and characteristics of uranium deposits. The University of Texas at Austin, Bureau of Economic Geology Report of Investigations, 100:88

Galloway W E, Finley R J, Henry C D, Ganey-Curry P, Li X, Buffler R T. 2000. Cenozoic depositional history of the Gulf of MexicoBasin. Am Assoc Pet Geol Bull, 84:1743~1774

Galloway W E, Henry C D, Smith G E. 1982. Depositional framework, hydrostratigraphy, and uranium mineralization of the Oakville Sandstone(Miocene), Texas Coastal Plain. The University of Texas at Austin, Bureau of Economic Geology Report of Investigations, 113:55

Gleadow A J W, Duddy I R, Green P F, Lovering J F. 1986. Confined fission track lengths in apatite: a diagnostic tool for thermal history analysis. Contributions to Mineralogy and Petrology. 94(4):405~415

Goldhaber M K, Staub S L, Tokuhata G K. 1983. Spontaneous abortions after the three mile island nuclear accident: a life table analysis. American Journal of Public Health, 73:752~759

Granger H C, Warren C G. 1969. Unstable sulfur compounds and the origin of roll-type uranium deposits. Economic Geology, 64(2):160~171

Granger H C, Santos E S, Dean B G, Moore F B. 1961. Sandstone- type uranium deposits at Ambrosia Lake, New Mexico- an interim report. Economic Geology, 56: 1179 ~ 1210

Green P F, Duddy I R, Gleadow A J W, Tingate P R, Laslett G M. 1986. Thermal annealing of fission tracks in apatite: 1. a qualitative description. Chemical Geology: Isotope Geoscience Section, 59: 237 ~ 253

Guan H, Sun M, Wilde S A, Zhou X H, Zhai M G. 2002. SHRIMP U- Pb zircon geochronology of the Fuping Complex: implications for formation and assembly of the North China Craton. Precambrian Research, 113(1-2): 1 ~ 18

Guiziou J L, Mallet J L, Madariaga R. 1996. 3-D seismic reflection tomography on top of the depth modeler. Geophysics, 61(5): 1499 ~ 1510

Hall S M, Mihalasky M J, Tureck K R, Hammarstromc J M, Hannona M T. 2017. Genetic and grade and tonnage models for sandstone-hosted roll-type uranium deposits, Texas Coastal Plain, USA. Ore Geology Reviews, 80: 716 ~ 753

Hallberg R O A. 1976. Geochemical method for investigation of pateoredox conditions in sediments. Ambio Special Report, 4: 139 ~ 147

Harshman E N, Adams S S. 1980. Geology and recognition criteria for roll-type uranium deposits in continental sandstones. A Report for the U. S. Department of Energyassistant Secretary, GJBX-1(81)

Hatch J R, Leventhal J S. 1992. Relationship between inferred redox potential of the depositional environment and geochemistry of the upper pennsylvanian(Missourian) stark shale member of the dennis limestone, Wabaunsee County, Kansas, U. S. A. Chemical Geology, 99(1-3): 65 ~ 82

Heathgate Resources. 1998. Beverley Uranium Mine, Environmental Impact Statement. Heathgate Resources Pty Ltd

Hofmann A, Tourani A, Gaupp R. 2000. Cyclicity of Triassic to Lower Jurassic continental red beds of the Argana Valley, Morocco: implications for palaeoclimate and basin evolution. Palaeogeography, Palaeoclimatology, Palaeoecology, 161(1-2): 229 ~ 266

Hore S B, Hill S M. 2009. Palaeoredox fronts: setting and associated alteration exposed within a key section for understanding uranium mineralisation at the Four Mile West deposit. Mesa J, 55: 34 ~ 39

Hou B H, Keeling J, Li Z Y. 2017. Paleovalley-related uranium deposits in Australia and China: a review of geological and exploration models and methods. Ore Geology Reviews, 88: 201 ~ 234

Houston R S. 1969. Aspects of the geologic history of wyoming related to the formation of uranium deposits. Revue Philosophique De Louvain, 49(1): 483 ~ 488

Huang G, Zhou X Q, Wang Z Q. 2009. Provenance analysis of the Yanan formation in Mid-Jurassic at the Southeast area of Ordos Basin. Bulletin of Mineralogy, Petrology and Geochemistry, 28(3): 252 ~ 258

IAEA. 1985. Geological environments of sandstone type uranium deposits. Report of the Working Group on Uranium Geology, IAEA-TECDOC-328, Vienna

IAEA. 2016. Resources, production and demand. A Joint Report by the Nuclear Energy Agency and the international Atomic Energy Agency

IAEA. 2018. Geological classification of uranium deposits and description of selected examples. IAEA Tecdoc Series, IAEA-TECDOC-1842

Idnurm M, Heinrich C A. 1993. A palaeomagnetic study of hydrothermal activity and uranium mineralization at Mt Painter, South Australia. Aust J Earth Sci, 40: 87 ~ 101

Ingersoll R V. 1988. Tectonics of sedimentary basins. Geological Society of America Bulletin, 100(11): 1704 ~ 1719

Isachsen Y W, Mitcham T W, Wood H B. 1955. Age and sedimentary environments of uranium host rocks, Colorado

Plateau. William & Mary Quarterly,10(2):158~165

Jachens R C,Wentworth C M,Gautier D L. 2001. 3D geologic maps and visualization:a new approach to the geology of the Santa Clara(Silicon Valley),California. Digital Mapping Techniques,01,U S Geological Survey Open-File Report 1-223:13~23

Jaireth S,McKay A,Lambert I. 2008. Association of large sandstone uranium deposits with hydrocarbons. Aus Geo News,89:1~6

Jaireth S,Roach I C. Bastrakov E,Liu S F. 2015. Basin-related uranium mineral systems in Australia:a review of critical features. Ore Geology Reviews,76:360~394

Jiang X S,Pan Z X,Fu Q P,2001. Regularity of paleowind directions of the Early Cretaceous Desert in Ordos Basin and climatic significance. Science in China Series D:Earth Sciences,44(1):24~33

Jiang X S,Pan Z X,Xie Y,Li M H. 2004. Cretaceous desert cycles,wind direction and hydrologic cycle variations in Ordos Basin:evidence for Cretaceous climatic unequability. Science in China Series D:Earth Sciences,47:727~738

Jiao Y Q,Wu L Q,Rong H. 2016. The Relationship between Jurassic Coal Measures and Sandstone-Type Uranium Deposits in the Northeastern Ordos Basin,China. Acta Geologica Sinica(English Edition),90(6):2117~2132

Jin R S,Miao P S,Sima X Z,Li J G,Zhao H L,Zhao F Q,Fen X X,Chen Y,Chen L L,Zhao L J,Zhu Q. 2016. Structure styles of Mesozoic-Cenozoic U-bearing rock series in Northern China. Acta Geologica Sinica,90(6):2104~2116

Jin R S,Miao P S,Sima X Z,Yu R A,Cheng Y H,Tang C,Zhang T F,Ao C,Teng X M. 2018. New prospecting progress using information and big data of coal and oil exploration holes on sandstone-type uranium deposit in North China. China Geolgoy,1:167~168

Jin R S,Teng X M,Li X G,Si Q H,Wang W. 2019a. Genesis of sandstone-type uranium deposits along the northern margin of the Ordos Basin,China. Geoscience Frontiers,11(1):215~227

Jin R S,Yu R A,Yang J,Zhou X,Teng X M,Wang S B,Si Q H,Zhu Q,Zhang T F. 2019b. Paleo-environmental constraints on uranium mineralization in the Ordos Basin:evidence from the color zoning of U-bearing rock series. Ore Geology Reviews,104:175~189

Jones B,Manning D A C. 1994. Comparion of geochemical indices used for the interpretation of palaeoredox conditions in ancient mudstones. Chemical Geology,111(1-4):111~129

Kacmaz H,Burns P C.,2017. Uranyl phosphates and associated minerals in the Koprubasi (Manisa) uranium deposit,Turkey. Ore Geology Reviews,84:102~115

Ketcham R A. 2005. Forward and inverse modeling of low-temperature thermochronometry data. Reviews in Mineralogy and Geochemistry,58(1):275~314

Ketcham R A,Donelick R A,Carlson W D. 1999. Variability of apatite fission-track annealing kinetics III:extrapolation to geological time scales. Am Mineral,84:1235~1255

Ketcham R A,Donelick R A,Donelick M B. 2000. AFT solve:a program for multi-kinetic modeling of apatite fission track data. Geological Materials Research,2(1):1~32

Kovačević J. 1997. Uranium metallogeny in Permo-Triassic rocks of Stara Planina. Master's thesis,University of Belgrade,Faculty of Mining and Geology,Belgrade,Serbia(in Serbian)

Kovačević J,Nikić Z,Papić P. 2009. Model of uranium mineralization in the Permo-Triassic sedimentary rocks of the Stara Planina eastern Serbia. Sedimentary Geology,219:252~261

Krapovickas V,Mángano M G,Buatois L A,Marsicano C A. 2016. Integrated Ichnofacies models for deserts:recurrent patterns and megatrends. Earth-Science Reviews,157:61~85

Labenski F,Saragovi-Badler C,Nicolli H B. 1982. Genesis of sandstone-type uranium deposits in the Sierra Pintada district,Mendoza,Argentina:a Moessbauer study. Uranium 1:1 ~ 17

Latta E D,Pearce I C,Rosso M K,Kemner M K,Boyanov I M. 2013. Reaction of UVI with Titanium-substituted magnetite:influence of Ti on UIV speciation. Environmental Science and Technology,47:4121 ~ 4130

Ledger E B,Tieh T T,Rowe M. W. 1984. An evaluation of the Catahoula Formation as a uranium source rock in east Texas. Trans Gulf Coast Assoc Geol Soc,34:99 ~ 108

Lermanm A. 1978. Lakes:Chemistry,Geology,Physics. Berlin:Springer-Verlag:79 ~ 83

Li G. 2017. SEM morphological study of the type species of Ordosestheria Wang,1984 (Spinicaudata)from Ordos Basin of mid-west China. Cretaceous Research,75:1 ~ 6

Li S T, Yang S G, Tomasz J. 1995. Upper Triassic-Jurassic foreland sequences of the Ordos Basin in China stratigraphic,evolution of foreland basins. SEPM Special Publication,52:233 ~ 241

Li D,Chen Y,Wang Z,Lin Y,Zhou J. 2012. Paleozoic sedimentary record of the Xing-Meng Orogenic Belt,Inner Mongolia:implications for the provenances and tectonic evolution of the Central Asian Orogenic Belt. Chinese science bulletin,57(7):776 ~ 785

Liu C,Zhao G,Liu F,Shi J. 2019. Late Precambrian tectonic affinity of the Alxa block and the North China Craton: evidence from zircon U-Pb dating and Lu-Hf isotopes of the Langshan Group. Precambrian Research,326: 312 ~ 332

Lovley D R,Bluntharris E L,Ejp P,Woodward J C,Coates J D. 1996. Humic substances as electron acceptors for microbial respiration. Nature,382(6590):445 ~ 448

Ludwig K R,Rubin B,Fishman N S,Reynolds R L. 1982. U-Pb ages of uranium ores in the Church Rock uranium district,New Mexico. Economic Geology,77:1942 ~ 1945

Ludwig K R, Simmons K R, Webster J D. 1984. U-Pb isotope systematics and apparent ages of uranium ores, Ambrosia Lake and Smith Lake districts,Grants mineral belt,New Mexico. Economic Geology,79:322 ~ 337

Lyons T W,Werne J P,Hollander D J,Murray R W. 2003. Contrasting sulfur geochemistry and Fe/Al and Mo/Al ratios across the last oxic-to-anoxic transition in the Cariaco Basin. Venezuela. Chemical Geology,195:131 ~ 157

Makeximowa M φ,Shimaliaoweiqi E M. 1995. Interlayer Infiltrated Mineralization. Translation by Xia T Q,Pan N L. Xi'an:Insititute of Uranium Deposit,No. 203,Nuclear Industry Campany

Mallet J L. 2008. Numerical Earth Models. Nertherland:EAGE Publications

Malolepszy Z. 2005. Three-dimensional geological maps. In:Ostaficzuk S R(ed). The Current Roleof Geological Mapping in Geosciences. NATO Science Series,56:215 ~ 224

Mann P,Gahagan L,Gordon M B. 2003. Tectonic setting of the world's giant oil and gas fields. In:Halbouty M T (ed). Giant Oil and Gas Fields of the Decade 1990—1999. AAPG Memoir 78:15 ~ 105

McLemore V T. 2010. The Grants uranium district,New Mexico:update on source,deposition,and exploration. The Mountain Geologist,48(1):23 ~ 44

McLennan S M,Taylor S R. 1991. Sedimentary rocks and crustal evolution:tectonic setting and secular trends. The Journal of Geology,99:1 ~ 21

McLennan S M,Hemming S R,McDaniel D K,*et al.* 1993. Geochemical approaches to sedimentation,provenance and tectonics. In:Johnsson M J,Basu A(eds). Processes Controlling the Composition of Clastic Sediments. Geol Soc Am Spec Pap,284:21 ~ 40

Merriman R J. 2005. Clay minerals and sedimentary basin history. European Journal of Mineralogy,17:7 ~ 20

Michaelsen B H,Fabris A J. 2011. Organic facies of the Frome Embayment and Callabonna Sub-basin:what are the U reductants? In:Forbes C J(ed). 2011 Sprigg Symposium:Unravelling the Northern Flinders and Beyond.

Adelaide：Geological Society of Australia，Abstracts，100：49～52

Miki T. 1992. Sedimentologic and palaeoclimatic classification of Cretaceous red beds in East Asia：a general view. Journal of Southeast Asian Earth Sciences，7(2-3)：179～184

Mitchum R M. 1977. Seismic stratigraphy and global changes of sea level. Part 1：glossary of terms used seismic stratigraphy. In：Payton C E (ed). Seismic Stratigraphy-Applications to Hydrocarbon Exploration. AAPG Memoir，26：205～212

Molnar P，Tapponnier P. 1975. Cenozoic tectonics of Asia：effects of a continental collision. Science，189：419～426

Nameroff T J，Calvert S E，Murray J W. 2004. Glacial-interglacial variability in the eastern tropical North Pacific oxygen minimum zone recorded by redox-sensitive trace metals. Paleoceanography 19，PA1010. doi：10.1029/2003PA000912

Nesbitt H W，Young G M. 1982. Early Proterozoic climates and plate motions inferred from major element chemistry of lutites. Nature，299：715～717

Nikić Z，Kovačević J，Radošević B，2002. Uranium Content in Ground Water in Stara Planina Triassic Sediments. Proceedings：Uranium in the Aquatic Environment. Berlin：Springer：99～106

Olivarius M，Rasmussen E S，Siersma V，Knudsen C，Kokfelt T F，Keulen N. 2014. Provenance signal variations caused by facies and tectonics：zircon age and heavy mineral evidence from miocene sand in the north-eastern North Sea Basin. Marine & Petroleum Geology，49(1)：1～14

O'Sullivan P B，Foster D A，Kohn B P，Gleadow A J. 1996. Multiple postorogenic denudation events：an example from the eastern Lachlan fold belt，Australia. Geology，24(6)：563～566

Pearce J A，Harris N B W，Tindle A G. 1984. Trace element discrimination diagrams for the tectonic interpretation of granitic rocks. Journal of Petrology，25：956～983

Penney R. 2012. Australian sandstone-hosted uranium deposits-a review. IMM Appl Earth Sci，121(2)：65～75

Piper D Z. 1994. Sea water as the source of minor elements in black shales，phosphorites and other sedimentary rocks. Chemical Geology，117：95～114

Placzek C J，Heikoop J M，House B，Linhoff B S，Pelizza M. 2016. Uranium isotope composition of waters from South Texas uranium ore deposits. Chemical Geology，437：44～55

Prairie M R，Evans L R，Stange B M，Martinez S L. 1993. An investigation of titanium dioxide photocatalysis for the treatment of water contaminated with metals and organic chemicals. Environmental Science & Technology，27(9)：1776～1782

Price R C，Gray C M，Wilson R E，Frey F A，Taylor S R. 1991. The effect of weathering on rare earth element，Y and Ba abundances in Tertiary basalts from southeasten Australia. Chemical Geology，93：245～265

Raiswell R. 1988，Chemical model for the origin of minor limestone-shale cycles by anaerobic methane oxidation. Geology，16：641～644

Raiswell R，Canfield D E. 1996. Rates of reaction between silicate iron and dissolved sulfide in Peru Margin sediments. Geochimica et Cosmochimica Acta，60(15)：2777～2787

Ratschbacher L，Hacker B R，Webb L E，et al. 2000. Exhumation of the ultrahigh-pressure continental crust in east central China：Cretaceous and Cenozoic unroofing and the Tan-Lu fault. Journal of Geophysical Research，105：13303～13338

Riboulleau A，Baudin F，Deeoninck J F，Derenne S，Largeau C，Tribovillard N. 2003. Depositional conditions and organic matter preservation pathways in an epicontinental environment：the Upper Jurassic Kashpir Oil Shales (Volga Basin，Russia). Palaeogeography，Palaeoclimatology，Palaeoecology，197：171～197

Rimmer S M, Thompson J A, Goodnight S A, Robl T L. 2004. Multiple controls on the preservation of organic matter in Devonian-Mississippian marine black shales: geochemical and petrographic evidence. Palaeogeography, Palaeoclimatology, Palaeoecology, 215: 125 ~ 154

Rudnik R L, Gao S. 2003. Composition of the Continental Crust. Amsterdam: Treatise on Geochemistry, Elsevier, 3: 1 ~ 64

Sageman B B. Murphy A E, Werne J P, Vet Straeten C A, Hollander D J, Lyons T W. 2003. A tale of shales: the relative roles of production, decom position, and dilution in the accumulation of organic-rich strata, Middle Upper Devonian, Appalachian Basin. Chemical Geology, 195: 229 ~ 273

Schefler K, Buehmann D, Schwark L. 2006. Analysis of late Palaeozoic glacial to postglacial sedimentary successions in South Africa by geochemical proxies-Response to climate evolution and sedimentary environment. Palaeogeography, Palaeoclimatology, Palaeoecology, 240(6): 184 ~ 203

Shawe D R, Arehbold N L, Simmons G C. 1959. Geology and uranium-vanadium deposits of the Slick Rocks district, San Miguel and Dorores Counties, Colorado. Economic Geology, 54(3): 395 ~ 415

Silver L T, Williams L. 1981. Zircons and isotopes in sedimentary basin analysis: a case study of the upper Morrison Formarion, southern Colorado Plateau. GSA Abstracts with Programs, 13: 554 ~ 555

Squyres J B. 1970. Origin and depositional environment of uranium deposits of the Grants Region, New Mexico. PhD dissertation, Stanford University, Stanford, California, 228

Squyres J B. 1980, Origin and significance of organic matter in the uranium deposits of the Morrison Formation, San Juan Basin, New Mexico. In: Rautman C A(ed). Geology and Mineral Technology of the Grants Uranium Region 1979. New Mexico Bureau of Mines and Mineral Resources Memoir 38: 86 ~ 97

Stoian L M. 2010. Palynology of Mesozoic and Cenozoic sediments of the Eromanga and Lake Eyre basins: results from recent drilling in the northwest Frome Embayment. Mesa J, Adelaide: Primary Industries and Resources South Australia, 57: 27 ~ 35

Syed H S. 1999. Comparison studies adsorption of thorium and uranium on pure clay minerals and local Malaysian soil sediments. Journal of Radioanalytical and Nuclear Chemistry, 241(1): 11 ~ 14

Tapponnier P, Lacassin R, Leloup P H, Scharer U, Zhong D L, Liu X H, Ji S C, Zhang L S, Zhong J Y. 1990. The Ailao Shan/Red River metamorphic belt: tertiary left-lateral shear between Indochina and South China. Nature, 343: 431 ~ 437

Tapponnier P, Xu Z Q, Roger F, Meyer B, Arnaud N, Wittlinger G, Yang J S. 2001. Oblique stepwise rise and growth of the Tibetan Plateau. Science, 294: 1671 ~ 1677

Taylor S R, McLennan S M. 1985. The Continental Crust: Its Composition and Evolution. Oxford: Blackwell Scientific

Thaden R E, Santos E S. 1956. Grants area, New Mexico. Geologic Investigations of Radioactive Deposits, Semi-annual Progress Report for June 1 to November 30, U S Atomic Energy Commission Report TEIR-640, 73 ~ 76

Tian X, Teng J, Zhang H, Zhang Z, Zhang K. 2011. Structure of crust and upper mantle beneath the ordos block and the yinshan mountains revealed by receiver function analysis. Physics of The Earth and Planetary Interiors, 184(3): 186 ~ 193

Tribovillard N, Algeo T J, Lyons T, Riboulleau A. 2006. Trace metals as paleoredox and paleoproductivity proxies. An update. Chemical Geology, 232: 12 ~ 32

Tribovillard N, Averbuch O, Devleeschouwer X, Racki G, Riboulleau A. 2004. Deep-water anoxia over the Frasnian-Famennian boundary(La Serre, France): a tectonically-induced oceanic anoxic event? Terra Nova, 16: 288 ~ 295

Turner P. 1980. ContinentalRed Beds. Elsevier Scientific Publishing Company: 323 ~ 343

Turner-Peterson C E. 1985. Lacustrine-Humate model for primary uranium ore deposits, Grants uranium region, New

Mexico. American Association of Petroleum Geologists Bulletin,69(11):1999~2020

Vail P R,Audemard F,Bowman S A. 1991. The stratigraphic signature of tectonics,eustasy and sedimentation-an overview. In:Einsele G,et al (eds). Cycles and Events in Stratigraphy. Berlin,Heidelberg,New York:Springer-Verlag:617~659

Van Houten F B. 1968. Iron oxides in red beds. Geological Society of America Bulletin,79(4):399~416

van Wagoner J C,Mitchum R M,Campion K M. 1990. Siliciclastic sequences stratigraphy in well logs,cores and outcrops:concepts for high-resolution correlation of time and facies. AAPG Methods in Exploration Series,7:1~57

van Wagoner J C,Posamentier H W,Mitchum R M. 1988. An overview of the fundamentals of sequence stratigraphy and Key definitions. In:Wilgus C K,Hastings B S,Kendall G G St C,Posamentier H W,Ross C A,Van Wagoner J C (eds). Sea Level Changes:An Integrated Approach. Society of Economic Paleontologists and Mineralogists Special Publication,42:39~45

Vermeesch P,Leprince S. 2012. A 45-year time series of dune mobility indicating constant windiness over the central sahara. Geophysical Research Letters,39(14):14401

Walker C T,Price N B. 1963. Departure curves for computing paleosalinity from boron in illites and shales. AAPG,92:837~841

Walton A W,Galloway W E,Henry C D. 1981. Release of uranium from the volcanic glass in sedimentary sequences:an analysis of two systems. Economic Geology and the Bulletin of the Society of Economic Geologists,76:69~88

Wan Y S,Xie H Q,Yang H,Wang Z J,Liu D Y,Kroner A,Wild S A,Geng Y S,Sun L Y,Ma M Z,Liu S J,Dong C Y,Du L L. 2013. Is the Ordos Block Archean or Paleoproterozoic in age? Implications for the Precambrian evolution of the North China Craton. American Journal of Science,313:683~711

Wan Y S,Wilde S A,Liu D Y,Yang C X,Song B,Yin X Y. 2006. Further evidence for ~1.85Ga metamorphism in the Central Zone of the North China Craton:SHRIMP U-Pb dating of zircon from metamorphic rocks in the Lushan area,Henan Province. Gondwana Research,9(1-2):189~197

Wang Z Z,Han B F,Feng L X,Liu B,Zheng B,Kong L J. 2016. Tectonic attribution of the Langshan area in Western Inner Mongolia and implications for the Neoarchean-Paleoproterozoic evolution of the Western North China Craton:evidence from LA-ICP-MS zircon U-Pb dating of the Langshan Basement. Lithos,261:278~295

Waters A C,Granger H C. 1953. Volcanic debris in uraniferous sandstones and its possible bearing on the origin and precipitation of uranium. USGS Circular 224,26

Werne J P,Lyons T W,Hollander D J,Formolo M J,Sinninghe Damsté J S. 2003. Reduced sulfur in euxinic sediments of the Cariaco Basin:sulfur isotope constraints on organic sulfur formation. Chemical Geology,195:159~179

Wülser P A,Brugger J,Foden J,Pfeifer H R. 2011. The sandstone-hosted Beverley uranium deposit,Lake Frome Basin,South Australia:mineralogy,geochemistry,and a time-constrained model for its genesis. Economic Geology,106:835~867

Xia X P,Sun M,Zhao G C,Wu F Y,Xu P,Zhang J H,Luo Y. 2006. U-Pb and Hf isotopic study of detrital zircons from the Wulashan khondalites:constraints on the evolution of the Ordos Terrane,Western Block of the North China Craton. Earth and Planetary Science Letters,241(3-4):581~593

Xing L D,Lockley M G,Tang Y Z,Romilio A,Xu T,Li X W,Tang Y,Li Y Z. 2018. Tetrapod track assemblages from Lower Cretaceous desert facies in the Ordos Basin,Shanxi Province,China,and their implications for Mesozoic paleoecology. Palaeogeography,Palaeoclimatology,Palaeoecology,507:1~14

Xu Q,Shi W,Xie X,Busbey A B,Xu L,Wu R,Liu K. 2018. Inversion and propagation of the Late Paleozoic Porjianghaizi fault(North Ordos Basin,China):controls on sedimentation and gas accumulations. Marine and Petroleum Geology,91:706 ~ 722

Yang M H,Li L,Zhou J,Qu X Y,Zhou D. 2013. Segmentation and inversion of the Hangjinqi fault zone,the northern Ordos Basin(north China). Journal of Asian Earth Sciences 70-71:64 ~ 78

Ye J R,and Lu M D. 1997. Geochemistry modeling of cratonic basin:a case study of the Ordos Basin,NW China. Journal of Petroleum Geology,20(3):347 ~ 362

Yin C Q,Zhao G C,Sun M,Xia X P,Wei C J,Zhou X W,Leung W H. 2009. LA-ICP-MS zircon ages of the Qianlishan Complex:constrains on the evolution of the Khondalite Belt in the Western Block of the North China Craton. Precambrian Research,174(1-2):78 ~ 94

Ying J,Zhang H,Sun M,Tang Y,Zhou X,Liu X. 2007. Petrology and geochemistry of Zijinshan alkaline intrusive complex in Shanxi Province,western North China Craton:implication for magma mixing of different sources in an extensional regime. Lithos,98(1-4):45 ~ 66

Yuan W M,Carter A.,Dong J Q,Bao Z K,An Y C,Guo Z J. 2006. Mesozoic-Tertiary exhumation history of the Altai Mountains,northern Xinjiang,China:new constraints from apatite fission track data. Tectonophysics,412(3-4):183 ~ 193

Zhai M G. 2011. Cratonization and the ancient North China Continent:a summary and review. Science China:Earth Sciences,54(8):1110 ~ 1120

Zhang J,Zhang B H,Zhao H. 2016. Timing of amalgamation of the Alxa block and the North China based on detrital zircon U-Pb ages and evidence. Tectonophysics,668-669:65 ~ 81

Zhang J J,Wang T,Zhang L,Tong Y,Zhang Z C,Shi X J,Guo L,Huang H,Yang Q D,Huang W,Zhao J X,Ye K,Hou J Y. 2015. Tracking deep crust by zircon xenocrysts within igneous rocks from the northern Alxa,China:constraints on the southern boundary of the Central Asian Orogenic Belt. Journal of Asian Earth Sciences,108:150 ~ 169

Zhang L F,Sun M,Wang S G,Yu X Y. 1998. The composition of shales from the Ordos Basin,China:effects of source weathering and diagenesis. Sedimentary Geology,116:129 ~ 141

Zhao G C,Zhai M G. 2013. Lithotectonic elements of Precambrian basement in the North China Craton:review and tectonic implications. Gondwana Research,23(4):1207 ~ 1240

Zhao G C,Cawood P A,Wilde S A,Sun M,Lu L Z. 2000. Metammophism of basement rocks in the central zone of the North China Craton:implications for paleoproterozoic tectonic evolution. Precambrian Research,103(1-2):55 ~ 88

Zorin Y A. 1999. Geodynamics of the western part of the Mongolia-Okhotsk collisional belt,Trans-Baikal region (Russia)and Mongolia. Tectonophysics,306(1):33 ~ 56

Каримов Х К,Бобноров Н С,Бровин К Г,и др. 1996. Учкудукский тип урановых месторожденийреспублики узбекистан. Ташкент:Издательство <ФАО> Республики Узбекистан,20 ~ 67,102 ~ 163

Кисляков Я М,Щеточкин В Н. 2000. Гидрогенное Рудообразование. Москва:ЗАО Геоинфор-Ммарк:75 ~ 80,108 ~ 110,210 ~ 259

Печенкин И Г. 2003. Металлогения туранской плиты. Москва:ВИМС:14 ~ 45